金沙江下游梯级水电站水文泥沙监测与研究

於三大　陈松生　董先勇　许全喜　秦蕾蕾　梅军亚　唐从胜 等　著

中国水利水电出版社
www.waterpub.com.cn
·北京·

内 容 提 要

本书是关于金沙江下游乌东德、白鹤滩、溪洛渡和向家坝四个大型梯级水电站水文泥沙监测和分析研究的专著。本书系统阐述了金沙江下游梯级水电站水文泥沙监测的布局、范围和主要内容及资料的整编方法与质量控制措施，详细介绍了以大水深环境下精密测深、三维激光扫描、推移质测验等为代表的监测新技术及其实践应用；提出了集大量原型观测资料集成、分析、展示于一体的信息化管理平台的设计构想，剖析了数据化信息管理与专业子系统建设的关键技术问题；研究揭示了近 60 年金沙江下游的水沙输移、地区组成与来源、产输沙特征等变化规律，系统阐明了金沙江下游梯级水库群及其坝下游河道的泥沙冲淤规律，包括泥沙冲淤总量及其沿时、沿程分布规律，以及冲淤带来的库区干支流与坝下游河道形态的调整等，深入解析了重点库区的关键泥沙问题。

本书可供水文学、水力学及河流动力学、测绘学、地理学和河床演变学等学科的科技工作者和高等院校相关专业的师生阅读使用。

图书在版编目（ＣＩＰ）数据

金沙江下游梯级水电站水文泥沙监测与研究 / 於三大等著. -- 北京：中国水利水电出版社，2022.11
ISBN 978-7-5226-1042-9

Ⅰ．①金… Ⅱ．①於… Ⅲ．①金沙江－下游－梯级水电站－水库泥沙－水文观测－研究 Ⅳ．①TV145

中国版本图书馆CIP数据核字(2022)第188519号

书　　名	金沙江下游梯级水电站水文泥沙监测与研究 JINSHA JIANG XIAYOU TIJI SHUIDIANZHAN SHUIWEN NISHA JIANCE YU YANJIU	
作　　者	於三大　陈松生　董先勇　许全喜　秦蕾蕾　梅军亚 唐从胜　等　著	
出版发行	中国水利水电出版社 （北京市海淀区玉渊潭南路 1 号 D 座　100038） 网址：www.waterpub.com.cn E-mail：sales@mwr.gov.cn 电话：(010) 68545888（营销中心）	
经　　售	北京科水图书销售有限公司 电话：(010) 68545874、63202643 全国各地新华书店和相关出版物销售网点	
排　　版	中国水利水电出版社微机排版中心	
印　　刷	北京印匠彩色印刷有限公司	
规　　格	184mm×260mm　16 开本　20.25 印张　493 千字	
版　　次	2022 年 11 月第 1 版　2022 年 11 月第 1 次印刷	
定　　价	**158.00 元**	

前　言

　　金沙江下游河段水量大、落差集中，是金沙江流域乃至长江流域水能资源最丰富的河段，是"西电东送"主力。金沙江下游有乌东德、白鹤滩、溪洛渡和向家坝四座世界级巨型梯级水电站，装机容量相当于两个"三峡工程"，具有防洪、发电、航运、水资源利用和生态环境保护等巨大的综合效益。向家坝、溪洛渡水电站已分别于2012年、2013年建成投产，乌东德、白鹤滩水电站已经完成蓄水应用。

　　水库的泥沙问题直接关系到水库的使用寿命和水库下游的冲淤变化及防洪和涉水工程安全等，是水电站的关键技术难题之一，贯穿着从工程规划、设计、施工到建成后运行的全过程。金沙江下游是金沙江流域的重点产沙区，水沙异源现象十分突出，径流主要来自上游干流及雅砻江，而泥沙主要来自区间。2012年以来，金沙江下游梯级陆续建成蓄水并逐步联合调度运用，加之受降水变化、水土保持工程等因素的综合影响，金沙江下游水沙条件发生显著改变，集中表现为水量过程的调平、沙量大幅减少以及泥沙来源和组成变化等，从而引起金沙江下游梯级水库泥沙淤积、坝下游河道冲刷等。开展金沙江下游梯级水电站水文泥沙监测与研究，实时掌握水沙变化和泥沙冲淤的动态过程，建立高效数据库管理分析系统，是妥善处理好泥沙问题、保证水库的长期有效使用、促进金沙江流域高质量发展的基本需要。

　　2007年以来，为获取系统连续的水文泥沙监测资料，分析研究水库泥沙淤积规律，建立统一的水文泥沙信息管理体系，长江水利委员会先后组织编写了《金沙江下游梯级水电站水文泥沙监测与研究实施规划》《金沙江溪洛渡、向家坝水电站水文泥沙监测与研究规划（2015—2022年）》等。根据上述规划、实施方案及相关技术文件等，系统布局了金沙江下游梯级水电站的水文泥沙观测与研究工作。针对金沙江下游库区水文特点，结合技术进步，重点在大水深精密测深技术、基于多平台多传感器的点云获取技术、在线测流测沙技术、异重流监测技术、淤积物干容重量测、推移质测验等方面开展了深入研究和技术实践，提高了复杂山区大型水库群水文泥沙测量的时效性，取得了多项技术创新和突破，积累了大量的原型观测资料。

针对梯级水库泥沙问题，长江水利委员会依托常规和专题观测资料，通过数据分析和深入挖掘，着重对金沙江下游水沙特性、梯级水库入出库水沙特征、水库库区泥沙淤积规律和排沙比变化、坝下游河道冲刷规律及分布等开展了综合分析与研究，研究建立了金沙江下游梯级水电站水文泥沙数据库及信息管理分析系统，实现了科学、高效的数字化管理，为工程的建设、运行、全面发挥梯级水库综合效益提供了重要技术支撑，也为工程建成后的梯级水库联合调度研究奠定基础。

在上述规划的统一安排下，金沙江下游梯级水电站水文泥沙监测与研究工作有序开展，全面系统地收集了丰富的水文泥沙原型观测资料，为工程泥沙问题研究及数学模型验证提供了重要基础，也为工程施工建设、水库运行管理、水库泥沙问题研究、回答社会关注的焦点热点问题、梯级水库联合调度运用等提供了基本依据，有效保障了梯级水库施工安全及高效运行。

本书由中国三峡建设管理有限公司和长江水利委员会水文局的于三大、陈松生、董先勇、许全喜、秦蕾蕾、梅军亚、唐从胜、郑亚慧、袁晶、杜泽东、白亮、冯传勇、朱玲玲、师义成、王伟、陈翠华、董炳江、张晓皓、马耀昌、王进、孙振勇、张亭、杨成刚、李思璇、陈柯兵、原松、冯国正、包波、董丽梅、聂金华等相关研究人员共同编写，系统总结了2008年以来金沙江下游梯级水电站水文泥沙监测与研究成果。全书分为9章，各章节主要内容如下：

第1章为概述。主要介绍金沙江下游工程概况（含流域概况、河流水系以及水电站工程概况等）、水文泥沙监测与研究工作、水文泥沙观测与研究的内容及目的等。

第2章为金沙江水文泥沙监测。主要包括水文泥沙监测规划的编制原则与内容，水文站网与基本控制、固定断面的布局，监测的范围和内容，以及河道地形、断面和水沙资料整编等。

第3章为监测新技术与应用。主要介绍自金沙江下游开展原型观测工作以来，先后在大水深、地形、推移质、淤积物干容重、流速和异重流等监测中运用到的新技术，着重介绍新技术的原理及实际应用情况。

第4章为水文泥沙信息化管理。主要包括系统总体设计、数据库设计、系统功能设计与实现等内容，详细阐述了金沙江下游梯级水库水文泥沙系统开发的整体过程及典型应用实例。

第 5 章为金沙江下游水沙变化分析。从金沙江下游侵蚀产沙环境的调查出发，系统分析研究了金沙江下游干支流径流量和输沙量的年际、年内变化特性和规律，阐明金沙江下游水沙来源及其变化特征、水沙特征关系变化等，揭示了造成金沙江下游水沙变化的主要影响因素。

第 6 章为乌东德和白鹤滩水电站泥沙冲淤。主要分析金沙江下游乌东德和白鹤滩水库入、出库水沙基本特性、库区河道基本特征以及库区干流和主要支流河口段的泥沙冲淤变化、冲淤厚度平面分布、冲淤造成的河道纵剖面形态和横断面形态变化特征等。

第 7 章为溪洛渡水电站泥沙冲淤。主要分析溪洛渡水库入、出库水沙基本特征，以及水库蓄水前后库区河道基本特征、河床组成变化等，重点研究了库区干流河道和支流河口段的泥沙冲淤变化规律，包括水库排沙比、冲淤量沿时沿程分布及其占库容的比例，冲淤厚度平面分布等，以及泥沙淤积带来的河道纵剖面形态和横断面形态变化特征及规律，还探讨了关于溪洛渡水库排沙比偏小及典型支流口门形成拦门沙坎的原因。

第 8 章为向家坝库区及坝下游泥沙冲淤。分析计算了向家坝水库入、出库水沙，河道基本特征参数等变化特征，重点研究库区及坝下游河道泥沙冲淤变化规律，包括水库排沙比、冲淤量沿时沿程分布及其占库容的比例，冲淤厚度平面分布等，以及泥沙淤积带来的河道纵剖面形态和横断面形态变化特征及规律。着重开展向家坝坝下至宜宾干流段跨江桥梁和码头等重点涉水工程、坝区下引航道附近的河床冲淤演变分析。

第 9 章为主要认识和展望。包括对金沙江下游梯级水电站水文泥沙观测与研究的主要认识，并对今后观测和研究工作的主体内容及发展方向进行了展望。

由于本书编写人员对水文泥沙问题认识的局限，书中难免存在疏漏和不当之处，敬请读者批评指正。

作者

2022 年 6 月

目　录

第 1 章

概述

1.1 流域概况

1.1.1 自然地理

金沙江主源发源于青藏高原唐古拉山脉主峰格拉丹冬峰（海拔 6621m）西南侧，在流汇发源于尕恰迪如岗（海拔 6573m）雪山和姜根迪如峰下的冰川融雪形成的两条支流汇合后称纳钦曲，与切美苏曲汇入后称沱沱河。穿过祖尔肯乌拉山区后约 125km，江塔曲从左岸汇入，流向折向东，至囊极巴陇当曲由南岸汇入后称通天河。楚玛尔河汇入后，流向折转东南，过直门达水文站后，干流始称金沙江，直至四川省宜宾市岷江口。金沙江干流以石鼓和攀枝花为界，分为上游、中游、下游。

（1）金沙江上游。自巴塘河口以下进入横断山纵谷区，南流至石鼓。上游段河长 965km，区间流域面积 7.65 万 km²，为典型的深谷河段，特别是横断山纵谷区，河流穿行于高山峡谷之间，河道下切深，平均比降 1.76‰，水流湍急，两岸山势陡峭，河谷至两岸山顶相对高差可达 2500m 以上。

（2）金沙江中游。自石鼓至攀枝花，区间流域面积约 4.5 万 km²，干流河长约 564km，河道平均比降 1.48‰。本段流向曲折迂回，河道水流流态复杂，两岸山势丰富多变。南流的金沙江过石鼓后，大转弯向北奔流，形成"长江第一湾"，穿过著名的虎跳峡大峡谷，又复南流，抵金江街以后折向东流至攀枝花。至金江街以后，脱离横断山脉进入川滇山地后，河谷较宽，两岸山岭相对较低，河道水流相对平稳。

（3）金沙江下游。从四川省攀枝花市至宜宾市岷江口，区间流域面积 21.4 万 km²，干流河长约 768km，河道平均比降 0.93‰。右岸汇入金沙江最后一条支流横江，再流淌约 28.5km 到达四川省宜宾市。

1.1.2 水文气象

1.1.2.1 气候特性

金沙江流域基本上属高原气候区，流域跨越了 14 个经度、11 个纬度，海拔高度相差 4000 多 m，自北向南可分为高原亚寒带亚干旱气候区、高原亚寒带湿润气候区、高原温带湿润气候区，四川省凉山州宁南县华弹镇以下则属暖温带气候区。

1. 气温

金沙江流域气温的总趋势是由上游向下游、由西北向东南递增。青藏高原地区气候寒冷，一年中有 7 个月的平均气温在 0℃以下，65％以上地区年平均气温在 0℃以下，实测极端最低气温−45.2℃（沱沱河），基本属"长冬无夏"地区。以攀枝花为中心，包括华坪、盐边、米易、元谋等地，年平均温度均在 19.0℃以上，极端最高气温 42.7℃（巧家），是本流域温度最高、范围最大的高温区，也是长江流域有名的"长夏无冬"地区。受地形、地貌影响，温度存在明显的垂直分布。

2. 降水

金沙江流域降水量的总体分布是自西北向东南递增，接近源头的楚玛尔河沿多年平均年降水量为 239mm，出口宜宾站多年平均年降水量为 1154.9mm（相较于源头增加 3.83 倍）。干流岗拖、雅砻江甘孜以北地区，地处青藏高原，地势高，降水少，多年平均年降水量为 240～550mm。岗拖以南至奔子栏、雅砻江甘孜以南至洼里区间，多年平均年降水量为 350～750mm。奔子栏、洼里以下地区，多年平均年降水量存在 5 个大于 1000mm 高值区和 4 个小于 750mm 的低值区。年内降水主要在汛期 6—10 月，5 个月的降水量一般占年降水量的 80％～90％，最高的达 92％（楚玛尔河），最低的为 63％（维西）。

3. 蒸发

金沙江流域内年蒸发量有 2 个高值区：①宁蒗、渡口、元谋、巧家、宾川、永胜一带；②四川省西部的乡城一带。水面年蒸发量以元谋 3927mm 为最高，以宜宾 933mm 为最低。蒸发量一般是 5 月最大，12 月或 11 月最小；上半年大于下半年。蒸发量与气温、湿度、地势等密切相关，蒸发量随高程增加而呈现减小的趋势。

4. 其他要素

多年平均风速一般不超过 4.0m/s，其中以沱沱河站 4.2m/s 为最大，玉树站 1.0m/s 为最小。年平均相对湿度一般是东部和东南部高于中部和北部，下游高于上游，雅砻江高于金沙江的川滇峡谷区。全流域以得荣的 45％为最小，以呈贡的 86％为最高，其余多为 60％～80％。年霜冻日数以班玛、阿坝、色达、壤塘地区的 200d 以上为最高，以牟定、姚安、元谋地区和横江汇口以下地区小于 5d 为最低。年雾日数有 2 个超过 50d 的高值区与 3 个小于 1d 的低值区。

1.1.2.2　暴雨与洪水特性

金沙江干流洪水由冰雪融水、地下水与暴雨洪水共同组成。金沙江奔子栏、雅砻江洼里以北地区基本属无暴雨区，洪水主要由冰雪融水、地下水形成，涨落较平缓，对中下游洪水起垫底作用。金沙江奔子栏、雅砻江洼里以下河段洪水由上游冰雪融水、地下水与中下游暴雨洪水共同形成。由于面积大、降雨历时长，汛期 6—10 月平均每月降雨日达 20d 左右，造成洪水涨落较平缓，连续多峰，峰高量大，一次洪水持续时间最短约 15d，最长可达 40d 左右。多年平均最大 15d 洪量约占最大 60d 洪量的三分之一，最大 60d 洪量超过汛期洪量的一半。

金沙江洪水主要发生在汛期 7—9 月。各地区在 7 月、8 月、9 月三个月内发生洪水的可能性均在 94％以上，其中，8 月石鼓以下地区发生年最大洪水的概率在 40％以上。金沙江汛期洪水总量一般约占宜昌以上洪水总量的三分之一，比例相对稳定。1954 年长江特大洪水中，金沙江 8 月洪量占宜昌站洪量的 50％，7 月、8 月洪量占宜昌站洪量的 46％。

根据屏山站实测资料统计，金沙江实测最大洪峰流量为 29000m³/s（1966 年 9 月 2 日）。年最大洪峰流量以出现在 8 月、9 月为最多，最早出现在 6 月（1981 年 6 月 29 日），最晚出现在 10 月（1989 年 10 月 20 日）。

1.1.3 产输沙特征

金沙江流域特殊的自然环境是造成其水土大量流失的先决条件。起伏变化巨大的流域地形以及其破碎丰富的岩石、碎屑，孕育了大量可流失的松散物质，这些松散体在较大重力分力及暴雨促发动力的作用下，以滑坡、泥石流、崩塌等方式汇入流域干、支流河道。

金沙江攀枝花以上为轻度和中度产沙区，轻度产沙区主要分布在石鼓以上河段，中度产沙区主要分布在中游石鼓至雅砻江口河段；攀枝花以下为金沙江下游，区域内山高谷深，河流下切，地质构造复杂，断裂发育，支流和溪沟大多沟蚀强烈，在重力、水力作用下易于滑坡，形成泥石流。受地质、地貌、降水及人类活动影响，下游段为金沙江泥沙最主要的来源区域，也是整个长江流域水土流失最严重的地区和水土保持工作治理的重点区域。

据 20 世纪 90 年代遥感资料调查，金沙江下游两岸各 15km 范围内共有大于 100 万 m³ 的滑坡 400 个，估算体积 3.0 亿 m³；金沙江下游共有流域面积大于 0.2km²，堆积扇面积大于 0.01km² 的一级支流沟谷泥石流 438 条，二级以上的支沟泥石流 76 条，干流、支流坡面泥石流 37 处。金沙江干流平均每 1.8km 有 1 条泥石流沟，主要分布在攀枝花至宜宾区间。同时区间内原始森林破坏较为严重，河谷两岸坡耕地密布，汛期强降水致使水土流失严重。2018 年 10 月现场调研金沙江下游两岸河谷地貌情况如图 1.1 所示。

（a）白鹤滩附近　　　　　　　　　　　　　　　（b）永善附近

图 1.1　2018 年 10 月现场调研金沙江下游两岸河谷地貌情况

华弹站多年平均年输沙量为 16300 万 t（2014 年后采用白鹤滩站资料），年均输沙模数 365t/（km²·a），向家坝站 1956—2015 年均悬移质输沙量为 22300 万 t（2012 年前采用屏山站资料），年均输沙模数 454t/（km²·a）。攀枝花至华弹区间输沙模数约 1896t/（km²·a）（不含雅砻江），华弹至向家坝区间输沙模数约 2105t/（km²·a），是金沙江流域的主要产沙区。

1.2　工程概况

2002 年，国家授权中国长江三峡集团有限公司（以下简称三峡集团）开发建设金沙江下游乌东德、白鹤滩、溪洛渡、向家坝四座巨型水电站，总装机容量相当于两座三峡电站。目前，向家坝、溪洛渡水电站已建成投产，乌东德、白鹤滩水电站已经完成蓄水应用。金沙江下游梯级水电站基本情况见表 1.1。

表 1.1　　　　　　　　　　　　　金沙江下游梯级水电站情况一览表

项　　目	乌东德水电站	白鹤滩水电站	溪洛渡水电站	向家坝水电站
距宜宾距离/km	567	385	190	33
控制集水面积/万 km²	40.61	43.03	45.44	45.88
设计洪水标准/年	1000	1000	1000	500
设计洪水位/m	979.38	827.83	604.23	380.00
校核洪水标准/年	5000	10000	609.67	5000
校核洪水位/m	986.17	832.34	607.94	381.86
正常蓄水位/m	975	825	600	380
死水位/m	945	765	540	370
防洪限制水位/m	952	785	560	370
总库容/亿 m³	74.08	206.27	129.10	51.63
正常蓄水位以下库容/亿 m³	58.63	190.06	115.70	49.77
调节库容/亿 m³	30.20	104.36	64.60	9.03
防洪库容/亿 m³	24.40	75.00	46.50	9.03
调节性能	季调节	年调节	不完全年调节	季调节
装机容量/MW	10200	16000	13860	6400
年发电量/(亿 kW·h)	389.1/376.9（考虑龙盘/不考虑龙盘）	624.4/610.9（考虑龙盘/不考虑龙盘）	616.2	307.5
坝型	混凝土双曲拱坝	混凝土双曲变厚拱坝	混凝土双曲拱坝	混凝土重力坝
坝顶高程/m	988	834	610	384
最大坝高/m	270	289	285.5	162
地震基本烈度/度	Ⅶ	Ⅶ	Ⅶ	Ⅶ
抗震设防烈度/度	8	8	8	8
建设情况	在建	在建	已建	已建

1.2.1　乌东德水电站

乌东德水电站为金沙江干流下段首级枢纽，位于四川省会东县和云南省禄劝县交界处的金沙江峡谷内，坝址下至宜宾河道长 567km，距白鹤滩大坝 182km，控制集水面积 40.61 万 km²，是一座以发电为主、兼顾防洪的特大型水电站。电站建成后可发展库区航运，具有改善下游河段通航条件和拦沙等作用，正常蓄水位 975m，死水位 945m，调节库容 30.2 亿 m^3，具有季调节性能；防洪限制水位 952m，防洪库容为 24.4 亿 m^3，总装机容量为 10200MW，设计年平均发电量为 389.1 亿 kW·h/376.9 亿 kW·h（考虑龙盘/不考虑龙盘）。乌东德水电站于 2015 年 4 月实现大江截流，2015 年 12 月正式开工建设，2017 年 3 月大坝开始浇筑，2020 年 6 月大坝全线到顶，2020 年 5 月初期蓄水，2020 年 6 月首台机组投产发电，2021 年 6 月全部机组投产发电。

1.2.2 白鹤滩水电站

白鹤滩水电站为金沙江干流下段第 2 级枢纽，位于四川省宁南县和云南省巧家县交界处的金沙江峡谷内，坝址下至宜宾河道长 385km，至溪洛渡大坝 195km，控制集水面积 43.03 万 km^2，是一座以发电为主、兼顾防洪的继三峡和溪洛渡之后的第三座千万千瓦级巨型电站，工程建成后还有拦沙、发展库区航运和改善下游通航条件等综合利用效益，是"西电东送"的骨干电源点之一。正常蓄水位 825m，相应库容 190.06 亿 m^3，死水位 765m，死库容 85.70 亿 m^3，调节库容 104.36 亿 m^3，具有年调节性能；水库汛期限制水位为 785m，防洪库容为 75.0 亿 m^3。电站设计总装机容量为 16000MW，多年平均发电量为 624.4 亿 kW·h/610.9 亿 kW·h（考虑龙盘/不考虑龙盘）。白鹤滩水电站施工总工期 144 个月，共计 12 年。白鹤滩水电站于 2014 年 11 月导流洞过流，2015 年 11 月实现大江截流，2016 年 6 月围堰投入运行，2017 年 3 月大坝主体混凝土浇筑，2021 年 5 月初期蓄水，2021 年 6 月首台机组投产发电，2022 年 6 月全部机组投产发电。

1.2.3 溪洛渡水电站

溪洛渡水电站为金沙江干流下段第 3 级枢纽，位于四川省雷波县和云南省永善县交界的金沙江峡谷内，坝址下至宜宾河道长 190km，至向家坝坝址 157km，控制集水面积 45.44 万 km^2，占金沙江流域面积的 96%，是一座以发电为主，兼顾拦沙、防洪等综合效益的巨型水电站，并为下游电站进行梯级补偿。水库正常蓄水位 600m，总库容 129.1 亿 m^3，其中死库容 51.1 亿 m^3，调节库容 64.6 亿 m^3，防洪库容 46.5 亿 m^3，电站装机容量 13860MW（18×77 万 kW），年平均发电量为 616.2 亿 kW·h。电站主要供电华东、华中地区，兼顾川、滇两省用电需求，工程规模仅次于三峡水电站，也是金沙江上已建的最大水电站。溪洛渡水电站于 2005 年年底正式开工，2007 年 11 月实现大江截流，2013 年 5 月初期蓄水完成，2013 年 7 月首批机组发电，2014 年 6 月底 18 台机组全面投产发电。

1.2.4 向家坝水电站

向家坝水电站为金沙江干流下段第 4 级枢纽，位于四川省屏山县和云南省水富县交界的金沙江峡谷内。坝址下至宜宾河道长 33km，坝址紧邻屏山水文站下游，控制流域面积 45.88 万 km^2，占金沙江流域面积的 97%。向家坝水电站是一座以发电为主，兼有航运、灌溉、拦沙和防洪等综合效益的特大型电站，并具备为上游梯级电站进行反调节的作用。向家坝水电站正常蓄水位 380m，总库容 51.63 亿 m^3，调节库容 9.03 亿 m^3，为不完全季调节水库，电站核准装机容量 6400MW，多年平均年发电量 307.5 亿 kW·h。电站的供电范围为四川、云南及华中地区，是国家规划中的金沙江下游梯级开发中的最后一个梯级水电站。向家坝水电站于 2006 年 11 月开工建设，2008 年 12 月实现大江截流，2012 年 10 月初期蓄水完成，2012 年 11 月首台机组投产发电，2014 年 7 月 8 台机组全面投产发电，2018 年 5 月升船机正式试通航。

1.3　监测与研究概况

1.3.1　水文泥沙监测

泥沙问题是水电站规划、设计、施工和运行管理的关键技术难题之一。金沙江下游泥沙问题十分突出。近十余年来，以金沙江下游四座梯级水电站和三峡工程为核心的长江上游干支流水库群逐步建成。这些水库群的联合调度运用，将对金沙江下游梯级、三峡水库入库水沙条件和水库淤积等带来深远的影响。科学、合理地安排金沙江下游梯级水电站水文泥沙观测范围、项目、频次、方法、技术，及时、准确、系统地掌握第一手观测资料，对于水库长期使用、水库运行调度、水库泥沙问题研究以及回答社会关注的焦点与热点问题等都是十分必要的。

因此，针对水库建设运行及其对水沙条件、水库淤积和坝下游冲刷带来的影响，结合乌东德、白鹤滩、溪洛渡、向家坝水库运行期的水沙特点，进行有针对性、系统性、动态性的水文泥沙监测，其主要目的是为水库长期使用提供基础，为梯级水库运行调度提供基本支撑，为水库泥沙问题研究提供基础资料，为回答社会关注的焦点热点问题提供科学依据。

金沙江下游梯级水电站有针对性、系统的水文泥沙监测始于 2008 年，监测范围包括干流观音岩电站坝址至宜宾约 842km，其中：攀枝花观音岩电站坝址至乌东德坝址273km，乌东德坝址至白鹤滩坝址 180km，白鹤滩坝址至溪洛渡坝址 199km，溪洛渡坝址至向家坝坝址 157km，向家坝坝址至宜宾河段 33km。

监测内容主要包括基础性观测和专题观测两部分。基础性观测以全面性、系统性收集长系列水库水文泥沙资料，保证梯级水库正常运行与调度的需要为目的。观测项目主要包括进出库水沙观测、水位观测、水道地形观测、固定断面观测、重点河段河道演变观测、水库淤积物干容重观测、河床组成勘测调查、坝下游水沙测验等。进出库水沙观测、水位观测、坝下游水沙测验等是水库观测的基本项目，为水库运行和泥沙问题研究提供最基本的水沙资料，是水库实时调度必不可少的基础资料，水文（位）站布设时应以能控制水库干支流进出库水沙以及掌握水面线变化为原则。进出库水沙观测主要由水文站和水位站承担，主要监测项目有水位，流量，悬移质，推移质，床沙及颗粒分析，降水与蒸发等。水道地形、固定断面观测、重点河段河道演变等是水库淤积测验的基本项目之一。通过水道地形、固定断面等观测与分析，可及时掌握金沙江下游梯级和三峡水库的泥沙淤积变化过程，了解水库库容变化情况，为制定科学、合理的水库群联合调度方案，减少泥沙淤积总量和减缓泥沙淤积进程，保证水库长期使用，充分发挥水库群综合效益等提供基础。开展连续的水库淤积物干容重与河床组成勘测调查，不仅是研究水库泥沙输移规律和闸坝承受压力等方面的基础资料，也是水库淤积计算中输沙法与地形法两种计算结果进行换算的重要参数。

专题观测工作包括河道观测设施设测、来水来沙调查、水库运行调度观测、减淤调度观测等。河道观测设施设测（控制网）是开展水文泥沙观测的基础，来水来沙调查是进出库水沙观测的重要补充。水库运行调度观测可掌握水库实时调度运行过程中水库水文情势、河床冲淤、水库排沙等变化及其影响。减淤调度观测主要针对水库库尾局部河段着重观测水动力条件和局部水沙地形等，以检验减淤调度方案的实际效果。

1.3.2　水文泥沙研究

自金沙江下游规划的乌东德、白鹤滩、溪洛渡和向家坝电站开工建设起，长江委水文局开始着手收集相关的观测资料，包括 21 世纪初工程设计阶段直至当前 4 个水库有关的固定断面、水下地形、河床组成及淤积物干容重、异重流专题观测、拦门沙专题观测及水流流态等资料。基于前期收集和不断更新补充的观测数据，于 2012 年构建了金沙江下游梯级水电站水文泥沙数据库及信息管理分析系统，实现了海量数据的集成与系统分析和管理，并自 2008 年向家坝水电站实现工程截流开始，承担《金沙江水沙、溪洛渡向家坝河道基本特征分析报告》的编制工作，同时还编制了《金沙江下游梯级溪洛渡、向家坝水库变动回水区及坝下游河段河床组成勘测调查综合分析报告》《金沙江溪洛渡、向家坝水库变动回水区及坝下游河床组成勘测调查地质钻探报告》。

此后，伴随着向家坝、溪洛渡和乌东德水电站工程陆续建成、运行，根据各水库施工进度安排，按照《金沙江下游梯级水电站水文泥沙监测与研究实施规划》的要求，针对金沙江下游的水文泥沙分析研究工作逐渐拓展到由年度《金沙江下游水沙特性分析》《乌东德库区河道冲淤特性分析》《白鹤滩库区河道冲淤特性分析》《溪洛渡库区冲淤变化分析》《向家坝库区及坝下游河道冲淤变化分析》和《金沙江下游梯级水电站水文泥沙原型观测分析（总报告）》组成的系列成果报告。研究范围涵盖金沙江下游干流及主要支流，重点研究金沙江下游水沙变化规律、已建成运行和正在建设中的梯级水库库区及坝下游河道的泥沙冲淤规律，为工程运行调度提供了坚实的技术支撑。2014 年、2015 年和 2018 年，根据对金沙江水沙来源及组成的研究，实时地开展了溪洛渡、向家坝水库来水来沙调查，更好摸清了溪洛渡、向家坝区间入库水沙条件的变化情况。

第2章

金沙江水文泥沙监测

金沙江下游泥沙问题突出，水文泥沙是关系水电站规划、设计、施工和运行管理的要素之一。为了获取系统连续的水文泥沙监测资料，分析研究水库泥沙淤积规律，建立统一的水文泥沙信息管理体系，为金沙江下游水电站工程施工和运行管理提供科技支撑，2008年以来，三峡集团组织相关单位开展了金沙江下游梯级水电站水文泥沙监测与研究工作，收集了以溪洛渡和向家坝水电站为重点的金沙江下游梯级电站水文泥沙基本资料，研究了水电站施工期的水沙运动特性，为乌东德、白鹤滩、溪洛渡、向家坝等水电站的顺利截流、安全施工和蓄水运用发挥了重要的技术支持作用。

2.1 监测布局

2.1.1 进出库水沙监测站网布设

进出库水沙监测是水库观测的基本项目，在水库运行期，为水库库容计算以及水库的水流泥沙问题提供基础资料，主要由水文站和水位站承担。

金沙江攀枝花至宜宾干流布设水文站 6 个，区间有较大支流 22 条（流域面积大于 1000km^2 的有 14 条），其中，乌东德水电站库区有雅砻江、龙川江、勐果河、普隆河（尘河）、鲹鱼河等 5 条支流；白鹤滩水电站库区有普渡河、大桥河、小江、以礼河、黑水河等 5 条支流；溪洛渡水电站库区有尼姑河、西溪河、牛栏江、金阳河、美姑河、西苏角河等 6 条支流；向家坝水电站库区有团结河、细沙河、西宁河、中都河、大汶溪等 5 条支流；向家坝坝下游有横江汇入。部分支流布设出口控制站。进出库水沙监测项目见表2.1。

表 2.1　　　　　　　　　　　　　　进出库水沙监测项目

水库	站 名	观 测 项 目	河 流	备 注
乌东德	攀枝花（二）	水位、流量、悬移质输沙率、悬移质颗粒分析	金沙江	
	桐子林		雅砻江	
	三堆子（四）	水位、流量、悬移质输沙率、颗粒分析、卵石推移质、沙质推移质	金沙江	乌东德入库控制站
	小黄瓜园	水位、流量、悬移质输沙率、降水	龙川江	
	普隆	水位、流量、悬移质输沙率、悬移质颗粒分析、水质	普隆河	新增站
	可河	水位、流量、悬移质输沙率	鲹鱼河	
	乌东德（二）	水位、流量、悬移质输沙率、悬移质颗粒分析、降水、水温	金沙江	乌东德水库出库站

8

水库	站 名	观 测 项 目	河流	备 注
白鹤滩	乌东德（二）	水位、流量、悬移质输沙率、悬移质颗粒分析、降水、水温	金沙江	白鹤滩水库入库站
	宁南	水位、流量、悬移质输沙率、悬移质颗粒分析、降水	黑水河	支流控制站
	尼格		普渡河	支流控制站
	牛坪子	水位、流量	小江	
	白鹤滩	水位、流量、悬移质输沙率、悬移质颗粒分析、降水蒸发、水温	金沙江	白鹤滩水库出库站
溪洛渡	白鹤滩	水位、流量、悬移质输沙率、悬移质颗粒分析、降水蒸发、水温	金沙江	溪洛渡水库入库站
	小河	水位、流量、悬移质输沙率、降水蒸发	牛栏江	
	美姑	降水	美姑河	
	溪洛渡	水位、流量、悬移质输沙率、悬移质颗粒分析、降水	金沙江	溪洛渡水库出库站
向家坝	溪洛渡	水位、流量、悬移质输沙率、悬移质颗粒分析、降水	金沙江	向家坝水库入库站
	欧家村	水位、流量、悬移质输沙率	西宁河	库区支流站
	龙山村	水位、流量、悬移质输沙率	中都河	
	向家坝	水位、流量、悬移质输沙率、悬移质颗粒分析	金沙江	向家坝水库出库站
	横江		长江上游	坝下支流站

水库库区水位站的布设，按常年回水区平均 40km、变动回水区平均 15km 布设 1 组的原则在干流建设水位站，在库区、坝下游重要支流于河口内以上 1km 左右增设 1 个水位站，以满足库区水面线、变动回水区、坝下游水位变化、水沙冲淤变化分析研究的需要。水位站站网布设情况见表 2.2。

表 2.2　　　　　　　　　　　水库库区水位站站网布设情况表

水 库		站 名	数量	备 注
乌东德	变动回水区	攀枝花（二）、三堆子（四）、拉鲊、龙街（三）	4	攀枝花（二）、三堆子（四）、龙街（三）为基本站
	常年回水区	白马口、皎平渡	2	
	坝区	海子尾巴、下游水厂	2	
	支流	桐梓林、小黄瓜园、普隆、可河	4	
白鹤滩	变动回水区	乌东德（二）	1	已有基本站，列入乌东德水库
	常年回水区	格勒（二）、金塘、葫芦口、华弹	4	格勒（二）、华弹为基本站
	坝区	新建村站、下围堰、白鹤滩	3	基本站
	支流	小江、尼格、宁南	3	
溪洛渡	变动回水区	白鹤滩、恩子坪、山江、幺米沱、春江（二）	5	白鹤滩（已列入白鹤滩水库）、春江（二）为基本站
	常年回水区	双龙坝、黄华、双狮	3	
	坝区	黄桷堡、马家河、中心场、溪洛渡	4	溪洛渡为基本站
	支流	尼姑河、西溪河、金阳河、牛栏江、美姑河、西苏角河	6	需新设

续表

水　库		站　名	数量	备　注
向家坝	库区	溪洛渡、桧溪、冒水、新市、绥江、石溪、屏山	7	溪洛渡（已列溪洛渡水库）、屏山为基本站
	坝区	新滩坝、凉水井、田坝、向家坝	4	溪洛渡为基本站
	库区支流	大毛村、何家湾、欧家村、龙山村、新华	5	
	坝下游	向家坝、引航道、三块石、普安、大雪滩	5	向家坝为基本站
	坝下游支流	横江	1	

2.1.2　基本控制与固定断面布设

2.1.2.1　基本控制网布设

基本控制是开展金沙江下游四个梯级水电站水文泥沙监测的基础，总体按照分库分段进行布设，遵循从整体到局部，分级布网、逐级发展的原则。平面控制系统为 1954 年北京坐标系，高程系统为 1956 年黄海高程系统。

水库控制网根据电站施工建设进度进行布设，向家坝、溪洛渡水库及向家坝坝下游首级控制网在 2008 年布设完成，同年完成蓄水前加密控制网的设测工作，白鹤滩、乌东德水库首级及加密控制网布设于 2013 年。

随着向家坝、溪洛渡水库相继蓄水，库区水位抬高，分别于 2012 年、2015 年对向家坝水库，2014 年、2016 年对溪洛渡水库加密控制网进行了重新设测。首级控制网平面为 D 级，高程为三等；加密控制网平面为 E 级，高程为四等，主要以固定断面标点作为加密控制网点进行设测，并以此作为水文泥沙监测的主要引据点。

2.1.2.2　固定断面布设

固定断面布设以能控制河段变化为原则，一般河段每 2km 布设 1 个，重要河段每 1km 布设 1 个，在不同工程阶段进行不同密度的断面观测。

1. 向家坝水电站

向家坝水电站分库区和坝下游两个河段，向家坝库区干流河长 157km，在施工阶段，断面布设按间距 1.5km 控制，在库区干流共布设 102 个，支流大汶溪、中都河、西宁河、团结河、细沙河河口段共布设 34 个固定断面。电站蓄水后，支流断面保持不变，干流调整加密至 160 个。

向家坝坝下游至宜宾岷江汇口干流 33km，坝下游河段施工期干流共布设 16 个，支流岷江、横江河口段共布设 8 个固定断面，2014 年，支流断面保持不变，干流断面调整加密至 31 个，见表 2.3。

2. 溪洛渡水电站

溪洛渡水电站库区在施工阶段，断面布设按间距 2km 控制，在干流共布设 106 个；支流西苏角河、美姑河、金阳河、牛栏河、西溪河、尼姑河河口段共布设 55 个固定断面。电站蓄水后，支流断面保持不变，干流调整加密至 221 个，见表 2.4。

表 2.3 向家坝水电站库区及坝下游干支流断面布设情况

河 段		河长/km	断面数/个	
			施工期	蓄水期
库区干流		157	102	160
库区支流	团结河	5.2	5	5
	细沙河	3.6	4	4
	西宁河	7.9	8	8
	中都河	16.5	12	12
	大汶溪	4.3	5	5
坝下游干流		33	16	31
坝下游支流	岷江	10	6	6
	横江	3	2	2

表 2.4 溪洛渡水电站库区干支流断面布设情况

河 段		河长/km	断面数/个	
			施工期	蓄水期
库区干流		199	106	221
主要支流	尼姑河	4	2	2
	西溪河	3.5	2	2
	牛栏江	7.9	13	13
	金阳河	10	11	11
	美姑河	15	16	16
	西苏角河	10	11	11

3. 白鹤滩水电站

白鹤滩水电站库区固定断面按间距 0.8～1km 控制，在干流共布设 208 个，支流普渡河、大桥河、小江、以礼河、黑水河河口段共布设 74 个固定断面，见表 2.5。

4. 乌东德水电站

乌东德水电站库区固定断面按间距 0.8～1km 控制，在干流共布设 328 个，支流雅砻江、龙川江、勐果河、普隆河、鲹鱼河河口段共布设 55 个固定断面，见表 2.6。

表 2.5 白鹤滩水电站库区干支流断面布设情况

河 段		河长/km	断面数/个
库区干流		180.0	208
主要支流	普渡河	10.1	10
	大桥河	3.6	3
	小江	13.6	20
	以礼河	7.3	11
	黑水河	26.8	30

表 2.6 乌东德水电站断面布设情况

河 段		河长/km	断面数/个
库区干流		252.2	328
主要支流	雅砻江	11.3	12
	龙川江	12.5	18
	勐果河	3.4	4
	普隆河	13.0	14
	鲹鱼河	5.7	7

2.2　观测范围、内容

2.2.1　观测范围

金沙江下游梯级水电站水文泥沙观测范围包括干流观音岩水电站坝址至向家坝水电站下游，共计约842km，其中：攀枝花观音岩水电站坝址至乌东德坝址273km，乌东德坝址至白鹤滩坝址180km，白鹤滩坝址至溪洛渡坝址199km，溪洛渡坝址至向家坝坝址157km，向家坝坝下至宜宾河段33km。

观测支流共23条，观测总长度约259.6km。其中：乌东德水库包括雅砻江、龙川江、勐果河、普隆河、鲹鱼河等5条河流，共计81km；白鹤滩水库包括黑水河、以礼河、小江、大桥河、普渡河等5条河流，共计77km；溪洛渡水库包括西苏角河、美姑河、金阳河、牛栏江、西溪河、尼姑河等6条河流，共计50.4km；向家坝水库包括团结河、细沙河、西宁河、中都河、大汶溪等5条河流，共计38km；向家坝坝下游横江1.2km、岷江12km。

2.2.2　观测内容

根据金沙江下游水文泥沙特点及研究需要，各梯级水库观测时间、观测内容基本协调一致，针对各水库的具体情况及泥沙问题，各水库观测项目有所区别，同时充分考虑了历史资料的衔接性，在总结历史水文泥沙观测经验及分析研究结论基础上，对观测内容进行了全面布局。观测内容主要包括基础性观测工作、专题观测工作以及其他水文勘测工作三大类。

2.2.2.1　基础性观测

基础性观测以常规观测为主，以全面性、系统性收集长系列水库水文泥沙资料，保证梯级水库正常运行与调度的需要为目的。观测项目主要包括进出库水沙观测、水位观测、水道地形观测、固定断面测量、水库淤积物干容重观测、水面流速流向观测、重要涉水建筑物扫测、库区变动回水区水流泥沙观测等。

1. 进出库水沙观测

进出库水沙监测是水库观测的基本项目，在水库运行期，为水库库容计算以及水库的水流泥沙问题提供基础资料，是水库实时调度必不可少的基础资料，主要由水文站和水位站承担。水文（位）站布设时应以能控制水库干支流进出库水库以及掌握水面线变化为原则。观测项目包括水位、流量、悬移质输沙率、颗粒分析、降水和蒸发等，部分水文站（水位站）增加了卵石推移质、沙质推移质等观测项目。

乌东德库区现有水文站有干流攀枝花、三堆子、乌东德（出库站）3个，支流雅砻江桐子林站、龙川江小黄瓜园站2个；白鹤滩库区现有水文站为干流乌东德站、白鹤滩站（出库站）2个，支流宁南站1个；溪洛渡库区现有水文站为干流白鹤滩站、溪洛渡站（出库站）2个；向家坝库区现有干流水文站溪洛渡站、向家坝站（出库站）2个，支流水文站欧家村和龙山村站2个。

2. 水位观测

乌东德库区现有变动回水区攀枝花（二）、三堆子（四）、拉鲊、龙街（三）4 个，常年回水区有白马口、皎平渡 2 个，坝区有海子尾巴、下游水厂 2 个。白鹤滩库区现干流变动回水区有乌东德（二）站，常年回水区有格勒（二）、金塘、葫芦口、华弹 4 个，坝区对新建村站、下围堰、白鹤滩（出库站）3 个进行水位观测，其中乌东德（二）、格勒（二）、华弹、白鹤滩为国家基本站。溪洛渡库区干流现变动回水区有白鹤滩、恩子坪、山江、幺米沱、春江（二）5 个，常年回水区有双龙坝、黄华、双狮 3 个，坝区有黄桷堡、马家河、中心场、溪洛渡（出库站）4 个，其中白鹤滩、春江（二）、溪洛渡为固定基本站。向家坝库区干流现有溪洛渡、桧溪、冒水、新市、绥江、石溪、屏山 7 个，坝区新滩坝、凉水井、田坝、向家坝 4 个，坝下游有向家坝、引航道、三块石、普安、大雪滩 5 个。库区支流有大毛村、何家湾、欧家村、龙山村 4 个，其中大毛村和何家湾为原水文站改为水位站，欧家村和龙山村为水文站；坝下游支流有横江 1 个，基本满足水位观测需要。

3. 水道地形观测

地形观测是水库淤积测验的基本项目之一。地形观测一方面是为了准确测量库容曲线，为水库调度服务；另一方面也为分析研究提供基本资料。通过资料分析，掌握泥沙冲淤数量及空间分布（沿流程的、沿高程的）和纵向、横向、平面的形态变化。

水道地形观测范围一般包括库区干流、主要支流回水区以及近坝区河段，库区干流或近坝区施测比例尺为 1：2000，支流为 1：1000；两岸测至坝前正常蓄水位时施测高程为 20 年一遇洪水水面线。局部地形观测如引航道淤积观测、支流拦门沙观测等一般采用 1：500 或 1：1000 比例尺施测。

4. 固定断面测量

固定断面测量与地形观测目的相同，一方面是为了准确测量库容曲线，为水库调度服务；另一方面也是为分析研究提供基本资料。但由于水道地形测量成本较高，一般选取部分节点年份进行水道地形测量，其余通过固定断面观测来补充，一般在不开展地形观测的年份开展固定断面测量，断面观测时一般每年同步进行 1 次床沙取样。

固定断面施测范围为：库区干流及主要支流回水范围。干流施测比例尺为 1：2000，支流为 1：1000；两岸测至坝前正常蓄水位时施测高程为 20 年一遇洪水水面线以上 2m。

5. 水库淤积物干容重观测

水库淤积物干容重与河床泥沙组成，是水库泥沙研究的一项重要工作，也是研究泥沙起动与运动和闸坝承受压力等方面的基础数据，以及输沙平衡法与地形法冲淤量两种计算结果进行换算的重要参数，在水库运行期也应进行系统性的观测。干流一般按 25km 左右选择 1 个固定断面，每断面布置 3 条取样垂线；支流口门布置 1 个断面，每个断面布置 1 条取样垂线，外业结合库区断面床沙测量进行。

6. 水面流速流向观测

施测范围：向家坝坝址至宜宾合江门 33km 河段以及横江、岷江及长江汇口处各 0.5km 河段。施测比例尺：1：1000。施测时间：每年按向家坝水库出流流量级 1500～3000m³/s、7000～12000m³/s、15000m³/s 以上 3 个流量级范围安排。

7. 重要涉水建筑物扫测

对向家坝坝下游至柏溪县河段 3 座公路桥（马鸣溪金沙江大桥、内宜高速金沙江大桥、向家坝坝下永久公路桥）、1 座铁路桥（内昆铁路金沙江大桥）上、下游 100m 河段采用多波束测深系统进行 1：200 水下地形测量。

8. 库区变动回水区水流泥沙观测

水库变动回水区具有天然河道与库区的两重性质，随着坝前水位与上游来水的不同结合，回水末端上下移动，河道呈现天然与库区的交替变化，泥沙冲淤现象复杂。为了解水库的淤积发展变化和泥沙输移，必须开展有针对性的观测。观测内容一般包括二级水文断面观测、变动回水区水道地形测量以及变动回水区固定断面测量。

（1）二级水文断面观测。在变动回水区范围选择性布置 1 个二级水文断面，分别在水库蓄水期、消落期间各开展 8 次水位、流量、输沙、断面等项目监测工作。

（2）变动回水区水道地形测量。施测比例尺：1：2000。施测高程：两岸测至坝前正常蓄水位时 20 年一遇洪水水面线以上 2m。

（3）变动回水区固定断面测量。施测比例尺：1：2000。施测高程：两岸测至坝前正常蓄水位时 20 年一遇洪水水面线以上 2m。在每年消落期前、蓄水初期共开展 2 次固定断面测量。

2.2.2.2　专题观测

专题观测工作包括水库异重流观测、来水来沙调查、河床组成勘测调查等。

1. 水库异重流观测

水库异重流测验的目的在于掌握水库异重流运动规律，为水库合理调度，减轻水库淤积，充分发挥水库综合效益提供依据。大量工程实践表明，即使在低含沙河流水库里，异重流也会发生。溪洛渡水库是处于金沙江的主要产沙区，含沙量大，若产生异重流时，不及时排出水库会形成浑水水库，造成坝前库区严重淤积。

根据溪洛渡泥沙异重流研究成果，异重流潜入点位于离溪洛渡坝址 60～100km 河段范围内，因此在潜入点至坝址河段开展异重流观测。

（1）横断面监测。在异重流潜入点以上 2km 至坝前河段按照 5～10km 间距共布置横断面 10 个，近坝段适当加密，每断面布置 8 条垂线，分别进行水位、断面、分层水温、分层流速、分层含沙量观测，同时进行进出库流量、含沙量、输沙率观测。

（2）纵断面监测。在异重流潜入点以上 2km 至坝前河段沿异重流发展方向布置一纵断面，每 0.5km 布设 1 条垂线共计 100 条垂线，每线 5 个测点，进行水温、流速、含沙量、颗分观测。

2. 来水来沙调查

为及时了解水库运用后气候变化，人类活动以及特殊洪水、滑坡、泥石流、地震等突发事件对水沙条件的影响，有必要在水库运行期开展水库来水来沙调查工作。

在溪洛渡水库库区开展人类活动对流域产沙影响的调查，未控支流来水来沙调查，支流水电站开发对入库水沙影响及回水、冲淤、塌岸等其他调查。

3. 河床组成勘测调查

水库蓄水运行后，为进一步分析研究库区变动回水区及主要支流推移质泥沙淤积特征与规律及对水库泥沙的影响，以及分析研究水库常年回水区的淤积过程等提供基本资料，需要及时收集变动回水区及主要支流河段内河床组成资料。勘测范围一般为变动回水区至库尾干流河段，支流 10km 范围口门河段内；勘测调查内容主要包括洲滩坑测、河床组成调查等。洲滩床沙坑测需设置标准坑、散坑等；同时需在河段内调查了解河床边界物质组成分布。

2.2.2.3　其他水文勘测工作

其他水文勘测工作主要指资料整编、资料分析、资料入库等三个方面内容。

1. 资料整编

为更好利用观测资料，需对水库建设及运行期的水文、泥沙测验资料与河道地形（固定断面）资料进行整理和整编。工作内容主要包括水文、泥沙资料的整编，河道地形（固定断面）观测成果整理和河道基本特征值统计，资料归档、储存、检索、分发、保密管理等工作。水文站水文泥沙资料整编按行业标准进行。固定断面及河道地形等观测资料和成果，按国家标准和有关行业标准进行。资料按照三峡集团档案管理要求归档。

2. 资料分析

为及时了解水库运行期库区段、坝下游河道各年的水文泥沙及河床冲淤变化的基本特征，以及随着水库运行历时延长库区和坝下游发生的一系列变化，资料收集后，应对观测资料开展分析工作。主要采取当年与前期基本情况对比分析的方式，具体内容包括：水文（位）站水文泥沙年际、年内特征值的变化比较分析；控制站水位流量关系变化的比较分析；河道泥沙冲淤及冲淤引起的河床形态变化比较分析；重点河段典型断面、冲刷坑、局部特征等高线变化比较分析；断面床沙特征值的变化比较分析以及成果报告编制等。

3. 资料入库

金沙江下游梯级水电站水文泥沙数据库及信息管理分析系统于 2012 年正式上线运行，向家坝水电站运行阶段系统维护及资料入库主要包括以下内容：

（1）系统平台与硬件运行及维护，包括系统功能模块完善，平台、硬件及网络维护等。

（2）历年基础水文数据整理与入库，包括水文站、水位站、雨量站、蒸发站等水文泥沙整编资料的数据转换、数据检查、数据整理等工作，成为规范的数据表格式录入 Oracle 数据库。

（3）历年固定断面监测资料的整理和入库，包括实测断面成果、断面考证信息、断面标题表、参数索引表、断面布置图编制以及断面泥沙监测资料（床沙、试坑等）的整理和入库。

（4）历年河床组成勘测调查数据包括钻探、坑探的控制成果、泥沙级配成果、泥沙级配统计说明等资料的整理与入库。

（5）历年地形数据入库，包括溪洛渡库区干支流与坝区 CAD 地形数据整理、图形标准化、高程检查、DEM 生成及入库等工作。

（6）历年新增遥感影像与基础 DEM 数据的整理与入库。

（7）监测分析及研究报告以及其他相关文档资料整理与入库。

2.3　资料整编

金沙江下游梯级水电站水文泥沙观测工作始于 2008 年，所得的原始资料种类繁多、卷帙浩繁。在经过整编之前，这些资料在时间上、空间上均是离散的，甚至可能存在误差或错误，因此，这些资料一般不能直接使用，必须经过加工整理及整编，形成可应用的成果。另外，只有经过审核、查证，按照统一的标准和规格，整理成系统、简明的图表，以库的形式系统汇编，才方便用户使用，才能最大限度在库区综合调度、综合分析以及科学研究等多个领域发挥重要作用。

金沙江下游梯级水电站水文泥沙观测资料整编按成果内容可以分为河道地形资料、河道断面资料和水沙资料三个部分。河道地形资料整理包括资料整理、校核、合理性分析、集中整编、审查等技术工作，主要通过三级检查（作业组检查、勘测中心检查以及最终检查）、两级验收（生产单位组织的验收和业主单位组织的验收）的形式，确保河道地形图和断面成果的质量；水沙资料整编是指对原始资料按科学方法和统一的规格进行整理、分析、统计（在站整编）、审查、汇编、刊印或存储的全部技术工作。相对于地形资料，水沙资料整编的一个重要工作是对资料进行过程性还原，受观测手段限制，部分监测项目原始资料只是观测时刻的瞬时值，如流量、含沙量等，而使用时往往会出现需要时间与观测时间不同或需要完整连续过程，此时就需要通过相关整编方法对原始资料进行加工还原得到全年或更长的过程。

2.3.1　河道地形成果整编

河道地形成果要求当天在测量现场进行及时整理。河道地形成果主要包括水下地形成果和陆上地形成果两类。水下地形数据来源以单波束测深数据为主，数据采集完成后，经过测深数据校正、冗余数据删除、动吃水及水位改正等，检查确认无误后导入绘图软件，进入水下等高线绘制环节；陆上地形数据来源以全站仪数据和全球导航卫星系统（global navigation satellite system，GNSS）数据为主，经过编辑整理、格式转换，检查确认无误后导入绘图软件，参照现场绘制草图、编码等，完成地物绘制、地形地貌加工等。其中水边线是水道地形成果重要组成部分，一般以水深测量所测水边线为准，陆上地形所测水边线可做地形散点用。

金沙江下游梯级水电站水文泥沙观测项目，水道地形测量一般河段较长，工作量大。一般在水下地形图和陆上地形图分别完成图形整饰后进行图形合并接边，并对水下、陆上接边存在的空白和矛盾情况查明原因，进行综合处理，必要时及时进行返工测量。

2.3.1.1　水深数据处理

1. 声速改正

声波在水中的传播速度随水的温度、盐度和水中压强而变化。由于声速随着深度的增加逐层发生变化，声速剖面改正是获取高精度测深数据的重要步骤。

当水库水体温差小于 3℃时，声速计算统一采用下式计算：

$$V = 1410 + 4.21T - 0.037T^2 + 1.14S \tag{2.1}$$

式中：V 为声波在水中传播速度，m/s；T 为测区的水温，℃；S 为测区的盐度，‰，内河淡水测量取 0。

当温差达到或超过 3℃时，进行声速改正，水深声速改正值按下式计算：

$$\Delta H_c = \left[\frac{C_m}{C_0} - 1\right]H \tag{2.2}$$

式中：ΔH_c 为深度改正值，m；H 为改正前水深值，m；C_m 为平均声速，m/s；C_0 为水深采集采用声速，m/s。

受金沙江梯级深水水库特殊地理条件影响，经实测数据分析，当向家坝库区水体温差小于 3℃时，不进行声速改正。溪洛渡库区坝址—金阳河口、白鹤滩库区坝址—老君滩、乌东德库区坝址—龙街进行声速剖面改正，其余区域不进行声速剖面改正。无温跃层水域，通过测定水体表面水温，按式（2.1）计算声速。存在温跃层水域，声速通过声速剖面仪测定各分层声速，按式（2.2）改正。

2. 水深数据校正

回声测深仪是常用的测量水深的仪器，其工作原理是利用换能器在水中发出声波，当声波遇到障碍物而反射回换能器时，根据声波往返的时间和所测水域中声波传播的速度，就可以求得障碍物与换能器之间的距离。声波在水中的传播速度，随水的温度、盐度和水中压强而变化，所以在使用回声测深仪之前，应对仪器进行率定，计算值要加以校正。

回声测深仪的显示、记录方式有多种不同类型。近代测深仪除用放电或热敏纸记录器记录外，还有数字显示及存储，甚至可以和计算机结合起来而自动绘制水下地形图等多种不同方式。其中，热敏纸记录模拟信号、计算机控制同步记录定位和测深数据是常见的生产模式。

对测深模拟信号转换成水深的校对，一般在野外工作完成后，在室内打印出每一定标点的水深数据，采用人工的方法与回声纸逐点进行校核、复核、审核，即便如此，也难免有个别水深数据错误，影响工程进度和成果质量。随着计算机技术的发展及大容量存储器的出现，野外数据采集时能记录下每一个接收到的平面与测深信息。基于该需求，长江委水文局开发了"回声测深模拟信号智能校正"软件，该软件针对 Hypack 定位导航及数据采集软件中所收集的回声测深数据进行智能后处理，最大限度地减少了人为因素造成的错误，极大地提高了工作效率。

大多数水下地形测量软件只有在需要时才记录下某定标点的平面位置与水深，而 Hypack 则记录下所有接收到的位置和测深信号，同时记录下每一信号的时间，在某个设定条件下（如到了一定时间或距离），给测深仪发一个定标信号，并在数据文件中记下定标时间及定标特征码（如 Fix），这一过程并不影响原始数据的采集，因而数据文件本身是完整的。又由于很短时间内有多个测深信号（不同的仪器及在不同环境下使用，测深信号的多少不一样），在误码少的情况下，这些测深信号的连线基本上能代表该测量断面的原始地貌。通俗地讲，将这些密集的测深信号按时序相连即相当于测深仪的"回声纸"。

3. 水位改正

采用回声测深仪进行水体底部测量，测深仪测得的深度是由瞬时水面起算的，由于水面受水位或潮位的影响不断变化，同一地点在不同水位时测得的水深是不一致的，因此，要想得到水体底部的测点高程，则须对该点的水深测量值进行水位改正，进而得到水下地形点高程。水下地形点的高程是由水面高程（水位）减去相应水深间接求取的。

影响水下地形点高程精度的两大因素分别是水深和水位。在水深测量误差一定时，水下地形测点高程精度主要取决于水位。影响水位的因素主要可分为两类：一类是水位观测误差；另一类是测点水位推算误差。在不考虑水位观测误差的情况下，推算水位的准确与否是影响水下地形测量资料精度的关键。

（1）水位改算模型。

1）库区河段，水面高度近乎相同，水面比降几乎可以忽略，这种情况的测点水位可采用单站水位改正模式即采用一个水位值来计算：

$$G = Z - H \qquad (2.3)$$

式中：G 为河底高程；Z 为地形点对应的水面高程，即瞬时水位；H 为水下测量点的瞬时深度。

2）天然河道，在不考虑横比降的情况下可采用双站线性改正模式。两站间的测点水位改正，首先根据水尺涨落数据，将两站水尺进行时间内插，将两站水尺换算到与待推算的水下地形点的测量时刻，然后按照距离（注意不是直线距离，而是按照河道主泓计算的曲线距离）进行空间内插。

3）存在横比降河段或水域比降规律复杂水域，可将水尺布置在水域的四周，设 A_1、A_2、A_3、A_4 四个水尺在某时刻观测的水位为 Z_1、Z_2、Z_3、Z_4，则 P 点的水位可由 P 点至四个已知水尺距离的倒数加权求得，设 P 点至上述四点的距离分别为 S_1、S_2、S_3、S_4，则 P 点的水位为 $Z_P = (Z_1/S_1 + Z_2/S_2 + Z_3/S_3 + Z_4/S_4)/(1/S_1 + 1/S_2 + 1/S_3 + 1/S_4)$。

（2）采用 Hypack 软件进行水位改算。Hypack 水文测量软件是一种功能齐全的水下地形数据采集与处理软件，该软件的单波束编辑器提供了中心线法和三点法水位改正工具。

1）中心线法。该方法是根据水下测点投影到中心线与水位站投影到中心线距离插补水位改正进而求得该水下地形测点高程。Hypack 软件在进行水位改正时，根据已布设的河道中心线，各水位站沿河道纵向至中心线起点的距离，按时间与距离加权平均的方法计算出水下断面各测点的实时水位。

图 2.1 为某水位站布设及水位推算示意图。在上、下游同岸布置 3 个临时水位站 P1、P2、P3，以中心线法，使用 P1、P2 的观测水位，某时刻 t 测点线性插补的应用水位 Z_t 按下式推求：

$$Z_t = Z2_t + (Z1_t - Z2_t) \times \frac{d}{D} \qquad (2.4)$$

式中：Z_t 为断面 t 时刻测点推算水位，m；$Z1_t$、$Z2_t$ 为断面上、下游水位站 t 时刻水位，m；d 为断面至下游水位站间沿深泓线方向距离，m；D 为断面上、下游水位站间沿深泓线方向距离，m。

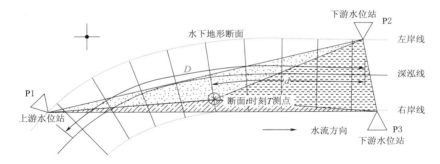

图 2.1　某水位站布设及水位推算示意图

在河段局部存在横比降的情况下，使用临时水位站 P1、P2、P3 的观测水位，t 时刻 T 测点由三点法推算的应用水位 Z_t 按下式推求：

$$Z_t = (a_1 Z_{P1} + a_2 Z_{P2} + a_3 Z_{P3})/a \tag{2.5}$$

式中：Z_t、Z_{P1}、Z_{P2}、Z_{P3} 为 t 时刻 T、P1、P2、P3 处的水位，m；a、a_1、a_2、a_3 分别为 $\triangle P_1 P_2 P_3$、$\triangle T P_2 P_3$、$\triangle T P_1 P_2$、$\triangle T P_1 P_3$ 的面积，m^2。

2）三点法。该方法适用于三个水位站围绕的测区。实施过程由三个水位站位置坐标建立一个三角水位面，按照三角形面积加权法原理进行水位改正。使用 Hypack 程序，复杂的三角计算在计算机程序的帮助下变得简单。

使用 Hypack 软件中心线法推算水位前，需要准备的文件包括：每个水位站观测数据生成的 TID 文件、量测每个水位站沿中心线的距离、仅由中心线点构成的 LNW 文件。在单波束编辑器界面下选择"工具"→"水位推算"→"中心线法"。通过文件选择对话框在 LNW 文件区域中选择测区的中心线文件；将鼠标置于表中第一有效单元格的位置上，单击鼠标，通过出现的文件选择对话框选择水位站 TID 水位数据文件；对应输入水位站沿中心线的距离；测区所有水位站数据输入完毕后，单击水位推算，程序将会把推算的每个测点的水位加入已编辑的文件中。在使用 Hypack 软件三点法推算水位时，仅需要准备好三个水位站的坐标及三个水位站的 TID 水位文件即可。

传统的中心线法水位推算是以断面为推算单位，假定某一断面施测期间水位不变的情况下，以断面推算水位代替该断面所有测点水位进行测点高程改算。严格来说，中心线法仅考虑了断面距水位站的距离，忽略了水位在施测某一断面期间时间上的变化，当水位随时间变化较大或某一断面施测时间较长时，可能造成部分测点高程失真。Hypack 软件以测点为推算单位，考虑了上、下游水位的时空变化和测点空间位置，理论上推求的测点应用水位更为准确。

2.3.1.2　数字化成图系统

为满足金沙江下游梯级水电站水文泥沙观测项目对水下地形要素表达的需求，准确描绘测区范围内大量水系地物，采用基于 GIS 的内外业一体化河道成图系统，有针对性地做了绘图模板定制和脚本开发工作，形成了针对金沙江下游测区特点和满足项目特殊需求的数字化成图系统。在既满足通用的测绘标准，又符合本项目特殊要求的基础上，采用数据库管理模式、全息数据结构和开放的标准定制机制，支持 GNSS、全站仪及超声测深仪、水声呐、多波束测深系统等设备的数据采集，从而实现与现有 GIS 系统数据共享。

通过提出河道地形测绘与 GIS 相结合的编码体系，定制了结合测绘、水利、地理信息的统一数据标准，以及采用多数据源同化及 CAD、GNSS、RS、GIS 融合技术，依托大型数据库平台，采用面向对象技术，构建图形与属性共存的框架，直接对空间数据和属性数据统一管理，实现了测绘行业的内、外业一体化；又通过采用点对象基于 Z 值实现自动标注，采用全息数据结构和开放的标准定制机制，基于骨架线的地理信息存储及符号化显示机制，同时满足 GIS 与地形制图的需求，完美实现了 1：500、1：1000、1：2000、1：5000 等各比例尺水道模块数据共享，提高了工作效率。

2.3.2　河道断面资料整编

2.3.2.1　断面名称

1. 固定断面编名要求

河道干流固定断面编名，一般取分区河段拼音首个或第二个字母加河段名称拼音前两个字首字母加编号组成断面名称。对支流一般采用干流名称拼音首字母加支流名称拼音前两个字首字母加编号组成断面名称，若采用支流名称拼音前两个字的首字母导致名称重复时，则顺水流方向，对在下游的采用支流名称拼音第二个或第三个字母组成断面名称；对湖泊区、水库区（不包括河道型水库）等固定断面编名，采用湖泊（水库）名称拼写的前两个字的首字母（大写，下同）加编号组成断面名称。对其支流则加支流名称拼音首字母加编号组成断面名称，若采用支流名称拼音首字母导致名称重复时，则顺水流方向，对在下游的采用支流名称拼音第二个或第三个字母组成断面名称；固定断面编名，对河道从上游往下游编，对水库从坝往上游编号，对坝下游河段从坝往下游编号，对湖泊区一般从出口往上游编（或从南往北，从西往东编），对支流从出口往上游编。

固定断面编号数从 1 开始编排，子断面编号数为 1～20，在两个常规断面之间增设子断面一般以不超过 20 个为宜，否则河道断面布设应重新统一规划并编号。当同一断面编号变动时，或原用编名改为新的统一编名时，为便于查找应用，应在当年的断面标志考证表中于别名栏注明断面此前的编名；断面观测类型一律在断面标志考证表中断面类型栏注明，分别为"基本""专题""工程"等。但断面性质应在表中的备注栏写明，如"分流分沙""床沙""一级水文断面""水文断面"等。

2. 子断面编名方式

在两个断面之间增加一个断面时，增设的断面编号为××（断面名称）＋×××（编号）＋.1（子号），如 XNJ20 号与 XNJ21 号断面之间增加一个断面，其编号为：XNJ20.1，不用"＋"号；在子号断面后或两个子号断面之间增加断面时，其增设断面编号为××（断面名称）＋×××（编号）＋.1（子号）＋.1（分子号）。如长江 SPL140.1 号与 SPL140.2 号断面之间增加断面时，其编名为：SPL140.1.1。

3. 标点编号与编名

断面左右岸标点号分别采用 L＋×（编号）和 R＋×（编号）组成，×为 1～20。当某一编号标点损毁时，另设标点编号应顺着编号，如 L1 损毁时，另设标点应编为 L2。标点编名由×××（断面名）＋××（标点号）组成，如 ZWH200R4；在成果表和断面图中标点名一般只填标点号，但在控制成果中应写全名。

4.断面成果整编中术语的意义

（1）零点标。断面起点距的第一次起算标点或起点距的归算零点统称为"零点标"。零点标用英文字母 O 表示，并注释其具体桩号，写为 O(L×) 或 O(R×)，如零点标在 L1 上，则写为 O(L1)。

（2）基点。专业工程断面起算端点标统称为"基点"。

（3）左岸标或右岸标。不同于基点另一岸端点埋设标则称为"左或右岸标"。

（4）方位点。对半江断面，为确定断面方向而虚设的不同于基点的另一点，写为"方位点"，方位点不注记高程。

（5）起点标。测时的起点距起算点。

2.3.2.2 断面成果调制

1.断面成果表成册组成及封面注记

断面成果表组成一般包括封面、内封、工序签名表、目录、成果说明、观测布置图、成果表等几个部分。

在标题注记中，当有纵断面成果时，将"固定"注记改为"纵"。对专业工程断面，应分别将"固定"改为相应的"纵"或"横"注记。

2.起点距归算

对同一类型的多次观测断面，除基本观测与专题观测类在断面标志考证表中应反映起点距的关系外，若测时零点标不为同一点，则应将后测次断面的起点距归算到第一次的零点标上，成果表中应反映的是归算后的测点起点距。

对不同类型的断面观测，如长程河段固定断面观测与某一工程的专业断面观测，其重合断面的起点距不进行归算，成果表中按测时零点标整理测点起点距，但应填制后次与前次或专业工程断面与基本观测断面的起点距关系表。

3.成果说明编写

成果说明应包括河段简况、任务来源与内容、采用基准及标志考证、观测情况、观测布置（包括断面布置、与已有断面重合情况、床沙断面、断面编号及标石编号、标志埋设情况等）、观测实施（包括断面取床沙情况，当陆上水下不为同一时期观测时，应分别说明时间及原因）、资料整理情况（包括计算方法、标点坐标填写、分带情况、坐标填写、起点距关系、资料引用情况及成果改正情况、数据格式等）、资料汇总方法、包括测次编排及汇交情况等。

4.断面起点距关系表编制

断面起点距关系表样式见表 2.7。

5.断面成果表填写

（1）标点坐标填写。在成果表中副表头的标点坐标填写中，对基本观测和专题观测一般只反映 X、Y 二维坐标，而对工程类观测则应反映 X、Y、H 三维坐标；对横坐标 Y 中带号不能用左上角小号字注记以示区别，而应以与坐标字体同样大小填写；零点标应在

表 2.7　　　　　　　　　　　　　　　　断面起点距关系样表

观测项：1.					
2.					
序号	××××断面		××××断面		关系式	备　注
	（起点距 S_1）		（起点距 S_2）		$S_2 = S_1 + \triangle$	
	断面名称	测时零点标点名	断面名称	测时零点标点名	$S_1 + ××$(m)	

表中副表头填写，当零点标与最新利用的标点重合时则不填写；观测河段跨越两带分界子午线时，断面标点坐标的填写应视河段长短而定：

1）当观测河段较短时，成果表上只填写标点较多一带坐标，但在断面考证表上，应分别填写标点两带坐标，并在备注栏注记"分带"；对分带子午线两侧的首断面，在成果表中应于副标题与"施测时间"竖向对齐注记另一带坐标，注记为"××带（空一格）左标名：$X = ××$　$Y = ××$（空一格）右标名：$X = ××$　$Y = ××$"。无零点标填写时，在"施测时间"下一行通行填写，有零点标注记时则在零点标下一行通行填写。但断面图上只标注标点所在带坐标。

2）当河段较长时，如长程固定断面观测，在断面成果表及考证表中各填写标点所在带坐标，但在考证表中对分带子午线两侧的首断面，应在考证表中分别填写标点两带坐标。若一断面跨越分带子午线时，成果表中填写该断面左标所在带的坐标，右标点所在所带坐标填于断面考证表中，并在备注栏中注记"跨带"。断面图上只标注左标点所在带坐标。

（2）成果表栏及说明栏填写。对宽度较小的地物，如防洪墙、大坝等，在测量时应只测某一点的起点距，然后用钢尺量其宽度，记入成果表栏，并在说明栏注记，说明注记力求文字简练达意。

（3）标点高程填写。历次利用的断面标点应在成果表中反映，但高程应在与目前地形完全吻合时才能反应。对已毁零点标，其起点距须在成果表中反映，但高程不填写，对测时利用的断面标点其起点距与高程均应填写。在考证表中高程均应反映。

（4）施测时间与水位填写。当陆上与水下为同一时间测定时，填测时水下施测时间；当陆上与水下不为同一时间测施时，分别填施测时间，水下时间填在"水位"后，加括号写为"（年.月.日）"，陆上施测时间填入"施测时间"栏，写为"陆上年.月.日"；横跨数泓断面，若次泓与主泓水位相差超过 0.1m 时，将"水位"栏对应分多排写，分别写各泓的施测时间和水位，在水位数值后注明"（左汊年.月.日）""（右汊年.月.日）"或"（中汊年.月.日）"。

（5）方位角填写。对两岸标志齐全的断面填至度分秒，对不齐全的则填至度分。

2.3.2.3　断面图册组成

断面图册一般由封面、内封面、工序签名表、目录、成图说明、断面观测布置图、断面间距表、断面图等几个部分组成。

1. 成图说明

成图说明应包括基本情况（包括任务来源、河段简况，断面编排等）、采用基准（包括平面、高程系统）、成图情况（包括陆水、水下施测时间，测图比例尺，成图比例尺、电子版情况及格式）、测图整理与汇总（包括套绘、起点距关系与处理、存在问题处理及成果汇总情况）。

2. 断面观测布置图

断面观测布置图的比例尺一般为 1：10 万～1：50 万，具体根据河长、河宽及要表达的内容确定。当有较大、较长支流汇入时，若无法以规定图幅绘制，则图面配置应以干流为主，支流河段可截取配置在干流河道上方（平行）绘制，布置图原则上控制在 1～3 张为宜。右端中上部位应标出指北符号。断面观测布置图上，可每隔 4 个断面注记一个断面的编号（去掉字母代码的编号），有子号时写出子号（写为 .×）。图上注记应能完整反映断面编号，断面编号一般注记在断面端点处，字头朝向上游平行断面线注记。对全江断面一般注记在左岸，特殊情况有的断面可注记于右岸。若河道较宽，可注记在河道中央，字头朝向上游，平行断面线注记于断面线左侧。

3. 断面间距表

断面间距表一般绘于断面观测布置图上，采用简单样式，包括序号、断面名称、间距等基本信息即可；由于特殊需要或者本身图幅内容限制，也可单独调制断面间距表，具体见表 2.8。

表 2.8 断 面 间 距 表 样 式

序号	断面名称	断面间距/m	累计距离/m	备 注

当干支流汇编时，注记干流名称或支流名称于断面名称栏（黑体），如"长江""乌江"等，然后按顺序注各河流的断面，注记顺序为从上至下，从左至右；有汊道或浅滩时，在备注栏内说明，如"三八滩左汊"等；一张表不够时，可加续表，表左上角加注"续表×"；对 A4 幅面，表名黑体 4 号字，表头黑体 5 号字，表内宋体小 5 号字。对 A3 幅面字体不变，字号根据版式调整。

2.3.2.4 断面图

1. 一般要求

断面图可套绘（2～5 次），各次采用图例符号或颜色区别。单色（黑色）套绘，采用图例符号区别；常规的断面观测绘图比例尺根据 A3 图幅及河宽具体确定，应确定一个基本比例尺，特殊地段少数断面可调整比例尺，但应注意使断面测点点距恰当，且使断面图尽量协调地铺满整个图幅。

若观测点距太小，影响成图的清晰易读性时，可择要选择测点上图，但重要的特征点应上图，电子版一般不允许去掉测点，应反映全貌，同时应注意断面图和断面成果表的内容应严格对应。

2. 图幅版式

图幅加粗黑外框线，线粗 1mm。断面图绘制区域绘制网格线，网格线区域范围可根据断面图大小及绘图幅面调整。网格线中 5mm 为一细点线，线粗 0.12mm，5 个 5mm 为一粗点线，线粗 0.18mm；坐标轴及说明栏为粗黑线，线粗 0.3mm。断面图形及测点图式符号线粗 0.25mm，标点符号线粗 0.25mm；测点图式符号△边长 1.5mm，符号●、○直径 1.0mm，符号×、＋线长 1.2mm，符号◇对角线长 1.2mm。

图中标点注记以 L 或 R 为点位与 Y 对齐注记坐标；图号按测区统一顺序流水编号，每幅断面图右上角加注一直径 20mm 的圆，圆内用分子式表示图号，分子表示图号数，分母表示总图幅数；断面图坐标轴 X 轴一般通过横坐标零点，当有负起点距或说明栏内注记压盖表头时，X 坐标线不通过零点，而移至断面图形的左端一定距离，当有负高程时，Y 轴移至图形最低点下的一定高度。

当测时起点桩与零点桩相隔较远，而图中只需反映测时断面图形时，则应将 X 轴不通过零点，而设置为一个整数；图例符号一般绘制在左下角，若绘制个别特殊比例尺图需留最大空时，可绘制在右边图题上方；在断面图横坐标下加有关说明栏，多次套绘只对最新测次进行说明。

2.3.2.5　电子文件

电子图册中一般以 AutoCAD 文件格式存储，图形与地形点应分层存放；断面数据文件应纳入电子图册文件中。断面数据文件一般为 .txt 文本格式；电子图比例尺依照《水道观测规范》（SL 257—2017）规定确定；当电子文件另有要求时，在任务书或设计书中规定；电子图册应建立专门目录，每断面应在目录中反映。

2.3.2.6　断面成果数据处理系统

传统断面数据处理，由于缺乏专用的断面数据处理系统，数据处理需要多个模块、步骤配合完成，效率不高且缺乏系统性，同时断面成果的质量和形式过度依赖整编人员的技术水平，不利于产品质量的提升。长江委水文局根据金沙江断面测量具体要求和数据采集处理特点，编制了断面测量的数据处理系统，有效解决了以上问题。

1. 系统编写说明与总体框架

本系统在遵照《水道观测规范》（SL 257—2017）等相关规范以及金沙江下游固定断面资料整编要求进行设计，功能齐全，具有断面成果计算，断面图、断面成果表输出功能，同时对所有中间数据进行有效留存。该系统的广泛使用，确保了金沙江下游断面测量成果从封面到具体成果的统一性和美观性，同时提高了作业人员生产效率。系统主要包括以下 4 个部分：

（1）测前数据准备模块。测量前断面线的预制及转换，通常断面线包括固定断面线和临时断面线两种，固定断面线的制定将原资料坐标文件或方位角文件转换为目标格式即可。而临时断面线需要根据河势即深泓或水边线走势及断面间距等具体要求制定；地形图中所需数据的反向提取，该模块可以根据指定编码批量从地形图文件中提取所需数据，如堤线数据、水边线数据；测深软件中各种所需数据的准备如目标点文件、边界线文件等。

（2）数据录入模块。这部分包括原始数据自动备份及规范化数据的功能。为保证成果质量及今后对于成果的检查及利用，备份原始数据非常重要。为便于进一步成果的整理和检查，需要将原始数据进一步处理，得到一个规范标准的数据格式。

（3）数据处理模块。该模块包括全站仪、RTK 等数据处理、导线计算、水下测量数据处理、断面起点距计算等数据处理。

（4）数据转换模块。该模块可以进行清华山维、CAD 等软件之间的数据格式转换。

2. 系统主要特点

（1）全过程质量控制和管理。该系统在开发过程中严格执行《水道观测规范》（SL 257—2017）、《水利水电工程测量规范》（SL 197—2013）等相关规范。该系统的建立，旨在实现断面数据处理一体化，从原始数据录入、数据存储到成果输出完美结合，做到各个环节无缝连接。系统能对含有粗差和错误的数据进行提示和处理。在质量控制和管理中，通过程序控制和人工干预相结合的方式，大大提高了检查效率和准确性。

（2）注重中间成果的保留及规范化。力争在数据处理过程中实现透明化，即整个处理过程的中间数据都保留下来并规范化，中间过程往往容易被忽视，其实中间过程非常重要，应作为正式成果进行归档和备份，这方便日后对成果进行检查和利用。

（3）系统功能全面易于操作。为保证用户能够通过本系统实现对客户要求的顺利实现，本系统在图面样式、线型选择、字体、版面等很多方面都能够很方便地进行第二次定义。其中在断面图幅安排上用户可以选择固定比例尺和根据客户图幅自由缩放，前者在规定的图幅上按照规定的比例尺绘制，后者可以根据图幅大小、断面长度、自动缩放比例尺绘制断面图，以布满整图美观为止。

（4）多源数据完美结合。测量数据的来源有很多种，包括各种测量仪器、各种测量手段、历史资料及人工编辑的临时资料。在系统中通过数据转换模块将各种数据转换为统一的标准格式，系统中各个数据处理模块尽可能作到使用相同的数据格式，即一种数据格式可以在几个模块中利用，如断面成图、成表、成布置图都使用起点距文件，为用户节约时间，提高了工作效率。

（5）采用的关键技术。DXF 数据格式的分析和利用，实现方便快速的成果输出；Excel 的二次开发技术。在 VB 应用程序中调用 Excel，实质是将 Excel 作为一个外部对象来引用，由 Excel 对象模型提供能从 VB 应用程序内部来程序化操纵的对象以及相关的属性、方法和事件；数据质量控制自动化，将繁重的数据质量检查如点距、明显不合理高程等可根据用户要求通过计算机自动完成；可根据需要指定任意比例尺、任意纸型的断面图；实现测前数据准备、数据采集和录入、数据处理、成果输出真正意义上的一体化断面测量。

2.3.3 水沙资料整编

2.3.3.1 测站考证

对测站的考证主要包括站点考证，测验河段及附近河流情况考证，基面、水准点考证，断面及主要测验设施布设情况考证等。

1. 站点考证

主要考证测站的设立、停测、恢复、迁移、测站性质和类别及领导关系的变动等较大事件的发生时间、变动情况等应进行测站沿革考证，此项工作必须在测验当年考证清楚。

2. 测验河段及附近河流情况考证

对测验河段及其附近河流情况应进行考证，考证内容应包括：测验河段顺直长度及距弯道距离；高中水控制条件；河床组成、冲淤、河岸坍塌及河道开挖治理情况；高水分流、漫滩和枯水期浅滩、沙洲出现情况；附近有无支流汇入及引排水工程；上下游附近固定或临时性阻水建筑物。

3. 基面、水准点考证

查清本站采用的冻结基面（或测站基面，下同）与绝对基面（或假定基面）表示高程之间的换算关系。

查清各水准点本身有无因自然或人为因素影响，使高程数值发生变动。如果某水准点发生上升或下沉变动，则其用冻结基面和绝对基面表示的高程均应做相应的改变。

4. 断面及主要测验设施布设情况考证

查清基本水尺断面、测流断面和比降水尺断面的布设情况和相对位置。如某断面迁移，应查清其迁移的时间、原因、距离及方位等。

查清主要测验设施建成年月及使用、更新、改建情况等。

2.3.3.2　水位资料整编

水位资料整编包括考证水尺零点高程，绘制逐时或逐日平均水位过程线、整理观测数据，编制逐日平均水位表，合理性检查以及资料整编说明表等。

1. 水位摘录

采用自记水位资料进行水位整编时，先进行精简，当水位过程呈锯齿状时，宜采用中心线平滑方法进行处理；当水位过程平缓时，可采用摘录的方式进行处理。经处理后计算的日平均水位与采用所有数据计算的日平均水位之差不宜超过 2cm。自记水位计出现故障时，采用人工水位资料或订正后的资料进行整编。

2. 日平均水位计算

一日内水位变化平稳，只观测一次水位时，该次水位值即可作为当日的日平均水位。一日内观测一次以上水位者，可采用算术平均法或面积包围法计算日平均水位（图 2.2）。

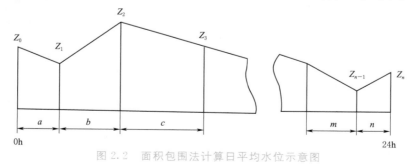

图 2.2　面积包围法计算日平均水位示意图

当采用算术平均法或其他方法与面积包围法计算的结果相差超过 2cm 时，应采用面积包围法计算成果，其计算公式为

$$\overline{Z} = \frac{1}{48}\left[Z_0 a + Z_1 (a+b) + Z_2 (b+c) + \cdots + Z_{n-1}(m+n) + Z_n n\right] \qquad (2.6)$$

式中：$\overline{Z}$ 为日平均水位，m；a、b、c、$\cdots$、m、n 为观测时距，h；Z_0、Z_1、Z_2、$\cdots$、Z_n 为相应时刻的水位值，m。

按规定几天观测一次水位时，未观测之日可不计算日平均水位，逐日平均水位表中逐日栏内任其空白；月初、月底及有其他需要的，可按直线插补求得日平均水位值。

3. 合理性检查

（1）单站合理性检查。采用逐时或逐日水位过程线分析检查，根据水位变化的一般特性（如水位变化的连续性、涨落率的渐变性、洪水涨陡落缓的特性等）和变化的特殊性（如受洪水顶托、决堤等影响），检查水位变化的连续性与突涨、突落及峰形变化的合理性。水库及堰闸站，还应检查水位的变化与闸门启闭情况的相应性。

（2）上下游站综合合理性检查。利用上下游水位过程，根据水位涨落情况进行合理性分析，如比较在同一时段上下游水位峰值出现次数，若上下游同一时间段峰值分别为 1 次和 2 次（图 2.3），则需要对水文站水位进行校正。

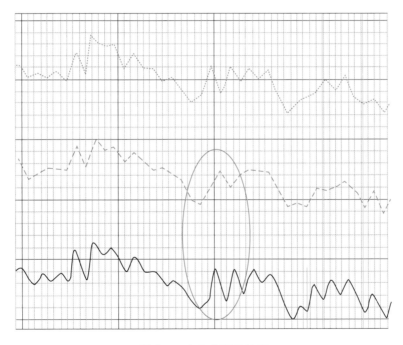

图 2.3　水位合理性检查

2.3.3.3　流量资料整编

当前状况下，由于流量的施测比较复杂，又不能连续施测，所以流量整编工作就是寻找流量与其他参数（1 个或几个，最常用的为水位）的相关关系，从而推求连续的流量过

程。天然河道的水位流量关系总的来讲可分为两种，即稳定和不稳定。

1. 稳定测站流量资料整编

稳定测站和河槽控制较好的测站的水位流量关系较为稳定。即同一水位只有一个流量，如图 2.4 所示。

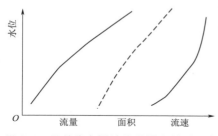

图 2.4　天然稳定测站流量要素关系示意

（1）单一曲线图解法

1）关系曲线的绘制：在同一张方格纸上，以水位为纵坐标，自左至右，依次以流量、面积、流速为横坐标。点绘实测流量点：纵横比例尺要选取 1、2、5 的 10^n 倍，以便读图；根据图纸的大小及水位、流量、面积、流速变幅，确定的比例要使水位流量、水位面积、水位流速关系曲线分别与横轴大致成 45°、60°、60°的交角，并使三条关系线互不相交。

在点绘的水位流量、水位面积、水位流速关系图上，先用目估的方法，通过度群中心徒手勾绘出三条关系曲线；然后用曲线板修正，务必使曲线平滑，关系点子均匀分布于曲线两旁，并使曲线尽可能靠近测验精度较高的测点。

初步绘出的水位流量关系曲线必须同水位面积、水位流速关系曲线互相对照。办法是将初步绘制的曲线分为若干水位级，查读各级水位的流量，应近似等于相应的面积和流速的乘积，其误差一般不超过±2%～3%。

2）低水放大图的绘制：在一般情况下，水位流量关系曲线的低水部分都要另绘放大图，其目的是保证读图精度。按照规范标准规定：读图的最大误差应小于或等于 2.5%，不论流量比例如何，放大界限一律位于从零点算起的 20mm 处。

（2）水位流量关系曲线不确定度及系统误差估算。

1）实测点离线相对误差的标准差的计算。

采用以下公式进行测点标准差计算：

$$S_e = \sqrt{\frac{1}{n-2} \sum_{i=1}^{n} \left(\frac{Q_i - Q_{ci}}{Q_{ci}}\right)^2} \tag{2.7}$$

式中：Q_i 为第 i 次实测流量；Q_{ci} 为第 i 次实测流量 Q_i 相应的曲线上的流量；n 为测点总数。

2）单次流量误差随机不确定度的计算：

随机不确定度采用以下公式估算：

$$X'_Q = \pm \left[X'^2_m + \frac{1}{m+1}(X'^2_e + X'^2_p + X'^2_c + X'^2_d + X'^2_b)^2 \right]^{1/2} \tag{2.8}$$

式中：X'_Q 为流量总随机不确定度，%；X'_m 为断面Ⅲ型随机不确定度；X'_e 为断面Ⅰ型随机不确定度；X'_p 为断面Ⅱ型随机不确定度；X'_c 为断面流速仪率定随机不确定度；X'_d 为断面测深随机不确定度；X'_b 为断面测宽随机不确定度。

3）水位流量关系定线系统误差估算。实测关系点距与关系线无明显系统偏离时，系统误差可采用测点（或校正点）对关系线相对误差的平均值。

（3）水位流量关系曲线定线检验。

1）检验所定关系曲线是否合理、有无系统偏差的方法：符号检验、适线检验、偏离数值检验。

2）检验前一个时期的水位与流量关系能否适用于后一个时期。

3）在进行检验时先要作一定的假设，并且构造一个统计量，通过实测资料来计算该统计量，以检验该假设是否成立。

（4）水位流量关系曲线的延长。

1）水文站因故未能测得洪峰流量或最枯水流量时，要对水位流量关系曲线作延长。延长的范围，一般要求高水部分延长不应超过当年实测流量所占水位变幅的30%；低水部分不超过15%。

2）高水延长是指将关系曲线向当年最高洪水位或调查洪水位方向的延长。

3）低水延长是指将关系曲线向断流水位方向所作的延长。

2. 不稳定测站流量资料整编

不稳定水位流量关系是指测验河段受断面冲淤、洪水涨落、变动回水或其他因素的个别或综合影响，使水位与流量间的关系不呈单值函数关系。其定线推流方法主要有连时序法、临时曲线法、改正水位（系数）法、连实测流量过程线法、水力因素法等。

（1）时序型流量数据处理的方法。

1）连时序法：适用于受某一因素或综合因素影响而连续变化的测站。要求测站测流次数较多，并能控制水位流量关系变化的转折点。

2）临时曲线法：适用于不经常冲淤的测站，或用于处理结冰、水草生长影响的水位流量关系。要求测站在水位流量关系的各个相对稳定的时段内，定出各自的单一关系曲线，即为临时曲线。

3）改正水位（系数）法：适用于受经常性冲淤但变化较均匀缓慢的测站，或受水草生长影响或结冰影响的时期。要求测站有足够的实测流量点，影响因素变化过程的转折处要求有实测点加以控制。

4）连实测流量过程线法：适用于受多种因素影响、水位流量关系较复杂，难以采用水位流量关系定线、推流的测站。要求流量测次较多，流量测验精度较高，基本上能控制流量的变化过程。

（2）流量整编成果的合理性检查。

1）单站合理性检查。

a. 历年水位流量关系曲线的对照分析：高水控制较好，冲淤或回水影响不严重时，历年水位量关系曲线高水部分的趋势应基本一致；历年水位流量关系曲线低水部分的变化，应该是连续的，相邻年份年头年尾曲线应该衔接或接近一致；水情相似年份的水位流量关系曲线，其变动程度相似；用相同方法处理的单值化曲线，其趋势应是相似的。

b. 流量过程线与水位过程线对照分析：主要检查流量变化过程是否连续合理，与水位是否相应。除冲淤特别严重或受变动回水影响及其他特殊因素影响外，两种过程线的变化趋势应一致，峰形一般应相似，峰、谷相应。流量过程线上的实测点，不应呈明显系统偏离，水位过程线上的实测流量相应水位点子应与过程线基本吻合。对照时，如发现反常情况，可从推流所用的水位、方法、曲线的点绘和计算等方面进行检查。

2）综合的合理性检查。

a. 上下游洪峰流量过程线及洪水总量对照：洪水沿河长演进，其上下游过程线是否相应；洪峰流量沿河长变化及其发生时间是否相应合理，洪水总量是否平衡；河槽蓄水量与出水量是否大致相等。

b. 上下游日平均流量过程线对照：对于日平均流量，上下游变化是相应的。用上下游逐日平均流量过程线可以全面综合地检查上下游日平均流量是否相应。

c. 上下游水量对照：进行上下游水量对照时，一般都用水量平衡的概念。可以用上下游月、年平均流量对照表来对照分析。若区间面积较大时，可根据区间面积及附近相似地区的径流模数来推算区间月、年平均流量，也可以用降水径流关系来推求，然后将上游站和区间流量相加并与下游站相对照。

2.3.3.4　悬移质含沙量资料整编

1. 逐日平均输沙率和含沙量的推求

（1）一日施测一次单沙或断沙时，即以单沙或断沙作为日平均含沙量，乘以日平均流量，即为日平均输沙率。

（2）几日施测一次单沙时，未测单沙各日的日平均含沙量可按前后施测单沙日期的断沙以直线内插求得，再由插补的日平均含沙量推求日平均输沙率。

（3）若干天的水样混合处理时，以混合水样的相应单沙或断沙作为各日平均含沙量，并用以推算日平均输沙率。

（4）一日内施测多次单沙时。

1）算术平均法：当流量变化不大，单沙测次分布均匀时，可用各次单沙的相应断沙的平均值作为日平均含沙量，并用以推求日平均输沙率。

2）面积包围法：当流量变化不大，含沙量变化较大且单沙测次分布不均匀时，可用面积包围法计算日平均含沙量，并用以推算日平均输沙率。

3）流量加权法：当流量和含沙量变化较大，可采用流量加权法计算日平均输沙率，再除以日平均流量，得日平均含沙量。

2. 悬移质月、年统计值计算

（1）月（年）平均输沙率：以月（年）内各日日平均值的总数除以月（年）的日数求得，即

$$Q_{smm(am)} = \frac{\sum Q_{sdm}}{n} \tag{2.9}$$

式中：$Q_{smm(am)}$ 为月（年）平均输沙率，kg/s 或 t/s；Q_{sdm} 为月（年）内各日日平均值。

（2）月（年）平均含沙量：以月（年）输沙量除以月（年）平均流量求得，即

$$C_{smm(am)} = Q_{smm(am)}/Q_{mm(am)} \tag{2.10}$$

式中：$C_{smm(am)}$ 为月（年）平均含沙量，kg/m³ 或 g/m³；$Q_{smm(am)}$ 为月（年）输沙量，万 t；$Q_{mm(am)}$ 为月（年）平均流量，m³/s。

（3）月（年）输沙量：以年内各日日平均输沙率总数乘以一日秒数求得，即

$$W_{sm(a)} = 86400 \sum Q_{sdm} \qquad (2.11)$$

式中：$W_{sm(a)}$ 为月（年）输沙量，万 t；Q_{sdm} 为年内各日日平均输沙率，kg/s 或 t/s。

（4）输沙模数：年输沙量除以集水面积求得，即

$$M_s = W_{sa}/A \qquad (2.12)$$

式中：M_s 为输沙模数，t/km^2；W_{sa} 为年输沙量，万 t；A 为集水面积，km^2。

3. 合理性检查

（1）单站合理性检查。

1）历年关系曲线对照：利用历年关系曲线图比较各年曲线的趋势和其间相对的关系。历年关系曲线的趋势应大致相近且变动范围不大。如果趋势的变动范围较大，则应分析其原因；从往年系数变化过程与流量变化过程找出规律。再据以检查本年比例系数过程线的变化情况；历年流量（水位）与输沙率关系曲线对照先从历年的变化幅度、曲线形状找出规律。再据以检查本年的资料。

2）含沙量变化过程的检查：将水位、流量、含沙量、输沙率过程线绘在同一张图上进行对照检查；含沙量的变化与流量的变化常有一定的关系，可根据历年水位、流量、含沙量变化的规律，检查本年资料的合理性。如有反常现象，即应检查原因，包括洪水来源、暴雨特性、季节性等因素的影响，以及流域下垫面发生改变等。

（2）综合合理性检查。上下游站月、年平均输沙率对照检查：上下游各站月年平均输沙率对照，有跨月沙峰时，可用两月月平均输沙率之和检查沿河长输沙率变化的合理性。受区间支流来沙影响的区段，应将上游站与支流站输沙率之和列入与下游站比较。同时，还应考虑区间冲淤影响的因素。

2.4 质量控制

金沙江下游梯级水电站水文泥沙监测产品质量控制，实行三级检查二级验收制，其间抽查、验后复核。三级检查为过程检查、专业检查、最终检查。二级验收为项目验收（成果审核）及委托单位交接验收。

内外业资料检查严格执行观测资料的检查验收制度是成果质量的可靠保证。为了提交符合要求的观测产品，项目管理部门对年度资料安排多次检查，包括内、外业抽检和成果最终检查验收；在外业测量阶段，质量管理部门对重大项目进行不定期跟踪检查或抽检。通过现场跟踪，资料抽查等方式，及时发现问题，并提出整改意见于实施单位整改，有效杜绝严重缺陷和重缺陷的发生。

成果最终审核阶段在前期专业检查以及最终检查基础上进行，一般采用室内抽样审核方式，包括详查、概查，详查比例一般为 30%，概查部分 100% 覆盖。检验内容包括各项目工作进度及完成任务情况；成果质量检查包括外业检校记录手簿，成果的正确性，成果精度的统计与分析，新老资料的对比合理性分析，图幅整饰与合理性检查、资料的完备性、专业技术文件编制等；过程与专业检查实施的工序与比例，内外业检查记录，专业检查报告；各级检验整改情况；提交检查资料情况；提交产品数量及形式；产品质量分析。

2.5 本章小结

金沙江下游梯级水电站水文泥沙观测始于 2008 年，通过十余年的探索和实践，不断建立和完善了金沙江下游水文泥沙观测站网，使观测内容和形式不断完善，目前已经形成了较为健全的观测技术体系和质量管理体系，同时也积累了系统的、丰富的水文泥沙观测资料。这些观测工作贯穿了金沙江下游梯级水电站设计、施工、运行管理等各个阶段，为工程设计、施工建设提供了可靠的基础资料，为向家坝等水电站的顺利截流、安全施工和蓄水运用发挥了重要的技术支持作用。同时，系统的水沙观测及时掌握了入库、出库的水沙变化，水库泥沙淤积以及坝下游河道冲刷情况，为长江上游水库群开展科学的联合调度奠定了基础。

第3章
监测新技术与应用

金沙江下游梯级水电站水文泥沙监测工作按照专业划分，主要包括河道地形测量和水文测验两大类。其中河道地形测量主要包括控制测量、陆上地形（断面）测量、水下地形（断面）测量等；水文测验主要包括雨量观测、水位观测、流量观测、泥沙测验、表面流速流向观测等。总体上，金沙江下游梯级水电站水文泥沙观测充分借鉴了长江三峡水库水文泥沙观测的相关技术和经验，形成了以实时动态（real - time kinematic，RTK）草图法或全站仪电子平板测图、声学多普勒海流剖面仪（acoustic doppler current profiler，ADCP）测流等常规技术方法为核心的完整监测技术体系。同时，针对金沙江下游库区水文特点，结合技术进步，重点在大水深精密测深技术、基于多平台多传感器的点云获取技术、异重流监测技术、淤积物干容重研究、推移质测验研究等方面开展了深入研究。有关RTK测图、ADCP测流等常规观测技术在《长江三峡工程水文泥沙观测与研究》以及其他相关著作中都有详细介绍，在此不再赘述。本章重点针对大水深环境下精密测深改正技术等几项创新关键技术的研究和应用情况做介绍。

3.1 大水深环境下精密测深改正技术

大水深准确测量一直是国内外的技术难题，随着向家坝、溪洛渡等大型水库蓄水运用，其最大水深超过200m，加之大量的细颗粒泥沙淤积、边坡陡峭，给大水深测量与水体河底边界确定带来困难。另外，大水深条件下，也可能存在水温分层现象，水温分层引起的声速变化及声线折射现象等因素都会对深水水深测量产生影响。同时，测船的姿态及吃水变化、测深仪波束角、定位测深信号延时、船速效应等因素对大水深测深精度也有影响，特别是对于地形起伏大、坡度陡的库段，影响更显著。因此，大水深条件下的库区地形观测精度及可靠性问题一直是大型水库水文泥沙观测面临的一个重要课题，需要综合考虑传播介质（水温分布、水流条件等）、反射界面（不同河床底质反射声波的能力）、反射位置（测船稳定度、测深仪换能器铅垂度、床面地形坡度、船速效应等）及仪器性能（发射功率、频率、发射角、灵敏度等）因素，开展野外及室内专题观测试验及大水深条件下的测深技术研究。近年来，为了满足库区大水深观测的基本精度，减少大水深情况下的不利因素的干扰，长江委水文局从声线跟踪改正、姿态改正、延时改正等方面开展技术研究，提高了大水深环境下的测深精度。

3.1.1　基于声线跟踪改正技术

由于水介质随深度变化各层的温度、盐度，使得声波传播的速度也在不断变化。一方面声波在水中的传播速度不尽相同，另一方面声线遇到介质物理特性变化时，其传播方向将会发生改变从而产生折射，折射的程度与介质的声速变化率有关。因此，当声线在分层介质中传播时就不断地发生折射，声线的方向就不断地偏折和弯曲。如果使用平均声速或不正确的声速剖面，就会使实际水底发生水平偏移和深度偏差，所获得的测深数据精度下降，严重的甚至可使采集的数据完全报废。因此为了获得高精度的水深测量资料，对多波束测量系统进行声速改正非常必要。

声线跟踪有层内常声速声线跟踪和层内常梯度声线跟踪，相对前者，后者与实际比较接近，算法也相对严密。

理论上，波束传播路线（即声线）的长度（即声程）R 通过下式获得

$$R = \int_t c(t) \, dt \tag{3.1}$$

式中：$c(t)$ 为声速函数，而在实际计算中无法准确地获得该函数，而只能借助声速剖面仪得到声速剖面测量（sound velocity profile），为此，需将一个连续积分问题离散化，采用如下式所示层追加处理思想实现声程的计算：

$$R = \sum_{i=1}^n C_i t_i \tag{3.2}$$

声线跟踪不仅可以获得声程，更重要的是可以获得波束在水底投射点的位置，即在换能器坐标系的坐标。

假设波束经历 n 层水柱，声波传播速度在每层内以常梯度变化，引起的声线变化如图 3.1 所示。

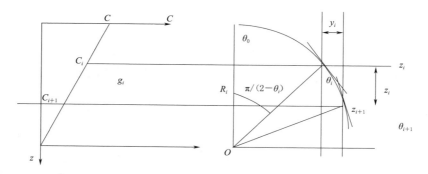

图 3.1　声线变化示意图

针对水层 i，设第 i 层上、下界面处的深度分别为 z_i 和 z_{i+1}，层厚度为 $\Delta z_i = z_{i+1} - z_i$；又因为声速在层内以常梯度声速传播，那么波束在层内的传播轨迹应为一连续的、带有一定曲率半径 R_i 的弧段。

$$R_i = -1/(p g_i) = \frac{C_i}{|g_i| \sin \theta_i} = \frac{C_i}{|g_i| \cos \varphi_i} \tag{3.3}$$

式中：$\varphi_i = 90° - \theta_i$。

根据图 3.1 中的三角几何关系，第 i 层内声线的水平位移为

$$y_i = R_i(\cos\theta_{i+1} - \cos\theta_i) = \frac{\cos\theta_i - \cos\theta_{i+1}}{pg_i} \tag{3.4}$$

又因为

$$\cos\theta_i = [1 - (pC_i)^2]^{1/2}$$
$$\Delta z_i = z_{i+1} - z_i \tag{3.5}$$

则

$$y_i = \frac{[1 - (pC_i)^2]^{1/2} - [1 - p^2(C_i + g_i\Delta z_i)^2]^{1/2}}{pg_i} \tag{3.6}$$

结合图 3.1，波束在该层经历的弧段长度为

$$S_i = R_i(\theta_i - \theta_{i+1}) \tag{3.7}$$

则传播时间 t_i 为

$$t_i = \frac{R_i(\theta_i - \theta_{i+1})}{C_{Hi}} = \frac{\theta_{i+1} - \theta_i}{pg_i^2\Delta z_i}\ln\left(\frac{C_{i+1}}{C_i}\right) \tag{3.8}$$

式中：C_{Hi} 为第 i 层的 Harmonic 平均声速，其定义为

$$C_H = \frac{z - z_0}{t} = (z - z_0)\left[\int_{z_0}^{z}\frac{\mathrm{d}z}{C(z)}\right]^{-1} \tag{3.9}$$

基于上述层内波束水平位移量和传播时间计算模型，根据声速剖面提供的层厚度以及水深，推演出整个追踪得到时间和水平位移量为

$$T = \sum_{i=1}^{n} t_i \tag{3.10}$$

$$y = \sum_{i=1}^{n} y_i \tag{3.11}$$

由于以上追踪得到的总时间和总位移是根据声速剖面提供的深度以及层声速得到的，而实际测深处的深度并不等于声速剖面位置处的深度；此外，借助以上算法并没有得到波束在水底点的深度。为了解决上述问题，获得波束在水底点的真实水平位移量和深度，还需以测量时波束传播的实际时间为依据，开展如下两项工作：

（1）加追踪。若 $T_{追踪} < T_{实际}$，表明基于声速剖面追踪位置并不是波束在水底投射点的位置，还需继续追加，即"加追踪"。加追踪层的声速等于声速剖面最后一个水层的声速，直至满足 $T_{追踪} = T_{实际}$，则此时的波束点相对换能器的水平位移量和深度也即为波束在水底投射点在换能器坐标系下的坐标 y 和深度 D。

波束的水底投射点最终水平位移量 y 和深度 D 为

$$y = \sum_{i=1}^{n} y_i + \Delta y \tag{3.12}$$

$$D = \sum_{i=1}^{n} D_i + \Delta D \tag{3.13}$$

式中：Δy 和 ΔD 分别为追加的水平位移量和深度。

（2）减追踪。若 $T_{追踪} > T_{实际}$，则表明多追踪了一段声程，需将多追踪的去除，即所谓的"减追踪"。减追踪是沿着追踪路径反方向追踪，反方向追踪的时间也即为两者的时间差，采用的声速也即为对应水层的声速。当逆追踪实现 $T_{追踪} = T_{实际}$ 后，则终止，此时的 y 和 D 也就是实际波束在水底投射点的、换能器坐标系下的坐标。

波束在水底投射点的最终水平位移量 y 和深度 D 为

$$y = \sum_{i=1}^{n} y_i - \Delta y \tag{3.14}$$

$$D = \sum_{i=1}^{n} D_i - \Delta D \tag{3.15}$$

式中：Δy 和 ΔD 分别为逆跟踪的水平位移量和深度。

在上述声线跟踪中，波束的实际入射角应为波束阵列中分布波束入射角 θ_0 与横摇姿态角 r 和换能器的安装偏角 dr 之和，若认为 Ping 断面与航迹方向正交，则只需顾及横向姿态角 r 和换能器的横向安装偏角 dr，则实际的波束入射角 θ 为

$$\theta = \theta_0 + r + dr \tag{3.16}$$

3.1.2　姿态改正和归位计算技术

测量船船体姿态主要受风、流等外界的作用影响。根据多波束测量中各个系统的标定原则，理想状态下，换能器的波束断面与航向正交。但在实际测量中，由于风、水流等外界因素造成船姿时时刻刻都在变化，安装在船体上的多波束换能器姿态也随之变化，导致多波束的瞬时实测断面与理想测量状态存在一定旋转变化，同样铅垂方向也会存在一定的夹角。瞬时姿态的变化也导致波束入射角等的改变，致使后续水底测点无法正确反映波束脚印在理想坐标系下的位置。因此，讨论船姿的受动因素、分析姿态及进行姿态改正对于真实反映水底实际地形非常重要。

1. 船体姿态分析

船体姿态主要是横摇（roll）、纵摇（pitch）、艏摇（yaw）和升沉（heave）4 个参数标定，外界干扰因素主要是风、浪、水流、偏航角、船速和水深等。

（1）偏航角受动影响。偏航角受动因素主要是船体操纵和外界因素影响，在流速一定的情况下，船速越高，偏航情况越容易发生。水深对偏航角影响：水深越浅，流速越大，偏航角越大。当螺旋桨转速不变时，外界因素会使船偏离航线，这时只有通过改变偏航角来使船航向不变。

（2）横摇受动影响。船体横摇主要受船速影响，船速突然改变的瞬间横摇会有显著变化。船体的横摇还与航偏角有着密切的关系，航偏角发生突变时，横摇幅度较大，只是这种变化约有 $5\sim10\mathrm{s}$ 的延迟[2]。横摇与水深和测区的相关性：在深水区横摇受动影响小，但在深水与浅水交界区，横摇变化相对较大。

（3）纵摇受动影响。一般情况下，纵摇受动影响相对较弱。纵摇与船速有关，船体加速或减速时，纵摇变化较大，加速度最大和最小时纵摇最大；匀速时，纵摇变化幅度较小，相对稳定。纵摇与航偏角有一定的关系，航偏角突变时，纵摇变化幅度较大；平稳变化时，变化幅度相对较小。

（4）动吃水受动影响。船体的动态吃水总体表现为：船头的动态吃水较尾部吃水大，船边的动态吃水因受多种因素的影响，呈现无规律性变化。船体动态吃水与船速（或加速度）关系密切，加速时船头上扬，船尾下沉，到达一定极限后，船头迅速下沉；减速时船头吃水开始减小，尾部亦上扬，随即又下沉；速度变化不大时，首尾动态吃水变化不大。

2. 船体姿态改正

多波束换能器固定在测量船上，受波浪、船体操纵等因素影响，换能器随着船体姿态发生瞬时变化，影响了理想状态下波束在水底投射点位置的正确计算，因此需要进行姿态改正。姿态改正的作用有两个：①消除姿态因素对测深点位置计算的影响；②将不同位置传感器的观测值归算到相同位置。

声线跟踪只能得到测深点在换能器坐标系下的相对坐标，而要实现测深成果的统一表达，则需要将不同 Ping、条带以及条带之间的测量成果归算到统一地理坐标系下，即需要开展归位计算。

（1）传统方法。

1）坐标系统。在姿态改正和归位计算中涉及 3 个坐标系，分别为换能器坐标系（transducer frame system，TFS）、船体坐标系（vessel frame system，VFS）和地理坐标系（geographic reference frame，GRF）。

TFS 的原点在换能器的中心，x 轴、y 轴和 z 轴与 VFS 的三个轴平行，但因为安装偏差的存在，与 VFS 存在绕 x 轴的旋转角 $\mathrm{d}r$、绕 y 轴的旋转角 $\mathrm{d}p$ 和绕 z 轴的旋转角 $\mathrm{d}yaw$，这三个角度实际上就是换能器的安装偏角。

船体坐标系 VFS 以测量船重心/中心参考点（reference point，RP）为原点，船艏方向为 x 轴，右舷垂直方向为 y 轴，垂直 x-RP-y 平面为 z 轴建立船体右手坐标系 VFS。换能器、GNSS 和姿态传感器安装于船体示意如图 3.2 所示。

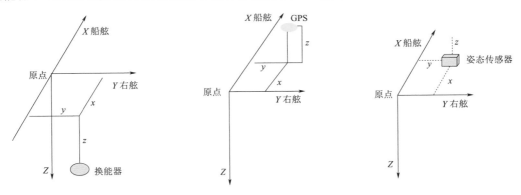

图 3.2 各部件安装示意图

2）TFS 向 VFS 转换。没有安装偏角的情况下，换能器坐标系 TFS 与船体坐标系 VFS 除了原点不同外，轴向是平行的。然后，由于换能器安装偏角的存在，致使两套坐标系不仅存在原点不同，还在 VFS 下存在绕 z 轴与船首有一个 $\mathrm{d}yaw$ 偏角，绕 y 轴与 x-RP-y 存在一个偏角 $\mathrm{d}p$，以及绕 x 轴与 x-RP-y 面存在一个 $\mathrm{d}r$ 角（该影响已经在声线跟踪中顾及）。根据这些参数，基于下式可实现测深点 p 在 TFS 下坐标 $(0, y, D)_{TFS-p}$ 向 VFS 下坐标 $(0, y, D)_{VFS-p}$ 的转换。

$$\begin{bmatrix} x \\ y \\ D \end{bmatrix}_{VFS-p} = \begin{bmatrix} x \\ y \\ z \end{bmatrix}_{VFS-T} + R(dyaw)R(dp)\begin{bmatrix} 0 \\ y \\ D \end{bmatrix}_{TFS-p} \tag{3.17}$$

式中：$(0, y, D)_{TFS-p}$ 为声线跟踪结果；$(x, y, z)_{VFS-T}$ 为换能器在船体坐标系 VFS 下坐标；$(x, y, D)_{VFS-p}$ 为测深点在 VFS 下坐标；$R(dyaw)$ 和 $R(dp)$ 分别为由换能器安装偏角 $dyaw$ 和 dp 构成的 3×3 旋转矩阵。

式（3.17）中的第二项实则是借助换能器安装偏角构建的旋转矩阵实现瞬时 TFS 向理想 TFS 的变换，也即实现了与理想 VFS 三个坐标轴的平行；式中的第一项实则是换能器在理想船体坐标系下坐标。

3）VFS 下姿态改正。如前所述，船体姿态 roll(r)、pitch(p) 改变了各位置传感器在理想船体坐标系下的坐标，而所有的计算需在理想（设计）船体坐标系下进行，为此，需要进行姿态改正，消除姿态因素的影响，获得这些传感器在理想船体坐标系下的坐标。

理想状态下，若换能器在初始安装时测定的船体坐标为 $(x, y, z)_{VFS-T0}$，受船体姿态影响，瞬时换能器在理想船体坐标系下的坐标为 $(x, y, z)_{VFS-T}$：

$$\begin{bmatrix} x \\ y \\ D \end{bmatrix}_{VFS-T} = R(p)R(r)\begin{bmatrix} x \\ y \\ z \end{bmatrix}_{VFS-T0} \tag{3.18}$$

类似地，若 GNSS 在初始安装时测定的船体坐标为 $(x, y, z)_{VFS-GPS0}$，受船体姿态影响，瞬时 GNSS 在理想船体坐标系下的坐标为 $(x, y, D)_{VFS-GPS}$：

$$\begin{bmatrix} x \\ y \\ D \end{bmatrix}_{VFS-GPS} = R(p)R(r)\begin{bmatrix} x \\ y \\ z \end{bmatrix}_{VFS-GPS0} \tag{3.19}$$

式（3.19）中，波束在水底投射点只顾及了横向角的影响，即在声线跟踪中考虑了 roll(r) 角和 dr 角，未顾及 pitch(p) 姿态角的影响，因此，测点在船体坐标系下的坐标 $(x, y, D)_{VFS-p}$ 为

$$\begin{bmatrix} x \\ y \\ D \end{bmatrix}_{VFS-p} = \begin{bmatrix} x \\ y \\ z \end{bmatrix}_{VFS-T} + R(p)R(dyaw)R(dp)\begin{bmatrix} 0 \\ y \\ D \end{bmatrix}_{TFS-p} \tag{3.20}$$

其中换能器的船体坐标 $(x, y, z)_{VFS-T}$ 借助式（3.18）获得。

$$R(p) = \begin{bmatrix} \cos p & 0 & \sin p \\ 0 & 1 & 0 \\ -\sin p & 0 & \cos p \end{bmatrix} \tag{3.21}$$

$$R(r) = \begin{bmatrix} 1 & 0 & 1 \\ 0 & \cos r & \sin r \\ 0 & -\sin r & \cos r \end{bmatrix} \tag{3.22}$$

4）归位计算（VFS 坐标系向 GRF 系的转换）。获得了瞬时 GNSS 天线、波束水底投

射点在船体坐标系下的坐标后，下面结合 GNSS 天线处给出的地理坐标 $(X，Y，Z)_{GRF-GPS}$ 以及测量船的当前方位 A，通过归位计算，获得波束水底投射点的地理坐标。

VFS 原点 RP 地理坐标的计算：

$$\begin{bmatrix} X \\ Y \\ Z \end{bmatrix}_{GRF-RP} = \begin{bmatrix} X \\ Y \\ Z \end{bmatrix}_{GRF-GPS} - R(A+dA)\begin{bmatrix} x \\ y \\ z \end{bmatrix}_{VFS-GPS} \tag{3.23}$$

式中：$(X，Y，Z)_{GRF-GPS}$ 为 GNSS 天线处的地理坐标；$(x，y，z)_{VFS-GPS}$ 为 GNSS 天线在 VFS 下相对原点 RP 坐标，由式（3.19）获得。

经过上述改正后，得到 VFS 原点 RP 在地理坐标系下的坐标 $(X，Y，Z)_{GRF-RP}$。

波束水底投射点在地理坐标系下坐标的计算公式如下：

$$\begin{bmatrix} X \\ Y \\ Z \end{bmatrix}_{GRF-p} = \begin{bmatrix} X \\ Y \\ Z \end{bmatrix}_{GRF-RP} - R(A+dA)\begin{bmatrix} x \\ y \\ z \end{bmatrix}_{VFS-p} \tag{3.24}$$

式中：A 为测量船当前方位；dA 为罗经安装偏角；$R(A+dA)$ 为由 $A+dA$ 构建的 3×3 阶矩阵。

$$R(A+dA) = \begin{bmatrix} \cos(A+dA) & -\sin(A+dA) & 0 \\ \sin(A+dA) & \cos(A+dA) & 0 \\ 0 & 0 & 1 \end{bmatrix} \tag{3.25}$$

（2）综合方法。综合法是建立在现有传统方法的基础上，考虑多个参量方向的一致性而开展的综合归位计算方法。

对瞬时 GNSS 天线、换能器在理想船体坐标系下的坐标计算，即姿态改正，方法同传统方法中的 3），即

$$\begin{bmatrix} X \\ Y \\ D \end{bmatrix}_{VFS-GPS} = R(p)R(r)\begin{bmatrix} x \\ y \\ z \end{bmatrix}_{VFS-GPS0} \tag{3.26}$$

$$\begin{bmatrix} X \\ Y \\ D \end{bmatrix}_{VFS-T} = R(p)R(r)\begin{bmatrix} x \\ y \\ z \end{bmatrix}_{VFS-T0} \tag{3.27}$$

换能器地理坐标的计算：

$$\begin{bmatrix} X \\ Y \\ Z \end{bmatrix}_{GRF-T} = \begin{bmatrix} X \\ Y \\ Z \end{bmatrix}_{GRF-GPS} - R(A)\begin{bmatrix} x \\ y \\ z \end{bmatrix}_{VFS-GPS} + R(A+dA)\begin{bmatrix} x \\ y \\ D \end{bmatrix}_{VFS-T} \tag{3.28}$$

波束水底投射点地理坐标的计算：

$$\begin{bmatrix} X \\ Y \\ Z \end{bmatrix}_{GRF-p} = \begin{bmatrix} X \\ Y \\ Z \end{bmatrix}_{GRF-T} + R(A+dA+dyaw)R(p+dp)\begin{bmatrix} 0 \\ y \\ D \end{bmatrix}_{VFS-p} \tag{3.29}$$

综合归位计算方法是首先获得换能器在地理坐标系下坐标，然后将声线跟踪得到的换能器坐标系下坐标转换到地理坐标系下，最终获得波束在水底投射点（测点）的地理坐标。

3.1.3　延时改正技术

3.1.3.1　延时效应

水深测量中平面测量与高程测量分属两个不同的测量单元，平面定位通常由卫星定位系统测定的，其工作环境位于水面上。高程定位由换能器发射的声波所决定，其工作环境位于水面下，若不能保证平面定位与水深测量完全同步，就会产生水深测量过程中的延时效应。

水深测量时，测深仪的测深数据和 GNSS 接收卫星信号在通过数据线传输给计算机，由于定位和测深属于两个系统，信号传输会有一个时间间隔，造成水深数据与平面定位数据的读取不能同步，定位信息滞后于水深值的输入。定位延迟的影响如图 3.3 和图 3.4 所示，其中 P 为真实位置，P' 为记录位置，Δ 为位移。从图 3.3 和图 3.4 可知，当测量船从同一方向测量时，定位延迟将使每个水深值移位，使整个水底地形产生漂移；当测量船按正反方向交替测深时，定位延迟将使正向测深值右移，反向测深值左移，使测得的整个水底地形产生交叉错位现象。显然，位移的大小与航速成正比，如果测量船的船速 v 为 10kN，延时 $\Delta t = 0.5\mathrm{s}$，则 $\Delta s = 2.6\mathrm{m}$。当前，差分 GNSS 实时动态定位精度可达厘米级，在做高精度的水下工程测量中，延时效应的误差必须高度重视。

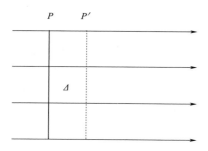

图 3.3　同方向测量延时

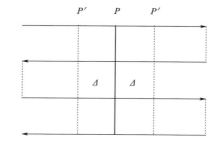

图 3.4　反方向测量延时

3.1.3.2　延时改正

目前常采用的延时探究方法主要是通过定位数据寻求同一水深特征点的两个位置 $P_1(x_1, y_1)$ 和 $P_2(x_2, y_2)$，得到延时位移 L，结合船速 v 计算延时 Δt，即

$$\Delta t = L/2v \tag{3.30}$$

$$L = \sqrt{(x_1 - x_2)^2 + (y_1 - y_2)^2} \tag{3.31}$$

这种方法是利于普遍理解的，但是实用性不大。由于受到风浪的作用，船体会在水中摇摆不定，导致船体姿势对测量水深的影响很大。在水体中无法进行同一个水深点的重复量测。此外，一个特征点计算出来的时间延迟量也很难正确反映出整个系统的时间延迟。

为有效测定无验潮模式下的水下地形测量系统的延时，可以通过特征点对法与断面整体平移法进行确定。

1. 特征点对法

特征点对法的原理是利用单一特征点进行往返观测获得有效的高程序列。测量船在水上受风浪的影响，不能对水底同一点进行准确的重复观测。因此，可以选取有代表性的水域，并设计好相应的测量路线，对每条路线用不同的航速进行往返测量。可以通过式（3.32）计算出该点的延时值 Δt_k：

$$\Delta t_k = L_k / (v_1 + v_2) \tag{3.32}$$

式中：L_k 为同一特征点往返断面中的距离；v_1、v_2 分别为测量船往、返的速度。

通过全部延时值的算术平均值得到最终延时量 Δt，即

$$\Delta t = \frac{1}{n} \sum_{k=1}^{n} \Delta t_k \tag{3.33}$$

通过较多的特征点解决了传统方法的稳定性。

2. 断面整体平移法

在使用 RTK 进行水深测量中，在船速一定的情况下，测量船可以捕获往返断面上的地形，因为水下地形是不变的，所以比较往返断面的相似性就可以确定延时的变量。两个断面的相关系数可以通过下式确定：

$$R_{h_A h_B}B(d) = \frac{\sum_{i=0}^{D} h_i^A h_{i-d}^B}{\sqrt{\sum_{i=0}^{D} (h_i^A)^2 \sum_{i=0}^{D} (h_{i-d}^B)^2}} \tag{3.34}$$

式（3.34）表明，存在两个序列 h^A 和 h^B，当两个序列相同时，则相关系数 R 为 1；当两个断面不相同时，相关系数 R 为 0。

平移时以断面 h^A 为参考，平移距离设置为 d，根据式（3.34）计算出一系列相关系数 R。当 R 最大时，说明两者相关系数最大。此时对应的平移量 d 就可认为是延时误差造成的两个断面不相似。假设往返测量的船速分别为 $\bar{v}_A$ 和 $\bar{v}_B$，则系统延时 Δt 为

$$\Delta t = \frac{d_{R-\max}}{\bar{v}_A + \bar{v}_B} \tag{3.35}$$

测量船在用断面匹配法进行延时探测时，采用高频率采集断面数据，最大程度加密测点间距，可以最大限度地实现相似性匹配，在精度和稳定性上比传统方法更加准确可靠。

3.2 三维激光扫描技术

金沙江流域地处云贵高原西北部、川西南山地及四川盆地，两岸山峦夹峙，河床较窄，岸坡陡峭，呈 V 形、U 形河床，具有"高、深、窄、曲、陡"的特点，陆上交通极为不便。利用传统测量手段如 GNSS、全站仪等存在观测不便，作业风险大，生产效率低等多重困难。同时，由于金沙江下游段如乌东德、白鹤滩库区以及溪洛渡、向家坝库区的部分河段两岸岩石陡峭，植被稀疏，客观上给非接触式测量如三维激光扫描系统的应用提供了条件。自 2015 年起，先后在金沙江下游典型河段进行了多次试验性观测，对该系统在具体应用和适用条件等方面积累了较为丰富的经验，经过多次试验、精度分析论证并通过专家评审后，2018 年在乌东德、向家坝库区正式采用该系统开展了近坝区岸上部分河道地形测量。

3.2.1　三维激光扫描技术工作原理

从工作原理上可以将三维激光扫描仪看作一台高速运转的自动测角、测距的无反射棱镜的全站仪。三维激光扫描仪发射一束足够强度的激光束至被测物体上，经被测物体反射后再被三维激光扫描仪接收，通过测量激光信号从发出到返回的时间差（或相位差）计算三维激光扫描仪仪器中心至被扫描目标的距离 S，同时扫描仪器会自动记录由角度编码器获取的被测目标的水平角度和垂直角度。三维激光扫描仪通过仪器内部伺服马达精确控制反射棱镜的快速转动，实现对被测目标不同位置的扫描目的。在三维激光扫描仪中，测距激光束是绕两个相互垂直的轴进行旋转的，两轴的交点是三维激光扫描仪内部坐标系的原点 O；三维激光扫描仪的水平轴（或第一旋转轴）为其内部坐标系的 Y 轴，垂直轴（第二旋转轴）构成坐标系的 Z 轴，根据右手坐标系构建的原则，X 轴垂直于 Y 轴及 Z 轴。如图 3.5 所示，在三维激光扫描仪扫描进行扫描作业时，仪器测出坐标原点 O 至被测目标 P 之间的距离 S、水平角 θ、垂直角 φ，并根据式（3.36）计算出目标点的空间三维坐标 $P(X，Y，Z)$。

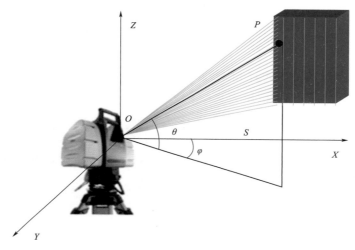

图 3.5　三维激光扫描仪原理

三维激光扫描仪技术最大的优势在于它让传统的全站仪和 RTK 获取单点测量数据的点测量转变到获取海量点云数据的面测量上，同传统的全站仪和 GNSS 测量相比，它具有 $360°$ 全景测量、非接触采集、数据采样率高、分辨率高、多次回波，对植被具有一定穿透性等技术特点。

$$
\begin{cases}
X = S\cos\theta\cos\varphi \\
Y = S\cos\theta\sin\varphi \\
Z = S\sin\theta
\end{cases}
\tag{3.36}
$$

3.2.2　系统组成和配准

1. 地面三维激光扫描系统组成

地面三维激光扫描系统集成操作简便，仅需电源、三维激光扫描仪、激光相机、笔记本电脑即可。相机通过三维激光预设端口与三维激光同轴安装,三维激光扫描仪与移动铅蓄电池、笔记本电脑使用标配的电缆连接,三维激光扫描仪对中、整平等安置同全站仪,如图3.6所示。

图3.6 地面三维激光扫描系统

2. 船载三维激光扫描系统组成

船载三维激光扫描系统是将三维激光扫描仪、定位设备(GNSS)、定姿及定向设备(Octans)、相机等进行有机地结合。系统集成后,即可实现实时、快速地提供目标空间位置及属性信息,其硬件集成及数据流如图3.7所示。

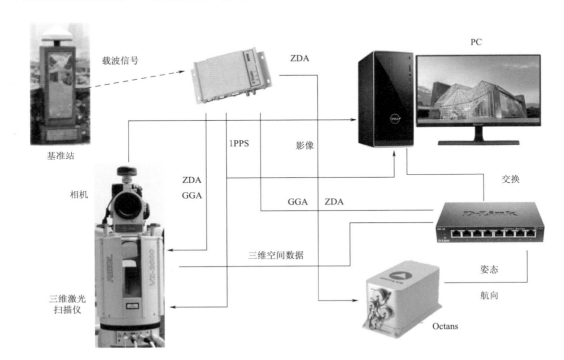

图3.7 船载三维激光扫描系统硬件集成及数据流图

3. 系统配准

地面三维激光扫描系统为静态作业，无须时间配准，其坐标转换原理同全站仪，分别测定仪器站、1～2 个后视点（标靶）坐标，即可实现三维激光坐标系向目标坐标转换。

船载三维激光扫描系统是一个多传感器集成的数据采集系统，多种传感器在一个动态条件下工作。同时，测量系统中各个传感器具有各自不同的测量启动时刻、测量结束时刻、测量数据的输入输出频率及时间精度。为使这些不同的传感器在动态条件下测量结果反映同一个客观世界的状态，必须使多种传感器具有统一的时间和空间基准。在船载三维激光扫描系统中，GNSS 是一个不可替代的重要的时间和空间基准，从 GNSS 中引出的时空基准，保证各个传感器工作在统一的时间和空间基准中，从而确保多传感器在数据配准和融合中具有一致性和准确性，实现测量系统的"精"和"真"的数据获取。

3.2.3　数据采集及处理

1. 地面三维激光数据采集

地面三维激光扫描仪数据采集一般分为扫描准备、扫描实施两个阶段。扫描准备阶段包括测区踏勘、制定扫描方案和作业面划分：①测区踏勘，了解整个测区实际情况，收集已有图纸和资料为扫描做准备；②制定扫描方案，主要包括合理布设测站数，选择合适位置布设测站点、标靶；③作业面划分，根据测区地形、植被等情况，划分作业面。扫描实施阶段包括控制测量、仪器架设及标靶布设、扫描参数设置、完成各站扫描：①控制测量，根据测区已有控制点，对仪器站点及标靶进行图根控制测量；②仪器架设及标靶布设，选取合适的站点架设仪器，选择合适后视定向点布设标靶；③扫描参数设置，根据任务要求、测区概况，设置合理的扫描模式、扫描距离等参数；④完成各站扫描，地面三维激光扫描仪接通电源之后会进行预热、自检，精确扫描标靶。记录扫描站点、后视点名、仪器高等信息。利用扫描仪相机对扫描范围进行拍照，完成各站扫描。

在金沙江山区河道地形测量中，地面三维激光扫描仪每日可完成约 6km 河道地形测绘，相对于全站仪、RTK 等传统接触式测量方式，在工作效率上有明显提高。

2. 船载三维激光数据采集

船载三维激光扫描系统集成了三维激光扫描仪、动态传感器等多个传感器，其外业数据采集过程主要包括如下步骤：

（1）安装平台设计与制作。船载三维激光扫描系统集成各硬件应相对稳定，且设备安装平台与船体应保证牢固安装。设备安装平台需要很好的强度，能够保持长时间行船震动而不发生永久变形。设备安装平台采用上下底面两层设计，底面材质采用 5mm 厚度的加工性能好、韧性高、耐蚀性、耐热性的 304 不锈钢，上下底面采用直径 16.5mm 的四根支柱连接，既保证安装平台强度，又保证各硬件的相对稳固性，其设备安装平台侧视如图 3.8 所示。

（2）安置角偏差校正。船载三维激光扫描系统理论上要求船体坐标系与三维激光扫描仪坐标系重合或坐标轴间相互平行，但系统安装时很难保证它们相互平行。安置角校正就是精确测定三维激光扫描仪坐标系与船体坐标系的坐标轴间的三个姿态安置角，即翻滚角、俯仰角和偏航角的过程。按照不同轴系偏差，布设相应测线，选取特征物依次完成三

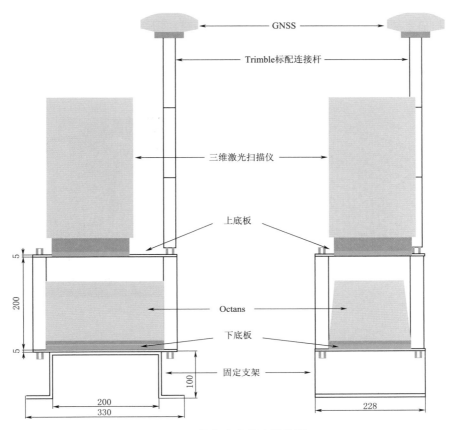

图 3.8 设备安装平台侧视图

个轴系校正工作。校正可通过数据采集软件 QINSY 提取相应特征物实现，使不同测线实现最佳吻合，从而实现校正目的。

（3）绝对标定。船载三维激光扫描系统多传感器整体标定，一方面通过整体标定验证系统的整体性能和精度，另一方面对船载三维激光扫描系统中的各系统误差进行建模并消除其影响。船载三维激光扫描仪的绝对标定的主要工作在于寻找"同名点"，即地物点在大地坐标系中的三维坐标及地物点在激光扫描仪坐标系中的坐标，如经安置角校正后，"同名点"较差满足精度要求且无系统性偏差，则直接在数据采集软件 QINSY 中预设 3 个平移参数、3 个旋转参数进行数据采集。否则，通过"同名点"采用合适的参数解算模型求定激光扫描仪坐标系与船体坐标系之间的转换参数。常用的七参数转换模型包括布尔莎模型和莫洛金斯基模型。地物点在大地坐标系中的坐标可通过传统测量方法如 GNSS、全站仪等方式获得，地物点在扫描仪坐标系中的坐标需在激光扫描仪的原始扫描数据中获得。

点云数据有多种格式，其中一种即为 XYZ 坐标格式，求得的转换参数应用于点云数据，可实现点云数据采集后处理。也可以通过数据采集软件 QINSY 建立坐标系时预置，从而实现采集后数据即为所需目标坐标的点云数据。

（4）数据采集。船载三维激光扫描系统中搭载的激光扫描仪采用线扫描模式，即船载三维激光扫描系统在测船的行进过程中进行断面扫描，图 3.9 中的直线为船载三维激光扫描系统扫描纸，两条绿线之间的区域为有效扫描区，黑色折线代表地物表面，红色点则代表激光扫描点，随着船只的前进，连续的断面构成地物点的三维采样表达。

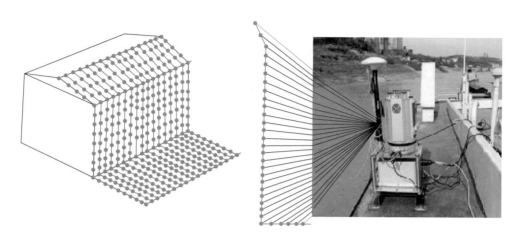

图 3.9　船载激光扫描系统线扫描示意图

船载三维激光扫描仪在金沙江山区河道地形测量中，每日可完成约 20km 河道地形测量，相较于全站仪、GNSS 等在工作效率上优势更加明显。

3. 数据处理

地面、船载三维激光扫描系统获取数据均为点云数据，点云数据处理主要包括数据检查、点云去噪、滤波、数据分割、数据输出、生成数字地形图等主要步骤。

（1）数据检查。检查采集点云数据是否完整，有无空白区，点云、照片质量如何。遇有复杂地物、植被严重遮挡区是否需要补测等，测量记录数据是否完整等。

（2）点云去噪。由于外界环境、人为操作、扫描目标以及仪器本身的一些影响，三维激光扫描仪获得的原始点云数据中包含了大量噪声，点云去噪的目的就是通过一定的方法去除这些噪声。

（3）滤波。滤波去除植被、人工建筑物对自然表面的影响。对于自然起伏的地形表面而言，其邻近激光脚点的高程变化通常很小，即可认为高程是连续的。滤波的基本原理是基于临近激光脚点间的高程突变一般不是由地形的陡然起伏所造成，而很可能是较高点位于某些地物上。

（4）数据分割。点云数据采集时在其有效范围内均进行数据采集，数据分割时可以某一空间范围进行。

（5）数据输出。经数据预处理及分割后，即可输出所需数据，数据输出一般为 *.las 点云数据。

（6）生成数字地形图。利用清华山维点云测图模块，可直接实现基于点云的三维测图功能。基于清华山维点云模块实现二维、三维联动，实现所见即所得，点、线、面均含高程属性，方便用图及 GIS 空间分析与建模。

4. 点云数据的优势

点云数据生成地形图在地物识别、地形特征点线选取以及等高线生成方式上都具有优势。地物识别方面，传统测区对地物识别通常采用绘制野外草图、编码法、连续测点等方法识别，而点云数据则为"模型测绘"，辅以激光相机，地物识别容易且不易产生差错。地形特征点线选取方面，在野外进行地形测量，除满足规范规定测点密度外，还应在地形特征点、线上进行碎部点采集。其余未采点区域则认为其间的地形是呈均匀线性变化的，因此，对司尺人员现场识别地形特征点、线能力和经验要求较高。而点云数据采集测点密度大，能够避免遗漏地形特征点，且室内在点云模型上选点，地形特征点、线一览无余。等高线生成方式方面，传统地形图等高线生成是以野外实测点进行线性内插，求取所需等高线高程值在两测点连线所在位置，再用平滑的曲线将各内差点逐点相连。所以各地形图规范中对等高线高程精度要求明显低于高程注记点中误差。而点云数据生成等高线则是采用绘图软件由密集不经抽稀的点云直接自动生成等高线，然后在点云以基本等高距分层显示基础上修饰等高线，等高线精度与高程注记点精度相当。

3.2.4 精度评定

精度评定采用传统测量方式与三维激光扫描系统获取数据进行比较。精度比测内容包括特征点对比、截取断面对比、地形图典型要素对比以及河段槽蓄量对比。通过以上多种形式的精度比测，可以发现三维激光扫描系统在金沙江水道地形测量中，经过严格的质量控制，其测量精度能够满足 1∶2000 比例尺测图精度要求。

3.3 推移质测验技术

金沙江是长江上游的主要产沙区，流域内山高坡陡，地形起伏变化巨大，破碎的岩石、碎屑丰富，在水文气象条件作用下，这些岩石、碎屑以滑坡、泥石流、崩塌等方式汇入金沙江流域中的干、支流，为金沙江推移质提供了丰富的来源；同时，由于金沙江为山区性河流，水流流速大，挟沙能力强，也为推移质运动提供了强大的水流动力。金沙江的推移质是涉及水库运行寿命的重要因素，然而由于历史的原因，金沙江未开展过推移质测验，其泥沙成果中缺少推移质部分，因此，为满足金沙江水电开发的需要，选择金沙江下游四个梯级水电站的入库控制站——三堆子水文站开展入库推移质观测。三堆子水文站于 2007 年 6 月开始进行卵石推移质观测，2008 年 1 月开始进行沙质推移质观测；同时在溪洛渡水电站施工过程中，6 号导流洞发现因推移质运动引起的冲磨蚀现象，为确保工程施工安全，2007 年开展了溪洛渡水电站导流洞出口推移质测验。

3.3.1 入库推移质观测

3.3.1.1 三堆子水文站基本情况

三堆子水文站位于四川省攀枝花市盐边县境内，其流量断面位于雅砻江与金沙江汇合口下游 4km 处，推移质断面位于流量断面下游约 60m 处，基本布设如图 3.10 所示。

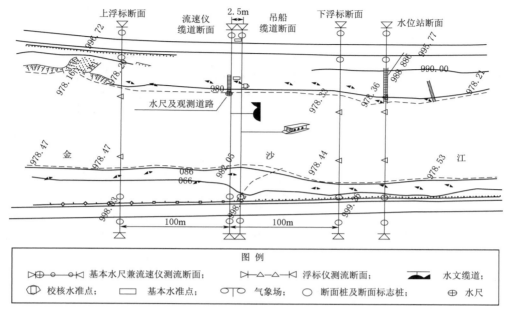

图 3.10 三堆子水文站断面基本设施布设

三堆子推移质断面主跨 370m，最小河宽 200m 左右，河床最低点 967.6m，中泓偏左岸。水下部分河床平顺，无大的泡漩涡流，河床组成为局部礁石、乱石间有部分卵石夹沙，在断面下游约 450m 处有一座横穿金沙江的铁路大桥，其左岸边靠公路外侧有大桥墩紧邻，右岸桥墩置于江下，距水边约 50m，对上站址断面基本上无顶托影响。

3.3.1.2 卵石推移质观测

1. 卵石推移质取样设备

三堆子水文站卵石推移质取样设备主要包括测船、趸船、推移质采样器、处理分析仪器、船用绞车、控制、液压支臂等。采用 AYT 型砾卵石推移质采样器，该仪器主要由器身、尼龙盛沙袋（孔径 2mm）、双垂直尾翼、活动水平尾翼、加重铅包及悬吊装置组成（图 3.11）。其中器身是采样器的核心，可分为口门段、控制段、扩散段三个部分。口门段底板由特制的小钢块和钢丝圈连接而成，有较好的伏贴河床能力；控制段和扩散段的主要作用是形成负压，以产生适当的进口流速系数。仪器进口、出口面积比为 1:1.64，水力扩散角 2°36′。AYT 型采样器（图 3.12）具有出、入水稳定、阻力小、样品代表性好、结构牢固、操纵使用方便等优点。AYT 型采样器有口门宽 120mm、300mm、400mm 三种标准正态系列，三堆子水文站卵石推移质测量采用口门宽为 300mm 的采样器，该仪器口门高 240mm，器身长 1900mm，重 320kg。其特点是利用进口面积与出口面积的水动压力差，增大器口流速，使器口流速与天然流速接近，达到采集天然样本的目的。

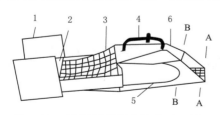

图 3.11 AYT 型砾卵石推移质采样器
1—双垂直尾翼；2—活动水平尾翼；3—尼龙盛沙袋；4—悬吊装置；5—器身；6—加重铅包；A、B—器底面

图 3.12 AYT 型采样器示意图

2. 采样与处理

三堆子站卵石推移质测验断面垂线共布置 10 条，见图 3.13 和表 3.1。在下列固定垂线起点距采取样品。

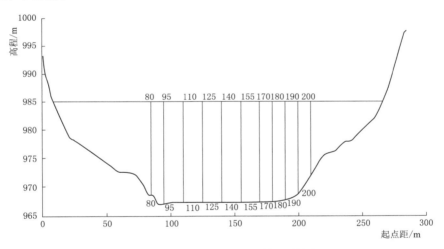

图 3.13 三堆子站卵石推移质断面垂线布置图

表 3.1 三堆子站卵石推移质取样起点距表

测验方法	起 点 距/m
常测法	80、95、110、125、140、155、170、180、190、200
强推带	125、140、155、170、180、190

常测法时：强推带垂线每线取样 3 次，每次 3min，其余垂线每线 2 次，每次 3min，量大时可缩短历时，但每次历时不得少于 60s，重复取样 4 次。与流量同步施测精测法时除 80m 和 200m 两线重复取样 2 次，其余垂线全部重复取样 4 次。推移边界以测至两岸边输沙率为 0 的固定垂线为止。每年在推移质垂线上用五点法测速 2 次，同步施测的平均水位差应在 0.1m 以内。每次取得的样品均应现场分级称重，总重量与分级重量之和相差大

于±2%时，应重复称重，并找出原因。

3. 颗粒分析

每次所取样品均应采用筛分法进行颗粒分析。按粒径级 2.00mm、4.00mm、8.00mm、16.0mm、32.0mm、64.0mm、128mm、250mm、500mm、大于 500mm 等分组（图 3.14）。

图 3.14 三堆子站卵石推移质测验

3.3.1.3 沙质推移质观测

1. 沙质推移质取样设备

沙质推移质测量采用 Y90 改进型采样器施测。Y90 改进型采样器是一种压差式沙推移质采集器，其特点是利用进口面积与出口面积的水动压力差，增大器口流速，使器口流速与天然流速接近，达到采集天然样本的目的。仪器采用 4mm 厚不锈钢板制作，稳定可靠（图 3.15）。

图 3.15 改进型沙质推移质采样器

2. 采样与处理

沙质推移质测验断面垂线同卵石推移质垂线，垂线取样历时每次 2min，重复取样 2 次，当所取沙样超过采样器规定容积时，可缩短采样历时，但不得少于 30s，重复取样 3 次；垂线两次取样沙重之差大于 3 倍，应重复取样 1 次。年测次不得少于 30 次。各级输沙率范围均匀布置测次，枯季输沙率较小时，月测 1～2 次；较大沙峰测次不少于 3 次，大沙峰不得少于 5 次，峰顶附近应布置测次；峰形变化复杂或持续时间较长，应适当增加测次。

3. 颗粒分析

每次所取样品均应采用筛分法进行颗粒分析，按粒径级 0.031mm、0.062mm、0.125mm、0.25mm、0.5mm、1.0mm、2.0mm 分组。现场沙样用插取法抽取样品，干湿比每 2 年进行率定校核。

3.3.2 溪洛渡水电站导流洞出口推移质测验

溪洛渡水电站为我国第三大水电站，工程河段多年平均含沙量 1.72kg/m³，多年平均悬移质年输沙量 2.47 亿 t，根据推移质输沙水槽试验成果推算溪洛渡坝址多年平均推移质年输沙量 182 万 t。

挟沙水流通过泄洪建筑物，对建筑物的冲磨蚀破坏治理是一个重大的技术难题，推移质对泄水建筑物的破坏作用更甚，在溪洛渡水电站截流导流洞泄流一年多来，已明显发现冲磨蚀现象，底板呈沟槽或护层骨料外露，导墙与底板空蚀严重。同时，过水后在 6 号导流洞发现有推移质存在，因此了解推移质的输移过程特性和输移量，据此采取针对性的工程措施，确保工程安全。基于上述原因，对泄洪建筑物开展推移质测验是十分必要。

3.3.2.1 推移质测验方案研究

1. 试验河段及断面选择

溪洛渡水电站的正常蓄水位为 600.00m，截流期导流工程包括 6 条导流洞、上下游土石围堰，其中 1～5 号导流洞进口底板高程 368.00m，6 号导流洞进口底板最高，达 380.00m（图 3.16），所以在 6 号导流洞开展推移质测验具有代表性。

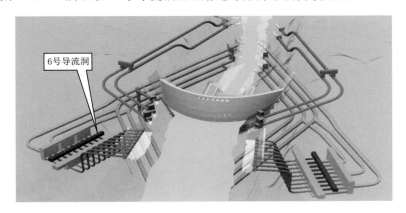

图 3.16 溪洛渡水电站枢纽示意图

溪洛渡导流洞水工模型试验研究表明，当遭遇 5 年一遇的洪水时，6 号导流洞进口水位为 413.80m，洞口全部被淹没，由于场地局限，其进口不具备开展卵石推移质测量的基本条件。因此，测验断面选在 6 号导流洞出口段。

2. 总体方案

溪洛渡导流洞出口流速大、含沙量高，所以选择合适的测验方法尤其重要。间接法中的沙波法、差测法都需对水深进行测量，在导流洞出口推移质测验中不能实施，恶劣的环境也是 ADCP、遥感法所不能够达到的，因此间接法在此不具有可操作性。一般推移质测验多采用船测方式，根据 6 号导流洞的水力学特性及工程布置限制条件，测船无法抵达并且稳定在测沙固定位置。经过多次分析研究，选择直接测量法，即缆道悬挂采样器进行取样。

3. 缆道及拉偏动力系统

1998 年和 1999 年，武隆水文站进行了缆道高悬点、无拉偏条件下推移质试验研究，结果表明，采样器在中、低水位采样可靠性较好，但在高洪水位时，由于水深、流速大、采样器偏离断面较远等，采样的可靠性难以保证。6 号导流洞水流流速大，直接采用缆道悬挂采样器取样会偏离断面较远，甚至不能沉入河底。经过研究，溪洛渡水电站推移质采用缆道悬挂采样器加拉偏的方式进行测量，以尽量减少采样器偏离断面的距离。

为了满足溪洛渡 6 号导流洞推移质试验监测适用条件，经过反复研究各种方案和比较，对溪洛渡推移质试验站缆道及拉偏动力系统采用了"超常规""超标准"设计。一方面是设计制造了高性能磁束向量控制交流变频三维水文拖动系统，卧式电动启动绞车功率达到 22kW，具有电机过载、过电压和过电流等保护功能，以保护导流洞出口汇流和巨大泡漩对电机的损坏。另一方面，为了减小主索在工作中因采样器受力引起的上下游摆动而布设拉偏绳两组，一组是在闸门混凝土横梁的两侧墙壁上，架设拉偏缆道；另一组为导流洞底板两侧的转向系统到坝顶人字形动力拉偏系统，该系统为水文缆道中高流速、回流泡漩水流条件下的一种新型拉偏方式。在大流速和水流紊乱的复杂流态下，采用"缆道主索＋副索双拉偏＋超重型推移质采样器"的方式，如图 3.17 所示。缆道系统具体布设如下：

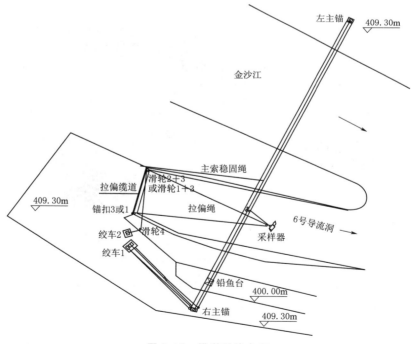

图 3.17　缆道系统方案

（1）主索跨江，左右岸地锚高程 409.30m，游轮布设在右岸 409.30m 的平台，铅鱼台布设在右岸 400.00m 的平台。

（2）为了减小主索在工作中因采样器受力引起的上下游摆动，在主索的适当位置增加一根稳固绳，另一端固定于闸门 409.30m 平台上。

（3）拉偏绳分两组布设。在闸门横梁两侧墙壁上高程 393.00m 处架设一根拉偏缆道，同时预埋锚扣 3、4，安装滑轮（滑轮可能被水淹没，均不装轴承，下同）。另一组，在靠近导流洞底板的两侧墙壁上预埋锚扣 1、2，锚扣 2 上安装滑轮 1。工作时，拉偏绳一端固结于锚扣 1，另一端经安装在采样器上的转向滑轮至滑轮 1，再上至 409.30m 平台的滑轮 3，最后经滑轮 4 至绞车 2。

综上所述，在中低水位、低流速时，采样器由布设在闸门横梁处的拉偏绳拉偏（图 3.18）；在高水位、高流速时，采用靠近导流洞底板的拉偏绳拉偏（图 3.19）。

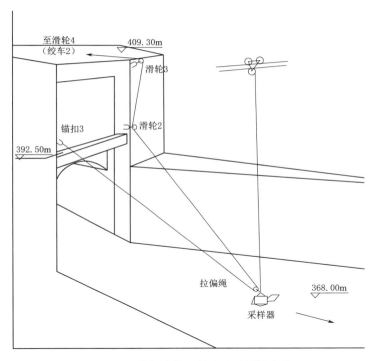

图 3.18　中低水位、低流速时测验方案

4. 试验仪器选型及改进

溪洛渡推移质实验站采用 AYT 型推移质采样器，辅助使用 Y64 型采样器。AYT 型采样器具有出、入水稳定、阻力小、样品代表性好、结构牢固、操纵使用方便等优点，进口流速系数 $K_v = 1.02$，采样效率 $\eta = 48.5g_{器}^{0.058}\%$。AYT 型采样器采用标准口门宽 500mm，该仪器口门高 240mm，器身长 1900mm。Y64 型采样器采用标准口门宽 500mm。

考虑到测验河段流速大、流态紊乱，设计时按 6m/s 的水流流速条件进行理论计算，

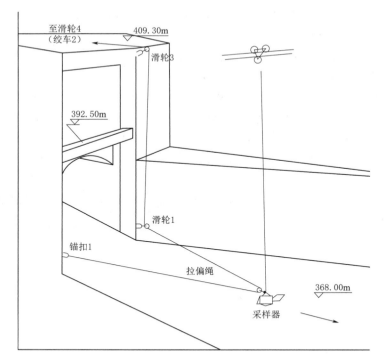

图 3.19　高水位、高流速时测验方案

两种仪器均在重量 300kg 的基础上增加配重至 800kg，同时延长器身，增加其着床的稳定性和姿态，达到采样的目的。

5. 实施方案

为分析研究和验证推移质的输移特性，还需进行相关水力因子的测验，包括水位、流速、流量等项目的观测。

（1）水位观测。导流洞出口水流流速大，按照地形条件，试验站建设了一组水尺进行人工观测。并在导流洞出口口门上方安装了超声波自记水位系统，对水位进行悬测、自动采集和记录数据。

（2）流速、流量观测。溪洛渡导流洞流速流量观测结合推移质测次进行，采用的方法是缆道牵引走航法（图 3.20），这是高速复杂水流条件下的一种新型流量测量方法。该方法采用缆道悬挂推移质采样器，ADCP 附在采样器上沿断面进行走航横渡测验，数据无线传输，采用 Wi-Fi 技术建立无线联网服务器，将 ADCP 连接到网络，选用无线路由器在 ADCP 和计算机之间建立无线局域网，采用软件模拟仿真技术，将 ADCP 仪器上的 RS422 口映射到计算机上，从而实现 ADCP 与河流测流软件 WinRiver 的无线接口。

（3）推移质测验。

1）测线布置。溪洛渡 6 号导流洞断面宽度约 20m，边部陡坎不会变化，测深、测速垂线布设主要分布在导流洞出口底板区间（起点距 15～47m），数目 8 条（包括 15m、20m、25m、30m、35m、40m、45m、47m），推移质取样垂线布设在主流速带起点距 25m、30m、35m 的 3 条垂线上。6 号导流洞推移质大断面及垂线如图 3.21 所示。

图 3.20　缆道牵引走航法（ADCP 附在采样器上）

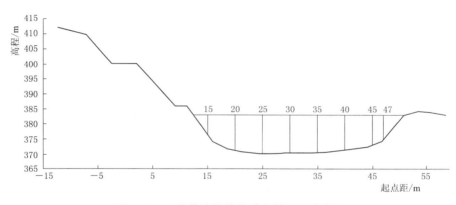

图 3.21　6 号导流洞推移质大断面及垂线图

2）测次布置。卵石推移质测次布置按过程线法施测，测次主要分布在汛期，低水小流量时适当布置测次。较大洪峰不得少于 5 次，一般洪峰不得少于 3 次，涨水面日测 1～2 次；退水面 1～2 日施测 1 次。水位变化缓慢时，3～5 日施测 1 次；洪峰起涨落平附近应布置测次。各条垂线取样 1 次，取样历时 5min。

3.3.2.2　实际观测情况

测验成果表明，金沙江溪洛渡 6 号导流洞河段存在河床卵石运动情况，而且推移量很大。根据 2010 年实测导流洞流量和推移质输沙率资料，点绘流量-卵石推移质输沙率关系图（图 3.22）可以看出，实测输沙率和流量具有较好的相关关系，流量-输沙率关系为

$$G_b = (Q/787.37)^{10.915} \tag{3.37}$$

式中：G_b 为实测推移质输沙率，kg/s；Q 为流量，m³/s。

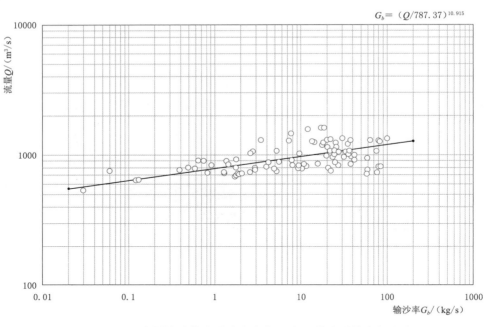

图 3.22　2010 年溪洛渡推移质试验站流量-卵石推移质输沙率关系图

3.3.2.3　技术创新

溪洛渡水电站 6 号导流洞出口进行推移质测验是在特殊水流条件（高流速、回流、泡漩、流态非常复杂）下的探索，是一种超常规、超标准、超规范的推移质试验，采用缆道主索＋副索双拉偏＋超重型推移质采样器的方式，在长江水文测验中尚属首次；缆道悬挂采样器，ADCP 附在采样器上测流，也是对 ADCP 常规测验方式的一种有益的突破和尝试。

结合溪洛渡水电站 6 号导流洞流速大、含沙量大的实际情况，提出了高速挟沙水流条件下的卵石推移质测验方案，通过测验获得洛渡水电站 6 号导流洞推移质的输移过程及特性，不仅为金沙江下游梯级水电站建设提供了科学依据，还为深入研究推移质运动对泄水建筑物的破坏作用和治理措施做出了重大贡献，更为推动推移质量测技术的发展、对水文站网建设和水文工作的深化具有很强的示范与启示作用，为以后泄水建筑物卵石推移质测验提供了经验。

3.4　淤积物干容重观测技术

从水库泥沙研究的角度来看，许多大中型水库一般都进行了水库淤积物干容重的观测，如汉江丹江口水库、长江三峡水库、黄河三门峡水库都进行了多年长系列的观测，形成了其特有的干容重系列资料，对水库泥沙问题研究和治理对策具有宝贵的实用价值。

目前，从采样方法和采样仪器来分，国内外水库淤积物干容重观测技术主要采用坑测法、器测法和直接测定法。坑测法主要是在露水洲滩直接取样；器测法广泛应用的主要有滚（转）轴式、环刀、重力式钻管、活塞式钻管、旋杆式、挖斗式等多种采样器；直接测定法主要为放射性同位素干容重测验仪，观测仪器设备有钻机式和轻便式两种。有的用于水面露出的淤积物取样，有的用于水下表层或深层淤积物取样，各有其特点和适用范围。不同的水库和水库内不同库段，干容重测验方法也不尽相同。就一个水库淤积物而言，有推移质淤积物，也有悬移质淤积物，粒径范围包括卵石、砾石、粗沙、细沙、黏土，组成物颗粒级配分布较宽；有暴露水面以上淤积物，也有常年淹没于水下淤积物，含水率相差很大；不同入库洪水来沙和坝前水位，形成新的淤积物与各年累积淤积物，其厚度和组成随着时间而变化、固结、压实情况不尽相同。目前，还没有一种方法或取样仪器能适用于全库和不同的淤积时段，因此，往往是几种方法或取样仪器结合使用。

溪洛渡水库蓄水后，从 2015 年开始，长江委水文局在水电站库区逐年进行干容重取样分析。溪洛渡水库水深较大，一般在 $100\sim200m$ 左右，最大水深达到 $240m$，河床组成和淤积变化比较复杂，淤积物组成级配较宽，对观测仪器和条件有较高的要求，长江委水文局针对大水深水库的特点开展采样仪器的专门研制与测试，包括挖斗式床沙采样器（AWC 型）的改进和转轴式淤泥采样器（AZC 型）的研制，通过不断改进和优化设计，基本形成犁式床沙采样器、挖斗式床沙采样器（AWC－1 型、AWC－2 型）和转轴式淤泥采样器（AZC－1 型、AZC－2 型）等干容重取样仪器系列，较好地解决了大型水库淤积物干容重取样困难的问题，取得了良好的效果，获得了可靠的干容重观测资料，在AZC－1 型的基础上研制改进的深水淤泥采样器采样效率更高，适应大水深的能力更强，能准确获取不同淤积深度的淤积物，对河床淤积物扰动要小或基本不扰动。

3.4.1　采样仪器选型

溪洛渡水库干容重观测采用器测法，采样仪器采用的是针对该水库水沙特性研制和改进的犁式采样器、AWC 型挖斗采样器和 AZC 型采样器结合进行。

1. 犁式采样器

犁式采样器主要应用于水库库尾变动回水区淤积较小的卵石河床河段，属于非原状淤积物采样，由于卵石淤积物的干容重变化幅度小，干容重主要与淤积物的物理化学特性相关，即使对淤积原状进行了破坏，其干容重观测的精度也不会受到影响（图 3.23）。

2. AWC 型挖斗采样器

AWC 型挖斗采样器主要用于挖取水下粗沙和小卵石的干容重样品，相当于非原状干容重取样，在 AWC－1 型基础上改进后的 AWC－2 型采样器增加了口门宽、自重，并加大采样仓容积和密封性能，改平口口门为齿状口门形状，在采样可靠性、采样数量或粒径范围及样品代表性等方面都有明显提高。对于粗沙和小卵石淤积物，即使对淤积原状进行了破坏，其干容重变化也不大，基本能满足该状况下淤积物的干容重精度要求（图 3.24 和图 3.25）。

3. AZC 型采样器

AZC 型采样器主要用于淤积物为较细淤泥的采样，也是溪洛渡水库干容重淤积观测的主要仪器，分为 AZC－1 和 AZC－2 两种型号。该采样器适应于金沙江大型水电站库区大水深特性，对河床淤积物的原状扰动小，能获取不同淤积深度的淤积物样品，测取的淤积物体积量取方便可靠，测取的淤积物样品满足干容重和颗粒级配分析的需要，采样器要坚固耐用和使用维修方便（图 3.26）。

图 3.23 犁式采样器

图 3.24 AWC-2 型挖斗采样器

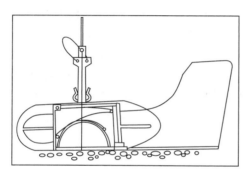

图 3.25 AWC-2 型采样器操作过程图

（a）AZC-1

（b）AZC-2

图 3.26 AZC 型采样器

3.4.2 取样分析方法

1. 取样方法

（1）干容重取样施测水位采用全站仪接测与库区梯调水位站水位相结合的方法，由于测区内水位站布设比较密集，水位均尽量利用测区内水位站的水位观测成果。当水位落差变幅较大需加密控制水位变化时，则采用全站仪接测水位。

（2）干容重取样水深测量根据历史资料及当前水位计算并辅以回声测深仪定标测深。

（3）干容重取样平面定位使用星站差分、CORS 基准站或架设单基站 RTK 方式进行。

（4）若淤积物为较细淤泥，则采用 AZC 型采样器取样；若淤积物为粗沙和小砾卵石（主要分布在变动回水区），则采用 AWC-2 型挖斗采样器取样；若淤积物为较粗卵石，则采用犁式采样器取样。

（5）在现场测量干容重沙样容积，并使用量测精度为 1g 的台秤称重并记录。

（6）采用 AZC 型采样器测取的样品，现场记录体积、重量并全部带回实验室进行烘干、称重和颗粒分析，并计算干容重；采用 AWC-1 型挖斗采样器测取的样品，现场倒入有刻度的容器中进行密实，记录体积和重量，样品中若出现大于 2.00mm 砾卵石的，现场进行筛分，小于 2.00mm 的沙，抽取部分沙样带回实验室进行烘干、称重和颗粒分析，计算干湿比和干容重；采用犁式采样器测取的砾卵石样品，现场倒入有刻度的容器中进行密实，记录体积、重量并进行筛分。

2. 分析方法

（1）粒径大于 2mm 的干容重沙样野外分析。根据《河流泥沙颗粒分析规程》（SL 42—2010）要求及分析的实际情况，对粗颗粒泥沙（一般为大于 2mm）应先进行现场筛分处理，2mm 以下的泥沙再带回室内采用结合法进行分析。目前，在万州区—铜锣峡河段大量分布大于 2mm 的泥沙。

（2）对 2mm 以下的样品用量杯装好后送交泥沙分析室进行室内分析。

（3）干容重样品均作泥沙颗粒分析。其分析方法用水析法或筛析法，水析法有粒径计法、吸管法、消光法、离心沉降法、激光法。

（4）粉砂、黏粒为主的泥沙样品，选用水析法，分析下限应至 0.004mm，当查不出 D_{50} 时，应分析至 0.002mm，仍然查不出 D_{50} 时，可按级配曲线趋势延长插补 D_{50}；砂粒为主的泥沙样品，可选用水析法或筛析法。

（5）级配测定可采用粒径计法、消光法、筛析法、离心沉降法。

3.4.3 资料整理计算方法

结合已有的理论和经验，干容重的原始观测资料的计算、统计、分析方法如下：

（1）断面表层平均干容重采用河宽加权。水边有垂线时，采用左、右水边的河宽，水边无垂线时采用有取样垂线间的实际代表河宽，但当距水边最近的垂线能代表水边的情况时，仍应以水边计算河宽。

$$r'_{D} = \frac{\sum\left[(r'_{mi} + r'_{m(i+1)})/2\right]b_{i(i+1)}}{\sum b_{i(i+1)}} \qquad (3.38)$$

（2）表层组成物质基本相同的河段，河段表层平均干容重 r'_{L} 采用断面表层平均干容重 r'_{D} 与河长加权计算。计算公式为

$$r'_{L} = \frac{\sum\left[(r'_{Dj} + r'_{D(j+1)})/2\right]L_{i(i+1)}}{\sum L_{j(j+1)}} \qquad (3.39)$$

式中：$L_{j(j+1)}$ 为两个断面间的间距。

（3）表层组成物质复杂的河段，河段表层平均干容重 r'_{L} 采用断面表层平均干容重 r' 算术平均计算。计算公式为

$$r'_{L} = \frac{\sum r'_{Dj}}{n} \qquad (3.40)$$

（4）整体性淤积河段，采用多线多测点布置垂线观测时，按以下要求计算。

1）垂线平均干容重 r'_{m-i} 计算（近似公式）：

$$r'_{m-i} = \sum k_{\eta} r'_{\eta-i} \qquad (3.41)$$

式中：$r'_{\eta-i}$ 为第 i 条垂线床面下第 η 个取样点的干容重。

2）断面概化垂线分层平均干容重 $r'_{D\eta}$ 计算：

$$r'_{D\eta} = \sum k_{Ai} r'_{\eta-i} \qquad (3.42)$$

式中：$r'_{\eta-i}$ 为第 i 条垂线床面下第 η 个取样点的干容重；k_{Ai} 为第 i 条垂线的淤积面积权重。

3）断面平均干容重 r'_{D} 计算：

$$r'_{D} = \sum k_{\eta} r'_{D\eta} \qquad (3.43)$$

3.5　水库异重流监测技术

金沙江下游河段梯级水电站由于高坝回水形成巨型深水库，水库的形成对该水域的水文情势和泥沙运动状况产生重要影响。水库蓄水后，其水位和水面面积均比天然状况大幅度增加，库区内的流速减缓，库区江段由急流河道转变为近似于静水的河道型水库，从上游至坝址流速逐渐减小，水流挟沙能力沿程递减，泥沙势必会逐渐沉积于库底，使水库库容减少，从而直接影响水库的使用寿命。

浑水异重流是泥沙运动的一种特殊形式，也是自然界中常见的一种现象。由于汛期浑水入库，含沙量较大的挟沙水流在库中与清水相遇，将潜入库底形成沿底部运动的异重流。当洪水持续一定时间后，异重流可推进到达坝址。异重流在向坝址行进的过程中，粗沙沿程发生淤积，可能将细颗粒泥沙输运到坝址，如能及时开启底孔或低高程泄水建筑物，可以将浑水排出库外，减少水库泥沙堆积；如无相应排沙措施，浑水水流可能在坝前扩散落淤，增加坝前泥沙厚度，改变水库泥沙堆积形态。因此，针对水库内水沙异重流形成及运动规律的研究，对于改善水库水环境、延长水库寿命、提高发电效益以及降低机组磨损等都具有举足轻重的现实意义。

3.5.1 溪洛渡水库异重流的特点

金沙江汛期降雨的产汇流塑造了高含沙水流进入河道，这部分浑水在流进壅水区后，由于水深的急剧增加，流速相应降低，浑水中的泥沙不断沉降而使得水面的流速和含沙量逐渐趋于0。在泥沙的沉降过程中，粗颗粒组分逐渐落淤而在库尾段形成淤积三角洲，较细颗粒组分的泥沙则由于良好的跟随性，还能够继续保持悬浮状态。浑水水体在受重力及后续惯性的不断作用后，将逐渐形成泥沙沉降的分界点（潜入点）。自潜入点向下游开始，表层水体开始撇清，形成了一个明显的清混水交界面，如图3.27所示。从水库立面来看，库区内出现了上下两层具有密度差异的流体，潜入底部的含沙水流就有可能挟带跟随性强的悬移质泥沙，在保持较高浓度的情况下以一定的速度向前运动，形成异重流。

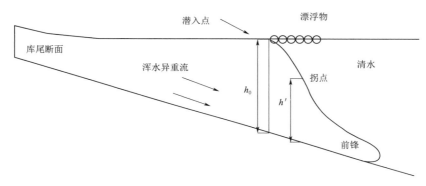

图 3.27 异重流形成过程

异重流在向下潜入运动的过程中将卷吸入一部分交界面上的清水，出于水量平衡的要求，在清水区其余部分会出现回流或强烈的紊动。这样的回流将使得水面的漂浮物聚集于潜入点附近，这是异重流产生的一个明显的标志。潜入点的水流泥沙条件可以作为异重流发生的判断条件，在清浑水交界处的拐点存在以下关系：

$$\frac{u'^2}{\frac{\Delta\rho}{\rho_m}gh'}=1 \qquad\qquad (3.44)$$

式中：u'为异重流的运动速度，m/s；h'为前锋厚度，m；ρ_m为异重密度，kg/m³；$\Delta\rho$为浑水与清水的密度差，kg/m³；g为重力加速度，m/s²。

由于潜入点断面水深h_0大于拐点处水深，因此潜入点应具有以下关系：

$$\frac{u_0^2}{\frac{\Delta\rho}{\rho_m}gh_0}<1 \qquad\qquad (3.45)$$

式中：u_0为潜入点断面异重流运动速度。

异重流持续条件是指异重流形成以后能够持续保持运动，甚至运动到达坝址处的必要条件。它包括补给条件与维持条件，补给条件需要库尾有源源不断的浑水补充，若入库浑水一旦停止，则前面的异重流也会很快停止运动并迅速失去稳定状态；而维持条件是指异重流在运动过程中必须能够保持稳定，并克服沿程阻力。既然维持异重流运动的动力来自水流中的泥沙，可见异重流的持续运动条件必然要求一个最低含沙量，这个最低含沙量要比能够形成异重流所要求的含沙量高得多。从金沙江下游泥沙情况来看，在乌东德、白鹤滩水库蓄水前，汛期 6—9 月金沙江干流含沙量普遍高于 1.00kg/m^3，溪洛渡水库蓄水后由于水深和流速的急剧变化，在一定条件下有可能发生异重流的潜入和运动。

3.5.2　溪洛渡水库异重流监测

1. 监测河段

根据潜入点易出现位置，选择黄华镇朝阳坝 JB060（距坝约 55km），下至支流美姑河口 JB043（距坝约 40km），上至大兴镇 JB110（距坝约 100km），如图 3.28 所示。具体监测范围可根据每次发现潜入点位置以及监测过程中发现异重流运动规律进行适当调整。

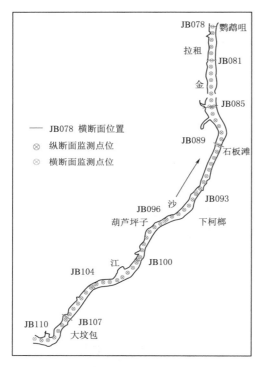
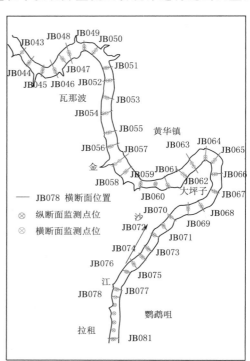

图 3.28　溪洛渡水库异重流监测河段及取样位置示意图

2. 监测时机

监测时机根据以下方法确定：

（1）含沙量预警。根据相关研究，上游浑水入库是异重流产生的基础条件，其阈值为 $1.047 \sim 1.792\text{kg/m}^3$，因此，可利用溪洛渡库尾的白鹤滩水文站以及更上游的乌东德水文站含沙量监测情况进行预警，在两个水文站含沙量达到 2kg/m^3 时，方可组织异重流监测。

（2）现场观察预警。根据异重流成因及特性，在潜入点附近通常会伴随漂浮物集聚的现象，由于监测人员不能长期驻留在监测区域，特在异重流潜入点易出现河段，委托黄华、黄平、大兴等地居民，根据河道出现漂浮物集聚、清浑水交界等现象时预警，作业人员根据情况组织实施。

3. 潜入点

利用无人机、高地瞭望、测船搜寻等方式在监测区域寻找漂浮物、清浑水交界等现象区域，并利用 GNSS 等定位设备精确确定其位置，如图 3.29 所示。

图 3.29　异重流潜入点

4. 异重流前锋追踪监测

在监测到异重流潜入点位置后，可根据其形态，在监测河段内向上或向下对异重流前锋的运动状态进行跟踪监测，可采用如下方法进行：

（1）悬移质含沙量取样。

1）平面定位。

a. 采用 CORS GNSS 进行平面定位，利用测区内固定断面桩作为起算点，求取当地转换参数。

b. 定位位置应与取样器保持在同一铅垂位置，误差不超过 0.2m。

2）含沙量取样。

a. 采用瞬时式横式采样器进行悬移质泥沙取样。

b. 采样器单仓容积可采用 500mL、1000mL、2000mL 等，容积误差应不大于标称容积的 3%。

c. 采样时，采样器口门应正对水流，在采样点停留一定时间后关闭口门，再提升仪器。倒出水样时，应防止仪器外带水混入水样中，采样器取得水样容积与采样器标称容积相差不得超过 10％，否则应作废重取。

d. 仪器装置应满足测量位置放置准确性的要求，对水流扰动较小。

（2）光学后向散射浊度计（OBS）在线监测。

1）采用 AQUAlogger 310TY 浊度仪在线进行浊度及温度测量。其具有最新的传感器技术，操作软件界面更友好，可测量的浊度值可达 10000FTU（典型），具有现场采样转换浊度为悬沙浓度的工具（图 3.30）。

图 3.30　AQUAlogger 310TY 浊度仪

2）采用 OBS 在线监测位置应与移悬质取样位置一致，取样宜同步进行，便于对比分析浊度与含沙量相关性。

3）根据 OBS 浊度仪监测频率，适当控制仪器下放时的牵引速度，尽量做到匀速下放，速度不得大于 1.5m/s。

（3）水文站水沙同步监测。

1）在进行异重流监测前，应提前通知相关水文站做好测前准备。

2）监测宜同步进行，在有必要时，增加悬沙取样频次。

3）水位、流量、含沙量取样观测按照《河流悬移质泥沙测验规范》（GB/T 50159—2015）进行。

3.6　本章小结

金沙江下游河段多为深谷河段，两岸高山陡峻。天然河段具有江面狭窄、河流比降大、水面流速快、水体含沙量高、推移质粒径大等特点。随着金沙江下游四个梯级水电站的陆续建成运用，金沙江下游河段水沙条件将发生重大改变。长江委水文局经多年河流勘测经验积累、技术总结，针对金沙江下游河段水库建成运行形成的新的水文泥沙条件，进行了一系列监测技术创新与应用，取得了良好的效果。

（1）建立高坝大库、高陡边坡水库精密测深技术体系。水深测量误差与地形坡度、水深值正相关，为提高金沙江下游梯级水电站水库测深精度，提出了基于声线跟踪改正、姿态改正与归位计算、测深延迟改正等技术，显著提升了水库测深精度，为水库运行提供可靠的基础数据。

（2）基于多平台三维激光扫描技术的水库陆域地理信息获取方法。三维激光扫描技术是近年来发展起来的一门高新技术，具有扫描速度快、直接获得数字信息、非接触性、扫描效率高、使用简单方便、较强的植被穿透性等优点，被誉为继 GNSS 技术以来测绘领域的又一次技术革命。针对金沙江下游河段库岸植被稀疏、地物稀少、库区良好的航行条件，提出采用船载、地面静态多平台的三维激光扫描技术相结合的水库陆域地理信息获取方法，提高作业效率，减轻作业强度，提升产品质量。

（3）复杂水动力下的缆道悬挂推移质采样技术。推移质对泄洪建筑物具有冲磨蚀破坏作用，推移质测验成果是其对泄洪建筑物的冲磨蚀破坏治理的关键参数。针对金沙江下游河段大粒径、高运动速率、流态紊乱河段的推移质测验，采用"缆道主索＋副索双拉偏＋超重型推移质采样器"的方式，有效解决上述水文条件下的推移质采样。

（4）大水深、复杂河床组成条件下的干容重采样技术。干容重系列资料是水库泥沙淤积计算基础资料。针对金沙江下游梯级水库水深值大、河床组成和淤积变化复杂、淤积物组成级配较宽的特点，形成犁式床沙采样器、挖斗式床沙采样器和转轴式淤泥采样器等满足沿程复杂河床组成的干容重取样器系列，很好地解决了大型水库淤积物干容重取样困难的问题，获取了可靠的干容重观测资料。

（5）复杂成因下的水库异重流监测技术。金沙江流域地域辽阔，自然地理情况复杂。金沙江下游河段为强产沙区，区域内降水的季节性比较明显。汛期降雨的产汇流塑造了高含沙水流进入河道，易形成水库异重流现象。针对金沙江下游梯级水库异重流成因复杂的情况，形成了利用上游水文站含沙量信息、现场监测等方式准确把握监测时机；利用GNSS、无人机、测船搜寻等多手段准确判定异重流嵌入点；通过悬移质含沙量取样、OBS在线监测、水文站水沙同步监测等多种方式联合跟踪监测异重流前锋，形成了复杂成因下的水库异重流监测完整技术体系。

通过上述监测技术创新和应用，弥补了高坝大库、高陡边坡水库水文泥沙监测技术不足，丰富了水库水文泥沙监测手段，对大型水库水文泥沙监测具有较好的借鉴意义。

第 4 章

水文泥沙信息化管理

为系统掌握金沙江下游乌东德、白鹤滩、溪洛渡、向家坝梯级水电站的泥沙淤积规律，自 2008 年起对金沙江下游开展了大量的水文泥沙监测和研究工作，产生了海量多源异构的水文泥沙、地形数据和研究成果。为有效地管理和使用水文泥沙观测资料和研究分析成果，建设了金沙江下游梯级水电站水文泥沙数据库及信息管理分析系统（以下简称金沙江水沙系统）。该系统是将网络技术、三维仿真与可视化技术、金沙江水沙数学模型相结合，用于查询、处理、综合分析、显示和应用的专业地理信息系统。

金沙江水沙系统的设计与实现分为总体设计、数据信息化管理、信息化专业子系统、应用与实践等几个部分。子系统功能与模块较多，本章对子系统功能模块进行了总体综述，并对部分常用有代表性的功能做了较详细的界面设计与功能展示。

4.1 总体设计

4.1.1 功能需求与特点

金沙江水文泥沙状况不仅关系金沙江本身的发展演变，也反映了金沙江流域的环境特性、水土流失程度及人类活动的影响，对治理开发金沙江具有重大的参考价值。随着长江流域的社会经济发展加快、社会经济建设活动增多，各地、各部门以及社会公众在工程管理、水库群的优化调度、泥沙预报预测、河道演变分析、水资源合理利用等方面，对金沙江水文泥沙的基本信息需求也越来越大。基于此，金沙江水沙系统功能需求应具备下列特点：

（1）安全可靠的信息综合管理功能。为了全面高效地采集、存储和管理金沙江工程水文泥沙监测所获取的多源、多类和多维信息，需要建立能有效地支持空间、属性数据一体化存储、联合管理，满足水文泥沙分析与计算、泥沙预报预测、河道演变分析需要的信息综合管理子系统。为此，该子系统应当以主题式的对象-关系数据库为核心，总体结构应有较高的灵活性、可扩展性、易维护性、稳定性和安全可靠性。

（2）界面友好的信息查询功能。查询界面友好、操作简便是信息化管理能否最大限度地发挥作用的关键。系统应当能够支持 C/S（客户机/服务器）、B/S（浏览器/服务器）和移动端等多种查询和编辑方式，满足不同用户按权限分级调用和操作数据。

业务功能以 B/S 为主，图形编辑和数据库管理系统以 C/S 结构开发。对于与非公开地形数据相关的图形编辑、河道演变分析、三维显示、水文泥沙预测预报和地形数据库管理，采取独立服务器断网运行。对于用户的日常水文泥沙分析、水文泥沙计算、水文泥沙信息查询可根据用户权限进行可公开信息的常规查询和文档下载，并在此基础上对于部分查询功能开发移动端 App 应用，以满足户外实时水雨情信息查询与文档管理的需要。

（3）多样化的水文泥沙专业计算功能。水文泥沙分析计算是河道演变分析、泥沙运动规律研究的基础，是为河流水文泥沙管理、研究和监控提供辅助决策支持的重要环节，包括地理空间信息分析、数理统计技术、空间几何运算在内的多方案组合模式。要求实现的功能：各种水力因子计算、水面比降计算、水量计算、沙量计算、河道槽蓄量（断面法、地形法）计算、冲淤量计算，冲淤厚度计算、水沙平衡计算等。

（4）直观全面的水文泥沙专业分析功能。水文泥沙分析主要通过各种编图作业来实现。常用的专业分析图件包括水位过程线图、流量过程线图、水位-流量关系图、流量沿程变化图、断面平均流速沿程变化曲线图、水面线图、流量沿程变化图、输沙量沿程变化图、含沙量过程线图、推移质输沙率过程线图、含沙量沿程变化图、输沙率沿程变化图、流量-含沙量（输沙率）关系图、流量-推移质输沙率关系图、泥沙颗粒级配沿程变化图、悬移质特征粒径沿程曲线图、推移质特征粒径沿程曲线图、河道组成特征粒径沿程曲线图、逐月平均水位多年平均曲线图、多年平均径流量年内分配曲线图、多年平均输沙量年内分配曲线图、多年平均悬沙级配曲线图、河道泥沙组成曲线图、历年径流量过程线图、历年输沙量过程线图、年径流量变化对比图、年输沙量变化对比图。该系统应全面提供上述各种图件的自动编绘功能，以满足水文泥沙分析的需要。

（5）完善的河道演变分析功能。河势稳定性问题是金沙江水文泥沙研究的重点之一，其主要内容包括不同水沙条件和运用方式下的河道演变和河势变化状况。河道演变分析以水文泥沙专业计算和各种水文、泥沙、河道信息可视化分析为基础，要求基于 GIS 的空间分析技术实现自动或交互编绘有关的断面套绘图、深泓纵剖面曲线图、河道槽蓄量-高程曲线图、沿程槽蓄量分布图、冲淤量沿程分布图、冲淤量-高程曲线图、冲淤厚度分布图、平均冲淤厚度沿程变化图，以及河势图、深泓线平面变化图、岸线变化图、洲（滩）变化图、汊道变化图、弯道平面变化图等，还要求实现在河道地形上任意切割断面，进行断面图及数据的双向查询。

（6）智能化的金沙江三维可视化平台。该平台应能智能化地展现金沙江水文泥沙、河道观测和分析计算信息，为金沙江水文泥沙研究、河床演变分析及梯级水库联合调度提供直观的分析决策工具。为此，需要建立基于三维的金沙江下游干流三维景观可视化分析平台，实现金沙江下游梯级水电站三维景观建模、重点目标三维建模、大区域漫游、空间查询、属性查询和三维可视化分析等功能。

（7）方便快捷的金沙江水文泥沙信息网络发布功能。为了适应互联网和移动 App 迅速普及的形势，满足专业人员、各级领导和广大公众通过互联网和移动 App 获取或查询金沙江水文泥沙信息的需要，系统应当具备方便快捷的水文泥沙信息网络发布功能。网络信息服务主要包括：①发布分析成果：水位过程线图、流量过程线图、含沙量过程线图、输沙率过程线图、流量沿程变化图、水面线图、径流量沿程变化图、输沙量沿程变化图、含沙量沿程变化图、输沙率沿程变化图、水位-流量关系图。②回应基本查询：水文（位）站查询、水文（位）站沿革查询、水文水位断面及设施查询、水准点沿革情况查询、水尺水位观测设备沿革情况查询、积水面积与距河口距离查询、站以上主要水利工程情况查询、断面基本资料查询、断面成果查询、逐日水面蒸发量查询、月降水量查询、年-月蒸发量查询。③支持专题编图：断面套绘图、深泓纵剖面曲线图等。④显示三维景观（非移动 App）：显示三维河道地形、显示三维重要目标。⑤文档资料的网络上传下载浏览功能等。

4.1.2　主要内容

金沙江水沙系统主体包括数据库系统和应用系统两部分，数据库系统包括水文泥沙数据、实时报汛数据、空间数据、GIS 基础数据源和模型库，应用系统包括水道地形自动成图与图形编辑子系统、信息查询与输出子系统、水文泥沙分析与预测子系统、三维可视化子系统、移动 App。系统数据符合国家和行业标准，系统能有效地管理和使用金沙江下游河段水文泥沙资料、地形资料和梯级水电站设计信息等，为工程管理和水库群的优化调度提供基础信息和实时查询，并可进行有效的分析与预测。结合现代网络与信息技术的发展，系统开发的主要内容如下：

（1）基于 GIS 的内外业一体化河道成图。根据实测点自动生成等高线，并根据不同的比例尺成图模板生成各类标准图幅和测绘产品，可对空间图形数据进行基本编辑修改。

（2）数据综合管理。以关系型数据库管理金沙江下游梯级水电站范围广、种类繁多的水文泥沙数据、实时报汛数据、地理空间数据及其他类型数据。

（3）基于 GIS 的信息查询与输出。方便快捷地将数据库中的数据按照用户的要求提取、统计、显示及报表输出。

（4）水文泥沙分析与预测。进行水沙计算、水文泥沙可视化分析、河演分析、泥沙预测预报模型库，并将分析计算和预测成果形象直观地显示和输出。

（5）三维可视化。金沙江下游重点地区三维景观建模，并提供基本三维可视化分析。

（6）移动 App。实现基本地图信息、主要的水沙数据查询、报汛数据查询、统计分析计算与个人文件管理功能。

4.1.3　主结构设计

4.1.3.1　开发原则

系统开发以实用、创新、高新技术相结合的方式开展，充分展现当今科学技术的发展。系统的构成、软硬件配置均采用国内外目前先进、成熟、可靠的技术成果，以 C/S、B/S 模式混合开发，以二维、三维相融合，因地制宜，做到可靠、实用、经济、先进，具有较强的扩展余地和兼容性。系统开发具体遵循以下几个原则：

（1）标准性，以国家相应规范、技术标准为标准，做到规范化、标准化。

（2）兼容性，与现有的水文泥沙信息分析管理系统兼容。

（3）可扩充性，留有扩展模块，可方便地扩充其他应用模块。

（4）完备性，功能全面、完善。

（5）先进性，技术路线、方案规划、系统结构、数据组织、计算效率、用户体验、系统设备先进。

（6）可靠性，系统运行稳定，数据处理、存储安全可靠。

（7）实用性，数据库易于管理、扩充和更新，信息系统易于操作和维护，还可以进行实时分析计算。

（8）安全性，河道地形非公开数据，不得对外发布，需进行物理隔离。

4.1.3.2　设计依据

系统确定数据格式和系统开发的技术标准、规范及其他依据主要包括：《水文基本术语和符号标准》（GB/T 50095—2014）、《水文数据库表结构及标识符》（SL/T 324—2019）、《水利水电工程技术术语》（SL 26—2012）、《地理空间数据交换格式》（GB/T 17798—2007）、《基础地理信息要素分类与代码》（GB/T 13923—2022）、《国家基本比例尺地形图分幅和编号》（GB/T 13989—2012）、《基础地理信息数字成果 数据组织及文件名规则》（CH/T 9012—2011）、《基础地理信息数字产品元数据》（CH/T 1007—2001）、《计算机软件文档编制规范》（GB/T 8567—2006）、《中国河流代码》（SL 249—2012）、《水利对象分类与编码总则》（SL/T 213—2020）、《水文数据 GIS 分类编码标准》（SL 385—2007）。

4.1.3.3　总体设计路线

系统采用 B/S 架构与 C/S 架构混合模式，利用当代先进的网络计算机技术、空间信息分析技术、数理统计与模拟预测技术、人工智能技术、虚拟现实技术等，借助数字化和信息化的手段，最大限度利用信息资源。系统设计开发以数据库技术、网络技术和地理信息系统技术为支撑，以空间数据和属性数据为基础，通过对空间数据和各类水文泥沙数据的采集、存储、管理和更新，建立数据采集、管理、分析和表达为一体的水文泥沙信息分析管理系统。

系统在研发过程中充分体现如下具体的技术模式，使系统更具较好的先进性、实用性、可靠性和安全性：

（1）高效利用现代网络体系，充分适应系统各功能的工作特点，采用 B/S 与 C/S 混合模式建立系统总体架构。

（2）采用模块化方式进行开发，各模块只处于低耦合状态，方便用户进行功能的扩充与更改，使系统功能实现更具灵活性与可塑性。

（3）利用空间数据库引擎技术，实现对水文泥沙多源、多时相数据一体化存储、管理与调度，实现海量数据的快速查询、分析与计算。

（4）采用多级用户管理、数据库恢复备份、服务总线、系统监控等技术充分保护数据的安全性。

（5）采用根据空间数据特点优化的水文泥沙专业计算与分析算法，使计算的复杂度与计算时间得到平衡，有效地减轻服务器压力。

（6）利用多种可视化方式实现水文泥沙各类数据的空间、属性信息联合查询，提供各类专题图信息的查询以及各类成果的报表和输出。

（7）采用金字塔数据管理、多维索引机制、虚拟现实（VR）、LOD 分块调度等技术实现大场景的三维可视化调度，真实再现现实景观。

（8）系统界面采用数字地球技术，采用优秀的专业可视化插件清晰明了地显示各种水沙分析专题图表，并形象逼真地表现各种变化图表。

（9）基于 SOA 思想构建系统，将系统所有的数据查询、计算分析功能封装为 Web 服务 API，业务系统以及外部系统通过服务 API 调用系统数据与功能。

4.1.3.4 体系构架

系统采用基于 Intranet 技术的企业局域网模式。Intranet 将企业范围内的网络、计算、处理、存储等连接在一起以实现企业内部的资源共享、便捷通信，允许有关用户查询相应信息并具有安全措施。从目前国内外信息系统开发的技术成熟度来看，C/S 系结构应用于企业内部局域技术相对完善，在国内有广泛的应用基础；B/S 模式是目前流行的体系结构。

该系统的设计开发采取 B/S 结构和 C/S 结构混合开发模式，业务功能以 B/S 为主，数据库管理系统以 C/S 结构开发。同时结合适用于网络开发的数据库系统及前端开发工具，并基于 SOA 的服务架构，实施该系统的开发（图 4.1）。具体应用模式如下：

（1）水文泥沙信息查询与输出子系统、水文泥沙分析与预测子系统、三维可视化子系统、服务总线子系统、系统监控子系统均采用纯 B/S 架构，基于 JavaEE 企业级解决方案实现；客户端采用 HTML5 相关组件，地图部分采用无插件的三维视图。

（2）系统基于 SOA 服务架构，业务代码与数据库结构低耦合，并可对外提供数据与功能服务。

（3）水道地形自动成图与图形编辑子系统、河道地形数据库管理子系统采用 C/S 架构的桌面版程序。

系统的硬件结构自上而下分为核心层和应用层两个层次。核心层即网络主干，是网络系统通信和互联的中枢，由服务器、交换机、路由器等主干设备组成，主要作用是管理和监控整个网络的运行、管理数据库实体和各用户之间的信息交换。网络交换模式采用技术成熟、价格合理的快速交换式以太网技术。

系统的软件体系结构采用以数据库为技术核心、地理信息系统为支持的 C/S 和 B/S 模式，即在系统软件和支撑软件的基础上，建立应用层、业务层、数据层、支撑层的多层结构，如图 4.2 所示。不同的服务层具有不同的应用特点，在处理系统建设中也具有不同程度的复用和更新。

软件结构分为以下四层结构：

（1）数据层：基于 Orcale 数据库为系统提供业务数据存储支撑，包括实时监测数据、历史整编数据、系统数据、河道地形数据。其中河道地形为非公开数据，通过物理方法与外网隔绝；可公开数据通过防火墙、数据服务及权限来保证数据库安全性。

（2）支撑层：主要分为水文泥沙服务总线平台及水文泥沙数据库管理系统。其中水文泥沙服务总线平台基于 B/S 及 SOA 架构，提供服务注册、管理、监控等功能，服务类型主要为实时数据、整编数据、GIS、功能服务四大类；水文泥沙数据库管理系统基于 C/S 架构，提供数据维护管理、数据备份还原、数据统计及非分开数据推送等功能。

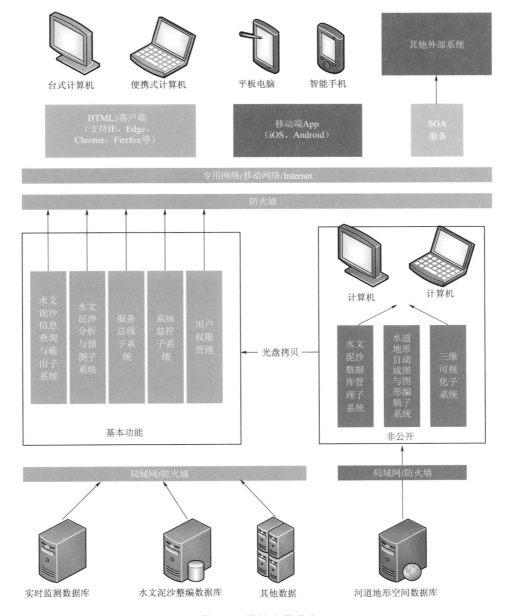

图 4.1 系统应用模式

（3）业务层：业务层主要提供面向最终用户使用的各类功能与服务，其内容包括信息查询与输出、河道演变分析、水文泥沙分析与预测服务、数据服务与功能服务等。该服务层次主要依赖于用户的需求。该层是面向工作需求的强业务支撑。

（4）应用层：为用户提供了丰富多样的应用方式，包括 Web 端、移动端等。

系统的软件架构具有数据安全性、架构先进性、开放性、应用多样性等特点。其中安全性体现在对河道地形进行单独存储，并设计了网络物理隔离，对通用数据在保证网络安

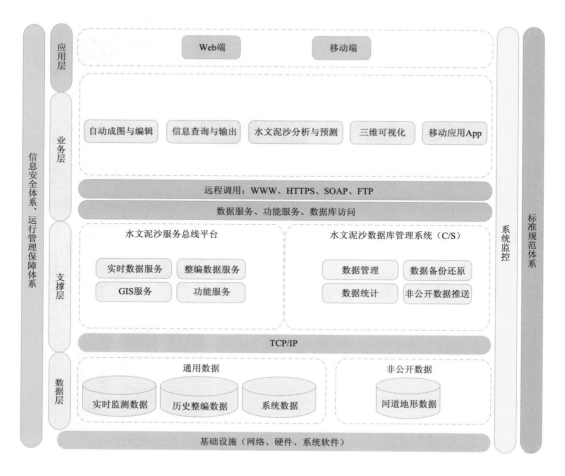

图 4.2 系统体系结构图

全的情况下，采用数据服务的形式访问数据库，保证数据库的安全；非公开数据与通用数据的数据交换采用物理方式进行隔离。架构先进性、开放性体现在 B/S 架构与 SOA 的设计理念；除了 B/S 架构模式，系统使用基于 SOA 架构设计支持服务模式的新型业务系统，增强系统服务能力，以 Web 服务形式对外开放系统的数据查询、计算、分析功能，同时支持外部数据、功能服务注册到本系统，提升水沙数据与系统的社会与经济价值。应用多样性体现在系统为用户提供了 Web 端、移动端、桌面端以及数据与功能服务调用等丰富的使用方式。

4.1.3.5 软硬件平台设计

1. 软件环境

软件需满足系统对功能的需求和系统界面、用户环境等其他非功能性需求。软件平台的设计主要是操作系统、数据库、系统框架、移动端、GIS 平台、开发工具的选型和版本的确定。系统软件配置见表 4.1。

表 4.1 系统软件配置

主要平台		名称	备注
操作系统	客户端	Windows/macOS/Linux	支持 HTML5 均可
	服务器端	Windows Server/Linux	支持 WebLogic 均可
数据库	服务端	Oracle	
系统框架	服务端	JavaEE 企业级组件	
	客户端	HTML5 标准的企业级组件	页面、图、表等
	服务端	GeoServer	
移动端	智能手机	iOS、Android	主流智能手机
GIS 平台	三维 GIS 平台	GaeaExplorer	含 Web 端与桌面端
	二维 GIS 平台	OpenLayers	
	建模工具	Autodesk 3ds Max	三维模型
开发工具	开发工具	Visual Studio 2017	
	版本管理	SVN	
	开发语言	Java/JavaScript/CSS/. Net	

2. 硬件环境

硬件物理系统主要根据软件系统的开发应用模式与体系构架来决定，设计时还需根据用户对系统的性能要求再结合用户单位的实际硬件和网络情况来设计。系统硬件配置要求见表 4.2。

表 4.2 系统硬件配置要求

硬件资源名称	要求
非公开服务器	1 台（Intel 至强银牌 4110，2TB HDD，16G 内存）
通用服务器	1 台（Intel 至强银牌 4110，2TB HDD，16G 内存）
非公开图形工作站（客户端）	与非公开服务器合用
通用图形工作站（客户端）	与通用服务器合用

3. 网络环境

系统通用服务与数据部署在中国三峡建工（集团）有限公司的 Internet 网络环境下；非公开服务与数据及应用在网络隔离安全环境下提供；实时数据部署在长江委水文信息管理部门，从 Internet 网络环境下提供。

4.1.3.6 子系统划分

子系统与模块的逻辑划分主要根据用户对功能需求的分类与归纳，其系统逻辑视图如图 4.3 所示。系统现划分为水道地形自动成图与图形编辑子系统、水文泥沙数据库管理子系统、信息查询与输出子系统、水文泥沙分析与预测子系统、三维可视化子系统、App 等子系统。App 应用系统的移动端应用贯穿其中（信息查询与输出、水文泥沙分析等）。子系统主要功能见表 4.3。

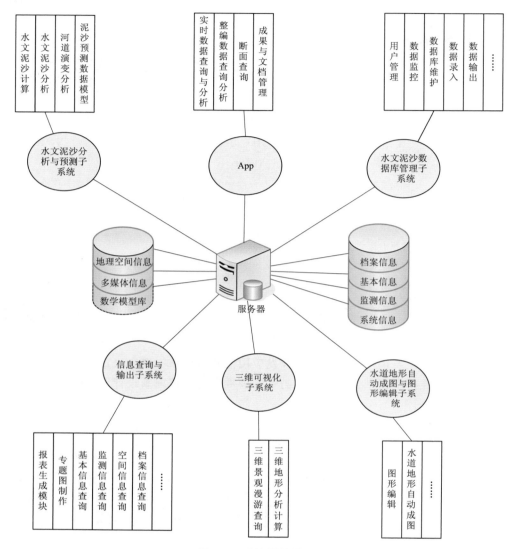

图 4.3　系统逻辑视图

表 4.3　　　　　　　　　　子系统主要功能

系统名称	系 统 描 述
水道地形自动成图与图形编辑子系统	水道地形自动成图与图形编辑子系统由水道地形自动成图与图形编辑两个独立的子模块组成。由水道地形自动成图模块所产生的地形图成果可经过数据转换导入图形编辑子系统中并对其进行编辑。为了保护数据的安全性，水道地形自动成图与图形编辑子系统严格限制使用人员权限，仅供授权的系统管理员和数据维护人员使用
水文泥沙数据库管理子系统	水文泥沙数据库管理子系统是系统的支撑和实现各种功能的中心环节。数据库管理子系统的设计应在充分分析数据源的基础上，对数据进行分类组织，设计结构合理、层次清晰，便于查询、调用方便、信息完整的数据库表结构。提供各级用户的分级及操纵权限管理，确保系统的安全。提供数据批量入库方便操作，提供备份管理，以避免系统软硬件故障及操作失误造成破坏时的数据库恢复。服务器端提供日志管理功能

续表

系统名称	系 统 描 述
信息查询与 输出子系统	一是查询功能，提供详细的水文泥沙数据查询功能，实现基本信息和监测数据查询、报表输出、个人文档管理等各种类型的信息查询功能；二是提供水文泥沙计算功能
水文泥沙分析与 预测子系统	提供各种与水文泥沙相关的计算功能，包括水文泥沙分析模块分析水沙过程、水沙沿程和年内年际变化、水沙综合关系，并提供分析结果的图表显示。河道演变分析模块提供河道演变参数计算、河道演变分析及其分析结果的图形表现的功能。泥沙预测数学模型模块利用水沙数学模型对一定时期内的河道泥沙运动及河床演变情况作出预测计算
三维可视化 子系统	提供最直观的数据分析和结果展示，为水沙调度提供快捷直观的平台，同时，也为各级领导决策提供辅助工具
App	实现主要的水沙数据查询、统计分析计算与个人文件管理功能。基本地图信息、水位、流量、含沙量、径流、颗粒级配、固定断面等整编成果与实时水沙数据的相关查询，个人文件搜索、上传、下载与在线浏览等

4.1.3.7　系统界面设计

系统采用单点登录的用户登录机制，用户只需要采用统一的登录验证系统一次登录验证，然后可以在各个子系统中来回自由切换和使用。面向客户端的可视化的操作界面根据可视化表现形式和分析管理方式主要划分为客户端登录界面、三维可视化主界面（图4.4）、数据库登录界面和数据库管理界面。

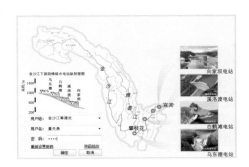

图 4.4　客户端登录和三维可视化主界面

4.2　数据信息化管理

数据信息化管理包括数据分类、数据库设计、水文泥沙数据管理、水道地形自动成图与图形编辑等几个部分。

4.2.1　数据分类

金沙江四个梯级水电站在规划、建设和运行过程中产生了海量水文泥沙系列观测数据。水电站建设之前主要包括基本水文站网资料，基本无地形观测数据。电站建设期间，将根据现有水文站网和专用观测站进行监测，待电站建成后，将根据调整后的站网进行水文资料的监测。考虑到通用性和可扩充性，水文整编数据库表结构采用水利部行业标准《水文数据库表结构及标识符》（SL/T 324—2019）。对于水情数据等实时数据，数据库和应用系统也将与相关的水情预报系统开辟相关的数据通道和调用接口；固定断面、地形资料将根据《水文数据 GIS 分类编码标准》（SL 385—2007）等进行标准化整理与入库。

金沙江水泥系统是金沙江下游梯级水电站调度运行的基础，是梯级水电站优化调度的前提和依据，它涉及的数据量大、种类多，按计算机存储方式可分为水文泥沙信息（属性数据）、地形信息（空间数据）、与多媒体信息。按数据的内容可划分为：基本信息数据、监测数据、空间地理信息数据、档案信息数据、系统信息数据。图 4.5 所示的数据流图综合地反映出信息在系统中的流动、处理和存储情况。

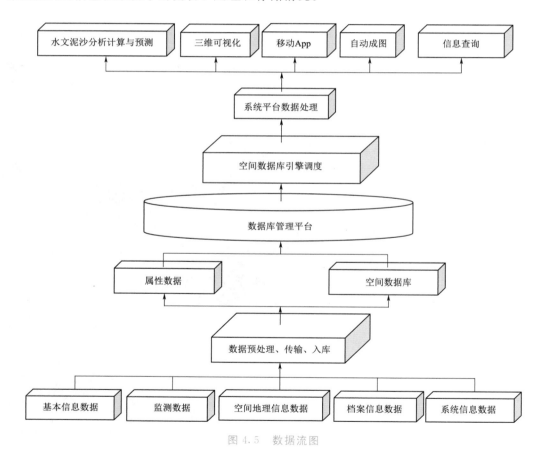

图 4.5　数据流图

4.2.1.1　基本信息数据

基本信息数据包括河流信息数据、测站属性数据、断面信息数据、工程信息数据、水库调度数据。

（1）河流信息数据：金沙江下游河段干流及各支流的信息。

（2）测站属性数据：测站的编码、名称、类型、观测项目、地理位置、控制区域、设立时间等。

（3）断面信息数据：断面的编码、施测年份、施测日期、起点距、河底高程，还包括水文水位站断面及设站说明表、水文水位站基本水尺水位观测设备沿革表、水文水位站水准点沿革表、监测断面信息表等。

（4）工程信息数据：四个梯级水电站特性信息和水库信息，这些信息包括记录建立年份、校核洪水位库容、校核洪水位、设计洪水位、设计洪水位库容、正常高水位、正常高水位库容、死水位、死水位库容、开始蓄水年月等。

（5）水库调度数据：水库调度数据库含单库调度方案表，四库联合调度方案，水情测报信息、电站进沙数据。

4.2.1.2　监测信息数据

监测信息数据包括：水文整编数据、实时报汛数据、泥沙数据、地形数据、异重流数据、电站进沙数据、气象数据、灾害数据、河床组成勘测调查信息等。

（1）水文整编数据：日数据（日平均水位、日平均流量、日水温等）、旬数据（旬平均水位、旬平均流量、旬平均水温等）、月数据（月平均水位、月平均流量、月平均水温表）、年数据（年平均水位、年平均流量、时段最大洪量、年平均水温等）、实测数据（实测流量成果、站点水量、区水量）、洪水数据（洪水水文要素摘录）等。

（2）实时报汛数据：水库站（实时水位、入出库流量、入出库沙量、蓄水量、水势、汛限水位、设计水位、历史最高水位、历史最低水位、最大入出库流量、最小入出库流量、最大入出库沙量）、水文站（水位、流量、含沙量、水势、警戒水位、保证水位、历史最高水位）、水位站（水位、水势、警戒水位、保证水位、历史最高水位）等的实时数据。

（3）泥沙数据：包括悬移质、推移质和床沙三种资料。悬移质资料主要包括逐日平均含沙量、逐日平均悬移质输沙率料、日泥沙特征粒径、实测悬移质输沙率成果、洪水含沙量摘录、实测悬移质颗粒级配等成果；推移质资料按成分又可以分为沙推和卵推，主要包括逐日平均推移质输沙率、实测推移质输沙率成果、实测推移质颗粒级配成果；床沙包括实测床沙颗粒级配成果表资料。

（4）地形数据：断面地形数据（实测大断面成果、大断面参数及引用情况等）、地形测图数据（各种比例尺地形数据等）和特殊地形数据。

（5）异重流数据：异重流发生的时间、位置、水温、流速分布、流向、含沙量、泥沙颗粒级配、河床质、清浑水界面高程、厚度、宽度、水面波浪、排沙效率等。

（6）电站进沙数据：各建筑物引水、泄水时所通过的含沙量，泥沙组成（包括粒径、形状、硬度和矿物成分等），建筑物上下游水位，闸门开启情况等。

（7）气象数据：降水量摘录、日数据（日降水量、日水面蒸发量、日水面蒸发量辅助项目等）、旬数据（旬降水量、旬水面蒸发量、旬水面蒸发量辅助项目等）、月数据（月降水量、月水面蒸发量、月水面蒸发量辅助项目等）、年数据（年降水量、年水面蒸发量、年水面蒸发量辅助项目等）与实测降水量。

（8）灾害数据：地震、泥石流、滑坡、干旱、大风等。灾害信息记录了灾害发生的信息，包括灾害类别、时间、地点、简述等。

（9）河床组成勘测调查信息：河床组成勘测调查控制成果、河床组成勘测调查泥沙级配成果、河床组成勘测调查泥沙级配统计说明等。

4.2.1.3　空间地理信息数据

空间地理信息数据主要分为以下四类：

（1）分布图表：长江流域水系、金沙江流域水系、金沙江下游梯级水电站区间水系图、测站分布图、测量及监测断面分布、工程分布等。

（2）地形图：金沙江下游梯级水电站流域内 1∶5 万基础地形图，河道地形成果包括控制网成果、长程水道地形观测及河演观测等。

（3）DEM 数据：主要有长江流域 1∶25 万 DEM、金沙江流域 1∶5 万 DEM 和其他比例尺的 DEM 数据等。

（4）影像图：金沙江流域 15m 分辨率遥感影像资料、金沙江下游梯级水电站流域内 0.61m 分辨率遥感影像资料等、重点区域 1m 航拍影像图。

4.2.1.4　文件档案数据

文件档案信息主要包括项目管理类文档、技术报告数据、报表数据、个人文档。影像数据主要包括现场录像、分析演示、照片、图片、视频、录音片段。其中，项目管理类文档包括各类项目建设过程中的合同、会议纪要、过程文档、工作报告等；技术报告数据包括有关系统开发、观测、规范资料、专题论文、已有相关研究报告、历史资料、相关主题资料文件；报表数据包括统计报表等文件；个人文档主要包括个人各类数据。

4.2.1.5　系统信息数据

系统信息数据指数据库系统运行必要的其他信息数据，如系统账号权限、数据表目录索引、字段名索引、系统运行日志等。

用户权限管理是数据库系统安全的保证，这一模块包括两部分内容：①数据库服务器端的权限设定和管理。这是由数据库系统管理员根据用户情况用人工设定的，具体的权限管理机制是由数据库 DBMS 本身来完成的。②客户端用户权限的管理。客户端的用户权限管理是基于服务器端的权限管理的，客户端编写的权限管理代码是以服务器端为依据的。

系统运行日志包括用户访问获取数据情况、数据库健康状况、系统运行状态等描述数据。

4.2.2　数据库设计

根据系统数据分类，金沙江水沙系统采用矢量和栅格空间数据、水文泥沙整编数据、实时报汛数据、文件档案数据和用户数据、元数据等多个数据库表空间分别管理、配置数据的数据库建设方案。

因涉及内部数据非公开环境，河道地形矢量和栅格空间数据应单独建立表空间、数据库，与其他通用表空间、数据库分开。两数据库间通过光盘交换。

通用数据库业务数据表空间包含基础地理信息数据表、水文泥沙整编表、断面数据表、文档数据（含成果）表，还包括为实现系统功能或关联数据表所设计的系统扩充表。

实时报汛数据由水文局实时库备份直接提供，不再对该库进行数据库层面上的另外管理。

4.2.2.1 空间数据库设计

空间数据库设计一般采用分要素组织形式，这种划分考虑到了各种地理要素的不同空间和属性特征（表4.4），如将地理空间划分为房屋、道路、水系、构筑物、植被等类别，并根据研究的需要，将其抽象为GIS中的点、线和面等数据类型，分别存储在不同的数据层中，并建立相应的地物属性。

对于河道地形数据，系统采用混合的数据组织方式，以分要素组织形式为基础，在逻辑上构建分幅索引网格，将分幅信息以数据库表的形式存储在数据库中，表中记录详细的各分幅索引信息，提高系统分幅索引的效率。

表4.4　　　　　　　　　　　　地 形 图 图 层 分 类 表

序号	对象类别	图元编码	类型	所在图层	高程属性	说　明
1	测量控制点	110000	P	测量控制点	含	不能区分以测量控制点编码
	平面控制点	110100	P			
	高程控制点	110200	P		含	
2	首曲线	710101	L	首曲线	含	不能区分出陆上、水下时以首曲线编码
	陆上首曲线	710101	L			
	水下首曲线	730101	L			
3	计曲线	710102	L	计曲线	含	不能区分出陆上、水下时以计曲线编码
	陆上计曲线	710102	L			
	水下计曲线	730102	L			
	计曲线注记	279000	P	计曲线注记		
4	居民地及设施（点）	300000	P	居民地及设施		点、线、面在Shape中独立分层
	居民地及设施（线）	300000	L			
	居民地及设施（面）	300000	R			
	居民地及设施注记	759000	P	居民地及设施注记		含文本注记、字体、方向、大小
5	水利工程（点）	270000	P	水利工程		点、线、面在Shape中独立分层
	水利工程（线）	270000	L			
	水利工程（面）	270000	R			
	水利工程注记	279000	P	水利工程注记		含文本注记、字体、方向、大小
6	交通（点）	400000	P	交通		点、线、面在Shape中独立分层
	交通（线）	400000	L			
	交通（面）	400000	R			
	交通注记	759000	P	交通注记		含文本注记、字体、方向、大小

序号	对象类别	图元编码	类型	所在图层	高程属性	说　明
7	水系（点）	200000	P	水系		水系指除了河流、湖泊、水库、水体外的其他水系要素。 点、线、面在 Shape 中独立分层
	水系（线）	200000	L			
	水系（面）	200000	R			
	河流（线）	210000	L			
	湖泊（面）	230000	R			
	水库（面）	240000	R			
	水系注记	279000	P	水系注记		含文本注记、字体、方向、大小
8	植被与土质（点）	800000	P	植被与土质		点、线、面在 Shape 中独立分层
	植被与土质（线）	800000	L			
	植被与土质（面）	800000	R			
	植被与土质注记	759000	P	植被与土质注记		含文本注记、字体、方向、大小
9	地貌（点）	700000	P	地貌		地貌指除了首曲线、计曲线、实测点、陡坎外的其他地貌要素。 点、线、面在 Shape 中独立分层
	地貌（线）	700000	L			
	地貌（面）	700000	R			
	地貌注记	759000	P	地貌注记		含文本注记、字体、方向、大小
10	图廓	120000	R	图廓		含图廓整饰时所有必要属性，以内图廓线为边界输出为面对象
11	图幅四角点坐标	120505	P	图幅四角点坐标		
12	境界与政区（点）	600000	P	境界与政区		点、线、面在 Shape 中独立分层
	境界与政区（线）	600000	L			
	境界与政区（面）	600000	R			
	境界与政区注记	759000	P	境界与政区注记		含文本注记、字体、方向、大小
13	管线（点）	500000	P	管线		点、线、面在 Shape 中独立分层
	管线（线）	500000	L			
	管线（面）	500000	R			
	管线注记	759000	P	管线注记		含文本注记、字体、方向、大小
14	基础地理注记	759000	P	基础地理注记		
15	陡坎	750600		陡坎		不管何种形状，原样打散
	陡坎注记	759000	P	陡坎注记		含文本注记、字体、方向、大小
16	断面线	270900	L	断面线		
	断面线注记	279000	P	水文注记		含文本注记、字体、方向、大小
17	深泓线	260000	L	深泓线		
	深泓线注记	279000	P	深泓线注记		含文本注记、字体、方向、大小

续表

序号	对象类别	图元编码	类型	所在图层	高程属性	说　明
18	洲滩岸线（点）	260000	P	洲滩岸线		点、线、面在 Shape 中独立分层
	洲滩岸线（线）	260000	L	洲滩岸线		
	洲滩岸线（面）	260000	R	洲滩岸线		
	洲滩岸线注记	279000	P	洲滩岸线注记		含文本注记、字体、方向、大小
19	雨量蒸发站（点）	370000	P	雨量蒸发站		比例尺大时，可能为面域
	雨量蒸发站（面）	370000	R			
	雨量站	370111				
	蒸发站	370112				
	雨量蒸发站注记	279000	P	雨量蒸发站注记		含文本注记、字体、方向、大小
20	流态	261300	L	流态		
	流态注记	279000	P	流态注记		含文本注记、字体、方向、大小
21	实测点	720000	P	实测点	含	不能区分出陆上、水下时，以实测点编码
	陆上实测点	720000	P		含	
	水下实测点	740000	P		含	
22	水文测站（点）	370000	P	水文测站		比例尺大时，可能为面域；点、线、面在 Shape 中独立分层
	水文测站（面）	370000	R			
	水文站	370102				
	水位站	370106				
	水质站	370110				
	水文测站注记	279000	P	水文测站注记		含文本注记、字体、方向、大小
23	水边线	210400	L	水边线		可以虚线表示
24	水边线数据	720000	P	水边线数据	含	点对象，通常含高程属性
25	水体	260000	R	水体		指除了湖泊、水库外其他面状水域如池塘等
	水体注记	279000	P	水体注记		含文本注记、字体、方向、大小
26	堤线	270100	L	堤线	含	当大堤分段表示时，有时也含高程属性
	堤线注记	279000	P	堤线注记		含文本注记、字体、方向、大小
27	水文注记	279000	P	水文注记		含文本注记、字体、方向、大小

4.2.2.2　DEM 数据库设计

DEM 数据库存储的是河道地形 DEM 数据，由首曲线、计曲线和实测点数据生成，是基于地形法进行水文泥沙、河道演变分析计算的数据来源。

系统所管理的河道地形是以四个电站为对象作为范围划分，每个电站又根据测量任务或区域不同分为库区、围堰、坝下游等不同项目，每个项目下还可能会有一个或多个测次，所以 DEM 数据可以某电站某项目下的某个测次作为数据存储单元，以"电站名＋项目名称＋测次"命名方式存储。

河道地形 DEM 数据按照"统一起点，分块组织"的方式生成并存入数据库。DEM 的网格大小由所测河道地形比例尺决定，一般有 1∶5000、1∶2000、1∶1000 等。通常，当比例尺为 1∶n 时，网格大小为 $n/1000$。生成 DEM 时，一般 1 个测次的 DEM 还应有对应的边界文件，边界内的为有效数据，边界外的为无效数据。单个 DEM 分块的最大网格数设置应考虑计算机配置与河道地形的实际分布情况。当前单个 DEM 分块最大网格数统一取为 2000 个×2000 个（图 4.6）。

项目编码	河流	投影带号	测次	DEM 名称	左上角原点X坐标	左上角原点Y坐标	X方向间距	Y方向间距	行数	列数
12110000	长江	35	2011-00	11_1	582625	3216915	5	5	1452	2001
12110000	长江	35	2011-00	11_10	642625	3262940	5	5	2001	1253
12110000	长江	35	2011-00	11_11	642625	3264165	5	5	246	1253
12110000	长江	35	2011-00	11_2	592625	3221060	5	5	1047	2001
12110000	长江	35	2011-00	11_3	602625	3226605	5	5	2001	2001
12110000	长江	35	2011-00	11_4	602625	3235165	5	5	1713	2001
12110000	长江	35	2011-00	11_5	612625	3240810	5	5	2001	2001
12110000	长江	35	2011-00	11_6	612625	3243255	5	5	490	2001
12110000	长江	35	2011-00	11_7	622625	3243195	5	5	1321	2001
12110000	长江	35	2011-00	11_8	632625	3250445	5	5	2001	2001
12110000	长江	35	2011-00	11_9	632625	3254415	5	5	795	2001

图 4.6 在数据库表中的分块 DEM

4.2.2.3 栅格影像数据库

为了满足视点高度变化对不同细节层次卫星影像或遥感影像数据快速浏览的需要，一般在物理上要建立金字塔层次结构的多分辨率数据库。而不同分辨率的数据库之间可以自适应地进行数据调度。金字塔结构是分层组织海量栅格数据行之有效的方式，不同层的数据具有不同的分辨率、数据量和地形描述的细节程度，分别用于不同细节层次的地形表示（图 4.7），既可以在瞬时一览全貌，也可以迅速看到局部地方的微小细节。

系统三维可视化环境下的地图浏览 DEM 数据和数字正射影像数据 DOM 均基于以上策略进行组织管理，并以文件库的形式存储在系统数据服务器上。

4.2.2.4 业务属性数据库设计

业务属性数据按照实际需求，以现有业务资料为依据进行整理入库。

（1）基础水文数据库：按水利行业标准《水文数据库表结构及标识符》（SL/T 324—2019）设计，主要分为基本信息表、摘录表、日表、旬表、月表、年表、实测调查表、率定表、数据说明表等。

（2）扩充水文数据库：根据业务需求结合生产实际，对基础水文数据库表进行扩充，主要应用于固定断面数据表的定义，包括控制成果表、断面标题表、参数索引表、断面成

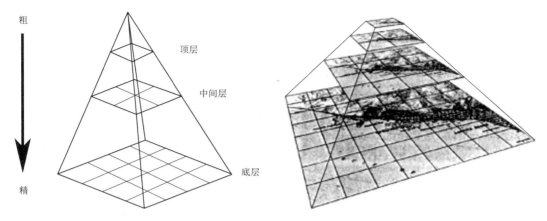

图 4.7 金字塔层次结构

果表、悬沙粒径分析成果表、床沙粒径分析成果表、泥沙级配成果及统计说明表等。

（3）河床组成勘探调查数据库：包括河床组成勘测调查控制成果表、河床组成勘测调查泥沙级配成果表、河床组成勘测调查泥沙级配统计说明表等。

（4）实时报汛数据库：长江委水文局提供数据服务接口，系统进行定时访问获取。主要数据库表包括：报汛测站基本属性表、河道站防洪指标表、河道水情表、河道水情极值表、河道水情预报表、库（湖）站防洪指标表、水库水情表、水库水情极值表、水库水情预报表、库（湖）站汛限水位表、综合水位流量关系表、库（湖）容曲线表、含沙量表、含沙量预报表。

（5）系统扩展数据库：包括河流基本信息表、水电站工程信息表、水库信息表、干容重信息表、异重流信息表、灾害信息表、文件档案数据表、数据字典等表。

4.2.2.5 用户数据库设计

系统用户权限管理以及数据源管理配置完全由用户数据库支撑。基于用户数据库，系统数据库管理子系统实现用户信息存储、用户权限分配、系统角色设置及系统数据源管理的功能。主要包括分组基本信息表、分组用户信息表、用户基本信息表、用户角色信息表、用户权限信息表、角色基本信息表、角色权限信息表、权限基本信息表、组树图信息表等。

4.2.2.6 元数据库设计

数据字典以表格的形式使用属性来对元数据进行详细描述。数据字典继承了表格描述方式的清晰性和简洁性，且方便通过数据库存储。通过元数据实体或元素的编号和其对应的域值可以确定每个元数据实体的组成及其与其他元数据实体或元素之间的逻辑关系，并且更方便使用者查找元数据。同时，数据字典以表格方式描述，方便扩展和裁减。系统中元数据的描述以字典表的形式存在。

系统的字典表主要包括字段元数据字典表、表元数据字典表、矢量数据集基本信息元数据字典表、注解符号表、公农历日期对照表、行政区代码表、矢量要素类基本信息元数据字典表、DEM 栅格数据集元数据字典表、平面坐标系元数据字典表、高程坐标系元数据字典表、GEO 元数据字典表、要素类与属性对应关系元数据字典表、属性表关系元数据字典表等。

系统功能设计是利用用户对系统功能需求将总体设计细化的过程，功能的实现是程序员按照功能设计文档运用的各类算法编制系统程序的过程。

系统实现了金沙江下游巨型水库群联合调度水沙平台数据库管理功能，基于 Web 三维浏览模式的库群水文泥沙信息综合查询功能，库群水沙联合分析、库容计算、河床冲淤变化预测预报、库群泥沙淤积定量定位分析功能，利用河道、水文泥沙数据进行水文泥沙运动模拟、库群水淹分析等三维动态模拟仿真功能等，并在系统升级改造时增加了移动端 App 水文泥沙分析管理功能。利用这些功能或多个功能的组合为工程管理和水库群的优化调度提供基础信息和决策支持。

4.2.3　水文泥沙数据管理子系统

水文泥沙数据库管理子系统主要包括管理水文信息、水文整编成果资料、河道观测资料、遥感影像资料、技术报告文档等属性或空间数据信息。主要模块包括基本管理、系统管理、数据维护。各模块具体功能描述和层次关系见表 4.5 和图 4.8。

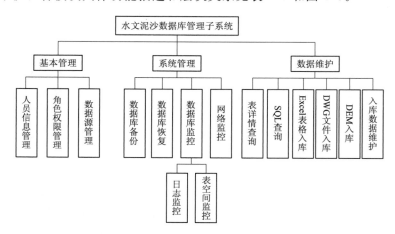

图 4.8　水文泥沙数据库管理子系统功能划分层次关系图

表 4.5　　　　　　　　　　水文泥沙数据库管理子系统模块功能描述

模块名称	功能描述
人员信息管理	管理系统用户的基本信息、用户组的成员管理，包括增删改等操作
角色权限管理	管理系统的角色权限，为每个用户分配相应的角色，为每个角色定义相应的权限至系统的每一个功能
数据源管理	管理系统数据源信息，包括配置图层的初始化顺序、符号化配置，并且配置数据的物理存放位置，并可针对不同角色设置不同数据源
数据库备份与恢复	提供对 Oracle 数据库的全局数据、表空间、表的备份与恢复，备份恢复日志文件的管理
数据库监控	提供数据库表空间监控、核心文件位置监控、数据库系统性能监控、在数据库容量与表空间容量即将不足时报警等功能，记录数据库运行状况等日志信息等
网络监控	提供监听客户端的使用情况、客户端连接或断开数据库状态的管理，并提供相关日志记录

模块名称	功　能　描　述
SQL 查询	为数据管理员提供业务表详情查看，提供简单查询与 SQL 查询，并可在查询结果中或利用 SQL 语句对属性数据表记录进行更新
数据录入	为数据管理员及系统高级操作员（数据录入员）提供数据录入图形操作界面，实现系统各种空间和属性数据批量入库功能
数据输出	对属性表数据的查询结果以文本、Excel、XML 等多种文档格式输出并保存到本地

常用功能模块介绍如下：

（1）人员信息管理模块功能界面：按照人员信息管理业务的需求，用户角色分为决策人员、专业人员和普通人员三类，他们都有不同的操作权限定义（图 4.9）。

图 4.9　人员信息管理模块功能界面

（2）数据库备份：实现数据库的全局数据、表空间、表的备份（图 4.10）。

图 4.10　数据库备份选择界面

（3）SQL 查询：负责为用户提供专业 SQL 语句操作，包括选择、插入、更新、删除操作，来完成数据库表维护。程序提供 Select、Insert、Update、Delete 四种 SQL 语句的操作模板，用户只需修改显示字段、查询条件即可（图 4.11）。

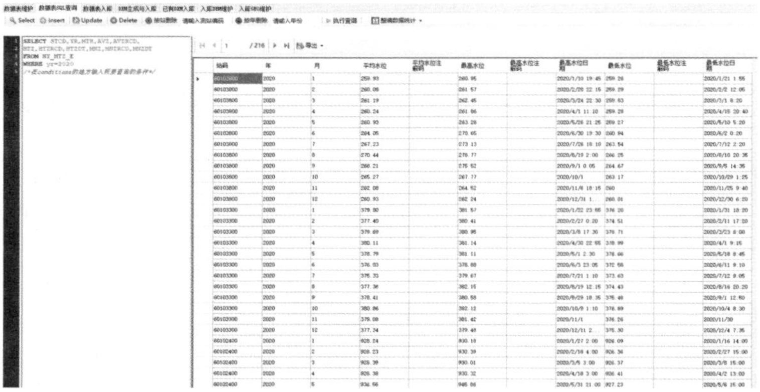

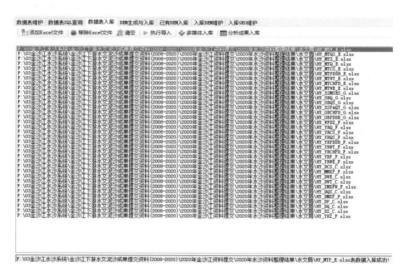

图 4.11　SQL 语句高级查询

（4）Excel 表格入库：为用户提供 Excel 表格批量入库操作。Excel 表格按照标准进行录入。入库过程中，首先根据 Excel 文件名是否与数据库表名一致来验证是否入库，然后验证字段信息是否匹配，最后验证记录是否在阈值范围之内，以此来保证入库数据质量。所有条件均符合要求才可入库，有一项不符立即撤销入库操作（图 4.12）。

图 4.12　Excel 表格入库

（5）DEM 入库：为用户提供 DEM 和 GEO 文件入库功能。DEM 入库是针对整个批次的 GEO 数据，在入库过程中，一方面利用 GEO 的实测点以及等高线（首曲线、计曲线）的高程数据和边界数据，生成 DEM 并存入 Oracle 中；另一方面，同时将 GEO 地形文件一并存入 Oracle 中，并可浏览查询某测次的地形数据（图 4.13 和图 4.14）。

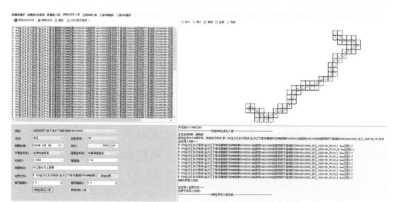

图 4.13 DEM 生成和入库参数设置

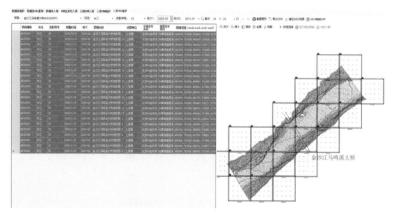

图 4.14 浏览查看某测次的 GEO 地形数据

（6）入库数据维护：为用户提供入库数据维护操作，主要是对错误的 DEM 数据进行删除操作，在删除 DEM 数据的同时，为了保证数据的一致性，与 DEM 同时录入的 GEO 文件和边界文件也会被同时删除（图 4.15）。

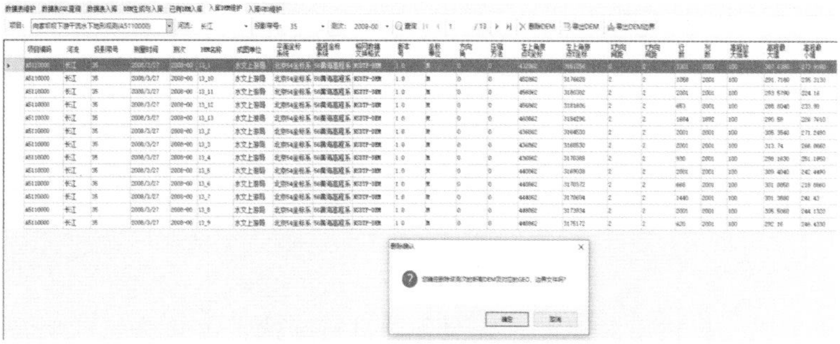

图 4.15 入库数据维护

4.2.4　水道地形自动成图与图形编辑子系统

水道地形自动成图与图形编辑子系统是信息化管理的重要组成部分，它依托图形编辑平台对水文泥沙数据与地形数据进行空间与属性数据的管理。子系统由水道地形自动成图与图形编辑两个独立的模块组成：水道地形自动成图模块实现河道测量地形信息的数据自动分幅，DEM 与水下等高线的生成、输出等功能，所产生的地形图成果可直接导入图形编辑模块中并对其进行编辑。图形编辑模块主要实现图元对象的创建、移动、属性编辑；空间投影转换、矢量数据的编辑；图层的控制；实现对 ArcInfo、MapInfo、AutoCAD 等系统文件格式的导入导出支持等常用的 GIS 功能。各模块具体功能描述见表 4.6。

表 4.6　　　　　　　水道地形自动成图与图形编辑子系统模块功能描述

模块名称	功　能　描　述
空间数据编辑	提供多种编辑空间数据的方法
地图浏览	提供常规地图浏览工具
符号化	提供符号化相关功能
水道地形成图	提供地形图自动分幅、DEM 与水下等高线生成、输出、专题图输出打印、空间投影转换、图形格式转换输出等相关功能
制图输出	提供专题图制作相关功能
基本操作	图形保存打开等功能

常用功能模块介绍如下：

（1）投影转换。该功能提供了定义要素投影和各投影之间的转换。图 4.16 为 WGS84 到 BJ54 投影之间的转换功能。

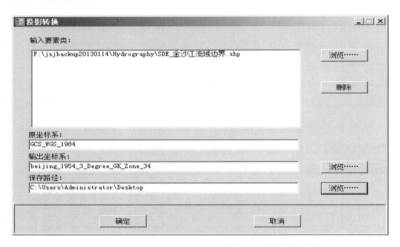

图 4.16　WGS84 到 BJ54 投影之间的转换功能

（2）等高线生成。提供了对离散点按照条件进行筛选，由筛选的点生成等高线，同时生成的等高线还可存储为 CAD 数据格式（图 4.17）。

（a）等高线生成操作界面　　　　　（b）等高线生成结果示意

图 4.17　生成等高线窗口及结果示意

（3）DEM 生成功能。提供了由选择的点、线、面数据生成指定格网间隔大小的 DEM 数据的功能。操作窗口如图 4.18 所示。

（a）DEM生成操作界面　　　　　（b）DEM生成结果示意

图 4.18　生成 DEM 窗口及成果示意

4.3　信息化专业子系统

信息化专业子系统包括信息查询与输出、水文泥沙分析与预测、三维可视化等几个子系统。

4.3.1　信息查询与输出子系统

信息查询与输出子系统包括三方面的功能：①查询，提供详细的属性数据的查询、修改、统计和分析功能；②提供用户自定义查询和查询配置功能，实现基本信息、监测信息数据、空间信息数据、档案信息数据、系统信息数据查询等各种类型的数据信息查询功能；③提供多形式统计图表的自动生成功能，主要实现依据查询内容快速生成相应的报表的功能。信息查询与输出子系统主要工作流程如图 4.19 所示，主要设计思路如下：

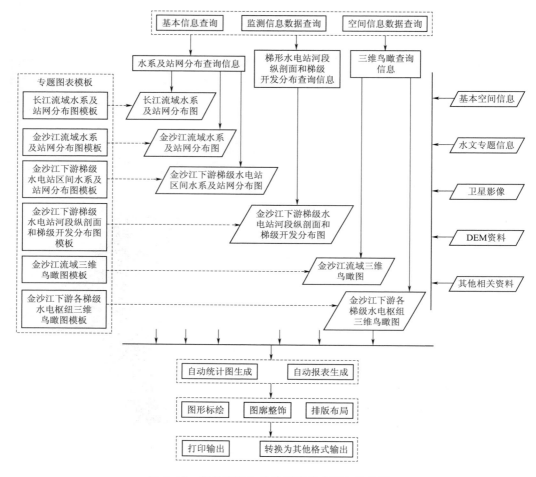

图 4.19　信息查询与输出子系统主要工作流图

（1）提供友好的图文一体化查询界面，实现查询结果的图文一体化表达。

（2）空间图形与属性数据实时联动查询，实现从空间图形到属性、属性到空间图形的双向查询功能。

（3）提供基于工作流的模板定制功能，实现基于模版的专题地图排版、整饰与输出。

（4）针对业务化查询的需求，系统采用了 Net Remoting 技术，实现 B/S 环境下的业务查询功能。

（5）基于动态标记语言 GeoXML 的热点查询技术，记录用户频繁快速定位显示热点查询信息。

信息查询与输出子系统依据功能的不同可划分为基本信息查询模块、监测信息数据查询模块、空间信息数据查询模块、档案信息数据查询模块、系统信息数据查询模块、报表生成模块。各模块具体功能描述见表4.7。

表 4.7　　　　　　　　　信息查询与输出子系统模块功能描述

查询模块	功 能 描 述
基本信息	为用户提供河流、监测站、测量断面、梯级水电站的基本信息查询功能。该查询除了对图层数据基本属性的查询外，还涉及统计分析结果的查询
监测信息	监测信息数据查询模块主要负责监测信息数据的查询功能
空间信息	空间信息数据查询模块主要实现空间图形与属性数据实时联动查询，并采用热点记忆功能，记录用户频繁快速定位显示热点查询信息
档案信息	每个用户在自己的权限范围内进行目录或电子文件的查询、利用及打印等功能
系统信息	系统信息数据查询模块用于查询与输出系统运行日志及数据记录，便于监视整个系统的运行情况
报表生成	负责为用户提供报表生成与显示、报表打印、导出 Excel 等功能

常用功能模块介绍如下：

（1）基本信息查询功能。如图 4.20 所示，可以查询测站一览表中包括水文站、水位站、雨量站三类测站的信息。

图 4.20　水文测站基本信息属性查询

（2）监测信息属性查询。包括各站水位资料、流量资料、输沙率资料、含沙量资料、泥沙颗粒级配资料、水文资料、降水量资料、蒸发量资料、固定断面监测资料、河床组成勘测调查资料的信息查询。按查询方式可以分为日、旬、月、年间隔等条件选择查询。图

4.21 为 2020 年多站日平均水位查询。

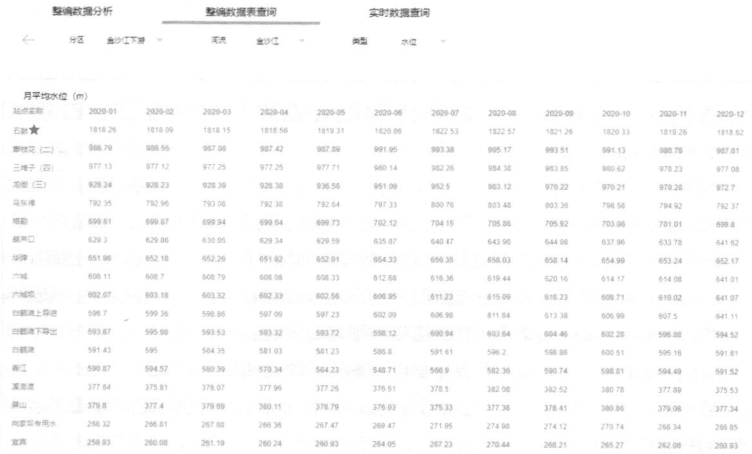

站点名称	2020-01	2020-02	2020-03	2020-04	2020-05	2020-06	2020-07	2020-08	2020-09	2020-10	2020-11	2020-12
石鼓★	1818.26	1818.09	1818.15	1818.56	1819.31	1820.86	1822.53	1822.57	1821.26	1820.33	1819.26	1818.62
攀枝花（二）	986.79	986.55	987.08	987.42	987.89	991.95	993.38	995.17	993.51	991.13	988.78	987.81
三堆子（四）	977.13	977.12	977.25	977.25	977.71	980.14	982.26	984.38	983.85	980.62	978.23	977.08
龙街（三）	928.24	928.23	928.39	928.38	936.56	951.09	952.5	963.12	970.22	970.21	970.28	972.7
乌东德	792.35	792.96	793.08	792.38	792.64	797.33	800.76	803.48	803.36	798.58	794.92	792.37
格勒	699.61	699.87	699.94	699.64	699.73	702.12	704.15	705.86	705.92	703.06	701.01	699.8
葫芦口	629.3	629.86	630.05	629.34	629.59	635.07	640.47	643.90	644.08	637.96	633.78	641.62
华弹	651.96	652.18	652.26	651.92	652.01	654.33	656.35	658.03	658.14	654.99	653.24	652.17
六城	608.11	608.7	608.79	608.08	608.33	612.68	616.36	619.44	620.16	614.17	614.08	641.01
六城坝	602.07	603.18	603.32	602.33	602.56	606.95	611.23	615.09	616.23	609.71	610.02	641.07
白鹤滩上导进	596.7	599.36	598.86	597.09	597.23	602.09	606.98	611.84	613.38	606.99	607.5	641.11
白鹤滩下导出	593.67	595.98	593.53	593.32	593.72	598.12	600.94	603.64	604.46	602.28	596.88	594.52
白鹤滩	591.43	595	584.35	581.03	581.23	586.8	591.61	596.2	598.86	600.51	595.16	591.81
春江	590.87	594.57	580.39	570.34	564.23	548.71	566.9	582.36	590.74	598.81	594.49	591.52
溪洛渡	377.64	375.81	378.07	377.96	377.26	376.51	378.5	382.08	382.52	380.78	377.89	375.53
屏山	379.8	377.4	379.69	380.11	378.79	376.03	375.33	377.36	378.41	380.86	379.08	377.34
向家坝专用水	266.32	266.81	267.68	266.36	267.47	269.47	271.95	274.98	274.12	270.74	268.34	266.85
宜宾	259.93	260.08	261.19	260.24	260.93	264.05	267.23	270.44	268.21	265.27	262.08	260.93

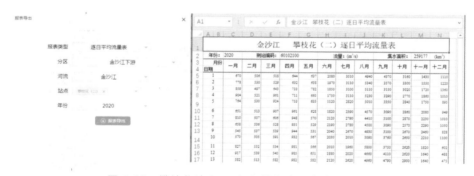

图 4.21　2020 年多站日平均水位查询

（3）报表查询与输出。该功能为用户提供报表显示、报表打印、导出 Excel 等功能。包括各站水位资料、降水量资料、输沙率资料、水温资料、其他资料、固定断面监测资料、流量资料、含沙量资料的信息查询。图 4.22 为攀枝花站 2020 年日平均流量查询和输出。

金沙江　攀枝花（二）逐日平均流量表

年份：2020　测站编码：60102100　流量：(m^3/s)　集水面积：259177 (km^2)

日期 \ 月份	一月	二月	三月	四月	五月	六月	七月	八月	九月	十月	十一月	十二月
1	670	506	518	644	637	2080	3510	4940	4370	3160	1430	1110
2	778	530	529	632	638	1970	3110	5340	3570	3300	1550	1220
3	859	497	643	733	782	1850	3100	5110	3150	3020	1720	1360
4	904	521	961	711	665	1750	3110	5230	3290	2770	1860	1010
5	764	530	924	753	633	1120	2820	5010	3350	2840	1750	895
6	651	513	907	961	628	1820	2390	4570	3090	2860	2080	949
7	810	507	606	948	570	2120	2790	4410	3100	2870	2230	1010
8	658	536	528	931	529	2190	2780	4500	3090	2570	2290	1050
9	545	537	539	944	531	2040	2670	4930	3100	2670	2460	823
10	570	505	591	932	567	2030	2010	5090	3760	2650	2210	1100
11	827	532	534	981	566	2010	1960	5800	3750	2620	1820	602
12	917	539	540	985	651	1880	2020	4660	4110	2620	1640	488
13	582	513	582	982	582	2120	2620	4960	4790	2900	1640	475

图 4.22　攀枝花站 2020 年日平均流量查询和输出

（4）图形信息查询。以图上点击查询的方式，为用户提供断面、水文站、水位站、雨量站、水电站工程和河流等要素的信息，包括该要素的基本信息和相关的水文泥沙计算分析的结果（主要包含各要素过程线、套绘线、关系曲线、断面剖面图等）。图 4.23 为图上查询固定断面 J16 2019 年 11 月 12 日断面剖面图成果。

4.3.2　水文泥沙分析与预测子系统

水文泥沙分析与预测子系统主要是对水文泥沙的分析计算预测与成果可视化。子系统各模块根据对需求分析中功能分类可划分为四个模块：水文泥沙计算模块、水文泥沙分析

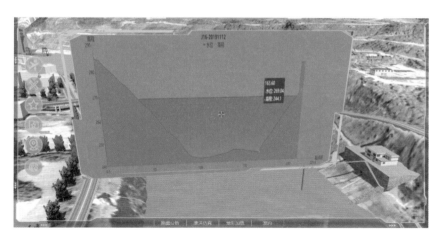

图 4.23 图上查询固定断面 J16 2019 年 11 月 12 日断面剖面图成果

模块、河道演变分析模块、泥沙预测数学模型模块。水文泥沙计算模块提供各种与水文泥沙相关的计算功能。水文泥沙分析模块分析水沙过程、水沙沿程变化、水沙年内年际变化、水沙综合关系，并提供分析结果的图表显示；并在系统升级时增加了实时水文泥沙数据的分析查询功能。河道演变分析模块提供河道演变参数计算、河道演变分析功能及其结果图形表现的功能。泥沙预测数学模型模块为金沙江下游梯级水电站的水文泥沙数据分析提供用于预测预报的水沙数学模型，并提供对各类模型的便捷管理功能。各模块具体功能描述见表 4.8。

表 4.8　　　　　　　　水文泥沙分析与预测子系统模块功能描述

模块名称	功 能 描 述
水文泥沙计算	水文泥沙相关的计算功能。主要进行水文大断面要素计算、水量计算和沙量计算
水文泥沙分析	提供水沙过程分析、水沙沿程变化分析、水沙年内年际变化分析、水沙综合关系分析，并提供分析结果的图表显示
河道演变分析	提供河道演变参数计算、河道演变分析功能及其结果图形表现的功能，为领导和专业研究人员提供分析决策的强有力工具。由固定断面要素计算、河道槽蓄量计算、泥沙冲淤计算、深泓纵剖面变化、河道任意剖面绘制、河道平面变化等功能模块组成
泥沙预测数学模型	泥沙预测数学模型是指依据非均匀沙不平衡输沙理论建立的实用模型，数学模型基于所研究河段的水文泥沙数据、地形数据、空间数据等实测数据，对一定时期内的河道泥沙运动及河床演变情况作出预测计算，计算结果可作为决策过程的科学依据，预测成果主要包括明流、异重流、悬移质、推移质、水沙过程线及沿程变化，各时段沿程冲淤量、冲淤面积及冲淤厚度及分层级配变化

4.3.2.1 水文泥沙计算模块

水文泥沙计算模块的结构如图 4.24 所示。

常用功能模块介绍如下：

（1）水文大断面要素计算。系统可自动计算出水面宽、断面面积以及平均水深、河相系数、河床平均高程，如图 4.25 所示。

（2）多年平均输沙量计算。图 4.26 提供了石鼓站 2006—2008 年多年平均输沙量、平均输沙率计算成果。

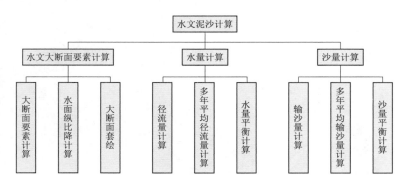

图 4.24　水文泥沙计算模块的结构

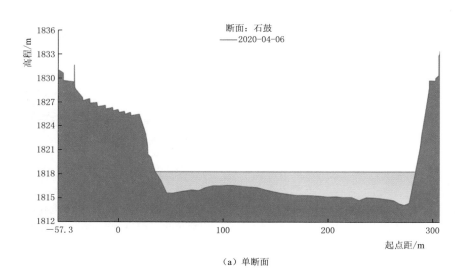

（a）单断面

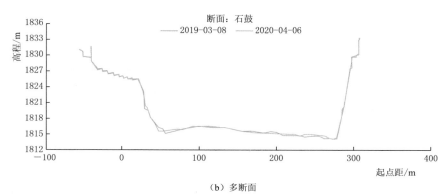

（b）多断面

图 4.25　大断面要素计算示意图

图 4.26 石鼓站 2006—2008 年多年平均输沙量、平均输沙率计算成果

4.3.2.2 水文泥沙分析模块

水文泥沙分析模块的结构如图 4.27 所示。

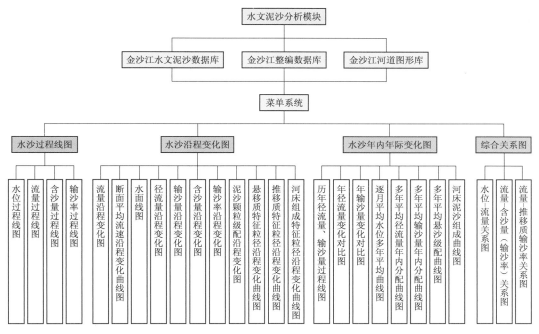

图 4.27 水文泥沙分析模块的结构

常用功能模块介绍如下：

（1）水沙过程线图。图 4.28 为三堆子与白鹤滩 2020 年日平均流量过程线图，可反映多站流量变化与时间的对应关系等。

（2）水沙沿程变化图、水沙年内年际变化图、综合关系线图。图 4.29 为多站水文泥沙情势变化图，包括多站多日平均径流量沿程变化图、逐月平均输沙量多年平均曲线图和水位-流量关系图，均以图表或曲线形式输出，反映沿程各站或者里程值对应河道位置的年平均径流量变化规律、多年平均输沙量平均变化情况及水位-流量关系变化规律等。

4.3.2.3 河道演变分析模块

河道演变模块的结构如图 4.30 所示。

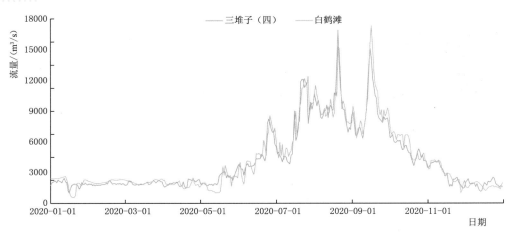

图 4.28　三堆子与白鹤滩 2020 年日平均流量过程线图

（a）多站多日平均径流量沿程变化

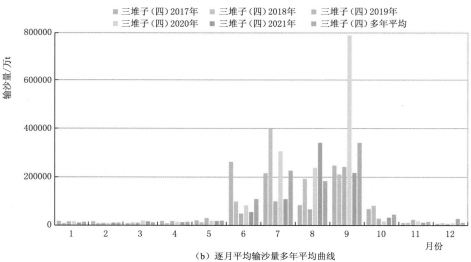

（b）逐月平均输沙量多年平均曲线

图 4.29（一）　多站水文泥沙情势变化

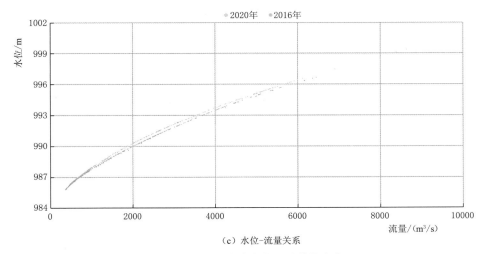

（c）水位-流量关系

图 4.29（二）　多站水文泥沙情势变化

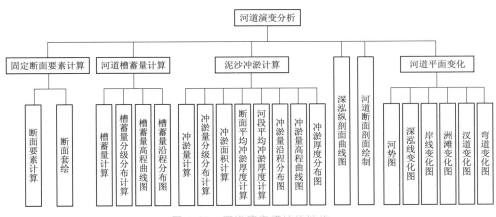

图 4.30　河道演变模块的结构

常用功能模块介绍如下：

（1）河道槽蓄量沿程分布图和冲淤量-高程曲线图。图 4.31 为断面法计算河道槽蓄量沿程分布图和 DEM 法计算冲淤量-高程曲线图绘制结果，根据断面法计算河段累积槽蓄量与沿程断面之间的对应关系和分级高程下冲淤量计算成果绘制，直观显示沿程槽蓄量与断面、冲淤量与分级高程的关系。采用 DEM 法计算时需要在河道地形图上圈定一个河段计算范围。

（2）冲淤厚度分布图。图 4.32 为冲淤厚度分布图绘制结果，采取直线内插等方法计算并绘制冲淤厚度平面分布图，反映冲淤厚度平面分布情况。

（3）深泓纵剖面、河道断面剖面图和河道平面变化图绘制。如图 4.33 所示，以某一断面为起始断面，对河道内顺水流方向断面最深点进行搜索（断面间距量算以其中心轴线为准），绘制最深点的分布图，可对多年或多测次的沿程深泓纵剖面曲线进行套绘。提供在河道地形图上任意实时绘制或选定已有的固定断面，生成断面的剖面图，可选取多测次DEM 进行切割断面套绘。河势分析可在原始河道地形图上提取相关图形元素完成绘制河势图的任务。

97

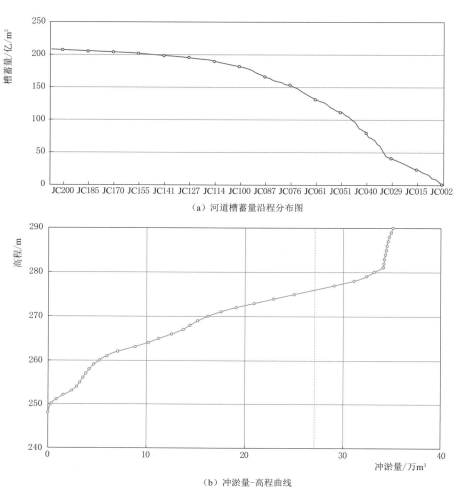

（a）河道槽蓄量沿程分布图

（b）冲淤量-高程曲线

图 4.31　河道槽蓄量、冲淤量计算成果示意图

图 4.32　冲淤厚度分布图绘制结果

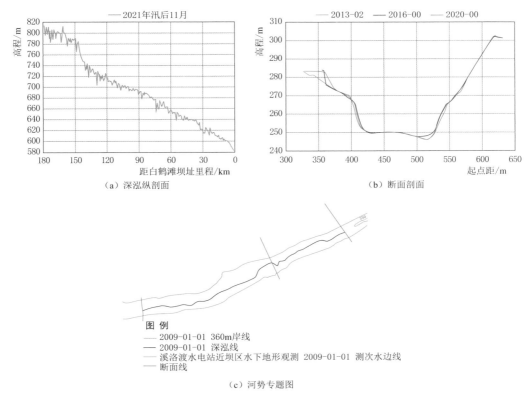

（a）深泓纵剖面

（b）断面剖面

图 例
—— 2009-01-01 360m岸线
—— 2009-01-01 深泓线
—— 溪洛渡水电站近坝区水下地形观测 2009-01-01 测次水边线
—— 断面线

（c）河势专题图

图 4.33　河道形态绘制结果

4.3.2.4　泥沙预测数学模型模块

泥沙预测数学模型模块功能如图 4.34 所示。

常用功能模块介绍如下：

（1）模型库管理。模型库管理功能主要包括对模型库内模型的分类、增加、删除、查询、修改和调用等操作，此部分功能的处理对象是"模型"，各功能通过"模型库管理模块"实现。图 4.35 为修改模型分类。

（2）ZAB 关系拟合模型、一维水流计算模型、一维泥沙计算模型。模型输出的流量逐日过程线和断面分组输沙量的不同类型成果如图 4.36 所示。ZAB 关系拟合模型由河道断面线各高程点的左岸起点距 x 和高程值 y 数据拟合不同水位分级值 Z 与过水面积 A 及过水河宽 B 函数关系；一维水流计算模型可用于计算指定河段定床条件下的水流运动情况，还可用于计算不同工程方案对指定河段的水流影响，计算结果有特定时段各断面的平均流速、平均水深、深泓高程值、水位值、过水面积、过水河宽、流量等；一维泥沙计算模型可用于计算指定河段动床条件下的水流泥沙运动情况及床面冲淤变化，计算结果有特定时段河段的含沙量、淤积重量、淤积体积、冲淤面积、糙率、平均流速、平均水深、深泓、水位、过水面积、过水河宽、流量、悬移质级配、床沙级配、床沙冲淤厚度、断面调整尺寸。

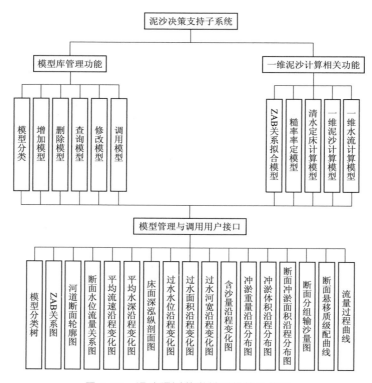

图 4.34　泥沙预测数学模型模块功能图

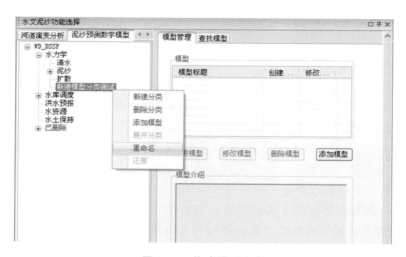

图 4.35　修改模型分类

4.3.3　三维可视化子系统

三维可视化子系统主要功能是提供海量数据浏览以及三维 GIS 分析功能，包括海量地形与影像数据的各种飞行浏览；部分三维特效要素的实现；各种三维 GIS 分析例如地

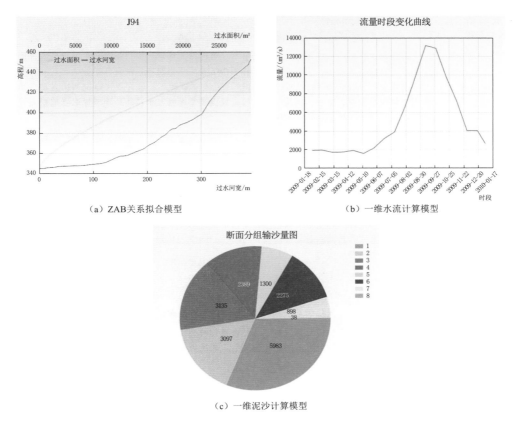

（a）ZAB关系拟合模型　　　　　　　　　　　（b）一维水流计算模型

（c）一维泥沙计算模型

图 4.36　典型断面 ZAB 关系、流量过程和断面分组输沙量图

形因子分析、水淹分析、剖面分析、通视分析、开挖分析等；实现三维场景与多媒体信息结合；实现在三维场景中的快速定位和查询。该模块中的主要功能在三维可视化组件 GaeaExplorer 中实现。三维可视化子系统的主要流程和模块功能描述见图 4.37 和表 4.9。

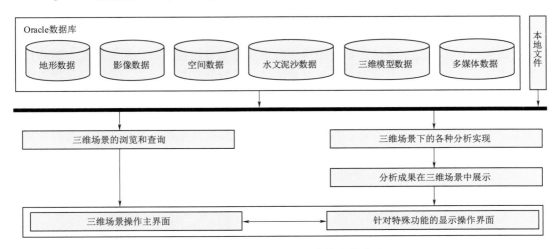

图 4.37　三维可视化子系统的主要流程

表 4.9　三维可视化模块功能描述

模块名称	功　能　描　述
大区域漫游	支持任意大图形、大图像的自动浏览显示，可进行大场景三维快速漫游；可对当前视图窗口中场景进行放大、缩小、实时缩放、平移操作，并可将当前场景恢复到初始状态；旋转操作能实现自由旋转、绕 X 轴旋转、绕 Y 轴旋转、绕 Z 轴旋转等；可方便快速地切换各种视角，如俯视、仰视、左视、右视、前视、后视等；提供浏览鹰眼显示功能，用于标识当前视点在场景中的位置
快速定位与查询统计	系统可进行三维场景的快速定位，定位方式有名称定位、坐标定位、用户自定义热点定位等方式
多种地图要素叠加显示	多要素合成三维建模提供基于数字高程模型的多种地图要素合成三维建模功能。多要素合成三维建模支持的地图要素包括主要水系、等高线、主要交通网、城镇名称标注、水文测站标注、断面标注等
基本地形因子分析计算	基本地形因子计算提供基于数字高程模型的坡度/坡向计算、距离量算、面积与体积量算等功能。实现基于任意两断面间（两点）/任意多边形区域/键盘坐标输入/文件批量输入等方法所确定的量算路径或区域
水淹分析	水淹分析提供基于金沙江下游数字高程模型的洪水淹没分析功能和库区静库容计算/河道槽蓄量计算
剖面分析	提供直接在三维可视化场景中绘出任意断面的二维剖面图，同时也可实现地形切块
通视分析	通视分析提供"可视域分析"和"两点通视"两种。通过"可视域分析"工具可以计算并显示三维场景中某一点的可视范围，并通过给定通视点的坐标和视点高度计算出可视区域，其结果可以在三维场景中表达
开挖分析	基于 DEM 的土方量开挖计算方法可以分为两种：断面法和垂向区域法，这两种方法具有高效性，是工程开挖过程中进行方案设计的有力工具，开挖功能提供对土方量的计算。此外，通过修改基础地形数据或嵌入特定的地形结构实现在三维场景中特定开挖的三维表达
水中泥沙运动模拟	根据各监测站采集泥沙数据，利用可视化技术模拟各个不同时段水中泥沙的沿程分布与移动情况
来水动态模拟	根据各监测站采集的水文数据，利用可视化技术动态模拟各个不同时段水位沿程的变化
三维冲淤动态模拟	三维冲淤地形显示可直观地以三维形式显示河床冲淤量分布，能够直观地了解任意两年或两期测图间的冲淤状况。利用可视化技术动态模拟各个不同时段冲淤的变化情况
适航区显示	根据实测水位和 DEM 显示适航区

三维可视化子系统是金沙江水文泥沙信息系统的重要组成部分，为金沙江下游梯级水电站的水文泥沙数据分析与管理提供最直观的数据分析和结果展示，为水沙调度提供快捷直观的平台，同时也为各级领导决策提供辅助工具。

三维可视化子系统从 Oracle 中读入数据，一些基本的本底空间数据直接显示在三维场景中，并提供各种方式的查询；而三维分析功能在基础数据库的支持下进行各种计算分析，并将分析的结果以三维空间数据的形式展示在三维场景中。

常用功能模块介绍如下：

（1）多种地图要素叠加。如图 4.38 所示，模拟要素叠加提供基于数字高程模型的多种地图要素合成三维建模功能。

（2）开挖分析。如图 4.39 所示，开挖分析是用给定的倾角和网格的间距来计算垂直高度，将设计的高度分为若干个相等高度的多棱柱来计算。

图 4.38 模拟要素叠加示意图　　　　　　　　　　图 4.39 开挖分析示意图

（3）适航区分析。如图 4.40 所示，该功能借助金沙江水底地形变化信息以及沿程水位信息，定性、定量地对通航能力进行分析、评估和预测。黑色为不可航行区域，白色为可航行区域。

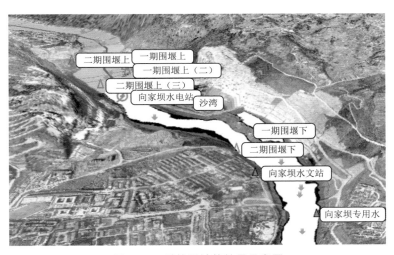

图 4.40 适航区计算结果示意图

4.4 应用与实践

开展金沙江下游梯级水电站水文泥沙监测与研究，实时掌握水沙变化和泥沙冲淤的动态过程，全面研究梯级水电站的优化调度运用与水库泥沙合理配置，建立高效数据库管理分析系统，是工程建设和运行的需要。金沙江水沙系统的建立，在金沙江下游四个梯级水电站工程建设运行管理、水文泥沙监测、出入库推移质研究、围堰泥沙淤积原型试验研究、水库异重流研究、河道冲淤演变研究、水库群联合调度研究等方面系统功能都得到了广泛应用与体现。在金沙江水沙系统改造与应用过程中，加强了水沙实时报汛数据分析、移动端 App 等新业务的应用实践，以适应梯级水库调度运行对网络新技术和实时性、便捷性等方面的需求。

4.4.1　实时数据查询与分析

实时数据查询与分析主要是用于对实时报汛站（水库站、水文站、水位站）等的实时报汛数据接入、查询与分析，可以实时掌握水沙变化的动态过程，为工程建设和运行、电站的优化调度和决策提供必要的实时分析。实时数据库的建设原则遵循《实时雨水情数据库表结构及标识符标准》（SL 323—2005）规范。

实时数据查询与分析功能描述见表 4.10。

表 4.10　实时数据查询与分析功能描述

功能描述	查询和分析水文站、水库站、水位站实时报汛数据
信息来源	金沙江流域和长江上游干支流主要报汛站实时报汛数据
功能描述	1. 水库站主要报汛信息展示 （1）实时水情信息：时间、水位、入库流量、出库流量、入库沙量、出库沙量、蓄水量； （2）特征值信息：最高水位（时间）、最低水位（时间）、最大入出流量（时间）、最小入出流量（时间）、最大入出库沙量等特征值； （3）依据基本信息编制多功能组合图表：水位-入库流量-出库流量过程线、水位-入库沙量-出库沙量过程线、水位-蓄水量过程线、库区水面线。 2. 水文站主要报汛信息展示 （1）实时水情信息：时间、水位、流量、含沙量、水势、历史最高水位； （2）特征值信息：最高水位（时间）、最低水位（时间）、最大流量（时间）、最小流量（时间）、最大沙量（时间）； （3）依据基本信息编制多功能组合图表：水位-流量-沙量过程线、多站对比、历史同期对比、最新大断面成果及水力因子等。 3. 水位站主要信息展示 （1）实时水情信息：时间、水位、水势； （2）特征值信息：最高水位（时间）、最低水位（时间）； （3）依据基本信息编制多功能组合图表：单站或多站水位过程线、历史同期对比。 4. 综合信息展示 　　金沙江流域和长江上游干支流主要报汛水文、水位、水库站水情多功能组合展示

常用功能模块介绍如下：

（1）实时水库水位-入库流量-出库流量过程线。如图 4.41 所示，根据各水库站实时报汛数据绘制，反映水位、入库流量、出库流量变化与时间的关系。

（2）实时水位、流量过程线。如图 4.42 所示，乌东德水文站 2020 年某时段实时水位流量过程套绘图可反映水位流量与时间的实时变化关系等。

（3）多站实时水文数据对比。如图 4.43 所示，乌东德、攀枝花水文站 2021 年某时段实时流量过程对比示意图，可反映两站实时流量与时间的对应变化关系等。

（4）实时数据综合信息展示。图 4.44 所示为重要水文报汛站与水库站当前时点综合信息一览。

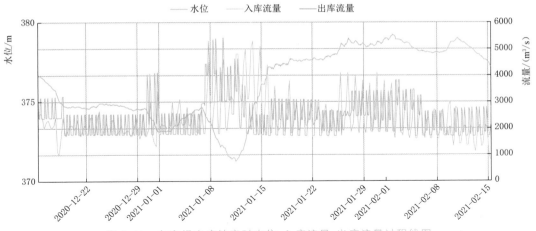

图 4.41　向家坝水库站实时水位-入库流量-出库流量过程线图

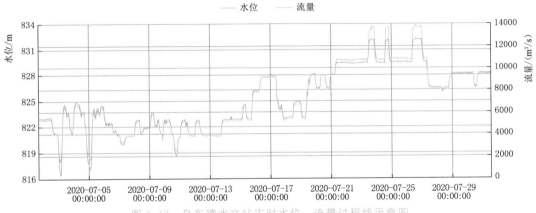

图 4.42　乌东德水文站实时水位、流量过程线示意图

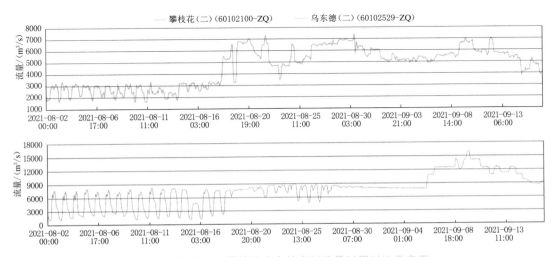

图 4.43　乌东德、攀枝花水文站实时流量过程对比示意图

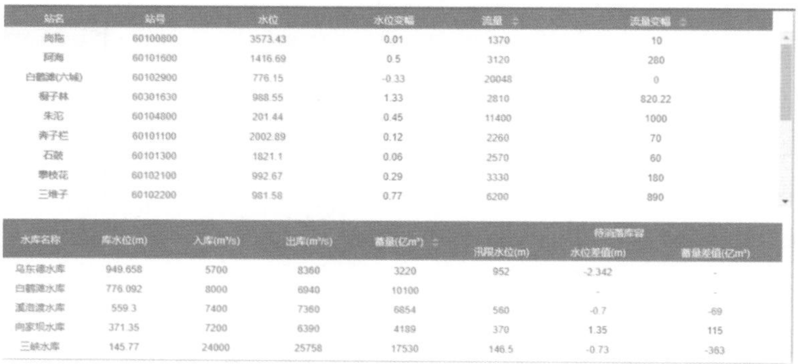

站名	站号	水位	水位变幅	流量	流量变幅
岗拖	60100800	3573.43	0.01	1370	10
阿海	60101600	1416.69	0.5	3120	280
白鹤滩(六城)	60102900	776.15	-0.33	20048	0
桐子林	60301630	988.55	1.33	2810	820.22
朱沱	60104800	201.44	0.45	11400	1000
奔子栏	60101100	2002.89	0.12	2260	70
石鼓	60101300	1821.1	0.06	2570	60
攀枝花	60102100	992.67	0.29	3330	180
三堆子	60102200	981.58	0.77	6200	890

水库名称	库水位(m)	入库(m³/s)	出库(m³/s)	蓄量(亿m³)	待消落库容		
					汛限水位(m)	水位差值(m)	蓄量差值(亿m³)
乌东德水库	949.658	5700	8360	3220	952	-2.342	-
白鹤滩水库	776.092	8000	6940	10100		-	-
溪洛渡水库	559.3	7400	7360	6854	560	-0.7	-69
向家坝水库	371.35	7200	6390	4189	370	1.35	115
三峡水库	145.77	24000	25758	17530	146.5	-0.73	-363

图 4.44　实时数据综合信息展示示意图

4.4.2　移动 App 研发与应用

移动 App 在功能设计与界面设计上考虑移动设备特点与不受网络环境限制等因素，为用户在没有 Web 端、没有专用局域网的情况下提供常用的方便操作的水文泥沙数据和成果数据的分析与查询功能。

主要包括二维地图主页联动查询和实时报汛数据、水文泥沙整编数据、固定断面数据等的查询与分析，还提供了相关成果数据和图表以及个人文件搜索、上传、下载与在线浏览等。移动 App 模块功能描述见表 4.11。

表 4.11　移动 App 模块功能描述

功能名称	功　能　描　述
二维地图主页联动查询	提供二维地图显示各类基本地图要素与测站、断面，用户点击测站、断面可查看相关数据信息；实现用户 GPS 定位，提示距离用户最近的测站与断面对象
实时报汛数据查询与分析	实时数据查询分析主要是对水库站、水文站、水位站水文泥沙数据、过程线、关系线等进行展示与图形表达
水文泥沙整编数据查询分析	整编数据查询分析主要是对水文站、水位站水文泥沙整编数据、过程线、关系线等进行展示与图形表达，默认显示年份为近 3 年
固定断面数据查询	提供固定断面图绘制，但限制断面套绘数量，不提供动画展示
成果与文档管理	文件管理分为公共文件区和个人文件区，公共文件区是所有人可以查看和下载文件，管理员上传文件；个人文件区是用户本人上传和下载文件。成果是文档的一部分，包括泥沙公报、冲淤厚度图等
软件更新	从服务器上下载新版安装程序更新软件
系统使用说明	App 使用细节说明

常用功能模块介绍如下：

(1) 子系统主界面与地图操作界面。图 4.45 (a)、图 4.45 (b)、图 4.45 (c) 分别为系统登录界面、数据查询主界面、二维地图主页，提供用户登录、数据查询和基于二维地图的动态查询界面。

(2) 实时报汛数据查询。图 4.46 (a) 和图 4.46 (b) 分别为溪洛渡水库站入出库流

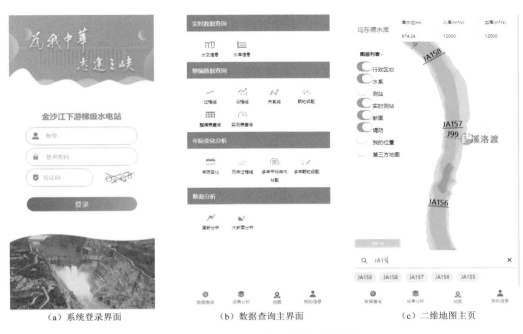

（a）系统登录界面　　　　（b）数据查询主界面　　　　（c）二维地图主页

图 4.45　子系统主界面与地图操作界面

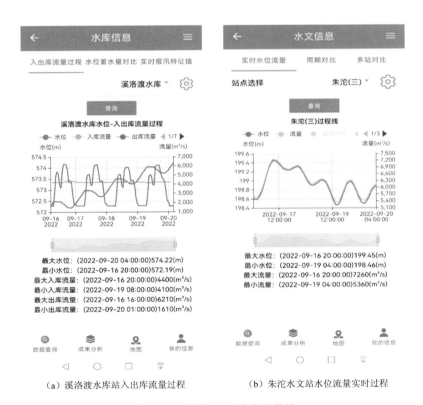

（a）溪洛渡水库站入出库流量过程　　　（b）朱沱水文站水位流量实时过程

图 4.46　移动 App 端实时数据

量过程和朱沱水文站水位流量实时过程查询，提供基于移动端的实时数据的查询与分析功能。

（3）水文泥沙整编数据、固定断面与分析成果查询。图 4.47（a）、图 4.47（b）、图 4.47（c）分别为整编成果年颗粒级配、固定断面、冲淤厚度成果展示示意图，提供基于 App 端的整编水文泥沙数据、固定断面数据、分析成果文档的查询与浏览功能。

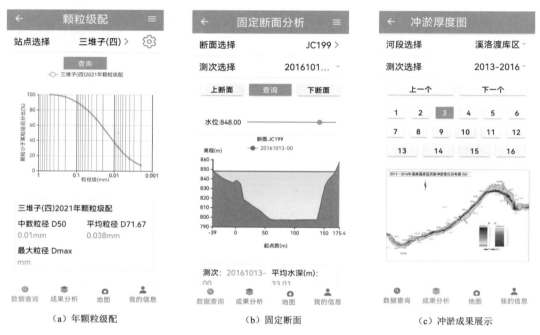

（a）年颗粒级配　　　　　（b）固定断面　　　　　（c）冲淤成果展示

图 4.47　整编数据、固定断面与分析成果查询

4.5　本章小结

金沙江水沙系统自 2012 年底上线运行以来，成功地管理和集成了金沙江流域海量异构数据，实现了空间数据的高效连续多分辨率的无缝可视化，将二维与三维一体化的 GIS 技术相结合，提供了海量数据在二维三维场景中的各类数据的编辑、查询、河演分析计算与可视化、来水来沙预测预报、大场景三维分析等功能；系统经改造升级后，在水沙实时报汛数据分析与应用、移动端 App 应用等新技术新方法方面得到极大的改进和完善。

（1）系统采用 B/S 架构与 C/S 架构混合模式，基于面向服务（SOA）思想构建系统，将系统所有的数据查询、计算分析功能封装为 Web 服务 API，业务系统以及外部系统通过服务 API 调用系统数据与功能。系统在安全性、低耦合性、扩展性方面有明显优势。

（2）系统通过对空间数据和各类水文泥沙数据的采集、存储、管理和更新，建立了一套完整的水文泥沙数据库管理子系统，实现了对金沙江下游梯级水电站多源、多时相、海量水文泥沙数据一体化存储与管理。并采用多级用户管理、数据库备份与恢复、数据库与网络监控等技术充分保证了数据的安全性。

（3）实现了海量数据的快速调用、分析与计算。开发了多种水文泥沙科学计算和30多种水文泥沙专业分析与预测功能模块，提供了多种可视化成果，具有实时计算、实时绘图、专业分析以及多条件、多组合功能。其基于国际成熟 GIS 平台开发的先进的河道演变分析、一维泥沙非恒定流计算模型，实现了槽蓄量计算、库区冲淤分析、河道平面冲淤变化、预测预报等计算分析结果的可靠性和科学性，为水库运行调度提供科学依据。

（4）实现了水文泥沙各类数据的空间、属性信息联动查询。通过大场景的三维可视化浏览功能，提供了方便、直观、科学的图文互查、多条件查询、智能查询等多种查询方式，并提供通用标准格式的输入输出，可快捷地将数据库中的数据按照用户的要求提取、统计、显示及报表输出，具有极高的数据兼容性和共享性。提供了直观快捷的信息展示平台。

（5）实现了水文泥沙移动 App 在线管理。通过手机移动端 App 应用，可以随时随地定位、浏览和查询金沙江流域内重要报汛站、水库站实时水雨情信息，对相关的水文测站、固定断面历年监测信息进行对比分析，为防汛、勘查、监测人员在河道勘测、工程管理、防汛抗旱应急处理和辅助决策等方面提供极大的实时便捷的服务。

（6）规范和制定了各类数据的格式要求、编码标准、生成与存取标准。编制了金沙江下游相关水文观测文件的技术文件编码和河道矢量数据分类与编码标准，统一了河道地形图的规格和样式、一般数据与非公开数据的存取管理方式，制定了河道地形 DEM 数据"统一起点，分块组织"的生成与管理模式。这些标准和规范的确定和建立，从宏观上提高了金沙江下游水文泥沙河道数据库建设和管理工作的科学化、规范化，促进了金沙江下游水文泥沙河道数据共享，满足了数据处理、交换、储存、分析、计算、维护、信息发布和应用服务的需要。

通过 10 年来对系统的持续改造和升级，金沙江水沙系统在水库河道泥沙计算、水沙过程变化、空间分析、冲淤演变分析、库容变化分析和水沙关系变化等方面为金沙江下游梯级水电站工程管理和水库的优化调度提供了基础支撑，为电站调度运行管理工作提供了强有力的技术保障和更加便捷、高效、安全的服务。在水电站的规划、设计、建设、运行等阶段发挥了重要的科学指导与决策支持作用，产生了显著的社会与经济效益。

第5章

金沙江下游水沙变化分析

本章从金沙江下游侵蚀产沙环境的调查出发，基于干支流控制站水文泥沙观测资料，以干支流径流量和输沙量的年际、年内变化特性和规律为基础，研究其水沙相关关系、双累积关系的变化特征，揭示金沙江下游水沙地区组成变化规律，掌握影响水沙变化的主要因素。

5.1 金沙江下游侵蚀产沙环境调查

5.1.1 气候环境

金沙江流域地处中亚热带，属于典型的季风气候，主要受西南季风控制，同时也受东南季风影响，水汽充沛，降水集中，气候水平差异显著，太阳辐射强烈，干湿季节分明。5—10月为雨季，降水量为全年降水量的90%，且多为暴雨；11月到次年4月为干季。由于受地形影响，气候在水平和垂直方向上差异很大，立体气候明显。

5.1.1.1 降水空间分布

（1）金沙江流域降水受地形影响较明显。山谷地势较低，受四周高山阻隔，暖湿气流难以到达，降水量较少；山岭上地势较高，暖湿气流受高山阻隔影响较小，降水量较多。如间距不远的东川、汤丹、落雪三站的地面高程从低到高各相差1000m；地势最低的东川受地形影响较大，年降水量仅688mm；地势居中的汤丹，年降水量836mm；地势最高的落雪，受地形影响较小，年降水量达1170mm，是东川年降水量的1.7倍。金沙江干旱河谷区是降水低值区，位于干旱河谷的得荣年降水量325mm，位于山岭上、水平距离仅40余km的德钦，年降水量661mm，是得荣的2.04倍。

（2）金沙江年降水量从南向北随纬度的增加而减小，在东西方向则是由两侧向腹部减少，且东侧往往大于西侧。接近源头的楚玛尔河沿多年平均年降水量为239mm，出口处宜宾站多年平均年降水量为1155mm（增加3.8倍）。但由于地形、地势及天气系统等因素的差别，降水量地区差别大、地形影响明显。分段来看：

1）干流岗拖、雅砻江甘孜以北地区，地处青藏高原，地势高，降水少，多年平均年降水量240～550mm，其中距河源最近的楚玛尔河站多年平均年降水量仅253mm，为长江流域年降水量最小地区。

2）岗拖以南至奔子栏、雅砻江甘孜以南至洼里区间，多年平均年降水量350～

750mm。因位于横断山区，暖湿气团受高山阻隔作用不同，在本地区形成了一个高值区和一个低值区。高值区位于雅砻江乾宁附近，多年平均年降水量900mm；低值区位于金沙江得荣附近，多年平均年降水量325mm。

3) 奔子栏、洼里以下地区，降水量出现5个高值区和4个低值区。第一个高值区为安宁河德昌以下、雅砻江仁里、大河、跃进以下、金沙江金棉以下—雅砻江口之间的左岸部分地区。区内有3个高值中心，其年平均降水量分别为木耳坪1290mm、大坪子1560mm、锦川1495mm。第二个高值区为安宁河上游支流昭觉河和比尔河上游，中心在安宁河上游的团结附近，多年平均年降水量为1550mm。第三个高值区为金沙江雷波、永善以下，中心罗汉坪年降水量为1470mm。第四个高值区为普渡河禄劝以上及其东部附近地区，中心大冲河的年降水量为1380mm。第五个高值区为以礼河流域，中心海子的年降水量为1530mm。四个低值区分别为：桑园河流域，中心宾川的年降水量为586mm；龙川江的元谋、多克一带，中心元谋年降水量为614mm；巧家至东川一带，中心蒙姑年降水量为569mm；五莲峰附近的昭通、菁口塘一带，中心昭通为730mm。

5.1.1.2　暴雨分布特征

金沙江流域下段来沙大部分为滑坡、泥石流产沙，而泥石流、滑坡的发生往往是受某一场日暴雨过程的激发作用所致。在相对较小的区域内，降雨是否落在滑坡和泥石流沟所在流域，其来沙结果有很大差异，暴雨强度及落区在小范围内的变化对流域来沙量的变化具有重要影响。

(1) 金沙江暴雨时空分布极不均匀。暴雨主要分布在中下游及雅砻江下游、支流安宁河。下游存在三个暴雨高值区：①雅砻江下游，安宁河下游攀枝花、会理、会东一带。②金沙江下段的雷波，永善以东的地区，包括美姑、西宁、屏山、宜宾、盐津、松溪等地。③五莲峰—乌蒙山地区。从5月开始受西南或东南季风影响，暖湿气流不断输入本流域，降雨逐渐增多，一般雨季开始时间上游早于下游，雨区也自上游向下游移动发展。流域内暴雨一般出现在6—10月，其中以7—9月居多，中下游在此期间出现的频率在80%以上。

(2) 流域内的暴雨强度和暴雨量从上游向下游逐步增加。由于暴雨主要发生在金沙江奔子栏、雅砻江洼里以南地区，该地区高程相对较低，河谷多南北向，有利于来自孟加拉湾西南暖湿气流入侵，年降水量及时段降雨量都有较大增加，汛期时有暴雨发生。金沙江云南部分多年平均最大24h暴雨量的低值区位于石鼓以上金沙江河谷地区，高值区位于宁蒗乌木河、昭通五莲峰带的永善—大关—绥江—镇雄—盐津一带。石鼓以上区域多年平均最大24h暴雨量为35~55mm；石鼓以下至龙川江汇口区间：龙川江流域多年平均最大24h暴雨量为60~75mm，乌木河一带为高值区，多年平均最大24h暴雨量为75~90mm；金沙江与龙川江汇口以下：普渡河、牛栏江流域，多年平均最大24h暴雨量为65~75mm；横江流域的永善—大关—绥江—镇雄—盐津一带，多年平均最大24h暴雨量为70~110mm；最大值出现在盐津豆沙关—镇雄白水江牛街一带，多年平均最大24h暴雨量为100~110mm。

5.1.1.3　干热河谷分布

金沙江流域产沙强度最大的区域集中在下段干流及部分支流下游的干热河谷区。干旱河谷是在特定的气候和地貌条件下形成的一种特殊的自然地理景观，指金沙江下段海拔

1300（阴坡）～1600m（阳坡）以下的河谷地带。这里年均温 20～27℃，≥10℃积温达 7000～8000℃，最冷月日平均温度大于 10℃，月均最低温＞0℃，全年平均气候干燥度不小于 1.5，年降水量 600～800mm，年蒸发量为年降水量的 3～6 倍。干热河谷干湿季分明，干季（11 月至次年 5 月）降水极少，降水量仅为全年的 10.0%～22.2%，是降水低值区，蒸发量为降水量的 10～20 倍以上。

（1）干热河谷区高温干旱对植物生长极为不利。温度高植物生长旺盛，但降水少，蒸发量大，3—5 月金沙江下段干热河谷蒸发量为降水量的 10～27 倍，导致土壤相对含水量极低，在 5% 以下，甚至为 0，植物体内水分严重失调，多数植物在此期干枯死亡。雨季的高温又促进了土壤有机质快速分解，如得不到补充，3～5 个月分解殆尽，因而土壤有机质含量极低，植物生长困难，植被一旦受到破坏，水热状况更加恶化，恢复十分困难。

（2）干热河谷区生态环境极其脆弱。主要表现为：①自然植被中乔木层发育欠佳，形成以灌木、草丛为主的灌木草丛或稀疏灌木景观。植被群落外貌为热带常绿肉质多刺灌丛、稀树灌丛草坡，空间成层结构中无明显乔木层，热带种属常绿和落叶乔木呈独立单株散生；灌木层与草本层明显，灌木层是低伏灌木，草本层地面覆盖度最高；植被形态在干热生境中出现变异，适应旱生形态显著。②干季植被呈休眠状态，植物体内束缚水含量是自由水含量的 5～8 倍。发育受抑制，生物产量低。③土壤类型有燥红土、褐红壤、赤红壤、紫色土等，有典型的干热生物气候特征。土壤发育不良，呈旱化趋势，旱化程度加大，必然导致植物旱生性种类增加和旱生群落外貌出现，这将使地表凋落物较少，土壤腐殖层发育差，保水能力弱。

（3）泥石流分布的集中区域与干旱河谷区的分布一致。泥石流分布区的范围沿河谷两岸稍宽，区域侵蚀产沙强度极大，这主要受三方面因素叠加的影响：①区域地质构造活动强烈，地震活动性强，断裂发育，岩层破碎，风化强烈，地表松散堆积物丰富；②干热河谷区水分因受干热气候影响而过渡损耗，森林植被难以恢复再造，缺水使相当大面积的土地荒芜，低灌草覆盖的地面在雨季土壤侵蚀加剧，河谷坡面的表土大面积丧失，出露大片裸土和裸岩地；③虽然年降水量稀少，但暴雨集中，且暴雨集中区与断裂发育、岩层破碎的区域一致。因此，断裂发育、岩层破碎、地表风化强烈，植被稀少，降雨集中且与松散堆积物丰富区域一致这三种因素叠加是该区域侵蚀极其强烈的主要原因。

5.1.2　地质地貌环境

5.1.2.1　地质条件

金沙江流域特殊的自然环境是造成其水土大量流失的先决条件。起伏变化巨大的流域地形以及其破碎丰富的岩石、碎屑，孕育了可大量流失的松散物质，在较大重力分力及暴雨促发动力的作用下，以滑坡、泥石流、崩塌等方式汇入流域干、支流。因此，地质构造和地层岩性因素影响流域产沙的最重要的原因之一。攀枝花—华弹区间更是接纳了云贵高原中部和四川西南部的一些多沙支流，如龙川江、小江、牛栏江等。破碎的地质条件是影响流域侵蚀产沙的最为重要的因素，由于岩层破碎，表土疏松，崩塌、滑坡、泥石流发育，地质构造及岩性对流域侵蚀起主要控制作用。

从大地构造轮廓看，以安宁河—龙川江一线为界，以西为西藏断块，以东为华夏断块，两大断块的缝合线穿过安宁河—龙川江一线，缝合线附近有安宁河—龙川江、黑水河—小江等深大断裂带通过。金沙江流域在构造体系上属青、藏、滇、缅、印"歹"字形构造，区内断层发育，晚近新构造运动强烈，地震活动比较活跃，沿深大断裂带分布有康定—甘孜带、金沙江—元江带、五都—马边带、安宁河谷带、滇东带等五大著名的强烈地震活动带，均沿金沙江干流或支流分布。1833年，小江流域上游地区曾发生8.0级大地震，1901年以来地震带内仍有7.0级以上的地震活动。这些断裂带和地震带为特大重力侵蚀灾害提供了构造动力。

滇中高原和金沙江下段是全球新构造运动及现代地壳活动最强烈的地区之一。从区域形变速率来看，该地区整体为上升区，速率为$8\sim10$mm/a，局部地区上升速率超过13mm/a，西部地区上升速率为6.76mm/a，新构造运动差异大，地壳形变剧烈。3条区域性主干断裂带从区内通过，有30多条大规模活动断裂分布。区内地震活动频繁，是著名的强震带，分布着从元古界到第四系的100余组地层，大部分地层破碎，产状复杂多变。岩性主要为二叠系、三叠系、侏罗系的沉积岩及各种片岩、石英岩夹大理岩，这些岩层在长期褶皱、断裂、地震和风化作用下，极易风化崩解为碎屑物，为金沙江流域的土壤侵蚀提供了稳定的物质来源。

金沙江流域基本上是受构造控制，沿断裂带发育的[1]，产沙的重点区域也沿断裂带分布。从雅砻江与金沙江汇口处往南至龙街，金沙江沿绿叶江断裂带发育，由上游的东西流向，折转向南流。龙街以东，金沙江又折向东流，大致与东西向的隐伏构造相符。巧家附近，金沙江受小江断裂控制，又折向北流。牛栏江与金沙江汇口以上，金沙江又沿莲峰—巧家断裂发育，折向东北流。下段的支流大多也沿断裂带发育，如北岸的黑水河沿则木河断裂带发育，南岸的小江沿小江断裂带发育，雅砻江下游、龙川江沿绿叶江断裂带发育等。

金沙江攀枝花以下区域沿断裂带宽$3\sim5$km范围内裂隙、节理发育，岩层破碎，抗侵蚀力差；同时，沿断裂带地震活跃，又加速了岩层的破碎和崩解，崩塌、滑坡等重力侵蚀强度大，进而为水蚀和泥石流侵蚀提供了大量松散固体物质。这使得金沙江下段干流及其支流崩塌、滑坡、泥石流分布密集，侵蚀强烈，产沙量大。河流沿断裂带发育使在断裂带内侵蚀产生的泥沙更容易进入河道，增加流域的来沙量。

5.1.2.2 地貌条件

地貌条件对流域侵蚀产沙也有重要影响。金沙江流域下段位于我国地貌第一级阶梯向第二级阶梯的过渡地带，地貌格局复杂多样，地势变化明显呈现由东南向西北急剧升高的趋势，地貌特点表现为山高、谷深、坡陡。受降雨、植被分布及地壳差异性运动的影响，流域的上、中、下游，河谷断面不同高度的区域侵蚀类型及侵蚀强度都存在很大的差异。

（1）从平面分布上看，一般流域的源头和上游地区为广阔的高原面，海拔较高，地形高差小，侵蚀切割程度较低，自然植被极为丰富、有的地方有茂密原始森林及广阔天然牧场，人类活动影响不大，年均侵蚀模数在2500t/($km^2 \cdot a$)以下。这些区域主要分布在北部、西北部。金沙江流域南部、东南部的高山峡谷区，相对高差达$1000\sim3000$m，山坡陡峭，不小于$25°$坡度面积达60%，少数地区更占总土地面积的80%，斜坡物质稳定性差，在重力、水力作用下易于形成水土流失。侵蚀模数为 2500～5000t/(km² · a) 左右，为中度流失区。主要分布在源头地形较平缓的高原盆地和中下游受强烈造山运动影响、河流强烈下切、地形破碎的山地丘陵占有较大比重的陡坡垦荒、水土流失严重的牛栏江、普渡河、龙川江、横江等支流。金沙江下段攀枝花以下干流区位于青藏高原、云贵高原向四川盆地过渡的横断山区，以深切高山峡谷地形为主，岭谷高差达 4000m，植被覆盖率低，地震活动频繁，岩层破碎，重力侵蚀集中，强度大，侵蚀模数为 5000～10000t/(km² · a)，属强度侵蚀区。重力侵蚀在金沙江流域断裂构造带上分布密集，如鲜水河、安宁河、元谋—绿叶江、小江等断裂带即是崩塌、滑坡、泥石流密集分布区，崩塌、滑坡、泥石流等重力侵蚀灾害强度大。典型区域为攀枝花以下干流、雅砻江下游、安宁河下游和小江流域。

（2）从垂直分布上看，受地形的影响，金沙江河谷年降水量垂直分带明显，流域植被分布也呈现明显的垂直分带现象。以小江附近区域为例：海拔 1600m 以下的河谷为少雨带，为典型的干热河谷稀树草丛带，植被覆盖率很低，侵蚀类型多样，以崩塌、滑坡等重力侵蚀为主，侵蚀强度大，在下游河床及出口处则为泥沙强烈淤积的场所。1600～2800m 的山地是多雨带，为山地常绿阔叶林与针叶林带，植物种类丰富，群落类型复杂，植被覆盖率较高，以沟道侵蚀为主，伴随崩塌和滑坡，侵蚀强烈。2800～3300m 山地为亚高山针叶林带，为最大暴雨带，此高程也是多数泥石流的形成区，崩塌、滑坡和泥石流发育，侵蚀强烈。海拔 3300m 以上山地为高山灌丛草甸带，植被为耐旱的矮小灌丛和草本，植被覆盖率较高，腐殖质层保存较好，以坡面侵蚀及小型沟道侵蚀为主，侵蚀量不大。海拔 4000m 以上为寒温带灌丛及高山流石滩，以风蚀和冻融侵蚀为主，细颗粒物质很少，侵蚀量很小。

金沙江河谷是青藏高原晚新生代强烈隆起的产物，流域内高大的山脉主要形成于距今 2500 万年的喜马拉雅运动第二幕。第四纪末，喜马拉雅运动继承和发展的新构造运动，奠定了中国现代自然环境结构和特征的基础，东部地形沉降，青藏高原快速大幅隆起，三级阶梯地势形成，水系自西向东汇流格局形成，横断山河流切蚀加深，流经青藏高原边缘的河流切蚀形成较大峡谷。区内断裂和褶皱十分发育，对金沙江水系的形成发育和河流走向具有重要控制作用。

金沙江下段以深切高山峡谷地形为主，所属川滇地区位于青藏高原东南缘，是中国大陆地震活动最强烈的地区之一，区域内深大断裂发育，地质构造背景十分复杂。尤其是金沙江下游梯级水库库区内夹杂着多条逆冲型、走滑型活动断裂带，历史上曾发生过多次中强地震。地震产生的松散体在一定的压强作用下发生崩塌或滑坡等，滑落的土体进入河道后随水流向下游输移，导致下游河道在一定时期内输沙量增大。西宁河口（新市镇）以西属川滇南北构造带，中间有黑水河—巧家—小江大断裂穿过，其两侧为川滇台背斜中段，基底是太古界变质杂岩，岩性为二叠三叠系灰岩、玄武岩、板岩和侏罗白垩系的砂岩、泥岩，其东侧为川滇台向斜的凉山台凹，出露古生—中生界灰岩、玄武岩及砂板岩等。溪洛渡库区即位于此断裂带上。西宁河口以东属四川地台西南边缘，主要出露侏罗白垩系的砂岩、泥岩等。区内断层及褶皱均较发育，沿断层带岩石较破碎，其余地段岩石尚完整。雷波—永善和巧家—蒙姑为区内强震带，地震基本烈度可达Ⅷ～Ⅸ度，其余地区均在Ⅶ度。

5.1.3 植被环境

5.1.3.1 植被对土壤侵蚀的影响

植被是地面的保护者，植被和其枯枝落叶层在防止溅蚀过程中具有极其重要的作用。枯枝落叶完全覆盖的土壤表面能承受雨点降落时的冲击力，可从根本上消除击溅侵蚀作用。植被冠幅在大范围内减小雨滴的击溅侵蚀，像谷类和大豆这样密集生长的农作物能截留降雨、防止雨滴直接打击在土壤上。植被不仅能拦截降雨，防止雨滴击溅分离土粒，同时也防止了不利于水分下渗的土壤板结，使渗透水分增加，减少径流，减轻坡面及沟道的径流侵蚀。

研究结果表明[2]：在金沙江地区，华山松林与裸地相比，其林地有机质、土壤月均含水率、渗透性能分别是裸地的 2.74 倍、1.14 倍、4.61 倍，土壤最大蓄水量比裸地高56.7%；华山松林年降雨截流量为 63.7mm，截流率为 20.2%，径流率为 5.7%，径流削减率为 91.3%，泥沙削减率为 95.6%；华山松根系分布于浅表，土层 20cm 之上根系占总量的 83%，对地面固土保水起着重要的作用。周跃等以虎跳峡地区 1993 年的情况为例，探讨了云南松林土壤侵蚀控制的水文效应及其潜能[3]。研究发现，云南松密林能够截留 31.1% 的降雨量，林下的土壤溅蚀量（4.9kg/m²）比裸地上的（6.1kg/m²）降低了19.7%，松林内的土壤流失总量与裸地的 0.058kg/m² 比较，降低到 0.033kg/m²，表明松林减少了 43.2% 的土壤流失。同时松林能够产生较大直径的叶滴，引起林下的叶滴溅蚀；而且，松林并不能明显地减少地表径流。从综合作用来看，云南松密林具有土壤侵蚀控制的净效应。但与茂密的草丛相比，松林侵蚀控制的效果相对较低。因此，保持林下的草灌及腐殖质层对防治流域侵蚀产沙具有重要作用。

金沙江流域随地形高差、地貌部位及植被类型的不同，植被覆盖率也存在很大的差异，乔木、灌木带植被覆盖率较高，而干旱河谷区灌丛、草被覆盖率很低。流域内森林主要分布在干流金江街以上、直门达以下，雅砻江泸宁以上、甘孜以下的沿江两岸，以及云南省昭通市和四川省凉山州的高原山区。侵蚀强烈的干旱河谷区在地质时代曾经是亚热带热带林区，到龙川冰期后期以后，逐渐演变为疏林—草原地带，但许多地方森林仍然十分稠密，草甸植被保存十分完好。直到元代，金沙江干热河谷两岸还生长着十分茂密的肉桂树和丛苇。现在的金沙江干热河谷林木稀疏，已经荒漠化，是以其土壤侵蚀强度较大。

5.1.3.2 水土保持导致的植被变化

金沙江流域先后实施了天然林保护工程和"长治"工程，使得人类活动的影响从破坏性变为建设性，植被覆盖发生了较大的变化。

1. 在天然林保护方面

1998 年 9 月 2 日，处于金沙江下段和雅砻江地区的凉山州率先启动了天然林资源保护工程，云南省天然林资源保护工程也相继开展，金沙江攀枝花以下地区很多地方都实施了天然林资源保护工程。天然林保护区一般位于各级河流及沟道的源头区域，降水较为丰富，在地貌类型上一般位于高原顶面，地面切割程度相对较小，人类活动的影响也较小。天然林在未被破坏时，植被覆盖率高，林下灌丛、草被及枯枝落叶层保存较好，水土流失轻微，但林内有坡耕地的地方水土流失仍较严重。实施天然林保护重要意义在于防止新的水土流失区的产生。工程启动初期，有些地方植被破坏还很严重。在 2005 年考察中发现，在植被遭破坏的地区，土地有荒漠化发展的趋势，攀枝花以上地区来沙量呈增长的趋势可能与天然林的继续破坏有关。随着天然林保护工程的实施，封禁治理面积不断扩大，同时农民外出打工减少了薪柴的需求量，金沙江流域植被破坏大幅减轻。实施天然林保护工程近 20 年来，工程的减沙效益逐渐显现，植被覆盖面积的增加和枯枝落叶层的累积，植物根系的固土作用，对金沙江中下游面蚀减轻的作用明显，但对滑坡、泥石流等重力侵蚀的抑制作用较小。

2. 在"长治"工程建设方面

1988 年，国务院批准将长江上游列为全国水土保持重点防治区，在水土流失最严重的金沙江下段及毕节市、嘉陵江中下游、陇南及陕南地区、三峡库区等四大片首批开展重点防治，至 2001 年，先后实施 6 期工程，金沙江下游都是重点区域。1989 年，一期工程启动，涉及长江上游云、贵、川等 6 省市共 61 个县，169 条小流域，总土地面积 3.17 万 km²，竣工验收 1.7 万 km²。1990 年二期工程启动，实施 502 条小流域，治理面积 9998km²。1994 年三期工程启动，开展 1354 条小流域的治理，治理水土流失面积 2.76 万 km²。1997 年四期工程启动，完成治理水土流失面积 5595km²，达到小流域综合治理竣工验收标准。1999 年启动五期工程，共治理水土流失面积 1.42 万 km²。2001 年启动六期工程，2005 年完工。

自水土保持工程实施以来，坡积裙植被覆盖率大幅度提高。图 5.1 为溪洛渡库区雷波县城山脚下燕子岩附近水土保持工程实施前后的效果对比。该水土保持工程位于坡积裙，坡改梯工程经果林相结合，一是减轻了坡积裙的坡面侵蚀，二是拦截了上游坡面崩落物，三是使崩落物逐渐固定，增强了崩落物的稳定性，使其再次进入库区的概率大幅度减小。工程实施近 30 年来，坡改梯面积不断增加，植被覆盖率逐渐提高，坡面抗侵蚀能力也在不断增强。

（a）坡改梯工程阶段　　　　　　　　　　　（b）2018年实景

图 5.1　雷波县山脚坡积裙水土保持工程实施前后的效果对比

金沙江下游水土保持工程实施后，治理区植被经过近 30 年的恢复，覆盖率发生了很大的变化，抗坡面侵蚀能力增强。图 5.2 为 2005 年和 2018 年春江小流域附近植被覆盖情况对比，1989 年开始治理后，新的植被开始生长，经过近 30 年的生长，当初的树苗已经长成大树，到 2018 年，植被覆盖率明显增大，乔木比例增加。

（a）2015年　　　　　　　　　　　　（b）2018年

图 5.2　春江小流域附近植被覆盖情况对比

在实施"长治"工程封禁治理区，原先水土流失均较严重，经过近 30 年的保护与治理，植被得到不同程度的恢复，新栽种的植被已长出并逐渐成材，治理区内森林覆盖率及植被总体覆盖率均有所提高，林下灌丛、草被得到恢复，生长状态良好，枯枝落叶层保存较好，能在一定程度上阻止坡面及沟道源头的水土流失。这种情况下减小的土壤侵蚀量，由于没有观测资料，很难算出具体的数字，但土壤侵蚀得到一定程度遏制且侵蚀量减小是基本事实。

5.1.3.3　植被变化特征

金沙江流域植被垂直分布明显，植被类型随海拔高度的变化而变化，呈现不同的景观类型。不同海拔高程的景观类型依次为：5000m——高山流石滩；4800m——雪线；4500m——寒温带灌丛；4300m——高山杜鹃灌丛；4000m——冷杉林、杜鹃林、落叶松、云杉林、桦木林；3000m——云南松、黄背栎木林、香柏灌丛；2800m——干暖河谷植被、干暖河谷稀树灌丛；1800m——灌木与草本植物组成的灌草层。石鼓以北的干旱河谷底带植被是小叶有刺的干旱灌丛，其上有一以寻菊、虎榛子、高山栎类为主的过渡带，再向上是云南松林，石鼓以南的干热河谷中的底带植被近于稀树草原、上接云南松林和残存的常绿阔叶林。干旱河谷的森林多为稀树矮林，乔木基本上无层次分化，林下禾本科草本发达。随植被类型的不同，植被覆盖率也存在很大的差异，乔木、灌木带植被覆盖率较高，而干旱河谷区灌丛、草被覆盖率较低。

溪洛渡和向家坝库区植被覆盖的东西差异很明显。受降水和气温分布的影响，从向家坝大坝到溪洛渡大坝，植被覆盖率降低，植被类型从以乔木为主向灌丛/草被过渡，干热河谷特征逐渐显现，干流植被覆盖率明显比支流差。从向家坝到新市镇，基本无干热河谷特征；从新市镇到桧溪镇，干热河谷特征有微弱显现；从桧溪镇至溪洛渡大坝，初步具有干热河谷的某些特征，但不典型。自溪洛渡大坝往西往南，河谷发生转折，逐渐进入干热河谷区，干热河谷特性增强。大兴镇和黄华镇区间为典型干热河谷的分界线，黄华镇和大兴镇之间为过渡带，东西两侧植被类型和植被覆盖率均存在较大的差异。分界线东侧干热河谷表现不明显，植被相对低矮，覆盖率较高，乔木所占比例较大，分界线西侧干热河谷特征较明显，植被相对高大，覆盖率较低，乔木比例较小，以草被和灌木为主。

向家坝至美姑河口，金沙江大致呈东西走向，少量东南季风暖湿气流可以沿河谷进入向家坝和溪洛渡库区近坝河段，植被相对较好，气温也不太高，干热河谷特征不明显。支流西苏角河河谷，也有少量水汽可以进入，河谷植被覆盖率较高；支流美姑河，从河口至莫红，河流呈东西走向，东南季风带来的暖湿气流也有小部分可以进入河谷，干热河谷特征表现也不太明显。而从莫红往上游方向，美姑河河谷发生转折，东南季风带来的暖湿气流很难再沿河谷进入，更多的是受从山顶下沉气流的影响，受焚风效应影响，气流变得干热；同时，西南季风也很难沿河谷进入该区域，干热河谷特征逐渐变得明显，植被低矮，以灌木和草被为主（图 5.3）。

（a）河源区　　　　　　　　　　　　　　　　　（b）河口区

图 5.3　美姑河流域植被覆盖情况（2018 年）

金沙江流域虽然不再实施"长治"工程，治理面积也很有限，但其他类型的水土保持工程并未停止，尤其是天然林保护、退耕还林政策还在继续。水土保持工程实施初期，工程减蚀量可能达不到政府部门统计的数值，甚至可能还会使土壤侵蚀量增大。"长治"工程实施的最初几年，金沙江下游来沙量并没有减小，反而有所增加，即是明证。经过一段时间后，水土保持工程治理区由于植被的不断生长、枯枝落叶的积累，植物根系越来越发达，固化土地的功能越来越强大，坡面土体的逐渐固化，抗侵蚀能力不断增强，水土保持工程减蚀量也有可能达到政府部门统计的数值。随着时间的推移，水土保持工程、封禁治理、天然林保护等水土保持措施的拦沙减蚀特别是坡面减蚀作用越来越明显。

沿库区水面线附近的区域，多位于坡积裙部位，也是水土保持工程实施的重点区域。溪洛渡和向家坝水库蓄水后，库区水面蒸发量增加，库区常起大雾，沿水库水面线附近的干热河谷区植被所需的水分供应有一定的增加，为植被特别是人工乔木生长提供了一定的水分条件，在降水稀少的干旱河谷区，这一点尤其重要。库区水面线附近主要是坡积裙区域，土层较厚，为植被生长提供了较好的土壤条件。因此，库区水面线附近植被较好，植被覆盖率高，且以乔木为主。这些位于坡积裙的植被对于坡面崩落物有一定的固定作用，减少入库泥沙。

未实施水土保持工程的区域，由于封禁治理、退耕还林还草、建设工程水土保持等措施的实施，以及大量劳动力转移，当地薪柴需求量减小等因素的影响，除部分裸露岩体或土层极为瘠薄的陡坡区域外，大部分地区植被也得到一定程度的恢复。除耕地、裸岩外，其他大部分地区突然受到植物根系、植被及枯枝落叶层的三重保护，坡面抗侵蚀能力增强。

5.1.4　崩塌、滑坡侵蚀产沙

采用 1991 年、1992 年航摄的 1∶6 万彩色红外航片，并使用 1991 年、1992 年的 TM 资料及 1992 年、1993 年的 JERS-1 资料对金沙江下段干流河谷攀枝花—宜宾段长约 786km、两岸各 15km、面积约 22000km²，位于东经 101°30′～104°38′，北纬 25°40′～28°46′ 的地区进行了调查。调查采用以目视解译为主，以计算机图像处理及解析测图仪解译为辅的解译方法，遥感解译与重点区现场验证相结合，结合其他资料，综合分析，多方验证。全区调查以 1∶20 万比例尺成图。对约 12% 的解译结果进行了现场验证，验证结果表明，遥感解译识别滑坡、泥石流的准确率达 90% 以上。

5.1.4.1　崩塌、滑坡分布

遥感调查结果表明，金沙江下游长约 786km、两岸各 15km 范围内共有大于 100 万 m³（遥感调查所指的滑坡均大于此规模）的大型滑坡 400 处，估算堆积物体积 300 亿 m³，即平均每 1.97km 河段有一处大型滑坡，谷坡平均滑坡变形模数为 $1.4×10^6$ m³/km²。"规模巨大"是金沙江下段滑坡的主要特征，滑坡平均体积达 7500 万 m³，滑坡是金沙江下游最主要的产沙方式之一。在这些通过遥感解译出来的滑坡中，体积大于 1000 万 m³ 的滑坡数量占总数的 57%，其体积占比达 97.0%。表明金沙江下段河谷以规模巨大的滑坡为主，大量的体积在 1000 万 m³ 以下的滑坡占本区滑坡总体积的比重很小。

长江水利委员会对攀枝花—宜宾区间 57 处滑坡进行了详查，1279 处滑坡进行了普查。详查的滑坡体后缘高程为 380.00～2900.00m，平均高程为 1558.00m，滑坡体总体积 21.5 亿 m³，平均体积为 3780 万 m³，小于通过遥感解译的滑坡体体积。在详查的滑坡中，巨型滑坡 12 处，占总体积的 93.5%，与通过遥感调查的滑坡的规模分布较一致。普查的滑坡体总体积 29.3 亿 m³，平均每个滑坡体的体积为 229 万 m³。其中巨型滑坡 53 处，占总体积的 70%。进一步表明，大型滑坡体积占比大，是主要的产沙方式。

从干流区滑坡分布来看，特大型、超特大型滑坡集中分布于西部不同构造体系交叉复合部位、活动断裂带两侧山间盆地沿山体强烈上升一侧、深切峡谷两岸多级阶地的凸形坡、山麓平台的折坡陡坝地带。中小型滑坡集中分布于中、东部，西南部褶皱山地丘陵近背斜轴部和平坝、盆地边缘及第四系松散堆积区。根据遥感解译的结果，按滑坡分布密度、规模、危害程度及其活动状况，可以将金沙江下段干流区滑坡分为强烈、较强、中等以及较弱或不等 4 个级别的发育区[4]（表 5.1）。

表 5.1　　　　　　　　　　　金沙江下游滑坡发育程度分区表

类　别	密度/（个/100km²）	占研究区面积/%	类　型	活　动　状　况
强烈发育区	＞20	15.76	多深层基岩滑坡	常年缓慢滑动，阶段性快滑
较强发育区	20～10	32.69	多中深层基岩滑坡	少数常年滑动，多数阶段性活动
中等发育区	10～5	48.35	多中浅层基岩滑坡	间歇期较长
较弱或不发育区	＜5	3.2	多浅层堆积层滑坡	间歇期滑动

在支流区，四川的安宁河流域、雅砻江下游、云南的龙川江流域、小江流域是滑坡的较强和强烈发育区。金沙江的滑坡主要沿河谷分布，这些沿河谷分布的滑坡体大多直接进

入河道，对产沙的影响也最大。

综上来看，金沙江下段滑坡分布的特征主要体现在：河谷滑坡的分布不均匀，首尾段数量少，规模小；中段数量多，规模大；大部分滑坡、崩塌分布在支流沿岸。滑坡、崩塌分布在400～3200m高程，其中97%分布在500～2500m高程，与金沙江下段河谷的多雨区、少植被的裸岩区分布高程一致。

5.1.4.2　典型滑坡产沙

金沙江下游滑坡类型多、数量大、规模巨、分布广而不均、活动性较强。其河谷滑坡的活动方式是复杂多样的，集自然界滑坡活动之大全，从拉裂牵引到推移，从高速剧冲到蠕动变形，从整体滑移到碎屑流应有尽有。实际上，一些滑坡是多种活动方式的组合，在不同部位、不同阶段有不同的活动方式及运动速度。危害严重、对环境影响较大的滑坡活动方式主要有崩滑、高速剧冲式滑坡、滑坡-碎屑流或崩滑-碎屑流三种。

溪洛渡、向家坝库区崩塌、滑坡发生在公路附近的比较多，多为坡积扇堆积体或厚层风化物滑坡，一般规模较小，堆积体粒径粗，多数直接被人工清理，倒进入库区。而一般滑坡面在基岩的滑坡规模较大，这样大规模的滑坡爆发频率较小。远离河道的滑坡，其滑坡体大多滑落后在坡脚重新趋于稳定，进入库区的泥沙较少。而发生于库区的滑坡，则滑坡体直接进入库区。图5.5为溪洛渡库区田坝乡对岸的一处基岩滑坡，为一高速剧冲式滑坡。该滑坡为基岩滑坡，滑坡体沿基岩破裂面下滑，直接进入库区。该图中间的大滑坡体露出水面部分长约220m、高约115m、厚约20m，体积为15万～20万 m³，旁边的两个小滑坡体体积共约10万 m³。溪洛渡和向家坝库区类似这种类型的基岩滑坡较少，查勘期间沿溪洛渡和向家坝库区两岸，临近水面的基岩滑坡，仅发现这一处（图5.4、图5.5）。

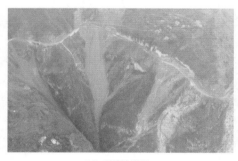 

（a）明波渡附近　　　　　　　　　　　　　　　（b）大寨镇至茂租镇

图5.4　溪洛渡库区明波渡附近和大寨镇至茂租镇滑坡（2018年）

5.1.5　泥石流侵蚀产沙

5.1.5.1　泥石流分布

金沙江下游泥石流数量多、分布广、规模大、灾害严重。根据遥感调查结果，调查区共有流域面积大于0.2km²、堆积扇面积大于0.01km²的一级支流沟谷型泥石流沟438条，二级以上的支沟泥石流沟76条，干流、支流坡面泥石流37处。即金沙江干流平均每1.8km有1条泥石流。泥石流沟流域面积差别很大，占总数80%的泥石流沟流域面积为

（a）牛栏江河口下游　　　　　　　　　　　（b）田坝乡对岸（右岸）

图 5.5　溪洛渡库区牛栏江河口下游、田坝乡对岸（右岸）基岩滑坡（2018 年）

1～50km²，其中以 1～5km² 最多，占总数的 37.4%。不同类别泥石流的产沙效应有差异，金沙江下段一级支流的黏性、稀性、过渡性泥石流分别为 299 条、50 条、89 条。黏性泥石流占总数的 68%，稀性仅占 11%，过渡性占比 21%。调查区内，最大一次泥石流可能冲出物总量大于 50 万 m³ 的特大规模泥石流沟 16 条；可能冲出物在 50 万～10 万 m³ 的大规模泥石流 136 条；可能冲出物在 1 万～10 万 m³ 的中等规模泥石流 183 条；可能冲出物少于 1 万 m³ 的小规模泥石流 103 条。

长江水利委员会[5]在金沙江河谷详查泥石流沟 27 条，分布在雷波、金阳、宁南、会东、会理、巧家等县。泥石流沟面积 1.5～64km²，平均 17km²，平均主沟长 9km，沟床平均宽度 32m，堆积扇平均面积 3 万 m²，堆积扇平均方量 56 万 m³，总方量 1391 万 m³，还有大量泥沙被带入干流河道。其中，13 条无治理措施，即使有排导、拦挡等治理措施，泥石流仍会每年爆发一次至数次。普查的泥石流沟共 491 条，总面积 8926km²。按详查结果推算，总体积可达 29406 万 m³。其中，雅砻江流域泥石流沟 166 条，最大面积 398km²；攀枝花—华弹泥石流沟 31 条，最大面积 131.7km²；华弹至屏山四川部分泥石流沟 112 条，最大面积 157.7km²，云南部分泥石流沟 78 条，最大面积 448.5km²；屏山—宜宾泥石流沟 96 条，最大面积 159km²。这些大多为近年仍在活动的泥石流沟。2003 年暴发的泥石流沟至少达 166 条，面积达 2000 余 km²，有的泥石流沟多次暴发，按详查的比例推算，泥石流堆积扇体积可达 6000 余万 m³。攀枝花—华弹区间云南部分是泥石流发育的重点地区，有大量规模巨大的泥石流沟缺少统计资料。

金沙江下游的泥石流分布特征与滑坡、崩塌并不完全相同。泥石流主要沿干流河谷分布：上游段奔子栏—石鼓区间，下段攀枝花到雷波；支流主要分布在安宁河谷、雅砻江下游河谷、龙川江下游、小江及黑水河河谷。在攀枝花以下地区，首段攀枝花市及尾段宜宾市基本无大的泥石流沟分布（不含小规模矿山泥石流），攀枝花市以下突然增多，密集分布。总体上看，大致以金阳为界，分为上、下两段，上段泥石流较多，500km 江段分布 438 处（包括支沟及坡面泥石流），平均每 1.1km 一处；下段 286km 江段有 113 处，平均每 2.5km 一处。小江口—巧家县及雅砻江口—尘河口是泥石流沟分布最密集段，分别达到每 0.42km 和 0.8km 一条。黑水河—小江断裂带是泥石流沟分布最密集的地区。

金沙江现代泥石流堆积扇分布在泥石流沟沟口，若以流域后缘高程表示泥石流流域的分布高程，金沙江下游泥石流流域分布在海拔 500～4000m，与山岭高程分布一致。约有 24％的泥石流分布在海拔 2500m 以上，处于降水丰富、物理风化强烈的环境。

5.1.5.2　泥石流活动强度分区

根据泥石流的发育及活动程度，将金沙江下段干流分为 5 个区：①泥石流极强活动区。普渡河口以东至黑水河口的金沙江地区，主要包括云南小江流域、巧家地区。②泥石流强活动区。黑水河口至金阳对坪的金沙江段地区，包括四川宁南地区以及昭觉河，泥石流发育而且具强活动性，坡面侵蚀也较强。③泥石流中度活动区。金阳对坪至雷波马脖子沟口以西的金沙江下地区，与元谋牛街至普渡河口以东的金沙江地区，泥石流较发育，且具一定活动性，坡面侵蚀普遍。④泥石流弱活动区。雷波西苏河口至桧溪地区，以及攀枝花至牛街地区，地质灾害发育程度不同，且其活动性差异很大，前者地质灾害不发育，而后者地质灾害十分发育，但水动力条件差，泥沙活动弱。⑤泥石流极弱活动区。桧溪至宜宾地区，泥石流零星分布，主要以滑坡为主，小型崩塌发育，沟床起动型泥石流创造了物质条件，但活动性极弱。

5.1.5.3　典型泥石流产沙

金沙江流域滑坡、泥石流发育，侵蚀量大。金沙江下段及其支流，下切侵蚀强烈，地势高低悬殊，加之断裂发育，岩层十分破碎，又位于东南季风和西南季风交汇带，多暴雨，雨强大，因而滑坡（含崩塌）广泛分布，频率高，侵蚀量大。一次崩塌、滑坡进入江河的土石可达数十万立方米，甚至上亿立方米。泥石流沟的侵蚀模数可达数万至数十万 $t/(km^2 \cdot a)$。这些土石进入江河后，在河道停留一段时间后，最终都要被江水带入下游。当滑坡与泥石流遭遇时，进入河道的泥沙量大。根据蒋家沟的情况，泥石流的土源补充 60％～70％来源于滑坡产生的泥沙，2003 年金沙江攀枝花至屏山区间（含雅砻江）滑坡、泥石流产沙量 6000 万～7000 万 t，该区间 2003 年来沙量 10600 万 t，则在该区间滑坡、泥石流产沙占流域来沙量的 60％～70％。

云南小江支流小白泥沟泥石流冲积扇约 80 万 m^3，堆积体体积约 600 万 m^3。小江这类大型泥石流特别发育，大量泥石流进入小江，泥石流产生的泥沙只有少部分一次性进入金沙江，大部分泥沙进入小江，将小江河道整体抬高，然后在后期的漫长岁月中随径流进入金沙江（图 5.6）。小江汇入金沙江江口堆积扇规模明显小于小白泥沟泥石流堆积扇，但颗粒组成较粗，细颗粒物质已被水流带走。

（a）小白泥沟　　　　　　　　　　　　　　　（b）小江河口

图 5.6　小江支流小白泥沟和入汇金沙江河口的泥石流冲积扇

　　进一步考察金沙江下游溪洛渡水库，发现其库区几乎每一条沟道都是泥石流沟，都有暴发泥石流的条件，只是暴发频率和规模不同。如沟口位于邓家坪的一条泥石流沟（北纬27°55′43.5″，东经103°32′8.0″），沟道长约 11km，上游与横江分界，有两源，上游地区植被较好，泥石流沟侵蚀得到一定程度的控制，泥石流暴发频率有所降低。但泥石流沟的下段沟道两侧仍有大量滑坡体，为泥石流提供源源不断的物质来源。泥石流沟口淤积量较大，为 10 余万 m³，淤积物颗粒较粗。沟内蓄积了大量松散堆积物，若遇暴雨，今后暴发的可能性较大。船厂沟泥石流沟（北纬27°36′51.1″，东经103°19′33.0″），沟道长约22km，流域面积约 40km²，其上游为大山包高原面，与横江分界，有两源，沟道植被较好（图 5.7）。沟道已下切至基岩，沟道内石头磨圆度较高，粒径大，沟道两侧仍有大量松散堆积体，为泥石流暴发提供泥沙来源，遇上特大暴雨洪水，仍可能暴发泥石流。

（a）邓家坪　　　　　　　　　　　　　　　（b）船厂沟

图 5.7　邓家坪附近和船厂沟泥石流沟（2018 年）

　　图 5.8 为对坪河泥石流沟（北纬27°25′21.4″，东经103°3′59.6″）2015 年和 2018 年沟口堆积情况，流域面积 24km²，主沟长度 4.8km，坡降 12.7%，岩石类型主要为砂岩和灰岩，沟口堆积体体积约 40 万 m³。2005 年，流域开始初步治理，但植被稀疏，滑坡发育，为泥石流的暴发提供大量的物质来源；2015 年，泥石流沟得到一定的治理，流域植被覆盖率有所增加，沟口有大量采砂；2018 年，流域植被进一步增加，尽管覆盖率仍然很低，部分滑坡得到一定控制，流域出口修建了控导工程。总体上看，溪洛渡库区经过近 30 年的水土保持和封禁治理，植被覆盖率有所提高，滑坡减少，泥石流暴发的规模和频率降低，通过滑坡、泥石流进入库区的泥沙减少。

（a）2015年　　　　　　　　　　　　　　　（b）2018年

图 5.8　对坪河泥石流沟

5.2 径流泥沙输移变化特征

考虑到雅砻江于金沙江下游进口段入汇，是金沙江下游重要的水沙来源，1998 年 5 月，位于雅砻江下游的二滩水电站下闸蓄水，对金沙江下游水沙特性影响较大。其后 2010 年开始，金沙江中游金安桥、龙开口、阿海、鲁地拉、观音岩及梨园电站，以及雅砻江干流锦屏等梯级水库陆续运行，对金沙江中下游的水沙特性带来明显影响。本章主要以 1998 年、2010 年为时间节点对水沙变化进行分析研究。具体涉及梯级水库的入出库水沙组成变化时，又根据水库运行对时段进行了适当调整。主要水文、水位控制站及水库群相对位置分布概化如图 5.9 所示。

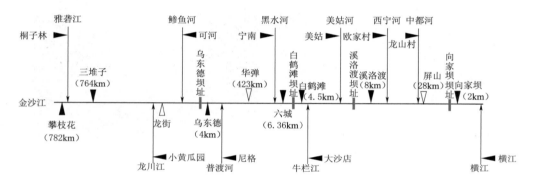

图 5.9 研究区域内主要水文、水位控制站及水库群相对位置分布示意图

5.2.1 径流量与悬移质输沙量

5.2.1.1 干流

1. 年际变化

表 5.2 为金沙江下游干流控制站不同时期的年径流量和年输沙量变化。图 5.10 为石鼓、攀枝花、白鹤滩和向家坝等控制站的水沙不同时段均值对比，图 5.11 为金沙江干流主要控制站年径流量、年输沙量过程线图。从图表来看，金沙江上游石鼓站水沙量年际间呈波动性变化，水沙无明显趋势性变化，水沙关系协调，具有明显的"大水多沙、小水少沙"的特征，多年平均径流量和输沙量分别为 427 亿 m³ 和 2730 万 t，含沙量为 0.639kg/m³，是长江流域的少沙区。其中，1998—2010 年的时段平均年径流量和输沙量最大，分别为 453 亿 m³ 和 3510 万 t，1998 年前平均年径流量和输沙量最小，分别为 418 亿 m³ 和 2190 万 t；2011—2019 年间，平均年径流量与多年均值相当，输沙量则增大 15.0%，可见，金沙江上游近期输沙量有一定幅度的增大。

表 5.2　　　　　　　金沙江下游干流控制站不同时期的年径流量和年输沙量变化统计

项　目		石　鼓		攀枝花		白鹤滩		向家坝	
		年径流量 /亿 m³	年输沙量 /万 t	年径流量 /亿 m³	年输沙量 /万 t	年径流量 /亿 m³	年输沙量 /万 t	年径流量 /亿 m³	年输沙量 /万 t
平均值	1998 年前	418	2190	540	4590	1220	17400	1400	24900
	1998—2010 年	453	3510	638	6640	1380	13600	1550	20700
	2011—2019 年	424	3140	560	687	1210	7660	1340	2400
变化率 1/%		1.4	43.4	3.7	−85.0	−0.8	−56.0	−4.3	−90.4
变化率 2/%		−6.4	−10.5	−12.2	−89.7	−12.3	−43.7	−13.5	−88.4
多年均值		427	2730	568	4350	1260	15600	1420	20600

注　1.1998 年前均值统计年份：石鼓、攀枝花、华弹、屏山站分别为 1952—1997 年、1966—1997 年、1958—1997 年、1954—1997 年。

2. 变化率 1、变化率 2 分别指 2011—2019 年相对于 1998 年前和 1998—2010 年均值的变化。

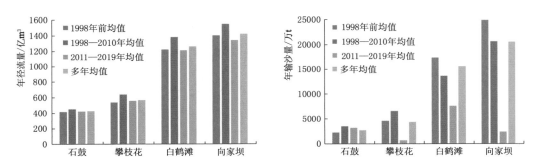

图 5.10　金沙江下游控制站年径流量和年输沙量变化

至金沙江中游，自 2010 年起，流域范围内干流 6 个梯级水电站相继建成和运行［梨园（2014 年 11 月）、阿海（2011 年 12 月）、金安桥（2010 年 11 月）、龙开口（2012 年 11 月）、鲁地拉（2013 年 4 月）、观音岩（2014 年 10 月）］，来自金沙江上游和中游的泥沙基本被梯级水库拦截，使得攀枝花站径流量变化不大，但输沙量大幅度减少，2011—

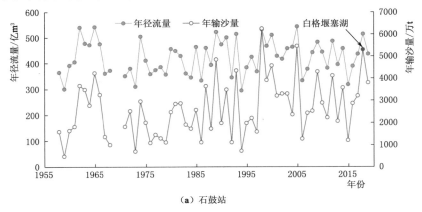

（a）石鼓站

图 5.11（一）　金沙江下游控制站历年径流量、年输沙量过程线

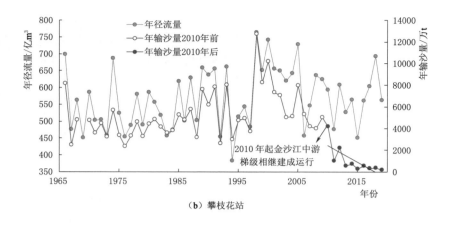

（b）攀枝花站

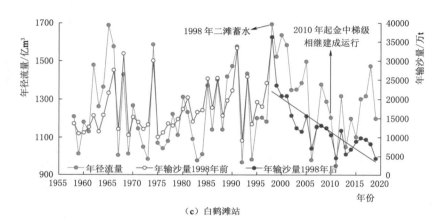

（c）白鹤滩站

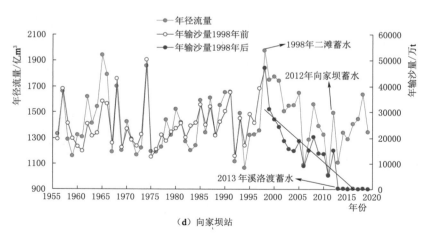

（d）向家坝站

图 5.11（二）　金沙江下游控制站历年径流量、年输沙量过程线

2019 年，攀枝花站年平均径流量和输沙量分别为 560 亿 m³ 和 687 万 t，径流量与多年均值相当，输沙量较多年均值偏少 84.2%。下面具体分析金沙江下游各控制站的水沙变化：

（1）2011—2019 年，攀枝花站年径流量和年输沙量分别为 560 亿 m³ 和 687 万 t，水量变化不大，沙量大幅减少。与 1998 年前多年平均值相比，径流量偏大 3.7%，输沙量偏少 85.0%；与 1998—2010 年均值相比，水量偏少 12.2%，沙量则偏少 89.7%。可见，受金沙江中游及雅砻江梯级水电站拦沙作用，金沙江下游进口攀枝花站的输沙量减少较为明显。

（2）2011—2019 年，白鹤滩站年径流量和年输沙量分别为 1210 亿 m³ 和 7660 万 t，水量偏丰，沙量有所减少。与 1998 年前均值相比，水量略偏少 0.8%，沙量偏少 56.0%；与 1998—2010 年均值相比，水量偏少 12.3%，沙量则偏少 43.7%。与白鹤滩电站可研阶段设计采用值（径流量 1321 亿 m³，输沙量 16800 万 t）相比，水量偏少 8.4%，沙量偏少 54.4%。白鹤滩站输沙量的减少自 1998 年雅砻江二滩电站运行开始，早于上游攀枝花站。

（3）2011—2019 年，受金沙江干流中游、下游以及雅砻江等支流梯级水电站运行的影响，金沙江干流出口输沙量保持极低的水平。向家坝站年径流量和年输沙量均值分别为 1340 亿 m³ 和 2400 万 t，水量较 1998 年前均值偏小 4.3%，沙量偏小 90.4%；与 1998—2010 年均值相比，水量偏小 13.5%，沙量偏少 88.4%。水量较工程可研阶段屏山站年径流量（1440 亿 m³）偏小 6.9%，沙量减少幅度超过 90%。可见，在梯级水电站的层层拦截作用下，金沙江下游出口向家坝站年输沙量减少至仅多年均值 11.6% 的水平。

三堆子于 2006 年 5 月改为水文站，2013 年前其水沙关系较好，呈"大水多沙、小水少沙"的一般规律。2013 年之后，年输沙量和年含沙量明显减少，最小年输沙量和最小年含沙量均出现在 2019 年，分别为 589 万 t 和 0.054kg/m³。沙量减少的主要原因仍然在于金沙江中游梯级水库对泥沙的层层拦截作用。乌东德站建于 2003 年 3 月，2015 年 1 月下迁至乌东德坝下游后开始观测泥沙，其年径流量变化与上游三堆子站同步，年输沙量自 2016 年开始持续减小（图 5.12）。

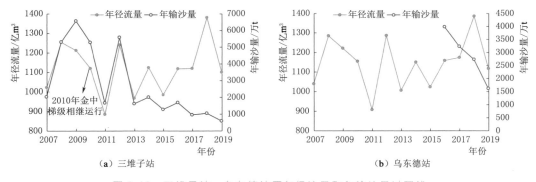

图 5.12　三堆子站、乌东德站历年径流量和年输沙量过程线

2. 年内变化

金沙江下游水沙年内分配规律相似，输沙量较径流量更为集中。攀枝花、白鹤滩和向家坝等主要控制站汛期 5—10 月径流量、输沙量分别占全年的 72.8%～80.6% 和 93.8%～98.2%，主汛期 7—9 月径流量、输沙量分别占全年的 48.3%～56.5% 和 72.8%～81.7%（图 5.13、表 5.3）。

表 5.3　金沙江下游干流控制站水沙量年内分配统计表

站名	项目	统计年份	1月	2月	3月	4月	5月	6月	7月	8月	9月	10月	11月	12月	汛期（5—10月）	主汛期（7—9月）
攀枝花	径流量占比/%	1998 年前	3.0	2.6	2.6	3.2	5.0	8.8	16.6	19.2	18.0	11.4	5.9	3.8	79.2	54.1
		1998—2010 年	2.7	2.2	2.4	2.9	4.8	8.6	17.1	20.3	19.1	10.6	5.7	3.6	80.6	56.5
		2011—2019 年	3.1	2.4	2.8	3.0	5.0	8.8	18.4	17.7	17.7	11.1	6.0	4.0	78.8	53.8
		多年平均	3.0	2.4	2.6	3.0	4.9	8.7	17.2	19.4	18.0	11.2	5.8	3.8	79.5	54.6
	输沙量占比/%	1998 年前	0.1	0.1	0.1	0.2	1.2	8.5	28.2	31.7	21.8	6.8	0.9	0.3	98.2	81.7
		1998—2010 年	0.2	0.2	0.2	0.3	1.5	9.1	28.0	30.3	23.0	5.4	1.3	0.5	97.3	81.4
		2011—2019 年				1.5	2.4	10.2	38.6	26.6	15.7	3.2	1.4	0.4	96.7	80.9
		多年平均	0.1	0.1	0.1	0.3	1.3	8.8	28.4	31.1	22.1	6.2	1.1	0.3	97.9	81.6
白鹤滩	径流量占比/%	1998 年前	2.9	2.7	2.6	2.6	4.1	8.7	17.4	19.1	18.3	12.5	5.9	3.8	80.2	54.8
		1998—2010 年	3.4	2.7	2.9	2.9	4.2	8.6	17.2	19.1	18.2	11.0	6.0	3.9	78.2	54.5
		2011—2019 年	4.2	3.4	4.0	3.6	4.6	8.0	17.0	16.0	17.7	11.7	5.9	3.9	74.9	50.7
		多年平均	3.2	2.5	2.7	2.8	4.2	8.6	17.3	18.7	18.2	12.0	5.9	3.8	78.9	54.1
	输沙量占比/%	1998 年前	0.2	0.17	0.14	0.26	1.3	12.2	28.6	27.1	21	7.5	1.2	0.35	97.7	76.8
		1998—2010 年	0.2	0.2	0.2	0.6	1.7	11.9	29.2	26.0	21.4	6.2	1.9	0.4	96.4	76.6
		2011—2019 年	0.8	0.6	0.8	1.3	2.2	12.8	31.2	20.0	21.6	6.0	2.2	0.7	93.8	72.8
		多年平均	0.2	0.2	0.2	0.4	1.4	12.0	29.0	26.7	21.0	7.1	1.4	0.4	97.2	76.7
向家坝	径流量占比/%	1998 年前	3.1	2.4	2.5	2.8	4.3	8.7	17.2	18.5	17.6	12.6	6.2	4.1	79.0	53.3
		1998—2010 年	3.4	2.8	2.9	2.9	4.2	8.4	17.4	19.1	18.2	10.7	6.0	4.0	77.9	54.7
		2011—2019 年	4.5	3.5	4.2	4.5	5.2	7.5	16.4	16.2	15.7	11.8	6.2	4.3	72.8	48.3
		多年平均	3.3	2.7	2.9	3.0	4.4	8.5	17.1	18.3	17.5	12.1	6.2	4.1	77.8	52.9
	输沙量占比/%	1998 年前	0.4	0.1	0.1	0.3	1.6	11.5	28.8	26.7	20.8	8.2	1.3	0.4	97.6	76.3
		1998—2010 年	1.0	0.2	0.3	0.4	1.5	10.8	29.8	27.5	20.7	5.9	1.9	0.6	96.1	78.0
		2011—2019 年	0.2	0.8	0.8	1.1	2.2	13.5	33.2	19.2	21.9	5.0	0.8	0.5	95.1	74.4
		多年平均	0.2	0.2	0.1	0.3	1.6	11.4	29.1	26.7	20.8	7.7	1.4	0.4	97.3	76.6

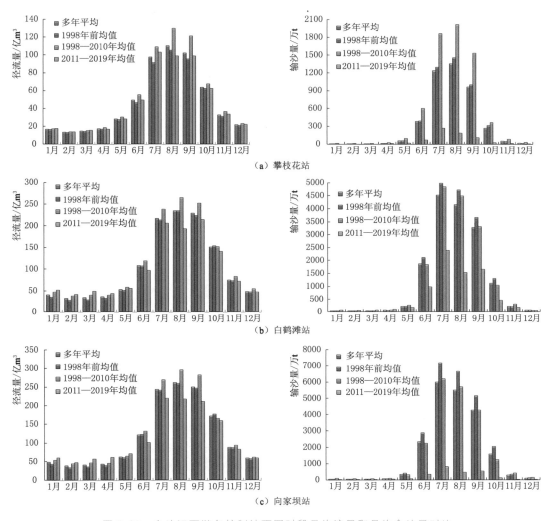

图 5.13　金沙江下游各控制站不同时段月均流量和月均含沙量对比

（1）攀枝花站。2011—2019 年，相较 1998 年前均值，汛期和主汛期的径流量占比均略有下降，降幅分别为 0.4 个和 0.3 个百分点，各月径流量除 4 月和 10 月略偏枯 1.2％和 0.5％以外，其他月份来水量均偏丰，幅度在 3.5％（5 月）～13.3％（7 月）之间；汛期和主汛期的输沙量占比也有所下降，降幅分别为 1.5 个和 0.8 个百分点，各月输沙量均偏小，幅度在 6.9％（4 月）～92.9％（10 月）之间。相较 1998—2010 年均值，汛期和主汛期的径流量占比进一步下降，降幅分别为 1.8 个和 2.7 个百分点，各月径流量除 1 月和 3 月略偏丰 1.5％和 1.8％以外，其他月份均偏枯，幅度在 0.4％（2 月）～23.6％（8 月）之间；汛期和主汛期的输沙量占比也有所下降，降幅分别为 0.6 个和 0.5 个百分点，同时各月输沙量也明显偏小，偏小的幅度在 53.7％（4 月）～93.9％（10 月）之间。

（2）白鹤滩站。2011—2019 年，相较 1998 年前均值，汛期和主汛期的径流量占比均下降，降幅分别为 5.3 个和 4.1 个百分点，6—11 月径流量偏枯，幅度在 0.8%（11月）～17.4%（8 月）之间，其他月份来水量均偏丰，幅度在 0.7%（12 月）～49.6%（2 月）之间；汛期和主汛期的输沙量占比也有所下降，降幅分别为 3.9 个和 4.0个百分点，汛前枯水期 1—4 月输沙量均偏大，幅度在 44.6%（2 月）～132%（3 月）之间，汛期及汛后 5—12 月输沙量偏小，幅度在 14.4%（12 月）～67.5%（8 月）之间。相较 1998—2010 年均值，汛期和主汛期的径流量占比仍偏小，幅度分别为 3.3 个和 3.8个百分点，汛前枯期 1—4 月径流量偏丰，幅度在 8.0%（2 月）～22.5%（3 月）之间，汛期及汛后径流量偏枯，幅度在 7.3%（10 月）～26.9%（8 月）之间；汛期和主汛期的输沙量占比也有所下降，降幅分别为 2.6 个和 3.8 个百分点，汛前枯水期 1—4 月输沙量均偏大，幅度在 42.6%（4 月）～119%（3 月）之间，汛期及汛后 5—12 月输沙量偏小，幅度在 2.6%（12 月）～65.8%（8 月）之间。

（3）向家坝站。2011—2019 年，相较 1998 年前均值，汛期和主汛期的径流量占比均下降，降幅分别为 6.2 个和 5.0 个百分点，6—11 月径流量偏枯，幅度在 5.2%（11月）～17.9%（6 月）之间，其他月份来水量偏丰，幅度在 2.0%（12 月）～63.4%（3月）之间；汛期和主汛期的输沙量占比有所下降，降幅分别为 2.5 个和 1.9 个百分点，各月输沙量均偏少，幅度在 27.9%（3 月）～94.3%（11 月）之间。相较 1998—2010 年均值，汛期和主汛期的径流量占比仍偏小，幅度分别为 5.1 个和 6.4 个百分点，汛前枯期1—5 月径流量偏丰，幅度在 8.3%（2 月）～34.5%（4 月）之间，汛期及汛后径流量偏枯，幅度在 4.3%（10 月）～26.5%（8 月）之间；汛期和主汛期的输沙量占比下降，降幅分别为 1.0 个和 3.6 个百分点，各月输沙量均偏少，幅度在 63.6%（2 月）～95.4%（11 月）之间。

综合上述，2011—2019 年，金沙江中游、下游梯级电站运行后，金沙江下游汛期和主汛期径流量、输沙量的占比均不同幅度下降，自攀枝花至向家坝，降幅增大，非汛期的径流量和输沙量占比增加，年内径流和输沙过程都不同程度地坦化。

5.2.1.2　主要支流

2010 年后，金沙江中游梯级电站相继运行，拦截了干流大量泥沙，支流来沙占比对金沙江下游泥沙输移影响越来越重要。本书主要收集到了 2011 年以来金沙江下游（向家坝坝址以上）支流控制站桐子林（雅砻江）、小黄瓜园（龙川江）、可河（鲹鱼河）、尼格（普渡河）、宁南（黑水河）、大沙店（牛栏江）、欧家村（西宁河）和龙山村（中都河）共 8 条支流的水文泥沙观测数据，8 条支流总计流域面积约 16.9 万 km²，占有水文测站的支流总流域面积的 89.8%，占攀枝花—向家坝区间面积的 85%，基本能够代表金沙江下游支流的水沙特征。

2011—2019 年，金沙江下游攀枝花—向家坝区间 8 条支流年均总径流量和输沙量分别为 651 亿 m³ 和 1805 万 t（表 5.4），分别为同期金沙江下游干流入口攀枝花站年径流量和年输沙量的 1.2 倍和 1.7 倍，分别占白鹤滩站年径流量和年输沙量的 53.8% 和 22.7%。可见，支流已然成为梯级水库重要的径流泥沙来源，对电站建设和运行的影响应予以充分关注。因此，本书分析整合所有可收集到的观测资料，对金沙江下游典型支流来沙进行了详细的对比分析。

表 5.4   2011—2019 年金沙江下游主要支流水沙基本情况统计

项 目		河 流							
		雅砻江	龙川江	鲹鱼河	普渡河	黑水河	牛栏江	西宁河	中都河
流域面积/km²		129660	6500	1390	11089	3600	13320	1038	600
河长/km		1368	261	90	380	174	423	75	62.5
控制站		桐子林	小黄瓜园	可河①	尼格	宁南	大沙店	欧家村	龙山村②
控制面积比/%		99	85	97	99	84	84	92.5	99
所属库区		乌东德			白鹤滩		溪洛渡	向家坝	
2011—2019 年	年径流量/亿 m³	567.00	2.94	2.62	22.90	21.00	27.40	4.65	2.53
	年输沙量/万 t	1005.0	67.1	32.4	42.1	402.0	148.0	51.2	56.9

① 统计时段为 2018—2019 年。

② 年输沙量统计时段为 2014—2019 年。

1. 雅砻江

入汇口位于乌东德库区变动回水区内，1971 年以来雅砻江桐子林站历年径流量和年输沙量变化过程如图 5.14 所示，1998 年之前的观测数据为小得石＋湾滩，之后为桐子林站观测值。雅砻江年际间水量呈周期性波动，无明显趋势性变化，输沙量在 1998 年之前也呈波动状态，且与径流量变化存在较好的对应关系；1998 年之后，受雅砻江中下游梯级电站运行和植被条件改善等的影响，桐子林站输沙量减少较为明显。2011—2019 年，相较于 1998 年前均值，桐子林站年径流量变化较小，年输沙量减少 77.9%；相较于 1998—2010 年均值，年径流量偏枯 8.8%，年输沙量偏少 41.1%，可见，雅砻江流域当前处于输沙水平极低的时期。同时也发现，当流域遭遇较强的降雨过程时，仍然会出现输沙量骤增的现象，如 2012 年，雅砻江流域径流偏丰，较之 2011—2019 年径流量偏大 101 亿 m³，且主汛期集中度高，导致桐子林站输沙量增至 3520 万 t，为 2011—2019 年均值的 3 倍多。

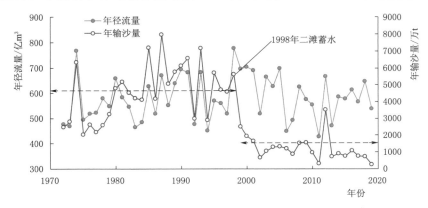

图 5.14   雅砻江桐子林站历年径流量和年输沙量变化

2. 龙川江

于乌东德库区常年回水区末端入汇，1990 年以来，受气候变化以及取用水等工程的

影响，龙川江小黄瓜园站于 2003 年前后年径流量和年输沙量都开始出现减少的现象（图
5.15），2011—2019 年，相较于 1991—2000 年，小黄瓜园站年均径流量和年输沙量分别
偏少 68.7％和 91.1％；相较于 2001—2010 年，年径流量和年输沙量分别偏少 58.1％和
80.2％。可见，与雅砻江相似，龙川江当前也处于输沙量大幅减少的阶段，且其径流减少
是主要的影响因素之一。

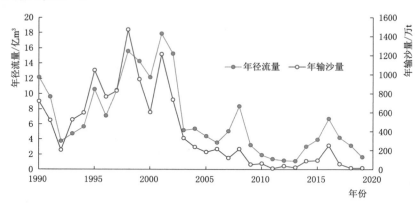

图 5.15　龙川江小黄瓜园站历年径流量和年输沙量变化

3. 黑水河

河口距白鹤滩坝址约 33km，1970 年以来黑水河宁南站历年径流量和年输沙量变化过
程如图 5.16 所示。黑水河径流量和输沙量年际间呈波动的状态，无明显趋势性变化，且
水沙关系较好，大水带大沙、小水带小沙的特点明显。2011—2019 年，相较于 1991—
2000 年，宁南站年径流量略偏枯，年输沙量偏少 38.6％；相较于 2001—2010 年，宁南站
的年径流量略偏丰，年输沙量变化不大。黑水河是金沙江下游含沙量最大的支流，多年平
均含沙量高达 2.25kg/m³，其径流仍表现为周期性变化，2001 年以来输沙量也有所减少，
但幅度远不及上游的雅砻江和龙川江，其输沙量的减少主要与下垫面环境改善有关。

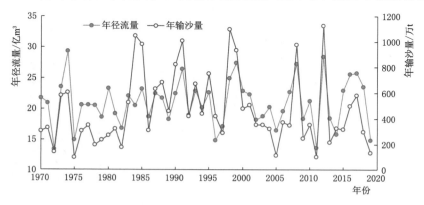

图 5.16　黑水河宁南站历年径流量和年输沙量变化

4. 横江

于向家坝下游约 2.5km 处的右岸侧入汇，多年来，横江站年际间径流量和输沙量以

波动性变化为主。2011—2019 年平均径流量为 81.7 亿 m³，相较于 1998 年前偏小约 5.6%，受水土保持等工程影响，其平均年输沙量由 1370 万 t 下降至 606 万 t，减少幅度较大，约 55.8%。向家坝下游横江站历年径流量、年输沙量历年变化过程如图 5.17 所示。

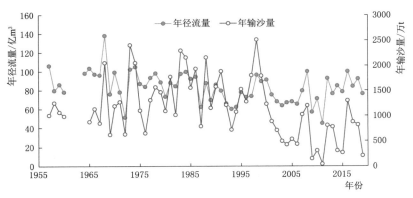

图 5.17　向家坝下游横江站历年径流量、年输沙量过程线图

5.2.2　悬移质泥沙颗粒级配

金沙江下游干流各主要控制站悬沙颗分方法在 1987 年前主要采用粒径计法，1987 年后则主要采用粒径计-移液管结合法，其中粒径计法主要针对粒径大于 0.062mm 的悬沙颗粒，移液管法主要针对粒径小于 0.062mm 的悬沙颗粒，2010 年后采用激光粒度仪法。1987 年前后颗粒分析方法不同，不能统一进行对比分析，1998 年前后粒径分级也不相同，报告统一采用 1998 年后悬沙级配资料，以便开展对比分析，分析时段仍然按照 2010 年为节点进行划分。

2011—2019 年与 1998—2010 年对比来看，金沙江下游干流各主要控制站悬沙级配均表现为细化，其中中数粒径攀枝花站和白鹤滩站均变化较小，向家坝站减小，平均粒径和最大粒径各站都有所减小，向家坝站平均粒径减幅最大；d 小于 0.125mm 的细颗粒泥沙沙量百分数各站均有所增加，攀枝花、白鹤滩和向家坝站增幅分别为 4.8 个、4.5 个和 2.8 个百分点，见表 5.5 和图 5.18。

表 5.5　　　　　金沙江下游干流各站 1998—2019 年悬移质颗粒级配统计表

测站	时段	小于某粒径沙量百分数/%									中数粒径/mm	平均粒径/mm	最大粒径/mm
		0.004 mm	0.008 mm	0.016 mm	0.031 mm	0.062 mm	0.125 mm	0.25 mm	0.5 mm	1mm			
攀枝花	1998—2010 年	31.5	43.0	54.6	65.0	75.7	86.1	95.6	99.9	100	0.013	0.053	1.721
	2011—2019 年	21.5	38.3	56.1	70.5	82.0	90.9	97.1	99.8	100	0.013	0.042	0.893
白鹤滩	1998—2010 年	30.5	42.0	53.6	64.6	74.9	85.1	94.5	99.6	100	0.014	0.058	1.216
	2011—2019 年	19.8	35.3	52.1	66.8	79.5	89.6	96.4	99.7	100	0.015	0.046	0.885

续表

测站	时段	小于某粒径沙量百分数/%									中数粒径/mm	平均粒径/mm	最大粒径/mm
		0.004 mm	0.008 mm	0.016 mm	0.031 mm	0.062 mm	0.125 mm	0.25 mm	0.5 mm	1mm			
向家坝	1998—2010 年	35.2	47.0	59.3	70.0	80.4	91.4	98.1	99.8	100	0.010	0.054	0.994
	2011—2019 年	34.0	49.9	63.7	77.5	86.2	94.2	99.3	100		0.008	0.022	0.707

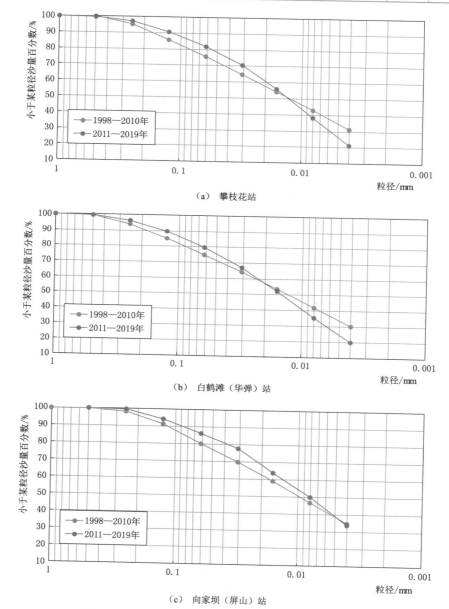

（a） 攀枝花站

（b） 白鹤滩（华弹）站

（c） 向家坝（屏山）站

图 5.18 金沙江下游控制站悬移质颗粒级配曲线变化

5.2.3 推移质输沙量变化

目前，金沙江下游仅在三堆子站施测推移质泥沙，其中，该站沙质推移质观测自2008年开始，每年总计施测70～80次；卵石推移质自2007年开始施测，每年根据水情，总计施测80次左右。下文主要分析有观测资料以来的三堆子站推移质输沙量年际、年内和级配变化，因为观测时段较短，未进行不同时期的输沙量变化对比。

5.2.3.1 年际变化

2008—2019年，三堆子站沙质推移质最大日均输沙率为59.5kg/s，出现在2014年7月1日，年平均输沙率为1.43kg/s，年输沙量均值为4.52万t，年际间，沙质推移质无明显的趋势性变化，2008年输沙量最大，为8.64万t；2007—2019年，三堆子站卵石推移质最大日均输沙率为233kg/s，出现在2014年7月18日，年平均输沙率为7.63kg/s，年输沙量均值为24.1万t，年际间，卵石推移质呈波动性减少的变化趋势，最大年输沙量为46.1万t，也是出现在2008年（图5.19、表5.6）。同时，从水沙关系来看，卵石推移质输移量与年内主汛期的径流量呈较好的正相关关系，水流强度是影响推移质输沙的关键因素。

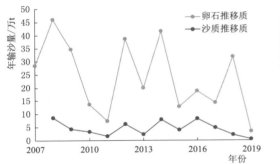 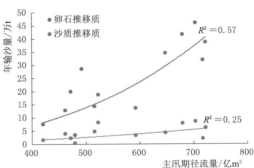

图5.19　三堆子站推移质泥沙年输移量及其水沙关系变化

5.2.3.2 年内变化

三堆子站年内推移质输移基本集中在汛期5—10月，其中，沙质推移质汛期输移量占年总量的86.4%，卵石推移质汛期输移量占年总量的99.9%，相较于悬移质泥沙，推移质汛期集中输沙的现象更加明显（表5.7）。

5.2.3.3 颗粒级配变化

年际间，三堆子站沙质、卵石推移质泥沙的级配变化较小，其中，沙质推移质的泥沙输移主要集中在0.125～1.00mm粒径组，$d<0.125$mm和$d>1.00$mm的泥沙含量较小，中数粒径为0.297～0.574mm；卵石推移质泥沙输移主要集中在4～128mm粒径组，$d<4$mm和$d>128$mm的泥沙含量较小，中数粒径为33.6～59.3mm（图5.20）。2019年相较于2013年，沙质和卵石推移质泥沙颗粒均略有粗化，主要表现为细颗粒泥沙的沙量百分数减小。

表 5.6　三堆子站推移质输沙量特征值统计表

时　段	泥沙类型	输　沙　率			流　量			年　输　沙　量		
		最大值日均值/(kg/s)	出现时间	平均值/(kg/s)	实测最大值/(m³/s)	出现时间	平均值/(m³/s)	最大值/万t	出现年份	平均值/万t
2008—2019 年	沙质推移质	59.5	2014-07-1	1.43	16700	2009-08-14	3540	8.64		4.52
2007—2019 年	卵石推移质	233	2014-07-18	7.62				46.1	2008 年	24.1

表 5.7　三堆子站推移质月输沙量及年内分配表

统计年份	泥沙类型	项目	1月	2月	3月	4月	5月	6月	7月	8月	9月	10月	11月	12月	汛期(5—10月)	全年总量
2008—2019 年	沙质推移质	输沙量/万t	0.101	0.073	0.090	0.057	0.143	0.684	0.978	0.905	0.773	0.427	0.217	0.075	3.91	4.52
		占比/%	2.2	1.6	2.0	1.3	3.2	15.1	21.6	20.0	17.1	9.4	4.8	1.7	86.4	100
2007—2019 年	卵石推移质	输沙量/万t					0.027	0.847	8.5	7.2	6.6	0.815	0.015	0.001	24.0	24.1
		占比/%					0.1	3.5	35.5	30.1	27.3	3.4	0.1		99.9	100

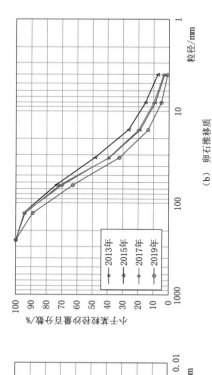

(a) 沙质推移质　　(b) 卵石推移质

图 5.20　三堆子站推移质泥沙级配曲线年际变化

5.3　水沙来源组成变化

金沙江下游历来是长江流域最重要的产沙区之一，并且存在十分显著的水沙不同源现象，下文针对水沙来源组成及其变化特征开展分析。考虑到从 2012 年开始，向家坝、溪洛渡电站相继运行，因此水沙来源变化分为 2012 年前相对天然状态和 2013—2019 年两个时段进行统计分析。

5.3.1　成库前水沙来源变化

根据金沙江下游控制站水沙多年资料统计分析，该段水沙异源、不平衡现象十分突出，其径流、输沙地区组成及变化见表 5.8、图 5.21，具体来看主要有以下特征：

表 5.8　　　　　　　　　　　　　　　金沙江下游径流地区组成

河名	测站	集水面积/万 km²	占屏山站的百分比/%	多年平均径流量/亿 m³	占屏山站水量的百分比/%	1998 年前径流量/亿 m³	占屏山站水量的百分比/%	1998—2012 年径流量/亿 m³	占屏山站水量的百分比/%
金沙江	攀枝花	25.92	56.5	566	39.9	524	37.4	626	41.4
雅砻江	桐子林	12.84	28.0	592	41.7	583	41.7	612	40.5
龙川江	小黄瓜园	0.56	1.2	7.38	0.5	7.26	0.5	7.67	0.5
金沙江	华弹	42.59	92.9	1260	88.7	1220	87.1	1350	89.4
黑水河	宁南	0.31	0.7	21.1	1.5	20.9	1.5	21.5	1.4
美姑河	美姑	0.16	0.4	10.4	0.7	10.5	0.8	10.1	0.7
攀—桐—华区间		5.03	11.0	102	7.2	113	8.1	113	7.5
华—屏区间		3.26	7.1	160	11.3	180	12.9	159	10.6
金沙江	屏山	45.86	100	1420	100	1400	100	1510	100
横江	横江			83.5		86.6		75.9	

注　1. 桐子林站 1963—1998 年采用安宁河的湾滩站与雅砻江干流的小得石站之和，1999—2012 年采用桐子林站实测资料。
　　2. 攀—桐—华区间是指攀枝花—华弹区间（不含雅砻江），华—屏区间是指华弹—屏山区间。

表 5.9　　　　　　　　　　　　　　　金沙江下游输沙地区组成

河名	测站	集水面积/万 km²	占屏山站的百分比/%	多年平均输沙量/万 t	占屏山站沙量的百分比/%	1998 年前输沙量/万 t	占屏山站沙量的百分比/%	1998—2012 年输沙量/万 t	占屏山站沙量的百分比/%
金沙江	攀枝花	25.92	56.5	4950	21.5	4590	18.4	5970	30.9
雅砻江	桐子林	12.84	28.0	3610	15.7	4440	17.8	1730	9.0
龙川江	小黄瓜园	0.56	1.2	454	2.0	453	1.8	458	2.4
金沙江	华弹	42.59	92.9	16600	72.2	17400	69.9	15200	78.8
黑水河	宁南	0.31	0.7	462	2.0	439	1.8	515	2.7
美姑河	美姑	0.16	0.4	177	0.8	188	0.8	151	0.8

续表

河名	测站	集水面积/万 km²	占屏山站的百分比/%	多年平均输沙量/万 t	占屏山站沙量的百分比/%	1998 年前输沙量/万 t	占屏山站沙量的百分比/%	1998—2012 年输沙量/万 t	占屏山站沙量的百分比/%
攀—桐—华区间		5.03	11.0	8040	35.0	8510	34.2	7500	38.9
华—屏区间		3.26	7.1	6400	27.8	7500	30.1	4100	21.2
金沙江	屏山	45.86	100	23000	100	24900	100	19300	100
横江	横江			1210		1370		843	

注　攀—桐—华区间是指攀枝花—华弹区间（不含雅砻江），华—屏区间是指华弹—屏山区间。

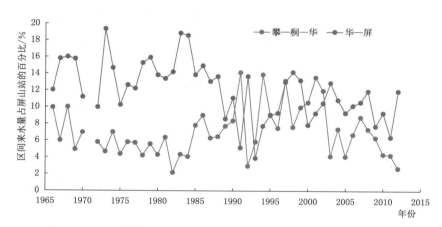

图 5.21　2012 年前金沙江下游分段区间来水量占屏山站水量比例变化

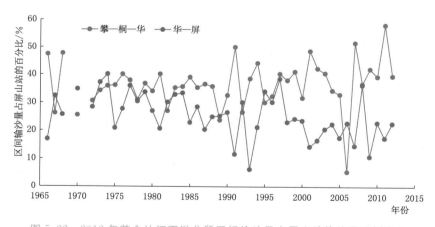

图 5.22　2012 年前金沙江下游分段区间输沙量占屏山站输沙量比例变化

（1）屏山站径流主要来自于攀枝花以上地区、雅砻江和攀枝花—屏山区间。其中：攀枝花以上地区和雅砻江多年平均径流量分别为 566 亿 m³、592 亿 m³，分别占屏山站水量的 39.9%、41.7%；攀枝花—屏山区间（不含雅砻江，下同）多年平均径流量为 262 亿 m³，占屏山站水量的 18.4%。

（2）屏山站输沙量主要来自攀枝花—屏山区间。攀枝花以上地区输沙量为 4950 万 t，占屏山站沙量的 21.5％；雅砻江输沙量为 3610 万 t，占屏山站沙量的 15.7％；攀枝花—屏山区间来沙量则为 14440 万 t，占屏山站沙量的比例达到 62.8％，其中：攀枝花—华弹区间（不含雅砻江，下同）、华弹—屏山区间输沙量分别为 8040 万 t、6400 万 t，分别占屏山站沙量的 35.0％、27.8％。

（3）从各支流水沙量来看，雅砻江、龙川江、黑水河、美姑河多年平均径流量分别为 592 亿 m³、7.38 亿 m³、21.1 亿 m³、10.4 亿 m³，分别占屏山站水量的 41.7％、0.5％、1.5％、0.7％；其输沙量分别为 3610 万 t、454 万 t、462 万 t、177 万 t，分别占屏山站沙量的 15.7％、2.0％、2.0％和 0.8％。

可见，金沙江下段悬移质泥沙的沿程补给具有明显的地域性，主要来自高产沙地带。如攀枝花以上集水面积为 25.92 万 km²，占屏山站集水面积的 56.5％，占屏山站水量的 39.9％，输沙量仅占总沙量的 21.5％，输沙模数仅为 191t/(km²·a)；下游攀枝花—屏山区间集水面积为 19.9 万 km²，占屏山站集水面积的 43.5％，占屏山站水量的 60.1％，输沙量则占总沙量的 78.5％，其中：华弹—屏山区间集水面积为 3.26 万 km²，仅占屏山站面积的 7.1％，占屏山站水量的 11.3％，输沙量则达到 6400 万 t，占屏山沙量的 27.8％，为重点产沙区，此区间多年平均含沙量 4kg/m³，为攀枝花站年均含沙量 0.87kg/m³ 的 4 倍以上，平均输沙模数为 1961t/(km²·a)，约为攀枝花以上地区的 10 倍。其主要原因是滑坡和泥石流活动直接向金沙江下游干流和支流输送了大量泥沙。可见，金沙江来水来沙主要来自攀枝花—屏山区间。其中以华弹—屏山区间的输沙模数为最大。

不同时段，金沙江下游来沙组成也发生了一定变化。与 1998 年前相比，1998—2012 年屏山站输沙量出现大幅减少，其年均输沙量为 19300 万 t，较 1998 年前均值减少了 5600 万 t（减幅 22.0％），其主要原因包括两方面：①攀枝花—华弹区间来水量没有明显变化，输沙量则有所减少，沙量由 8510 万 t 减少至 7500 万 t（减幅 13.0％），但区间输沙量占屏山沙量的比例却由 34.2％增加到 38.9％。1997 年雅砻江二滩电站开始蓄水，拦截了水库上游绝大部分的泥沙，1998 年后雅砻江出口桐子林站年均沙量由 4440 万 t 减少至 1730 万 t，减幅 61.0％。②华弹—屏山区间水量变化不大，但沙量减少了 3400 万 t。

5.3.2　成库后水沙来源变化

2012 年、2013 年向家坝和溪洛渡电站相继运行，对其坝下游控制站输沙量影响显著，为研究两库的泥沙淤积特征，需进一步了解其入库泥沙的来源变化特征，本次分析以白鹤滩站为干流入库控制站，统计其水沙组成。其中，白鹤滩站 2015 年前的径流和输沙数据采用华弹站与宁南站（黑水河）之和。具体来看：

（1）金沙江干流输入溪洛渡、向家坝水库入库的水量来源并无明显的趋势性调整。2020 年，来源于金沙江中游干流、雅砻江和攀枝花—白鹤滩区间（不含雅砻江）（以下简称攀—桐—白区间）的水量分别为 647.9 亿 m³、693.9 亿 m³ 和 28.2 亿 m³，占白鹤滩站的比例分别为 47.3％、50.6％和 2.1％，相较于多年平均值、1971—1997 年均值、1998—2012 年均值及 2013—2019 年均值，金沙江中游和雅砻江来水占比均有所增加，区间占比有所减少（表 5.10、图 5.23）。

表 5.10　　　　　　　　　　　　　　　　溪洛渡、向家坝入库径流地区组成

河名	测站	集水面积/万 km²	占白鹤滩站的比例/%	多年平均径流量/亿 m³	占白鹤滩站的比例/%	1971—1997年径流量/亿 m³	占白鹤滩站的比例/%	1998—2012年径流量/亿 m³	占白鹤滩站的比例/%	2013—2019年径流量/亿 m³	占白鹤滩站的比例/%
金沙江	攀枝花	25.92	60.2	568.0	45.1	537.00	44.1	626.00	45.6	565.00	45.9
雅砻江	桐子林	12.84	29.8	585.0	46.4	568.00	46.6	612.00	44.6	572.00	46.5
龙川江	小黄瓜园	0.56	1.29	6.8	0.5	7.13	0.585	7.67	0.559	3.41	0.277
攀—桐—白区间		4.28	9.94	107.0	8.5	114.00	9.35	134.00	9.77	91.10	7.39
金沙江	白鹤滩	43.03	100	1260.0	100	1219.00	100	1372.00	100	1232.00	100

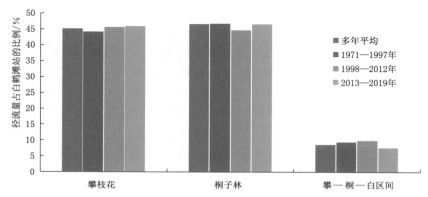

图 5.23　不同时段攀枝花、桐子林及区间径流量占白鹤滩站的比例对比

　　（2）溪洛渡、向家坝水库入库的沙量来源发生变化。2020 年，来源于金沙江中游干流、雅砻江及攀—桐—白区间的输沙量分别为 212 万 t、1240 万 t 和 2928 万 t，占白鹤滩站的比例分别为 4.8%、28.3% 和 66.8%，相较于多年平均值，攀枝花站输沙量占比有所下降，而桐子林站和攀—桐—白区间的输沙量虽然也有所减少，但占比却分别增加 8.6 个和 14.4 个百分点；相较于 1971—1997 年均值、1998—2012 年均值及 2013—2019 年均值，都存在类似的变化规律，仅变幅略有差异。2020 年占比与 2013—2019 年均值相似，金沙江下游白鹤滩站泥沙主要来源于雅砻江和攀—桐—白区间，其最为主要的原因在于2010 年以来，金沙江中游多个梯级水电站相继建成运行，进一步拦截了来自上中游的泥沙，导致控制站攀枝花站输沙量大幅减少。当前，溪洛渡、向家坝水库入库的泥沙绝大部分来源于雅砻江和攀—桐—白区间（表 5.11、图 5.24）。

表 5.11　　　　　　　　　　　　　　　　溪洛渡、向家坝入库输沙地区组成

河名	测站	集水面积/万 km²	占白鹤滩站的比例/%	多年平均输沙量/万 t	占白鹤滩站的比例/%	1971—1997年输沙量/万 t	占白鹤滩站的比例/%	1998—2012年输沙量/万 t	占白鹤滩站的比例/%	2013—2019年输沙量/万 t	占白鹤滩站的比例/%
金沙江	攀枝花	25.92	60.2	4350	27.9	4528	24.5	5969	38	425.00	5.64
雅砻江	桐子林	12.84	29.8	3070	19.7	4543	24.6	1734	11	744.00	9.87

续表

河名	测站	集水面积/万 km²	占白鹤滩站的比例/%	多年平均输沙量/万 t	占白鹤滩站的比例/%	1971—1997年输沙量/万 t	占白鹤滩站的比例/%	1998—2012年输沙量/万 t	占白鹤滩站的比例/%	2013—2019年输沙量/万 t	占白鹤滩站的比例/%
龙川江	小黄瓜园	0.56	1.29	394	2.5	486	2.63	431	2.75	78.86	1.05
攀—桐—白区间		4.28	9.94	8180	52.4	9429	51	7997	50.9	6289.00	83.4
金沙江	白鹤滩	43.03	100	15600	100	18500	100	15700	100	7537.00	100

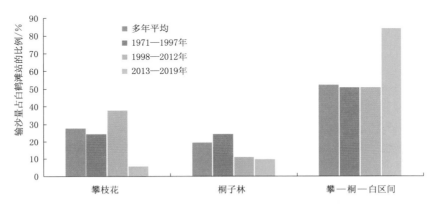

图 5.24 不同时段攀枝花、桐子林及区间输沙量占白鹤滩站的比例对比

5.4 水沙特征关系变化

5.4.1 径流量-输沙量相关关系

2011 年以来，攀枝花、白鹤滩和向家坝站水沙相关点据均分布在相关线下侧，表明其在同径流量下沙量有所减少，且减幅有进一步增大的趋势，不同控制站变化过程略有差异（图 5.25），具体内容如下：

（1）攀枝花站。1997 年之前和 1998—2010 年年输沙量和径流量相关关系总体均较好，点据较集中，不同时段差异不明显，2010 金沙江中游金安桥水电站的蓄水运用，拦截了大部分来自金沙江中游的泥沙，使攀枝花站 2011—2019 年水沙相关点分布在相关线下侧，表明同径流量下沙量有所减少，但幂指数关系仍然存在。

（2）白鹤滩站。来沙同时受金沙江中游和雅砻江梯级电站的影响，自 1958 年以来，其水沙关系经历了两个变化过程，均表现为同径流条件下输沙量减少，尤其是 2011 年以来输沙量减少较为明显，但随着区间的补给作用，减少幅度较上游攀枝花站略小，水沙关系受区间影响大，相关度不高。

（3）向家坝站。1998 年以来水沙相关关系变化较为明显，同径流量下，沙量有所减少，2011 年之后，输沙变化又受到金沙江下游梯级电站的影响，减幅进一步增大。

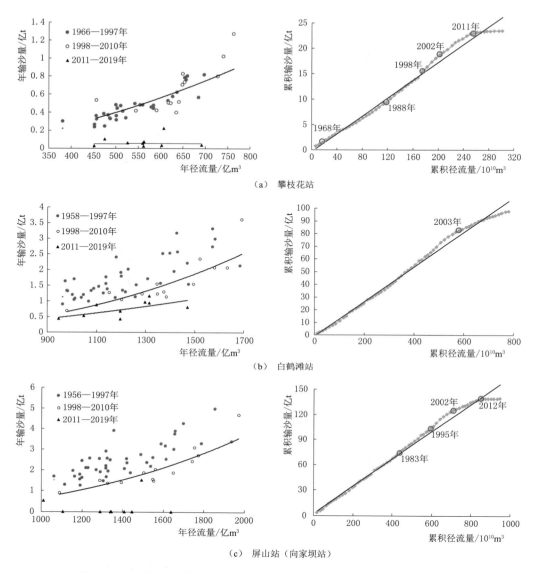

（a）攀枝花站

（b）白鹤滩站

（c）屏山站（向家坝站）

图 5.25　金沙江下游控制站历年径流量-输沙量相关关系和双累积关系图

5.4.2　水沙双累积关系

一般地，流域水沙关系发生明显变化，其主要控制站年径流量和年输沙量双累积曲线斜率将相应改变。双累积关系不仅能反映产沙量绝对量的变化，且可在一定程度上扣除径流量变化的影响，反映流域植被及人类活动等因素的变化对产沙的影响。金沙江下游干流主要水文站水沙双累积曲线如图 5.25 所示。

1968—1988 年攀枝花站输沙量偏少，1989—1997 年水沙比例基本一致，1998—2000年输沙量偏多。2002—2019 年输沙量偏少，尤其是 2011 年之后，沙量减幅明显，径流量增长的速度大于输沙量，曲线斜率减小；白鹤滩站水沙变化基本一致，年际间差别小，2003 年后输沙量减小，小于正常值，近几年曲线平稳，径流和输沙累积增长速度较为协调；天然状态下向家坝站水沙变化比例基本一致，双累积曲线几乎为一直线，1983—2000 年输沙量增加，水沙双累积曲线斜率增大，2001 年后沙量增加趋势减缓，曲线斜率又有所减小。尤其是 2013 年以来，沙量累积速度明显低于水量，累积曲线趋于平缓。

5.5 水沙变化影响因素分析

综上分析来看，金沙江下游干流及主要支流的径流过程总体上仍以周期性的波动变化为主，但在 1998 年及 2011 年前后都出现了较为明显的输沙减少的现象。从产输沙的机理来看，影响长江上游河道输沙的因素主要有降雨、下垫面条件及人类活动等三类。其中，降雨的影响时间尺度较长，20 世纪 90 年代以来，金沙江的水沙变化主要是受梯级水库蓄水拦沙和植被覆盖条件变化的影响。

5.5.1 梯级水库蓄水拦沙

5.5.1.1 金沙江流域（含雅砻江）梯级水库

据调查统计，截至 2015 年，长江上游地区共修建水库 14732 座（含三峡水库），总库容为 1672.8 亿 m³。其中：大型水库 99 座，总库容 1449.9 亿 m³，占总库容的 87%；中型水库 475 座，总库容 132.6 亿 m³，占总库容的 8%；小型水库 14158 座，总库容 90.2 亿 m³，占总库容的 5%。从 1991 年以来，除长江上游干流以外，金沙江流域水库库容较其他流域明显偏大，1956—2015 年金沙江流域（包括雅砻江）水库建设情况见表 5.12。其中：1990 年以前，金沙江流域水库群的建设以中、小型水库为主，其库容占总库容的 76%，其间仅有 2 座大型水库建成，且均建在支流上；1991 年以来，该流域的水库建设则以大型水库为主，其中 1991—2005 年、2006—2015 年大型水库的库容分别占同期建设水库总库容的 93% 和 97%，库容大于 10 亿 m³ 的水库主要是雅砻江干流 1998 年建成的二滩水库、2014 年建成的锦屏一级水电站以及 2010 年以来逐步建成的金沙江中、下游干流梯级水库群，见表 5.12 和表 5.13。2015 年之后梯级水库建设速度放缓。

表 5.12　　　截至 2015 年金沙江流域已建水库统计（包括雅砻江）

时　段	大型水库		中型水库		小型水库		水库群合计	
	数量/座	总库容/亿 m³	数量/座	总库容/亿 m³	数量/座	总库容/亿 m³	数量/座	总库容/亿 m³
1956—1990 年	2	7.07	48	10.21	2088	12.56	2138	29.83
1991—2005 年	6	78.26	21	4.25	336	2.11	363	84.60
2006—2015 年	14	343.9	39	10.36	113	1.72	166	356.0
1956—2015 年	22	429.2	108	24.81	2537	16.38	2667	470.4

表 5.13　　　　　　　　　　　　　金沙江流域大型水库建设情况

水库名称	水库位置	建成年份	所在河流	坝址控制流域面积/km²	坝址多年平均径流量/亿 m³	总库容/亿 m³
毛家村	云南省曲靖市	1969	以礼河	868	5	5.5
清水海	云南省昆明市	1989	莫浪河	454	2.7	1.5
松华坝	云南省昆明市	1996	普渡河	593	2.1	2.2
二滩	四川省攀枝花市	1998	雅砻江	116400	0.5	58
大桥	四川省凉山彝族自治州	1999	安宁河	796	11	6.6
渔洞	云南省昭通市	2000	洒渔河	709	3.7	3.6
莽措湖	西藏自治区昌都市	2003	错龙门曲	123	0.4	3
云龙	云南省昆明市	2004	掌鸠河	745	3.1	4.8
青山嘴	云南省楚雄彝族自治州	2009	龙川江	1228	1.8	1.1
金安桥	云南省丽江市	2011	金沙江	237400	517.2	9.1
布西	四川省凉山彝族自治州	2011	鸭嘴河	409	3.2	2.5
官地	四川省凉山彝族自治州	2013	雅砻江	110117	0.7	7.6
阿海	云南省丽江市	2014	金沙江	235400	511	8.9
龙开口	云南省大理白族自治州	2014	金沙江	240000	53.3	5.6
鲁地拉	云南省大理白族自治州	2014	金沙江	247300	562	17.2
向家坝	云南省昭通市	2014	金沙江	458800	1457	51.6
锦屏一级	四川省凉山彝族自治州	2014	雅砻江	103000	0.7	77.6
梨园	云南省丽江市	2015	金沙江	220053	448	8.1
溪洛渡	云南省昭通市	2015	金沙江	454375	1436	126.7
卡基娃	四川省凉山彝族自治州	2015	理塘河	6598	31.9	3.6
观音岩	四川省攀枝花市	2015	大兴河	256518	583.4	22.5
立洲	四川省凉山彝族自治州	2015	理塘河	8603	41.2	1.9

　　为了系统掌握金沙江流域水库拦沙情况，基于 1956 年以来流域内水库及实测水沙资料，采用经验公式、典型调查以及输沙平衡原理相结合的方法，对 1956—2015 年不同阶段金沙江中下游的水库拦沙情况以及水库建设对减沙贡献权重进行定量研究。

5.5.1.2　水利工程淤积率经验模式

　　水利工程对其控制面积以上区域产沙量的拦截作用大小可以用下式表示：

$$\overline{K} = \overline{W}_r / \overline{W}_F \tag{5.1}$$

式中：$\overline{K}$ 为水利工程拦沙效应系数（$0 < \overline{K} < 1$）；$\overline{W}_r$ 为水利工程年均拦沙（淤积）量，$\overline{W}_r = \rho_s \overline{R} V$；$\overline{W}_F$ 为水利工程集水区域的年产沙量，$\overline{W}_F = GF$。可将式（5.1）改写为下式：

$$\overline{K} = \rho_s \overline{R} V / (GF) \tag{5.2}$$

$$\overline{R} = \overline{K} GF / (\rho_s V) \tag{5.3}$$

式中：V、F、$\overline{R}$ 分别为水利工程的库容、集水面积、年淤积率；ρ_s 为泥沙淤积干容重；G 为水利工程集水区域的侵蚀模数。

本书根据部分水库的泥沙淤积资料计算其年淤积率，然后把其年淤积率、库容、集水面积、泥沙干容重以及水库集水区域的侵蚀模数代入式 5.2，计算出这些水库的拦沙效应系数 $\overline{K}$，再把 $\overline{K}$ 代入式（5.3），建立水库的淤积率公式，即作为水库年淤积率的经验公式。

5.5.1.3　水库拦沙作用研究

在已有研究成果的基础上，对 1956—2015 年历年大型、中型、小型水库群的时空分布及其淤积拦沙作用进行了系统的整理和分析，其中 1956—2005 年水库的淤积拦沙资料仍沿用已有成果，2006—2015 年水库拦沙计算时，大型水库以淤积拦沙调查为主，尽量考虑水库在位置、库容大小、用途以及调度运用方式等方面的代表性，充分考虑水库群库容沿时变化以及淤积而导致的库容沿时损失，当水库死库容淤满后，认为水库达到淤积平衡，其拦沙作用不计，中、小型水库淤积率沿用已有成果。

计算不同时段金沙江流域水库群的具体拦沙量见表 5.14。分时段拦沙特征如下：

表 5.14　　　　　　　　　　1956—2015 年金沙江流域水库拦沙量

年　份	水库类型	水库数量/座	总库容/亿 m³	总淤积量/万 t	年均淤积量/万 t
1956—1990	大型	2	7	12896	368
	中型	184	11	4667	134
	小型	1952	12	9516	273
	合计	2138	30	27079	775
1991—2005	大型	6	78	47471	3164
	中型	44	4	1339	90
	小型	313	3	1279	86
	合计	363	85	50089	3341
2006—2015	大型	14	344	115797	11580
	中型	39	10	5387	539
	小型	113	2	894	89
	合计	166	356	122079	12208
1956—2015	大型	22	429	162681	2711
	中型	267	25	11393	190
	小型	2378	16	11690	195
	合计	2667	470	185764	3096

（1）1956—1990 年金沙江水库群年均拦沙量为 0.077 亿 t。水库拦沙以大型和小型为主，其拦沙量分别占总拦沙量的 47.6％和 35.1％，中型水库则占 17.3％。且中小型水库均已达到淤积平衡。

（2）1991—2005 年水库年均拦沙量为 0.334 亿 t。与 1956—1990 年相比，年均拦沙量增加 0.257 亿 t，主要是二滩电站拦沙所致。

（3）2006—2015 年，流域新建水库 166 座，总库容 356 亿 m³，年均拦沙量 1.221 亿 t。其中：大型水库 14 座，总库容 344 亿 m³，年均拦沙量为 1.158 亿 t；中型水库 39 座，总库容 10.36 亿 m³，年均拦沙量为 539 万 t；小型水库 113 座，总库容 1.72 亿 m³，年均拦沙量为 89 万 t。其中：2011—2015 年金沙江中游六级水电站的年均拦沙量约为 4414 万 t，2013—2016 年溪洛渡、向家坝两库年均拦沙量为 1.052 亿 t。雅砻江二滩、锦屏一级等水库年均综合拦沙量为 4190 万 t。安宁河支流大桥水库年均拦沙量为 56.8 万 t。

5.5.1.4　水库减沙效应研究

水库拦沙后，不仅改变了流域输沙条件，大大减小流域输沙量，而且由于水库下泄清水，引起坝下游河床沿程出现不同程度的冲刷和自动调整，在一定程度上增大了流域出口的输沙量。已有研究成果表明，水库拦沙对流域出口的减沙作用系数可以表达为

$$a = \frac{s_t - s_a}{s_t} \tag{5.4}$$

式中：s_t 为水库拦沙量；s_a 为区间河床冲刷调整量。水库减沙作用系数与其距河口距离的大小呈负指数关系递减。

1955—1990 年，金沙江流域水库大多位于较小支流或水系的末端，其距离屏山站较远，因而其拦沙作用影响较小。在"七五"攻关期间，石国钰等通过采用多维动态灰色系统理论的方法，分析得到流域水库群减沙作用系数为 0.109，于是根据 1955—1990 年水库群年均拦沙量（770 万 t）计算得到其对屏山站的年均减沙量为 84 万 t，仅占屏山站同期年均输沙量的 0.3%，说明水库群拦沙对屏山站输沙量影响不大。

1991—2005 年水库年均淤积泥沙约 2570 万 m³，约合 3341 万 t。与 1956—1990 年相比，年均拦沙量增加 2570 万 t，主要是二滩电站拦沙所致。二滩电站拦沙对屏山站的减沙作用系数约为 0.85，则其拦沙引起屏山站的年均减沙量 3905 万 t（1999—2005 年），占屏山站同期年均输沙减少量的 48%。

2006—2015 年水库年均淤积泥沙约 9391 万 m³，约合 12208 万 t。较 1991—2005 年相比，年均拦沙量增加 8868 万 t，主要是金沙江中下游干流梯级电站拦沙所致。据估算，金沙江中、下游梯级拦沙对屏山站的减沙作用系数分别为 0.85 和 0.99，梯级水电站拦沙引起屏山站年均减沙量为 1.773 亿 t，占该阶段屏山站同期年均输沙减少量的 83%。

综上所述，从水库减沙效应的年际变化来看，1956—1990 年、1991—2005 年、2006—2015 年水库拦沙对屏山站的减沙权重分别为 0.3%、48% 和 83%，水库拦沙作用逐步增强；从水库减沙效应的空间变化来看，1991—2005 年，对屏山站减沙造成影响的水库主要分布在雅砻江流域；2006—2015 年，对屏山站减沙造成影响的水库则主要分布在金沙江中下游干流。从长远来看，本次所考虑的金沙江中下游干流梯级和雅砻江游梯级水库，均位于金沙江流域的重点产沙区，拦截了金沙江流域的绝大部分来沙，如果未来在此区域内规划再兴建水电站，其对屏山站的拦沙贡献（即总量）也不会发生较大变化，会变的也仅仅是其在梯级水库各个库区的淤积分布[6]。因此，计算得出的水库蓄水拦沙效应也基本能反映未来金沙江流域的水库拦沙趋势。

5.5.2　流域植被覆盖条件变化

为了治理金沙江流域的水土流失，先后实施了大量的水土保持工程，包括植被、工程

等防止土壤侵蚀、改土和拦沙等的一系列水土流失防治工程，主要代表性工程有"长治"工程、天然林资源保护工程和国债资金水保项目等。受工程作用及城镇化建设带来的农村劳动力转移等的影响，金沙江流域植被条件近些年来有明显的改善。

5.5.2.1 流域下垫面条件的变化

2018年开展了溪洛渡、向家坝库区来水来沙调查，根据调查结果来看，自"长治"工程、天然林资源保护工程等水土保持工程实施以来，天然植被及枯枝落叶层得到了保护，人工植被不断增加，溪洛渡、向家坝库区植被覆盖情况明显好转；受退耕还林还草政策及封禁治理政策的影响，区间耕地面积减少，林草地面积增加；由于坡改梯工程的实施，耕地由坡耕地变为梯田，抑制土壤侵蚀能力增强。华弹—屏山区间，1989—2005年治理水土流失面积约5000km²，2006—2018年治理水土流失面积约2860km²，1989—2018年累计治理水土流失面积7860km²，约占两库区间面积的27.7%。

近年来，金沙江流域虽然"长治"工程实施力度减小，但其他类型的水土保持工程并未停止，尤其是天然林保护、退耕还林、封禁治理等政策还在继续实施，植被覆盖度变化的趋势是增大。水土保持工程治理区由于植被的不断生长、枯枝落叶的积累、植物根系越来越发达，固化土地的功能越来越强大。随着时间的推移，水土保持工程、封禁治理、天然林保护等水土保持措施的拦沙减蚀特别是坡面减蚀作用会越来越明显。2018年汛后，许多支流区域的植被覆盖条件得到改善，植被覆盖度明显提高。

5.5.2.2 "长治"工程拦沙减蚀作用调查

攀枝花以上和雅砻江流域不是"长治"工程的重点治理区，攀枝花—华弹、华弹—屏山区间"长治"工程拦蓄泥沙情况见表5.15和表5.16。

表5.15　攀枝花—华弹区间"长治"工程拦蓄泥沙情况表(验收达到数)

期次	县名	拦蓄泥沙量/万t				
		基本农田	植物措施	水土保持工程	保土耕作	合计
二期	元谋	1.24	4.76	0.040	0.72	6.760
	牟定	9.80	33.66	6.420	2.32	52.200
	姚安	1.50	9.26	0.960	0.22	11.940
	会理	2.92	11.37	5.000	0.95	20.240
三期	元谋	13.98	49.23	10.400	6.47	80.080
	牟定	7.00	117.00	3.230	10.60	137.830
	姚安	5.61	98.26	32.560	7.95	144.380
	永仁	5.97	42.81	0.528	0.70	50.008
	武定	24.40	31.40	8.300	6.60	70.700
	南华	4.45	16.18	0.150		20.780
	大姚	7.90	40.00	14.700	1.30	63.900
	富民	2.82	48.71	4.040	2.13	57.700
	晋宁	3.47	47.49	10.800	3.67	65.430
	会东			46.330		46.330
	会理	10.75	37.94	9.480	5.06	63.230

表 5.16　　　　　　　华弹—屏山区间"长治"工程拦蓄泥沙情况表(验收达到数)

期次	县名	拦蓄泥沙量/万 t				
		基本农田	植物措施	水土保持工程	保土耕作	合计
二期	宁南	5.40	11.88	7.53	4.90	29.71
	金阳	0.98	3.41	0.84	3.18	8.41
	雷波	5.85	8.90	4.48	1.9668	21.20
	永善	4.22	40.18	8.20	3.12	55.72
	绥江	8.03	18.29	1.50	4.33	32.15
	屏山	18.98	25.67	4.41	2.00	51.06
三期	宁南	0.66	5.13	2.02	0.26	8.07
	金阳	3.28	12.46	2.56	4.89	23.19
	雷波	20.33	73.40	12.42	6.77	112.92
	昭觉	14.40	66.00	3.63	9.14	93.17
	巧家	25.35	165.85	4.54	12.33	208.07
	永善	2.12	59.04	4.57	19.03	84.76
	绥江	17.7	51.90	50.60	21.50	141.70

1. 攀枝花—华弹区间

攀枝花—华弹区间主要包括云南省楚雄州、昆明市和四川省凉山州的会东县和会理县治理区。区间的支流龙川江主要在楚雄州的南华县、元谋县、牟定县境内；勐果河在楚雄州的武定县境内；蜻蛉河在楚雄州的大姚县、姚安县、永仁县境内；干流及其他支流主要在楚雄州的昆明市和四川省凉山州的会东县和会理县境内。

据不完全统计，该区间自实施治理以来累计治理总面积 5575km²，占该区间总面积的 14.8%。其中坡改梯 32820hm²，林草及封禁治理 500206hm²，塘堰 1563 座，谷坊 4549 座，拦沙坝 1936 座，蓄水池 47805 口，灌排渠 1241km，水平沟 3284km，沉沙凼 15256 个。由于治理面积存在不同治理方式的重复计算问题，治理面积达不到该区间总面积的 14.8%。

水土保持措施除拦挡工程外很难当年见效。从攀枝花—华弹区间的情况来看，拦沙减蚀量与流域治理面积之间存在着较好的正向相关关系（图 5.26），其关系可用下式表示：

$$y = 0.2526x + 8.092, R^2 = 0.7617 \tag{5.5}$$

从水土保持相关部门估算的拦沙量（表 5.12）来看，该区间二期"长治"工程年均拦沙减蚀量为 91 万 t，三期为 800 万 t，一期、四期拦沙减蚀量参照二期、三期的量，按式（5.4）计算，则一期每年拦沙减蚀量为 345 万 t，四期 54 万 t，五期 304 万 t，一～三期完成后 1236 万 t，五期完成后每年的拦沙减蚀量约为 1594 万 t。

2. 华弹—屏山区间

华弹—屏山区间主要包括云南昭通地区的巧家县、四川凉山地区的宁南县、金阳县、雷波县、昭觉县治理区，云南永善县、绥江县及四川屏山县的绝大部分治理区。

"长治"一期工程包括宁南县 3 条、雷波县 2 条、巧家县 5 条小流域；二期工程包括

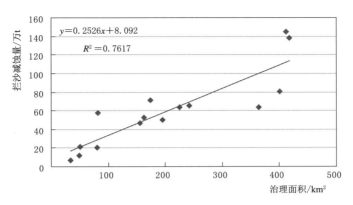

图 5.26　攀枝花—华弹区间拦沙减蚀量与治理面积的关系

宁南 5 条、雷波 6 条、金阳 5 条小流域；三期工程包括巧家 32 条、金阳 16 条、雷波 18 条、昭觉 9 条、宁南 18 条小流域；四期缺资料；五期有金阳县和宁南县资料。金阳县"长治"五期工程从 1999—2003 年 5 年间分别在对坪、春江、热柯觉、派来、天地坝、芦稿等 6 条小流域进行治理，共完成 101km² 的总治理面积（折合 15.15 万亩）；云南巧家第五期工程自 1999—2003 年实施，涉及 5 条小流域，现已治理结束，完成治理面积 97.27km²。

据不完全统计，华弹—屏山区间自实施治理以来累计治理总面积 4882km²，占区间总面积的 14.2%。其中坡改梯 54.4 万亩，林草及封禁治理 543.8 万亩，塘堰 469 座，谷坊 3255 座，拦沙坝 131 座，蓄水池 30446 口，灌排渠 1812km，水平沟 965km，沉沙函 75458 个。

按照水土保持部门的统计（表 5.12），该区间"长治"工程第二期减沙量 198 万 t，三期减沙量 672 万 t。照此比例计算，一期每年拦沙减蚀量 519 万 t，五期 161 万 t，一～三期完成后 1389 万 t，五期完成后每年的拦沙减蚀量约为 1550 万 t。

综上来看，"长治"工程五期完成后，对于金沙江下游区域的年均拦沙减蚀量能够达到 3000 万 t 左右。2006—2015 年，综合金沙江下游干支流梯级水位拦沙和水土保持工程减沙作用，年均总减沙量约 2.1 亿 t，约占同期屏山站输沙减幅的 97%。

5.5.3　突发水文事件对水沙的影响

2018 年，金沙江上游白格滑坡造成近百年来最为严重的干流堵江事件，堰塞湖的形成和溃决给下游干流河道的水沙条件及梯级水电站运行造成影响。依据堰塞湖附近和金沙江干流河道控制性水文站的观测资料，研究了堰塞体泄流对下游河道水沙输移的影响，同时结合梯级水库调度情况，计算了梯级水库的拦沙量。结果表明，堰塞湖溃决在金沙江中游形成了超历史的水沙过程，金沙江中游梯级电站开展应急调度后，堰塞湖溃决造成的特大洪水被削减为一般洪水。金沙江中游梯级梨园、阿海和金安桥电站累积拦截泥沙约 1400 万 t，龙开口、鲁地拉和观音岩电站共计拦截泥沙约 43 万 t，滑坡体产生的泥沙仍有约 74% 滞留在堰塞体附近。

5.5.3.1　对径流量及其过程的影响

2018 年，长江上游来流较往年偏丰，尤其是汛期流量明显偏大。在天然来流偏丰、堰塞湖溃坝洪水及梯级电站调蓄综合作用下，金沙江中下游的年内流量过程较往年有一定差别。具体就堰塞湖事件的影响来看，两次堵江对干流流量的影响发展过程均可分为四个阶段，第一阶段是滑坡体堵江，导致堰塞湖下游河道流量骤减，10 月 11 日和 11 月 5 日，堰塞湖上游岗拖站（上游约 90km）日均流量分别为 1320m³/s 和 670m³/s，下游巴塘站流量则分别减小至 315m³/s 和 208m³/s；第二阶段是金沙江中游梯级水库为消纳堰塞湖水体提前预泄，对应金沙江中游出口攀枝花站增大，10 月 13 日和 11 月 8 日，水库预泄使得攀枝花站日均流量分别达到 4980m³/s 和 3250m³/s；第三阶段堰塞湖漫溢（溃决），下游巴塘、石鼓站流量骤增；第四阶段是金沙江中游梯级对堰塞湖洪水进行调蓄，之后金沙江中游出口流量过程恢复正常（图 5.27）。可见，2018 年堰塞湖事件加大了下游金沙江干流一段时期内的流量变幅。

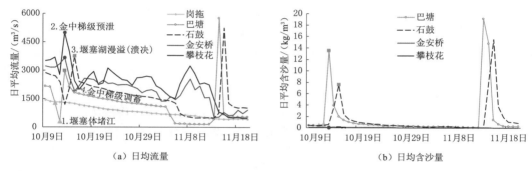

（a）日均流量　　　　　　　　　　　　　（b）日均含沙量

图 5.27　金沙江上游及中游主要站点 2018 年 10 月至 11 月日均流量、含沙量变化图

从进一步统计对比 1981 年以来金沙江干流控制站 10—11 月的径流量和最大流量来看（表 5.17），首先，2018 年 10—11 月，金沙江中下游径流量偏大主要与上游来水偏大有关，与 1981—2010 年、2011—2017 年均值相比，10 月岗拖站径流量分别偏大 83.8% 和 51.7%，下游巴塘、石鼓、金安桥及攀枝花站偏大的幅度均不及岗拖站；其次，堰塞湖对径流过程的影响集中体现在月最大流量的变化，上游岗拖站 10 月、11 月最大流量均未超出 1981 年以来的最大范围，但下游巴塘至攀枝花站几乎都出现了超历史的最大流量。可见，堰塞湖事件并未改变金沙江中下游径流总量，仅影响了局部时段内的径流分配。堰塞湖事件对于其下游金沙江干流的水流过程可以从堰塞体形成到恢复天然过流的过程进行解释，堰塞湖形成至溃决前，持续汇集上游来流，汇集的水流在溃决后一段时间内集中向下游输送，简单意义上可看作是将上游几天的来流压缩在较短的时间内输送，导致局部时段流量骤增。

表 5.17　　　　1981—2018 年金沙江干流控制站 10—11 月径流输沙特征对比表

统计项目	时段/年	岗拖		巴塘		石鼓		金安桥		攀枝花	
		10 月	11 月	10 月	11 月	10 月	11 月	10 月	11 月	10 月	11 月
月（均）径流量/亿 m³	1981—2010	17.5	7.75	28.4	13.8	45.3	23.2	—	—	65.6	33.4
	2011—2017	21.2	9.12	33.2	15.9	43.9	22.5	54.4	30.1	58.7	32.4
	2018	32.1	12.4	47.4	17.7	63.7	27.7	75.5	34.7	84.1	40.2

续表

统计项目	时段/年	岗拖		巴塘		石鼓		金安桥		攀枝花	
		10 月	11 月	10 月	11 月	10 月	11 月	10 月	11 月	10 月	11 月
月最大流量 /(m³/s)	1981—2010	2050	820	2630	1020	3830	1780	—	—	5820	2730
	2011—2017	1910	680	2530	977	3170	1320	4650	3000	4010	2940
	2018	1840	745	7850	21200	5210	8380	5880	3920	5740	3890
月（均）输沙量/万 t	1981—2010			58.7	6.79	122	20.6	—	—	364	63.0
	2011—2017	—		70.2	10.0	120	20.5	19.7	4.15	25.7	11.7
	2018			688	842	710	892	84.6	11.6	11.3	1.36
月最大含沙量 /(kg/m³)	1981—2010			0.995	0.118	1.09	1.59	—	—	19.6	1.24
	2011—2017			0.785	0.126	0.792	0.224	2.1	0.049	0.175	0.277
	2018			21.6	42.0	11.6	28.5	0.22	0.133	0.033	0.009

综上来看，2018 年 10 月和 11 月金沙江中游控制站的径流量偏大主要与上游来流量偏丰有关，白格堰塞湖对流量过程的影响，主要体现为堰塞体汇聚上游几天来流后在溃决时集中向下游输送，导致局部时段流量骤增，自巴塘至攀枝花 10—11 月最大流量大多超过历史最大值。特大洪水经金沙江中游梨园、阿海和金安桥电站联合调度后，到达下游阿海、金安桥站已削减为正常洪水，至金沙江中游出口攀枝花站，流量过程变化不明显。

5.5.3.2　对输沙量及其过程的影响

2018 年 10 月第一次滑坡体的体积约有 2200 万 m³，岩土体失稳堵塞金沙江后形成堰塞坝；11 月第二次滑坡总体积达 930 万 m³[7]。综合研究成果，估算出两次滑坡堆积至金沙江河道内的土体体积约 3200 万 m³，若按土体干容重 1.65t/m³ 计算，进入河道内的土体总计约 5300 万 t[8]。泥沙进入河道后，部分随水流向下游输移并沿程沉积下来，直至进入金沙江中游梯级电站被拦截，至金沙江出口，泥沙输移强度恢复至正常水平。因此，白格滑坡产生的大量泥沙可能分布在 3 个区域：①仍留在堰塞湖区域；②短暂沉积在堰塞湖下游至石鼓段的河道内；③进入金沙江中游梯级水库。本书给出滑坡体产生的泥沙在这 3 个区域的分配情况。

1. 泥沙输移总量变化及其分配区域

自滑坡土体进入河道开始，泥沙便由水体挟带在河道内输移并持续相当长的一段时间，2018 年 10 月 11 日至 11 月 30 日期间（2018 年 12 月至 2019 年 3 月枯水期间，金沙江上游和中游水文控制站不开展泥沙观测）金沙江上中游干流控制站的径流、输沙总量见表 5.18。上游岗拖站不开展泥沙观测，据此前的泥沙观测资料，估算这一时段内该站输沙量总和不超过 20 万 t。同期，巴塘站的泥沙输移量多达 1420 万 t，在不考虑区间产沙情况下，可以认为较岗拖站多出的 1400 万 t 为滑坡事件产生的泥沙。巴塘—石鼓段河道内泥沙仅在泄流期间短暂沉积，随后被水流逐渐挟带至下游，因而巴塘站与石鼓站的输沙量基本相当，且巴塘站在堰塞湖期间断面主河槽部分呈冲刷下切状态［图 5.28 （a）］，即河道内并未有泥沙沉积的现象，反而冲刷补充约 30 多万 t 的泥沙。可见，堰塞湖区域和河道冲起补给的泥沙全部进入金沙江中游梯级水库内，其中梨园、阿海和金安桥累积拦截泥沙约 1402 万 t，龙开口、鲁地拉和观音岩共计拦截泥沙约 42.9 万 t。

表 5.18　　　　　　　　　　　　金沙江上中游干流控制站径流、输沙量统计

项目	时　　段	岗拖	巴塘	石鼓	金安桥	攀枝花	巴塘—石鼓（河道）	石鼓—金安桥（梨园、阿海、金安桥）	金安桥—攀枝花（龙开口、鲁地拉、观音岩）
径流量/亿 m³	2018 - 10 - 11—2018 - 11 - 30	30.8	44.6	64.7	78.7	91.1		—	
	2011—2017 年同期平均	22.7	36.7	48.7	63.0	68.0			
输沙量/万 t	2018 - 10 - 11—2018 - 11 - 30	20.0*	1420	1450	48.0	5.06	−30	1402	42.9
	2011—2017 年同期平均	—	37.2	72.5	11.1	26.5	−35.3	61.4	−15.4

*　数据为估算值。

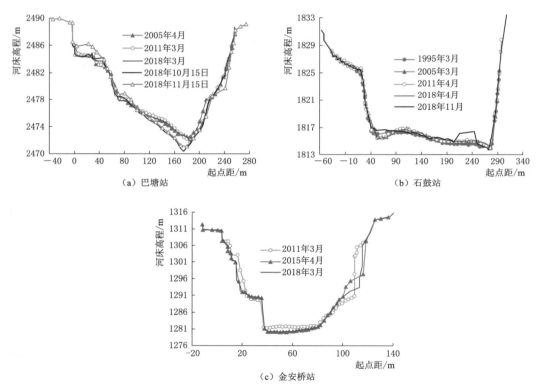

（a）巴塘站　　　　　　　　　（b）石鼓站

（c）金安桥站

图 5.28　金沙江中下游水文控制站断面变化图

　　再次对比各控制站 2018 年、2011—2017 年同期的平均径流量和输沙量（表 5.18），可以看出，沿程径流量增加的规律没有发生变化，堰塞湖区域上游的岗站拖和下游的巴塘站，2018 年 10 月 11 日至 11 月 30 日的径流量较 2011—2017 年同期均值均偏大约 8 亿 m³，

进一步说明堰塞湖期间径流量偏大主要与上游来流偏丰有关。从输沙情况来看，不考虑区间来沙的情况下，2011—2017年同期，金沙江中游的输沙量均较小，巴塘—石鼓段在天然情况下呈现微冲的状态，与控制断面的变化一致［图5.28（b）］，且冲刷量略大于堰塞湖期间。进入并淤积在梨园、阿海和金安桥水库的年均输沙量只有61.4万t，远远小于堰塞湖溃决造成的泥沙堆积量。上游梯级电站拦沙作用下，龙开口、鲁地拉及观音岩电站几乎无泥沙堆积，位于库区范围内的金安桥水文站断面自电站运行来基本无变化［图5.28（c）］，这也显著区别于堰塞湖期间的泥沙淤积现象。

综上可见，白格滑坡事件产生并输入河道的总沙量目前并未在河道内沉积，泥沙主要分布在两个区域内，一是输移至金沙江中游梯级水库内，约有1400万t，约占滑坡体总量的26%；二是仍留存在堰塞湖至巴塘区间内，堆积在两岸和河床上，滞留总量约3900万t，约占滑坡体总量的74%。进一步分析金沙江中下游干流控制站的断面变化发现，自然情况下，金沙江中游河道河床微冲（图5.28），巴塘站和石鼓站的断面长久以来都没有出现泥沙堆积的现象，可以认为在一定的来流条件下，金沙江上中游河道具备将堆积在河道内的滑坡土体向下游输移的能力。因而，水流以河床掀起和河岸侵蚀等形式，持续将滑坡体泥沙向下游输移，今后5～10年的汛期堰塞湖下游河道仍会出现大含沙量水流，大部分泥沙最终会沉积在金沙江中游的梯级水库内。

进一步从石鼓站在堰塞湖泄流期间的悬移质泥沙颗粒组成情况来看（图5.29），堰塞湖泄流期间，石鼓站多出的悬移质泥沙中$d<0.125$mm的沙量百分数超过93%，悬移质泥沙中值粒径未超出2010年以来的均值，表明滑坡体产生的较细的泥沙颗粒随水流迅速输移至下游，而粗颗粒的泥沙或块石则以推移质形式运动，输移速度相对较慢。

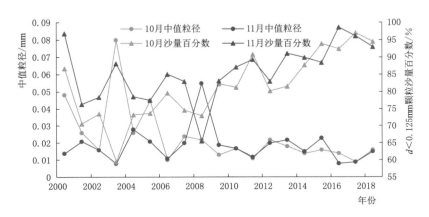

图5.29 金沙江石鼓站10—11月中值粒径及$d<0.125$mm泥沙颗粒沙重百分数变化

据统计，1981—2017年巴塘站和石鼓站多年平均年输沙量分别为2030万t和2850万t，表明巴塘—石鼓区间水流仍有年均约800万t泥沙挟带能力富余。且巴塘和石鼓大断面资料显示该河段内长期没有出现泥沙沉积的现象，因此该段泥沙输移富余能力远远超过800万t。参照金沙江下游的产输沙特点来看，该区段崩塌、滑坡、泥石流等重力侵蚀量大，仅干流河谷区间年侵蚀量即达0.76亿t，这部分重力侵蚀物质大多直接进入河道形成河道泥沙。金沙江上游落差大、水流流速大，且含沙量一直较小，水流对河床和两岸都有较强的侵蚀作用。因此，在过流的情况下，此次白格滑坡事件产生并堆积在河道内的土体都能随水流输移至河道下游，再结合河道的实际输沙能力简单估算，堰塞湖区滞留的悬移质泥沙将集中在今后约5年的汛期输移[9]，推移质泥沙输移过程则相对漫长。

2．泥沙输移过程的变化特征

2018年，金沙江上游汛期径流较往年明显偏丰，根据观测资料，金沙江干流具有较为明显的"大水带大沙"特征，历史上巴塘站和石鼓站月均含沙量极大值都几乎出现在主汛期内，两站的水沙输移相关关系没有出现趋势性的变化（图5.30），2018年7—11月输沙量较往年偏多明显。尤其是2018年11月，受堰塞湖泄流的影响，巴塘站和石鼓站输沙量和含沙量均异常偏大，其月均流量-输沙率相关关系较自然状态下明显偏离，输沙主要集中在沙峰期，峰值均显著超过历史水平（图5.30）。巴塘站两次泄流带来的沙峰过程输沙总量分别为488万t、817万t，分别占10—11月输沙总量的70.9%、90.0%。尽管泥沙被金沙江梨园、阿海和金安桥电站大幅拦截，但期间金安桥站输沙量仍较往年明显偏多，再经龙开口、鲁地拉和观音岩电站到达攀枝花站，泥沙则基本被拦截。因此，堰塞湖

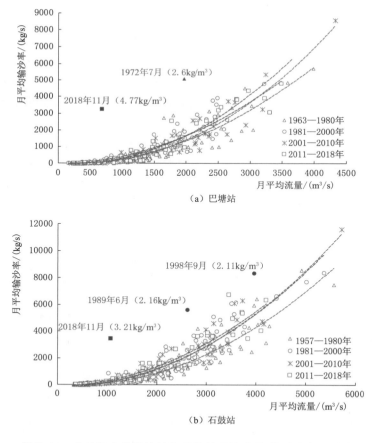

（a）巴塘站

（b）石鼓站

图5.30　金沙江中游巴塘站和石鼓站月均流量-输沙率相关关系

泄流造成下游河道出现集中输水输沙的现象，且影响范围主要在金沙江中游，金沙江中游的梯级电站截断了这种影响，使得金沙江下游水沙基本不受影响。

可见，白格堰塞体泄流向下游集中输送了大量的泥沙，下游巴塘、石鼓站 10 月、11 月输沙量显著偏多，且主要集中在泄流期间输移。堰塞湖溃决以来，堰塞湖下游河道河床未出现泥沙堆积现象，白格滑坡堆积至河道内的泥沙约有 26% 输送至金沙江中游，经梨园、阿海、金安桥、龙开口、鲁地拉、观音岩等水电站库区，约 74% 的泥沙仍滞留在堰塞湖区域和巴塘上游河道内[9]。受金沙江中游梯级调蓄和拦沙作用，金沙江中游出口攀枝花站径流过程变化较小，输沙量仍延续 2011 年以来较正常偏少的规律。因此，堰塞湖形成及泄流对金沙江水沙的影响基本在上中游段范围内。

5.6 本章小结

(1) 金沙江下游新构造运动强烈、断裂发育、植被较为稀疏，崩塌、滑坡、泥石流发育，流域侵蚀强度大，以重力侵蚀为主，滑坡泥石流产沙占流域来沙量的 60%～70%。金沙江下游干流区间多年平均输沙模数超过 2000t/(km² · a)。

(2) 多年来，金沙江下游干流及主要支流的径流过程以周期性的波动变化为主，在1998 年及 2011 年前后都出现了较为明显的输沙减少的现象，乌东德、溪洛渡和向家坝三座水库相继运行后，至 2019 年向家坝站年输沙量均值下降至 72.3 万 t，较多年均值减小 99.3%。

(3) 金沙江下游水沙异源、不平衡现象突出，悬移质泥沙的沿程补给具有明显的地域性，主要来自攀枝花以下的高产沙地带。向家坝站径流来自攀枝花以上地区、雅砻江和攀枝花至向家坝区间。其中：攀枝花以上地区和雅砻江来水量分别占屏山站水量的 39.9%和 41.4%，攀枝花—屏山区间来水量占屏山站水量的 18.4%；其沙量主要来自攀枝花—屏山区间。攀枝花以上地区输沙量占屏山站沙量的 21.5%；雅砻江输沙量占屏山站沙量的 15.7%；攀枝花—屏山区间输沙量占屏山站沙量的比例达到 62.8%，其中：攀枝花—华弹区间、华弹—屏山区间输沙量分别占屏山站沙量的 35.0%、27.8%。

溪洛渡、向家坝水库入库的水量来源并无明显的趋势性调整，入库的沙量来源发生明显变化。金沙江中游、雅砻江和攀—桐—白区间来水量占白鹤滩站的比例大致为 4.5：4.5：1，不同时期变化较小。随着 2010 年以来，金沙江中游和雅砻江多个梯级电站相继建成运行，攀枝花和桐子林站输沙量再次大幅减少，攀—桐—白区间成为溪洛渡、向家坝水库入库泥沙的主要来源。金沙江中游、雅砻江和攀—桐—白区间输沙量占白鹤滩站比例由 1998—2012 年的 4：1：5 转变为 2013—2019 年的 0.5：1：8.5，区间来沙占比大幅增加。

(4) 金沙江下游年际间水沙关系的变化主要表现为径流量变化不大、输沙量明显减小；年内依然呈现"大水带大沙"的特征。2010 年前攀枝花站年输沙量和径流量相关关系总体均较好；随着 2010 起金沙江中游金安桥等 6 个梯级和雅砻江干流锦屏等 4 个水电站相继蓄水运用，拦截了大部分来自金沙江中游及雅砻江的泥沙，自 2011 年起，攀枝花、白鹤滩和向家坝站同径流量下输沙量明显减少。尤其是 2013 年以来，沙量累积速度进一步下降，明显低于水量，水沙双累积曲线趋于平缓。

（5）20 世纪 90 年代以来，金沙江的水沙变化主要是梯级水库蓄水拦沙和植被覆盖条件变化。根据水库拦沙调查和经验估算，同时对"长治"工程拦沙减蚀作用开展调查。认为 2006—2015 年，金沙江下游水库年均拦沙量约 1.22 亿 t，水土保持工程的年均减沙量约为 3000 万 t，两者综合作用下，使得屏山站的输沙量年均减少约 1.5 亿 t。

第 6 章

乌东德和白鹤滩水电站泥沙冲淤

乌东德和白鹤滩水电站分别为金沙江下游的第一、第二梯级，截至 2019 年，这两个水电站尚未正式投入运行，库区河道近似处于天然状态。本章主要依据库区的水文站、固定断面、坝址上下游局部水下地形和床沙等观测资料，对库区河道基本特征及河床冲淤变化开展分析。

6.1　水库入、出库水沙

水库入、出库水沙条件是影响其建设、运行和调度的关键因素，金沙江下游特殊的地质、地貌和侵蚀产沙条件又决定了其水沙来源的复杂性，加之流域地区社会经济不发达，水文测站稀疏，存在一定面积的未控区间，使得入库水沙（尤其是泥沙）量具有不确定性。本书关于金沙江梯级水库下游的入库泥沙均分为不考虑和粗略考虑未控区间两种情况进行分析，以便掌握水库入库泥沙总量的变化范围。

6.1.1　不考虑库区未控区间来沙估算

6.1.1.1　乌东德水电站

乌东德水电站 2012 年 1 月导流隧洞开工，2013 年第 1 季度开始主厂房开挖，2013 年第 3 季度开始缆机平台以上坝肩开挖，2014 年 5 月导流隧洞分流，2015 年 4 月主体工程正式开工建设，2019 年汛前，由大坝坝体临时挡水度汛，10 月 2 日，电站开启导流洞下闸工作。工程可研阶段，采用三堆子站和华弹站推算设计径流量，多年均值为 1210 亿 m³，依据攀枝花、小得石和湾滩（雅砻江来沙量为小得石＋湾滩）的实测值和未控区间输沙模数等综合推算设计输沙量，多年均值为 1.232 亿 t。

自工程开始施工后，入库的控制站发生了一些变化：一方面，自雅砻江水电基地最末一个梯级电站桐子林电站开始筹备修建后，雅砻江汇入金沙江的水沙由其下游的桐子林水文站控制；另一方面，攀枝花至乌东德坝址区间收集到了部分控制流域面积稍大的其他支流（龙川江和鲹鱼河）的水文泥沙观测资料，因此现状条件下的入库水沙主要采用干、支流控制站的观测资料。出库采用坝址下游的乌东德水文站作为控制，2012—2019 年，乌东德水电站入、出库主要控制站水沙统计见表 6.1。

若不考虑库区未控区间的来沙量，自主体工程正式开工以来，2015—2019 年乌东德水电站平均入库径流量和输沙量分别为 1168 亿 m³ 和 1161.0 万 t，坝下游出库乌东德站径流量和输沙量分别为 1172 亿 m³ 和 3178 万 t。若采用乌东德站数据代表坝址附近水沙条件，与可研阶段相比，径流量略偏少 4.0%，输沙量则偏少 74.2%，沙量减少主要与金沙江中游和雅砻江梯级电站拦沙有关。

表 6.1　　　　　　　　　　乌东德水电站入、出库主要控制站水沙统计

年　份	入、出库主要控制站	径流量/亿 m³		输沙量/万 t	
		入库	出库	入库	出库
2012		1277	1286	5769.4	—
2013		1000	1006	1310.1	—
2014	（攀枝花＋桐子林＋小黄瓜园）/乌东德	1153	1150	1732.7	—
2015		1033	1023	1117.3	4310
2016		1180	1158	1875.0	3980
2017		1178	1174	1196.4	3240
2018	（攀枝花＋桐子林＋小黄瓜园＋可河）/乌东德	1347	1386	1110.5	2740
2019		1103	1117	506.6	1620
2015—2019	—	1168	1172	1161.0	3178
可研阶段坝址	三堆子、华弹推算径流，攀枝花、小得石、湾滩以及区间等综合推算输沙量	1210		12320	

6.1.1.2　白鹤滩水电站

白鹤滩水电站"三通一平"施工准备及相关项目于 2011 年先后开工，施工总工期为 144 个月，共计 12 年。电站于 2014 年 11 月导流洞过流，2016 年 6 月围堰投入运行，2017 年 3 月大坝主体混凝土浇筑，计划 2021 年 5 月初期蓄水。工程可研阶段，采用华弹站长系列水文泥沙数据作为依据，计算出坝址附近多年平均径流量为 1321 亿 m³，多年平均输沙量为 1.68 亿 t。

自主体工程开始施工后，白鹤滩库区的水文控制站也发生了调整：一方面，库区干流入库设立了乌东德水文站，可作为干流入库控制站；另一方面，原华弹水文站改为水位站，并于坝址下游设立白鹤滩水文站，作为水库出库控制站。此外，库区集水面积超过 1000km² 的一级支流有 4 条，自上而下分别是普渡河、小江、以礼河和黑水河，其中，黑水河是金沙江下游含沙量最大的支流，其入汇口距白鹤滩坝址约 33km。入库的水沙还收集到了普渡河和黑水河的观测资料。

若不考虑未控区间来沙量，自主体工程开始施工以来 2015—2019 年，白鹤滩水库平均入库径流量和输沙量分别为 1224 亿 m³ 和 3592.0 万 t，坝下游出库白鹤滩站径流量和输沙量分别为 1277 亿 m³ 和 8106 万 t。若采用白鹤滩站数据代表坝址附近水沙条件，与可研阶段相比，径流量略偏少 3.3%，输沙量则偏少 51.8%，沙量减少也主要与金沙江中游和雅砻江梯级电站拦沙有关，同时 2019 年汛前乌东德水电站开始由大坝挡水度汛，是

该年度白鹤滩入库泥沙大幅减少的主要原因之一（表6.2）。

表6.2 白鹤滩水库入、出库主要控制站水沙统计

年 份	入、出库主要控制站	径流量/亿 m³		输沙量/万 t	
		入库	出库	入库	出库
2012		1326.4	1315		11700
2013		1036.9	1048		5400
2014		1186.2	1197		6830
2015		1071.9	1101	4730.2	8830
2016	（乌东德＋尼格＋宁南）/白鹤滩	1209.9	1298	4502.7	9740
2017		1238.5	1315	3888.5	9440
2018		1443.7	1471	3077.7	8180
2019		1158.3	1198	1762.9	4340
2015—2019		1224	1277	3592.0	8106
可研阶段坝址	华弹（巧家）	1321		16800	

6.1.2 粗略考虑库区未控区间来沙估算

乌东德和白鹤滩两个电站的库区均位于金沙江干热河谷的核心区域，侵蚀产沙强度大，大量的入库泥沙来自未控区间，并且对强降雨极为敏感，一旦遭遇汛期强降雨过程，水库未控区间和支流就可能出现来沙量显著增大的现象，从而对水库运行造成影响，因此，本书针对两个水库未控区间的来沙量进行了初步的估算。

仅按照现有观测资料统计，2015—2019年，攀—桐—乌未控区间的来沙量均值为897万 t，占入库干支流控制站（攀枝花＋桐子林＋小黄瓜园＋可河）沙量总和的比例达87.5%；乌—白未控区间的来沙量均值为4514万 t，是入库干支流控制站（乌东德＋尼格＋黑水河）沙量总和的1.2倍（表6.3）。未控区间是乌东德和白鹤滩入库泥沙的主要来源。

表6.3 2015—2019年攀枝花至白鹤滩站及未控区间年输沙量统计 单位：万 t

年份	攀枝花	桐子林	三堆子	小黄瓜园	可河	乌东德	攀—桐—乌区间	尼格	黑水河	白鹤滩	乌—白区间
2015	256	765	1290	96.3		4310	1903	98.50	321.7	8830	4100
2016	553	1070	1700	252		3980	405	22.70	500.0	9740	5237
2017	323	765	969	57.7	50.7	3240	1075	65.50	583.0	9440	5552
2018	339	725	1050	16.3	30.2	2740	580	35.70	302.0	8180	5102
2019	198	256	589	18.0	34.6	1620	524	8.86	134.0	4340	2577
2015—2019	334	716	1120	88.0	39.0	3178	897	46.00	368.0	8106	4514

6.1.2.1 未控区间的产输沙特征

乌东德库区自雅砻江汇口至坝址，乌东德站集水面积约为40.62万 km²，其中，上游

干流攀枝花站集水面积约为 25.92 万 km²，支流雅砻江桐子林站、龙川江小黄瓜园站和鲹鱼河可河站的集水面积分别约为 12.84 万 km²、0.56 万 km² 和 0.13 万 km²，其他支流和未控区间的集水面积约为 1.17 万 km²，占比为 2.9%（表 6.4）。库区处于干热河谷核心地段，断裂发育，两岸山谷地形高差大，岩层破碎，崩塌、滑坡和泥石流发育。流域的侵蚀主要与泥石流和滑坡的活动密切相关，还与降水、植被覆盖及地表组成物质的抗侵蚀能力有关。一般地，植被覆盖率与降水分布规律基本一致，降水丰沛的地区植被覆盖率高，抗侵蚀能力强，而降水少的地区植被覆盖率低，抗侵蚀能力差。根据地形特征及气流运行路径分析及植被变化的反映，库区降水量变化的规律大致随高程的降低而减小，干流降水量小，支流往上游降水量增大。

白鹤滩库区自乌东德水电站至坝址，白鹤滩站集水面积约为 43.03 万 km²，库区支流普渡河的尼格站和黑水河的宁南站集水面积分别约为 1.16 万 km² 和 0.31 万 km²，其他支流和未控区间的集水面积为 9416km²，占库区集水面积的 2.2%（表 6.4）。库区处于干热河谷的核心地段，为黑水河—小江断裂带的核心地带，两岸山谷地形高差大，岩层破碎，崩塌、滑坡和泥石流发育，是金沙江下游的重点产沙区。流域侵蚀与泥石流和滑坡的活动密切相关，还与降水、植被覆盖及地表组成物质的抗侵蚀能力有关。一般地，植被覆盖率与降水分布规律基本一致，降水丰沛的地区植被覆盖率高，抗侵蚀能力强，而降水少的地区植被覆盖率低，抗侵蚀能力差。根据地形特征及气流运行路径分析及植被变化的反应，库区降水量大致随高程的降低而减小，干流降水量小，支流往上游方向降水量增大。

表 6.4　　　　　　　　　乌东德、白鹤滩库区未控区间集水面积对比

干流控制站	集水面积/万 km²	支流控制站	集水面积/万 km²	支流所在库区	未控区间集水面积/km²
攀枝花	25.92	桐子林	12.84	乌东德	11743
三堆子	38.86	小黄瓜园	0.56		
		可河	0.13		
乌东德	40.62	尼格	1.16	白鹤滩	9416
白鹤滩	43.03	宁南	0.31		

6.1.2.2　未控区间的输沙量估算

乌东德和白鹤滩水文站均位于工程下游，自 2015 年两个测站开始有泥沙观测资料。沿程三堆子、乌东德和白鹤滩三个测站的径流同步变化，但输沙量变化规律相差较大（图 6.1），表明乌东德和白鹤滩两个测站的来沙基本不属于天然状态，其泥沙输移或多或少会受到工程施工的影响，考虑到这一基本情况，关于乌东德和白鹤滩库区的未控区间输沙量的估算，干流的控制站和计算时段选择将尽量避开工程施工的影响。

未控区间输沙量的估算经验方法有很多，本次分析主要采用以下两类，各类别计算过程及具体估算量如下所述。

1. 径流-输沙关系法

从其他因素相对稳定的角度出发，径流-输沙关系法主要采用的三堆子站和华弹站近期的 2007—2014 年的年径流量和输沙量，建立三堆子—华弹区间年径流量和年输沙量的相关关系如图 6.2 所示，按照这一关系，可粗略估算出 2015—2019 年乌东德和白鹤滩库区

区间的年均输沙总量为 10200 万 t（包含所有支流），两库年均入库总沙量增至 1.13 亿 t。

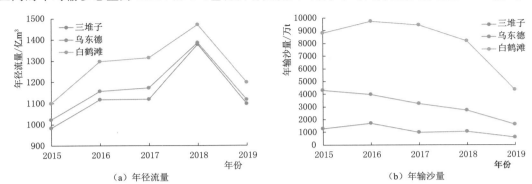

（a）年径流量　　　　　　　　　　　　　（b）年输沙量

图 6.1　2015—2019 年三堆子、乌东德和白鹤滩站年径流量与输沙量变化

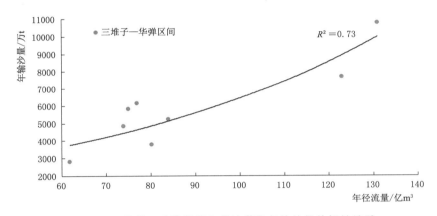

图 6.2　三堆子—华弹区间年径流量和年输沙量的相关关系

2. 输沙模数法

采用该法估算区间输沙量的关键在于输沙模数的计算，若采用区间有测站的支流的输沙模数作为代表，乌东德库区龙川江和鲹鱼河有输沙数据，按照这两条支流的平均输沙模数（2017—2019 年均值）估算，2015—2019 年乌东德库区未控区间年均输沙量为 118 万 t，加上雅砻江、龙川江和鲹鱼河的来沙量，库区区间总输沙量为 961 万 t；白鹤滩库区普渡河和黑水河有输沙数据，按照这两条支流的平均年输沙模数（2011—2019 年均值），估算出 2015—2019 年白鹤滩库区未控区间的输沙量为 287 万 t，加上普渡河和黑水河的来沙，则库区区间总输沙量为 701 万 t。

若采用三堆子至华弹区间的平均输沙模数估算，2007—2014 年区间的平均输沙模数为 1390t/km²，则 2015—2019 年乌东德和白鹤滩库区未控区间的输沙量分别为 1630 万 t 和 1310 万 t，两个水库区间的总输沙量分别为 2470 万 t 和 1720 万 t。

若采用攀枝花—桐子林—三堆子区间的平均输沙模数估算，则乌东德库区未控区间的输沙模数为 660t/km²，计算得出 2015—2019 年乌东德库区未控区间的年均来沙量为 775 万 t，库区区间的总输沙量为 1620 万 t。

随着金沙江流域生态环境治理与保护的加强，流域植被覆盖率将继续增加，坡面、沟道侵蚀会有所减轻，来沙量随降水的变化而呈现一定的周期性，但总体呈减小的变化趋势。同时，应注意到，干热河谷的地质灾害发生频率较高且具有较强不确定性，在遭受强烈外力作用时，输沙量仍有可能突然大增，如 2018 年的白格滑坡等。

6.2　库区河道基本特征

6.2.1　乌东德库区

6.2.1.1　观测资料

1. 固定断面

截至 2019 年，乌东德库区固定断面原型观测资料情况见表 6.5，观测范围坝上游为 214km，其中 2004 年测次固定断面 106 个，2013 年及此后测次固定断面 277 个，两个测次有 63 个断面重合，断面布置差异较大。因此，研究主要采用 2013 年 12 月、2014 年 11 月、2016 年 11 月固定断面观测资料，对库区河道进行冲淤计算分析。2014 年、2016 年库区部分支流观测范围较之 2013 年略有减小，支流的计算范围以 2014 年为准。同时，采用 2016 年 11 月、2017 年 11 月、2018 年 11 月和 2019 年 12 月近坝段固定断面观测资料，对 2016—2019 年近坝段的冲淤量进行计算。

表 6.5　　　　　　　　　　　乌东德库区固定断面原型观测资料情况

时　间	库 区 干 流 河 道			库 区 支 流 河 道		
	观测范围/km	布置断面数/个	平均断面间距/m	观测范围/km	布置断面数/个	平均断面间距/m
2004 年 4 月	214	106	2019	雅砻江：19.65km	5	3930
				龙川江：12.6km	7	1800
				勐果河：4.62km	3	1540
				普隆河：15.7km	6	2617
				鲹鱼河：8.2km	3	2733
2013 年 12 月	253	277	1296	雅砻江：12.661km	14	904
				龙川江：14.628km	20	731
				勐果河：12.744km	12	1062
				普隆河：15.367km	15	1024
				鲹鱼河：15.78km	20	789
2014 年 11 月、2016 年 11 月	253	328	1296	雅砻江：12.661km	14	904
				龙川江：13.16km	18	731
				勐果河：4.381km	4	1095
				普隆河：14.849km	14	1061
				鲹鱼河：6.848km	7	978

续表

时　间	库 区 干 流 河 道			库 区 支 流 河 道		
	观测范围 /km	布置 断面数/个	平均断面 间距/m	观测范围/km	布置 断面数/个	平均断面 间距/m
2017 年 12 月、 2018 年 11 月、 2019 年 12 月	7.023～ 0.955	12	505	无		

注　干流观测范围为距大坝距离，支流观测范围为距河口距离。

2. 水下地形

2016 年、2017 年、2018 年和 2019 年坝址上下游各长约 5km 范围内的河道，按照 1∶1000 的比例尺各施测水下地形 1 次，两岸测至五年一遇洪水水面线。

3. 洲滩床沙取样资料

2016 年汛后于乌东德库区施测床沙 1 次，主要采用试坑法，按每个洲滩沿横断面布设 2 个试坑，沙质布设表层样坑的布置原则，库区干流河道内共布置 655 个取样坑，支流雅砻江、龙川江、勐果河、普隆河和鲹鱼河河口段分别布置了 27 个、19 个、9 个、15 个和 28 个取样坑。

6.2.1.2　河道形态基本特征及其变化

为便于更直观地了解乌东德库区干流河道的基本特征，本书采用 2013—2016 年库区固定断面观测资料，对其干流 328 个固定断面以及支流固定断面的水面宽、平均水深、过水面积及沿程变化等进行计算。计算水位采用天然情况下上游来流为五年一遇洪水的库区水面线成果（华弹站 $Q=19700\mathrm{m^3/s}$）。

1. 干流河道

（1）过水断面宽度。2013—2016 年乌东德库区干流河道过水断面宽度变幅沿程分布如图 6.3 所示；变化分段统计见表 6.6。距坝 150km 以内的河段过水断面宽度变幅度较小，150km 以上过水断面宽度变幅较大。2016 年相较于 2014 年，平均减小 0.1m，最大增幅为 66m，出现在 JD000.1 断面处（距坝 0.98km），极可能是受工程施工的影响，最

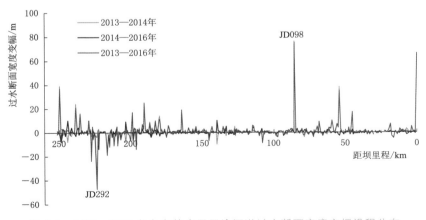

图 6.3　2013—2016 年乌东德库区干流河道过水断面宽度变幅沿程分布

大减幅为43m，出现在JD292断面处（距坝224.7km）。具体分段来看，库尾段过水断面宽度减幅最大，平均减小1.6m；坝前段过水断面宽度增幅最大，平均增加1.4m，其他各段变化相对较小。2013年以来，库区干流河道过水断面宽度增加1.2m，除库尾段以外，其他各段过水断面宽度均有所增加。

表6.6 　　　　　　　　2013—2016年乌东德库区干流河道过水断面宽度变化分段统计

断面名称	距坝里程/km	河长/km	过水断面宽度平均值/m			变化值/m		
			2013年	2014年	2016年	2013—2014年	2014—2016年	2013—2016年
JD328~JD277	251.3~214.6	36.7	118.6	119.9	118.3	1.3	−1.6	−0.3
JD277~JD201.1	214.6~162.2	52.4	298.1	299.7	299.4	1.6	−0.3	1.3
JD201.1~JD133.1	162.2~115.1	47.1	289.0	289.4	289.7	0.4	0.3	0.7
JD133.1~JD090.1	115.1~79.5	35.6	369.9	371.3	371.5	1.4	0.2	1.6
JD090.1~JD043.1	79.5~38.7	40.8	356.5	358.6	358.4	2.1	−0.2	1.9
JD043.1~JD000.1	38.7~0	38.7	211.1	211.7	213.1	0.6	1.4	2.0
全河段	251.3~0	251.3	274.0	275.3	275.2	1.3	−0.1	1.2

　　（2）过水断面面积变化。2013—2016年乌东德库区干流河道过水断面面积变幅沿程分布如图6.4所示；变化分段统计见表6.7。2016年相较于2014年，库区干流河道过水断面面积减小2.0m²，与冲淤量沿程分布特征相似，距坝100km以上的河段过水断面面积的变化幅度相对较小，平均增大5.1m²，坝址至坝上游100km范围以内河道的过水断面面积变化幅度较大，平均减小15.3m²；最大减幅为683.3m²，出现在JD032断面处（距坝29.0km）；具体分段来看，JD090.1~JD043.1段过水断面面积减幅最大，约36.4m²，其他各段变化相对较小。2013年以来，全河段过水断面面积平均增大5.6m²，最大增幅为787.4m²（JD026断面，距坝23.6km），最大减幅为482.4m²（JD211断面，距坝169.3km）。

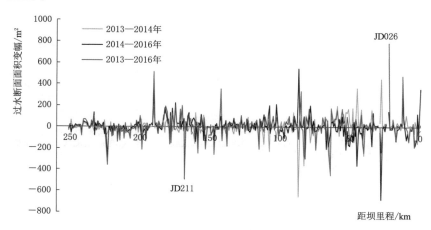

图6.4　2013—2016年乌东德库区干流河道过水断面面积变幅沿程分布

表 6.7　　　2013—2016 年乌东德库区河道过水断面面积变化分段统计

断面名称	距坝里程 /km	河长 /km	过水断面面积平均值/m²			变化值/m²		
			2013 年	2014 年	2016 年	2013—2014 年	2014—2016 年	2013—2016 年
JD328～JD277	251.3～214.6	36.7	935.5	930.0	922.9	−5.5	−7.1	−12.6
JD277～JD201.1	214.6～162.2	52.4	4727.8	4727.7	4742.4	−0.1	14.7	14.6
JD201.1～JD133.1	162.2～115.1	47.1	5511.0	5512.2	5508.0	1.2	−4.2	−3
JD133.1～JD090.1	115.1～79.5	35.6	6360.1	6349.0	6380.5	−11.1	31.5	20.4
JD090.1～JD043.1	79.5～38.7	40.8	6393.1	6424.9	6388.5	31.8	−36.4	−4.6
JD043.1～JD000.1	38.7～0	38.7	4597.8	4637.7	4620.7	39.9	−17.0	22.9
全河段	251.3～0	251.3	4719.9	4727.5	4725.5	7.6	−2.0	5.6

（3）过水断面平均水深变化。2013—2016 年乌东德库区干流河道过水断面平均水深变幅沿程分布如图 6.5 所示；变化分段统计见表 6.8。坝址至坝上游 50km 河道过水断面平均水深变幅相对较大，平均减小 0.24m，最大减幅为 6.2m，位于 JD000.1 断面处；距坝址 50km 以上以河道的过水断面平均水深变化幅度较小，最大减幅为 1.7m，出现在 JD211 断面处（距坝 169.3km），过水断面平均水深平均增大 0.03m。具体分段来看，除坝前段过水断面平均水深减小 0.3m 以外，其他各段过水断面平均水深基本无变化。2013 年以来，过水断面平均水深累计变幅较小。

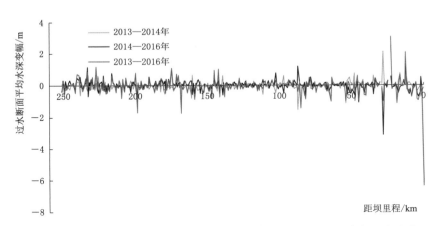

图 6.5　2013—2016 年乌东德库区干流河道过水断面平均水深变幅沿程分布

表 6.8　　　2013—2016 年乌东德库区河道过水断面平均水深变化分段统计

断面名称	距坝里程 /km	河长 /km	过水断面平均水深均值/m			变化值/m		
			2013 年	2014 年	2016 年	2013—2014 年	2014—2016 年	2013—2016 年
JD328～JD277	251.3～214.6	36.7	7.0	6.9	7.0	−0.1	0.1	0
JD277～JD201.1	214.6～162.2	52.4	16.1	16.0	16.1	0.1	0.1	0

续表

断面名称	距坝里程 /km	河长 /km	过水断面平均水深均值/m			变化值/m		
			2013 年	2014 年	2016 年	2013—2014 年	2014—2016 年	2013—2016 年
JD201.1～JD133.1	162.2～115.1	47.1	19.3	19.3	19.2	0	−0.1	−0.1
JD133.1～JD090.1	115.1～79.5	35.6	17.6	17.6	17.6	0	0	0
JD090.1～JD043.1	79.5～38.7	40.8	18.3	18.3	18.2	0	−0.1	−0.1
JD043.1～JD000.1	38.7～0	38.7	21.9	22.1	21.8	0.2	−0.3	−0.1
全河段	251.3～0	251.3	16.6	16.6	16.5	0	−0.1	−0.1

2. 支流河口段

考虑到山区性河流库区支流易于形成拦门沙，而拦门沙的堆积与河口段的河道形态有一定关系，以下分析了 2016 年 11 月乌东德库区支流河口段河道基本特征（表 6.9）。

表 6.9　　　　　　　　2016 年 11 月乌东德库区支流河口段河道基本特征

支流名称	断面名称	距河口里程/km	河长/km	统 计 项 目	
雅砻江	YL014～YL001	12.66～0.45	12.21	过水断面宽度 B/m	221
				过水断面面积/m²	3958
				断面平均水深/m	18.1
				宽深比 $B^{0.5}/H$	0.821
				深泓纵比降/‰	0.934
龙川江	LC018～LC001	13.16～1.34	11.82	过水断面宽度 B/m	315
				过水断面面积/m²	3611
				断面平均水深/m	14.4
				宽深比 $B^{0.5}/H$	1.23
				深泓纵比降/‰	4.20
勐果河	MG004～MG001	4.38～1.07	3.29	过水断面宽度 B/m	295
				过水断面面积/m²	602
				断面平均水深/m	2.29
				宽深比 $B^{0.5}/H$	7.50
				深泓纵比降/‰	16.0
普隆河	PL014～PL001	14.85～0.45	14.40	过水断面宽度 B/m	257
				过水断面面积/m²	2022
				断面平均水深/m	7.55
				宽深比 $B^{0.5}/H$	2.12
				深泓纵比降/‰	5.74

支流名称	断面名称	距河口里程/km	河长/km	统 计 项 目	
鲹鱼河	SY007~SY001	6.85~0.59	6.26	过水断面宽度 B/m	—
				过水断面面积/m²	—
				断面平均水深/m	—
				宽深比 $B^{0.5}/H$	—
				深泓纵比降/‰	23.4

（1）雅砻江河口。过水断面宽度为221m；断面平均水深为18.1m；过水断面面积为3958m²，平均高程为982m；深泓纵比降为0.934‰，略大于汇口上下游干流河道。

（2）龙川江河口。过水断面宽度为315m；断面平均水深为14.4m；过水断面面积为3611m²，平均高程为954m；深泓纵比降为4.20‰，大于汇口上下游的干流河道。

（3）勐果河河口。过水断面宽度为295m；断面平均水深为2.29m；过水断面面积为602m²，平均高程为956m；深泓纵比降为16.0‰，显著大于汇口上下游干流河道。

（4）普隆河河口。过水断面宽度为257m；断面平均水深为7.55m；过水断面面积为2022m²，平均高程为940m；深泓纵比降为5.74‰，明显大于汇口上下游干流河道。

（5）鲹鱼河河口。大多断面最低点高程在计算水位以上，深泓纵比降高达23.4‰，是支流中深泓纵比降最大的，同时也显著地大于汇口上下游干流河道。

2013年以来，龙川江、普隆河河口段过水断面宽度分别增加10.3m、40.9m，其他支流河口段变化幅度较小。龙川江、普隆河河口段过水断面面积平均增加88.7m²、264.8m²，其他支流河口段变幅较小。雅砻江、龙川江和普隆河河口段断面平均水深均值分别累积减小0.2m、0.2m和0.3m，勐果河和鲹鱼河基本无变化（表6.10~表6.12）。

表6.10　2013—2016年乌东德库区支流河口段断面宽度变化

支流名称	断面名称	过水断面宽度平均值/m			变化值/m		
		2013年	2014年	2016年	2013—2014年	2014—2016年	2013—2016年
雅砻江	YL014~YL001	218.1	220.6	221.4	2.5	0.8	3.3
龙川江	LC018~LC001	305.1	314.0	315.4	8.9	1.4	10.3
勐果河	MG004~MG001	294.5	293.3	294.7	−1.2	1.4	0.2
普隆河	PL014~PL001	215.9	246.8	256.8	30.9	10	40.9
鲹鱼河	SY002~SY001	122.0	119.5	119.5	−2.5	0	−2.5

表6.11　2013—2016年乌东德库区支流河口段断面面积变化

支流名称	断面名称	过水断面面积平均值/m²			变化值/m²		
		2013年	2014年	2016年	2013—2014年	2014—2016年	2013—2016年
雅砻江	YL014~YL001	3957.2	3959.2	3958.5	2	−0.7	1.3
龙川江	LC018~LC001	3522.0	3608.2	3610.7	86.2	2.5	88.7

续表

支流名称	断面名称	过水断面面积平均值/m²			变化值/m²		
		2013 年	2014 年	2016 年	2013—2014 年	2014—2016 年	2013—2016 年
勐果河	MG004～MG001	611.4	589.2	602.2	−22.2	13	−9.2
普隆河	PL014～PL001	1757.5	1958.2	2022.3	200.7	64.1	264.8
鲹鱼河	SY002～SY001	822	802.6	806.7	−19.4	4.1	−15.3

表 6.12　　　　　　　　2013—2016 年乌东德库区支流河口段断面平均水深变化

支流名称	断面名称	过水断面平均水深均值/m			变化值/m		
		2013 年	2014 年	2016 年	2013—2014 年	2014—2016 年	2013—2016 年
雅砻江	YL014～YL001	18.3	18.2	18.1	−0.1	−0.1	−0.2
龙川江	LC018～LC001	14.6	14.5	14.4	−0.1	−0.1	−0.2
勐果河	MG004～MG001	2.3	2.3	2.3	0	0	0
普隆河	PL014～PL001	7.9	7.5	7.6	−0.4	0.1	−0.3
鲹鱼河	SY002～SY001	5.8	5.8	5.8	0	0	0

6.2.1.3　工程上、下游局部地形特征

根据 2016 年乌东德工程上、下游 5km 范围的地形测量成果，将地形数据处理为二维等值云图（图 6.6），结果显示，上游至坝址长约 5km 河道较为顺直，主槽靠近左岸，沿程地形高低起伏。工程上游河段最深点高程为 776.33m，位于围堰上游约 2.1km 处；坝址至下游长约 5km 范围内河道也较为顺直，河宽较小，河道总体高程较低，深槽相对居中，高程沿程高低起伏明显。2016 年坝下游最深点高程为 790.3m，位于金坪子大桥下游约 3.5km，围堰下游最低点高程约 801.1m，位于 4 号导流洞下游约 15m。

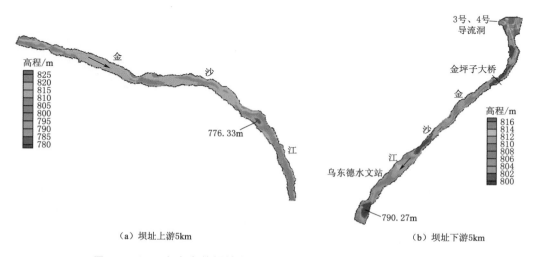

（a）坝址上游5km　　　　　　　　　　　　　　　（b）坝址下游5km

图 6.6　2016 年乌东德坝址上、下游 5km 范围内河道地形二维云图

6.2.1.4　洲滩河床组成基本特征

1. 干流河道

乌东德库区干流河道洲滩床沙主要由卵石、沙及礁石组成（表6.13），655个取样坑中，有127个坑取到了$d>2mm$的卵石，占比约19.4%，其余断面最大粒径基本不超过2mm，沿程来看，近坝段的卵石分布相对较少，取样坑中含$d>2mm$卵石的数量占比仅3.57%，JD090.1～JD043.1段卵石断面占比最大，约25.3%。

表6.13　　　　　　　　　2016年乌东德库区干流河道洲滩床沙基本特征统计

断面名称	试坑编号	断面数占比/%			d_{max}/mm		平均粒径/mm	
		含$d>$2mm	$d<0.125mm$沙重百分数大于50%	$d_{50}>$0.25mm	最小值	最大值	最小值	最大值
JD328～277	JWK460～389	16.9	73.7	17.8	0.250	277	0.069	104
JD277～201.1	JWK386+1～251+4	24.4	65.5	24.4	0.250	287	0.059	89.2
JD201.1～133.1	JWK251+3～172+1	14.9	43.8	14.9	0.250	358	0.064	102
JD133.1～090.1	JWK171+2～114+1	22.6	77.4	22.6	0.250	428	0.057	191
JD090.1～043.1	JWK114～40	25.3	56.6	25.3	0.250	299	0.058	117
JD043.1～000.1	JWK39～1+1	3.57	71.4	5.36	0.500	312	0.071	130
全河段	JWK460～1+1	19.4	63.8	19.7	0.250	428	0.057	191

乌东德库区干流河道洲滩河床组成粒径为0.002～428mm，大部分取样坑中，$d<$0.125mm颗粒沙重百分数大于50%，这类取样坑占比约63.8%，JWK166号取样坑$d<0.125mm$颗粒沙重百分数最大，为99.9%，分段JD133.1～JD090.1中这类取样坑的占比最大，约77.5%；$d_{50}>0.25mm$的取样坑的沿程分布规律与$d>2mm$的卵石断面基本一致。取样坑最大粒径的变化范围为0.250～428mm（JWK128+1取样坑），平均粒径为0.057～191mm。最大粒径取样坑和细颗粒占比最大的取样坑的泥沙颗粒级配如图6.7所示，可见，干流河道洲滩组成的级配较宽，符合山区性河流的基本特征。

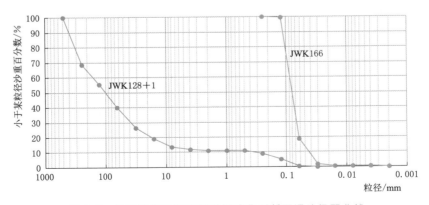

图6.7　乌东德库区干流河道洲滩典型断面泥沙级配曲线

2. 支流河口段

乌东德库区支流河口段洲滩床沙由卵石、沙及礁石组成。其中，各支流河口段的洲滩床沙组成略有差别，见表 6.14。

表 6.14　　　　　　　　　2016 年乌东德库区支流河口段洲滩床沙基本特征统计

| 支流名称 | 试坑编号 | 断面数占比/% | | | d_{max}/mm | | 平均粒径/mm | |
		含 $d>$ 2mm	$d<0.125$mm 沙重百分数 大于 50%	$d_{50}>$ 0.25mm	最小值	最大值	最小值	最大值
雅砻江	YK22~1	29.6	48.1	29.6	0.5	259	0.068	79.9
龙川江	LK17~1+1	57.9	31.6	57.9	0.25	254	0.081	80.2
勐果河	MK9~1	66.7	33.3	66.7	0.5	332	0.082	119
普隆河	PK15~1+1	60.0	13.3	60.0	0.5	288	0.083	89.1
鲹鱼河	SK5~1+1	14.3	35.7	32.1	0.25	222	0.072	56.8

（1）雅砻江河口段。共布置 28 个取样坑，其中有 8 个坑取到粒径 $d>$2mm 的卵石，13 个坑 $d<0.125$mm 粒径沙重百分数超过 50%，$d_{50}>0.25$mm 的试坑沿程分布规律与卵石坑基本一致，最大粒径为 259mm（YK4+1 试坑），河口附近的泥沙最细，YK1 试坑的 $d<0.125$mm 粒径沙重百分数为 96.8%（图 6.8）。

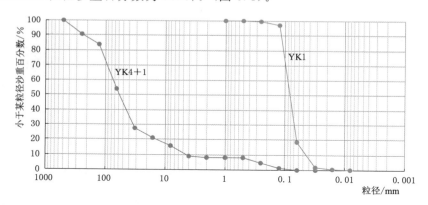

图 6.8　雅砻江河口段洲滩典型断面泥沙级配曲线

（2）龙川江河口段。共布置 19 个取样坑，其中有 11 个坑取到粒径 $d>$2mm 的卵石，6 个坑 $d<0.125$mm 粒径沙重百分数超过 50%，$d_{50}>0.25$mm 的试坑沿程分布规律与卵石坑基本一致，最大粒径为 254mm（LK7+1 试坑），河口附近的泥沙最细，LK1+1 试坑的 $d<0.125$mm 粒径沙重百分数为 99.5%（图 6.9）。

（3）勐果河河口段。共布置 9 个取样坑，其中有 6 个坑取到粒径 $d>$2mm 的卵石，3 个坑 $d<0.125$mm 粒径沙重百分数超过 50%，$d_{50}>0.25$mm 的试坑沿程分布规律与卵石坑基本一致，最大粒径为 332mm（MK3 试坑），MK4 试坑的 $d<0.125$mm 粒径沙重百分数为 97.1%（图 6.10）。

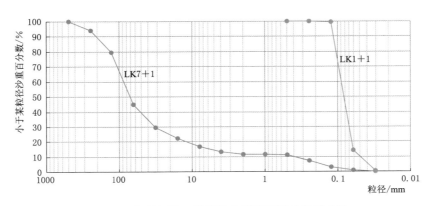

图 6.9　龙川江河口段洲滩典型断面泥沙级配曲线

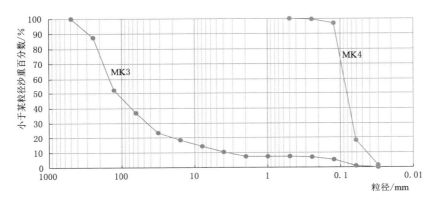

图 6.10　勐果河河口段洲滩典型断面泥沙级配曲线

（4）普隆河河口段。共布置 15 个取样坑，其中有 9 个坑取到粒径 $d>2$mm 的卵石，2 个坑 $d<0.125$mm 粒径沙重百分数超过 50%，$d_{50}>0.25$mm 的试坑沿程分布规律与卵石坑基本一致，最大粒径为 288mm（PK4 试坑），PK12 试坑的 $d<0.125$mm 粒径沙重百分数为 82.7%（图 6.11）。

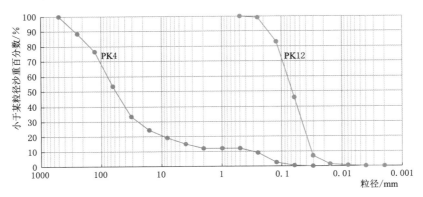

图 6.11　普隆河河口段洲滩典型断面泥沙级配曲线

（5）鲹鱼河河口段。共布置 28 个取样坑，其中有 4 个坑取到粒径 $d>2$mm 的卵石，10 个坑 $d<0.125$mm 粒径沙重百分数超过 50%，$d_{50}>0.25$mm 的试坑有 9 个，最大粒径为 222mm（SK1+2 试坑），SK2+1 试坑 $d<0.125$mm 粒径沙重百分数为 93.7%（图 6.12）。

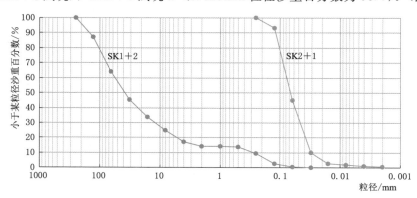

图 6.12 鲹鱼河河口段洲滩典型断面泥沙级配曲线

综上来看，乌东德库区支流口河段洲滩床沙级配较宽，雅砻江和龙川江河口附近床沙较细，其他河口段无明显规律。

6.2.2 白鹤滩库区

6.2.2.1 观测资料

1. 固定断面资料

截至 2019 年年底，白鹤滩库区干、支流河道固定断面原型观测资料情况见表 6.15，主要采用白鹤滩库区干流段 2004 年 4 月、2013 年 12 月、2014 年 11 月和 2016 年 11 月固定断面观测资料，对于 2013 年之前的累计冲淤变化，库区干流河道计算范围为：坝上游 178km，其中 2004 年测次固定断面 91 个，2013 年测次固定断面 205 个，两个测次仅有 64 个断面重合，差异较大，因此，仅对 2013 年以来的冲淤进行计算。库区支流计算范围：普渡河为河口至上游 9.92km；小江为河口至上游 7.31km；以礼河为河口至上游 7.41km；黑水河为河口至上游 26.99km。2013—2016 年 3 套观测资料基本匹配，河道冲淤计算范围即实测固定断面的观测范围，库区干流河道为 JC208～JC002；库区支流分别对普渡河、小江、以礼河和黑水河河口段的冲淤进行计算。

表 6.15 白鹤滩库区河道固定断面原型观测资料情况

时 间	库 区 干 流 河 道			库 区 支 流 河 道		
	观测范围/km	布置断面数/个	平均断面间距/m	观测范围	布置断面数/个	平均断面间距/m
2001 年、2002 年、2004 年 4 月 2005 年 5 月	193～0	100	1930	普渡河：19.01km	11	1901
				小江：13.09km	11	1190
				以礼河：10.65km	8	1331
				黑水河：31.07km	19	1635

时 间	库 区 干 流 河 道			库 区 支 流 河 道		
	观测范围/km	布置断面数/个	平均断面间距/m	观测范围	布置断面数/个	平均断面间距/m
2013 年 12 月	178～0	205	868	普渡河：10.147km	10	1015
				小江：13.576km	20	679
				以礼河：7.268km	12	606
				黑水河：26.807km	30	894
2014 年 11 月、2016 年 11 月	178～0.98	198	894	普渡河：10.147km	10	1015
				小江：13.576km	20	679
				以礼河：7.268km	12	606
				黑水河：26.807km	30	894
				大桥河：3.604km	5	721
2017 年 11 月、2018 年 11 月、2019 年 12 月	7.185～1.65	11	503	无		
	178.1～173.0	11	458			

注 干流观测范围为距大坝距离，支流观测范围为距河口距离。

2. 水下地形资料

2016—2019 年每年坝址上、下游 5km 范围内的河道，按照 1:1000 的比例尺各施测水下地形 1 次，两岸测至五年一遇洪水水面线。其中，2017 年、2018 年和 2019 年受测量安全的限制，坝址上游河道未实测水下地形。

3. 洲滩床沙取样资料

2016 年汛后白鹤滩库区施测床沙 1 次，主要采用试坑法，试坑根据洲滩大小布设 1～3 个坑，沙质布设表层样坑。库区干流河道 JC208～JC001 范围内洲滩共布置 471 个试坑（编号：JBK471～JBK1），库区支流普渡河、小江、以礼河及黑水河河口段洲滩分别布置了 9 个（编号：PK9～PK1）、30 个（编号：XK30～XK1）、7 个（编号：YK7～YK1）和 21 个（编号：HK21～HK1）取样坑。

6.2.2.2 河道形态基本特征及其变化

1. 干流河道

为便于更直观地了解白鹤滩库区河道的基本特征，采用 2013—2016 年库区固定断面观测资料，对其河道过水断面宽度、过水断面面积、过水断面平均水深及沿程变化进行计算。其中，JC174～JC130 段不包含老君滩险段（长约 7.3km）。计算水位采用天然情况下上游来流为五年一遇洪水（华弹站流量 $Q=19700\text{m}^3/\text{s}$）的库区水面线成果。

（1）过水断面宽度。变幅沿程分布如图 6.13 所示；变化分段统计见表 6.16。沿程仅有几个断面宽度变幅略大。2016 年相较于 2014 年，平均增大 1.2m，最大增幅为 139m，出现在 JC207 断面处（距坝 178.1km），可能是受乌东德电站工程施工的影响，最大减幅为 31m，出现在 JC035 断面处（距坝 34.1km）；具体分段来看，库尾段和坝前段过水断面宽度变幅最大，平均增加 4.8m 和减小 5.8m，其他各段变化相对较小。2013 年以来，库区干流河道过水断面河宽减小 0.2m，除近坝段以外，其他各段过水断面宽度均有所增加。

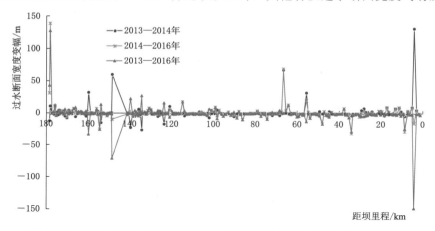

图 6.13　2013—2016 年白鹤滩库区干流河道过水断面宽度变幅沿程分布

表 6.16　　　　　　　　2013—2016 年白鹤滩库区干流河道过水断面宽度变化分段统计

断面名称	距坝里程/km	河长/km	过水断面宽度平均值/m			变化值/m		
			2013 年	2014 年	2016 年	2013—2014 年	2014—2016 年	2013—2016 年
JC208～JC174	178.5～154.6	23.9	268.9	268.6	273.7	−0.3	5.1	4.8
JC174～JC130	154.6～123.7	23.6	270.0	271.4	271.3	1.4	−0.1	1.3
JC130～JC097	123.7～92.9	30.8	259.1	258.9	260.0	−0.2	1.1	0.9
JC097～JC066	92.9～63.0	29.9	408.9	406.8	409.0	−2.1	2.2	0.1
JC066～JC034	63.0～33.3	29.7	614.1	613.0	611.5	−1.1	−1.5	−2.6
JC034～JC002	33.3～1.0	32.3	235.4	229.3	229.6	−6.1	0.3	−5.8
全河段	—	170.2	340.0	338.6	339.8	−1.4	1.2	−0.2

（2）过水断面面积。变幅沿程分布如图 6.14 所示；变化分段统计见表 6.17。相较于

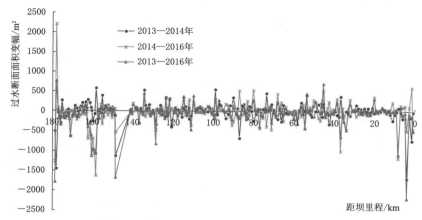

图 6.14　2013—2016 年白鹤滩库区河道过水断面面积变幅沿程分布

2014 年，2016 年干流河道过水断面面积以增加为主，平均增大约 $50.6m^2$，库尾段增幅最大，平均增加 $210.2m^2$。2013 年以来过水断面面积平均减小 $63.4m^2$；库尾和近坝段过水断面面积的变化幅度相对较大，总体以减小为主；过水断面面积最大减幅为 $2188.7m^2$，出现在 JC005 断面处（距坝 4.15km），最大增幅为 $767.2m^2$，出现在 JC207 断面处（距坝 178.1km）。分段来看，库尾段过水断面面积减幅最大，约 $239.9m^2$，其他各段变化相对较小，受工程施工影响明显。

表 6.17　　　　　　2013—2016 年白鹤滩库区河道过水断面面积变化分段统计

断面名称	距坝里程 /km	河长 /km	过水断面面积平均值/m²			变化值/m²		
			2013 年	2014 年	2016 年	2013—2014 年	2014—2016 年	2013—2016 年
JC208～JC174	178.5～154.6	23.9	6041.6	6011.9	5801.7	−29.7	−210.2	−239.9
JC174～JC130	154.6～123.7	23.6	5708.4	5711.8	5668.0	3.4	−43.8	−40.4
JC130～JC097	123.7～92.9	30.8	5937.0	5965.4	5974.3	28.4	8.9	37.3
JC097～JC066	92.9～63.0	29.9	6481.2	6489.6	6476.3	8.4	−13.3	−4.9
JC066～JC034	63.0～33.3	29.7	8393.7	8387.8	8375.9	−5.9	−11.9	−17.8
JC034～JC002	33.3～1.0	32.3	5839.0	5757.0	5742.0	−82.0	−15	−97
全河段	—	170.2	6386.8	6374.0	6323.4	−12.8	−50.6	−63.4

（3）过水断面平均水深。2014 年 11 月至 2016 年 11 月，白鹤滩库区干流河段过水断面平均水深略有减小，减幅为 0.3m，沿程各段过水断面平均水深有增有减，其中减少主要集中在库尾段，最大增幅为 4.8m，出现在 JC005 断面（距坝 4.15km），最大减幅为 14.6m，出现在 JC208 断面（距坝 178.5km）（表 6.18、图 6.15）。2013 年以来过水断面平均水深略减小 0.2m，库尾段平均减幅达到 1.5m。

表 6.18　　　　　　2013—2016 年白鹤滩库区河道过水断面平均水深变化分段统计

断面名称	距坝里程 /km	河长 /km	过水断面平均水深/m			变化值/m		
			2013 年	2014 年	2016 年	2013—2014 年	2014—2016 年	2013—2016 年
JC208～JC174	178.5～154.6	23.9	23.5	23.3	22.0	−0.2	−1.3	−1.5
JC174～JC130	154.6～123.7	23.6	22.4	22.3	22.1	−0.1	−0.2	−0.3
JC130～JC097	123.7～92.9	30.8	23.7	23.9	23.8	0.2	−0.1	0.1
JC097～JC066	92.9～63.0	29.9	16.0	16.0	16.0	0.0	0	0
JC066～JC034	63.0～33.3	29.7	14.2	14.2	14.2	0.0	0	0
JC034～JC002	33.3～1.0	32.3	25.3	25.5	25.4	0.2	−0.1	0.1
全河段	—	170.2	20.9	21.0	20.7	0.1	−0.3	−0.2

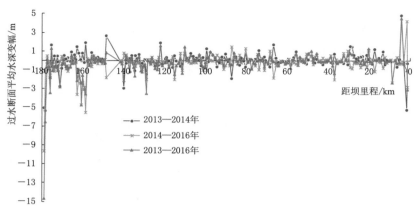

图 6.15　2013—2016 年白鹤滩库区河道过水断面平均水深变幅沿程分布

2. 支流河口段

2016 年 11 月，在给定的计算水面线下，库区干、支流河道的基本特征也存在较大差异，主要表现为支流河宽小，深泓纵比降显著偏大（表 6.19）。

表 6.19　2016 年 11 月白鹤滩库区支流河口段河道形态参数统计($Q = 19700 \text{m}^3/\text{s}$)

支流名称	断面名称	距河口里程/km	河长/km	统　计　项　目	
普渡河	PD10～PD01	10.15	10.17	过水断面宽度 B/m	105.2
				过水断面面积/m²	810.8
				断面平均水深/m	6.53
				宽深比 $B^{0.5}/H$	1.57
				深泓纵比降/‰	3.75
小江	XJ20～XJ01	13.58	13.58	过水断面宽度 B/m	260.4
				过水断面面积/m²	407.8
				断面平均水深/m	1.51
				宽深比 $B^{0.5}/H$	10.7
				深泓纵比降/‰	8.90
以礼河	YL12～YL01	7.27	7.27	过水断面宽度 B/m	58.2
				过水断面面积/m²	223.0
				断面平均水深/m	3.62
				宽深比 $B^{0.5}/H$	2.11
				深泓纵比降/‰	17.6
黑水河	HS30～HS01	26.81	26.81	过水断面宽度 B/m	187.8
				过水断面面积/m²	1466.8
				断面平均水深/m	6.41
				宽深比 $B^{0.5}/H$	2.14
				深泓纵比降/‰	7.27

（1）普渡河。河口段断面宽度为 105.2m；断面平均水深为 6.53m；断面面积为 810.8m²，平均高程为 773.6m；深泓纵比降为 3.75‰，略大于汇口上下游干流河道。

（2）小江。河口段断面宽度为 260.4m；断面平均水深为 1.51m；断面面积为 407.8m²，平均高程为 746.2m；深泓纵比降为 8.9‰，大于汇口上下游干流河道。

（3）以礼河。河口段断面宽度为 58.2m；断面平均水深为 3.62m；断面面积为 223.0m²，平均高程为 732.9m；深泓纵比降为 17.6‰，为观测支流中纵比降最大的，显著大于汇口上下游干流段。

（4）黑水河。河口段断面宽度为 187.8m；断面平均水深为 6.41m；断面面积为 1466.8m²，平均高程为 727.8m；深泓纵比降为 7.27‰，显著大于汇口干流段。

2014—2016 年普渡河河口段增幅最大，平均增加 3.8m，黑水河次之，增幅为 2.6m，小江和以礼河河口段分别减小 4.0m 和 1.0m。支流河口段过水断面面积以减小为主，普渡河河口段减幅最大，平均减小 39.1m²，小江河口段次之，减幅为 24.5m²；以礼河河口段略有增加。支流河口段断面平均水深以减小为主，普渡河减幅最大，为 0.37m，其他支流变化相对较小。2013 年以来，除以礼河河口段过水断面宽度减小 1.6m 以外，普渡河、小江、黑水河河口段过水断面宽度分别增加 3.5m、12.6m、0.5m；小江、礼河河口段过水断面面积分别增加 27.1m²、3.8m²，普渡河、黑水河河口段过水断面面积分别减小 23.3m²、21.5m²。普渡河、黑水河河口段断面平均水深减小，小江、以礼河河口段断面平均水深增加（表 6.20～表 6.22）。

表 6.20　　　　2013—2016 年白鹤滩库区支流河口段断面宽度变化

支流名称	断面名称	过水断面宽度平均值/m			变化值/m		
		2013 年	2014 年	2016 年	2013—2014 年	2014—2016 年	2013—2016 年
普渡河	PD10～PD01	101.7	101.4	105.2	−0.3	3.8	3.5
小江	XJ20～XJ01	247.8	264.4	260.4	16.6	−4	12.6
以礼河	YL12～YL01	59.8	59.2	58.2	−0.6	−1	−1.6
黑水河	HS30～HS01	187.3	185.2	187.8	−2.1	2.6	0.5

表 6.21　　　　2013—2016 年白鹤滩库区支流河口段断面面积变化

支流名称	断面名称	过水断面面积平均值/m²			变化值/m²		
		2013 年	2014 年	2016 年	2013—2014 年	2014—2016 年	2013—2016 年
普渡河	PD10～PD01	834.1	849.9	810.8	15.8	−39.1	−23.3
小江	XJ20～XJ01	380.7	432.3	407.8	51.6	−24.5	27.1
以礼河	YL12～YL01	219.2	221.5	223.0	2.3	1.5	3.8
黑水河	HS30～HS01	1488.3	1476.3	1466.8	−12	−9.5	−21.5

表 6.22 2013 年 12 月至 2016 年 11 月白鹤滩库区支流河口段断面平均水深变化

支流名称	断面名称	过水断面平均水深/m			变化值/m		
		2013 年	2014 年	2016 年	2013—2014 年	2014—2016 年	2013—2016 年
普渡河	PD10~PD01	6.87	6.90	6.53	0.03	−0.37	−0.34
小江	XJ20~XJ01	1.37	1.59	1.51	0.22	−0.08	0.14
以礼河	YL12~YL01	3.35	3.45	3.62	0.1	0.17	0.27
黑水河	HS30~HS01	6.59	6.60	6.41	0.01	−0.19	−0.18

6.2.2.3 工程上下游局部地形特征

2016 年汛后，白鹤滩坝址上游 5km 范围的地形测量结果显示，上游 5km 至坝址范围内河道平面形态微弯，河道宽度沿程减小，河底高程沿程总体呈降低的特点。坝上游河段最低点高程为 576.7m，位于上游索道桥上游约 330m 处，河道内存在多个急流区，无法给出全河道的地形云图；坝址至下游 5km 范围的河道平面形态也呈微弯状，河宽较小，沿程无明显变化规律，河底高程较低，且沿程高程呈逐渐降低的变化特征。2016 年坝下游河段最低点高程为 564.9m，距围堰约 1.4km；围堰下游最低点高程为 577.2m，位于围堰下游约 465m 处（图 6.16）。

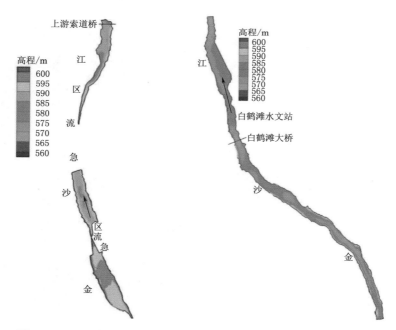

图 6.16 2016 年白鹤滩坝址上、下游 5km 范围内河道地形二维云图

6.2.2.4 洲滩河床组成基本特征

1. 干流洲滩

白鹤滩库区干流河道洲滩主要由卵石、沙及礁石组成。从洲滩河床组成的基本特征及

沿程变化来看（表6.23），471个取样坑中，有152个坑取到了$d>2$mm的卵石，占比约32.3%，其余断面最大粒径基本不超过2mm，沿程来看，库尾段的卵石分布相对较少，取样坑中含$d>2$mm的卵石的数量占比仅6.73%，JC066～JC034段的卵石断面占比最大，约86.2%，其他各段卵石断面占比介于最大和最小之间。

表6.23 2016年白鹤滩库区干流河道洲滩床沙基本特征统计

断面名称	试坑编号	断面数占比/%			d_{max}/mm		平均粒径/mm	
		含$d>$2mm	$d<0.125$mm沙重百分数大于50%	$d_{50}>$0.25mm	最小值	最大值	最小值	最大值
JC208～174	JBK471～368	6.73	54.8	6.73	0.25	233	0.049	77.1
JC174～130	JBK367～277	16.7	51.1	16.7	0.25	320	0.066	102
JC130～097	JBK276～197	18.7	36.2	21.2	0.25	300	0.057	149
JC097～066	JBK196～129	35.3	55.9	36.8	0.25	300	0.055	121
JC066～034	JBK128～35	86.2	12.8	87.2	0.25	316	0.068	149
JC034～002	JBK34～1	29.4	55.9	32.3	0.5	334	0.066	124
全河段	JBK471～1	32.3	42.7	33.3	0.25	334	0.055	149

库区干流河道洲滩河床组成粒径为0.002～334mm，部分取样坑中，$d<0.125$mm颗粒沙重百分数大于50%，这类取样坑占比约42.7%，JBK131号取样坑$d<0.125$mm颗粒沙重百分数最大，为99.9%，分段JC097～JC066和JC034～JC002中这类取样坑的占比最大，约55.9%；$d_{50}>0.25$mm的取样坑沿程分布规律与$d>2$mm的卵石断面基本一致。取样坑最大粒径的变化范围为0.25～334mm（JBK3取样坑），平均粒径为0.055～149mm。最大粒径取样坑和细颗粒占比最大的取样坑的泥沙颗粒级配如图6.17所示。可见，库区干流河道洲滩组成的级配较宽，符合山区性河流的基本特征。

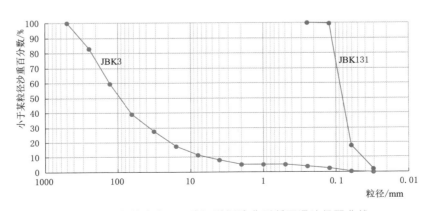

图6.17 白鹤滩库区干流河道洲滩典型断面泥沙级配曲线

2. 支流河口段洲滩组成

从 2016 年洲滩取样资料来看，白鹤滩库区支流河口段洲滩由卵石、沙及礁石组成（表 6.24），不同支流河口段洲滩组成也略有差异。

表 6.24　　　　　　　　　　2016 年白鹤滩库区支流河口段洲滩床沙基本特征统计

支流名称	试坑编号	断面数占比/%			d_{max}/mm		平均粒径/mm	
		含 $d>$2mm	$d<0.125$mm 沙重百分数大于 50%	$d_{50}>$0.25mm	最小值	最大值	最小值	最大值
普渡河	PK9~1	33.3	66.7%	33.3	1	147	0.098	47.6
小江	XK30~1	100	0	100	99	302	22.1	102
以礼河	YK7~1	100	0	100	153	249	49.7	79
黑水河	HK21~1	100	0	100	130	690	45.1	97.5

（1）普渡河河口段。共布置 9 个取样坑，其中有 3 个坑取到粒径 $d>2$mm 的卵石，6 个坑 $d<0.125$mm 粒径沙重百分数大于 50%，$d_{50}>0.25$mm 的试坑沿程分布规律与卵石坑基本一致，最大粒径为 147mm（PK1 试坑），河口附近的泥沙最粗，PK4 试坑的 $d<0.125$mm 粒径沙重百分数为 92.6%（图 6.18）。

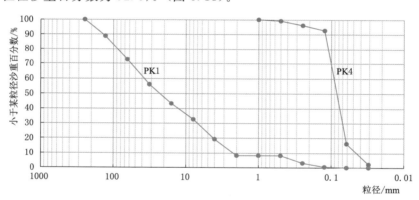

图 6.18　普渡河河口段洲滩典型断面泥沙级配曲线

（2）小江河口段。共布置 30 个取样坑，均取到粒径 $d>2$mm 的卵石，且 $d>2$mm 粒径沙重百分数基本在 90% 以上，$d_{50}>0.25$mm 的试坑沿程分布规律与卵石坑基本一致，最大粒径为 302mm（XK14 试坑），河口附近的泥沙略细，仅在 XK2 试坑取到了 $d<0.002$mm 的细沙，各试坑内 $d<0.125$mm 颗粒沙重百分数均小于 5.0%，XK20 试坑中值粒径最小，为 15.5mm（图 6.19）。

（3）以礼河河口段。共布 7 个取样坑，均取到粒径 $d>2$mm 的卵石，且 $d>2$mm 粒径沙重百分数基本在 90% 以上，$d_{50}>0.25$mm 的试坑沿程分布规律与卵石坑基本一致，最大粒径为 249mm（YK3 试坑），各试坑内 $d<0.125$mm 颗粒沙重百分数均小于 5.0%，YK7 断面中值粒径最小，为 34.7mm（图 6.20）。

（4）黑水河河口段。共布置 21 个取样坑，均取到粒径 $d>2$mm 的卵石，且 $d>2$mm

粒径沙重百分数基本在 90%以上，$d_{50}>0.25$mm 的试坑沿程分布规律与卵石坑基本一致，最大粒径为 690mm（HK11 试坑），各试坑内 $d<0.125$mm 颗粒沙重百分数均小于 5.0%，河口附近 HK1 断面中值粒径最小，为 33.6mm（图 6.21）。

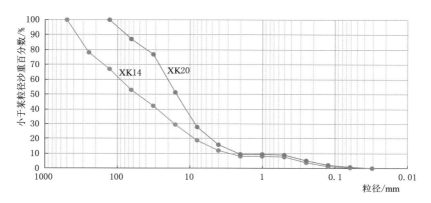

图 6.19　小江河口段洲滩典型断面泥沙级配曲线

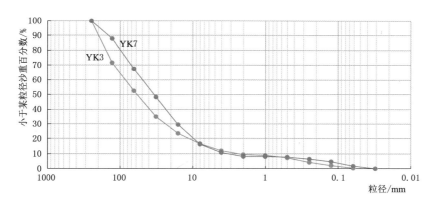

图 6.20　以礼河河口段洲滩典型断面泥沙级配曲线

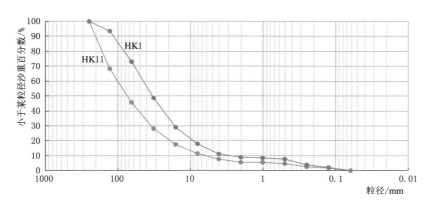

图 6.21　黑水河河口段洲滩典型断面泥沙级配曲线

可见，与干流河道相比，除普渡河河口段以外，白鹤滩库区其他支流河口段的洲滩组成较粗，粒径级配沿程变化较小。

6.3　库区河道泥沙冲淤分布

6.3.1　乌东德库区

6.3.1.1　干流河道冲淤量

2013 年 12 月、2014 年 11 月和 2016 年 11 月乌东德库区干流河道固定断面布设情况相同，计算和分析这一时段的库区干流河道冲淤变化。金沙江中游梯级水库相继运行后，下游输沙量减少较为显著。2013—2016 年，库区干流累积冲淤为 343 万 m³，冲淤强度为 0.455 万 m³/(km·a)（表 6.25、图 6.22）。其中，2014—2016 年库区干流河道累计淤积泥沙为 62 万 m³，淤积强度为 0.123 万 m³/(km·a)，对比 2013—2014 年，坝前至距坝约 180km 范围内的河道，2014—2016 年的冲淤恰好与之相反，前一时段淤积的河段，该时段基本以冲刷为主，反之亦然；距坝 180km 以上河段两个时段的冲淤规律基本一致。

表 6.25　2013—2016 年乌东德水电站库区干流河段槽蓄量及冲淤变化统计

统计项目	起止断面	JD328~JD277	JD277~JD201.1	JD201.1~J133.1	JD133.1~JD090.1	JD090.1~JD043.1	JD043.1~JD000.1	全河段
	河长/km	36.7	52.4	47.1	35.6	40.8	38.7	251.3
槽蓄量/万 m³	①2013 年 12 月	3374	24724	25833	22528	26384	16959	119802
	②2014 年 11 月	3351	24733	25841	22482	26493	17309	120207
	③2016 年 11 月	3323	24823	25828	22599	26361	17211	120145
冲淤量/万 m³	①—②	23.6	−9.1	−7.9	46.7	−109	−350	−405
	②—③	27.2	−90.3	12.3	−117	132	98	62
	①—③	50.8	−99.4	4.4	−70.6	23.2	−252	−343
冲淤强度/[万 m³/(km·a)]	①—②	0.643	−0.174	−0.168	1.31	−2.67	−9.04	−1.61
	②—③	0.371	−0.861	0.131	−1.65	1.62	1.27	0.123
	①—③	0.462	−0.632	0.031	−0.661	0.190	−2.17	−0.455

注　"—"表示冲刷，以下有关冲淤量、冲淤强度、冲淤幅度的统计表均相同。

从沿程分布特征来看，尾部以淤积为主，中段冲淤变化较小，坝前段以冲刷为主。分段来看，坝前 JD043.1~JD000.1 冲淤量最大，为 252 万 m³，冲淤强度为 2.17m³/(km·a)，其中近坝段 JD007.1~JD000.1 段淤积 30 万 m³，淤积强度为 1.66 万 m³/(km·a)；库尾段 JD328~JD277 淤积量最大，为 50.8 万 m³，淤积强度为 0.462 万 m³/(km·a)。从 2017 年 2 月工程现场了解情况来看，乌东德枢纽工程建设区为 12.27km²，施工扰动可能是近坝段冲淤变幅较大的主要原因。

上述分析表明，天然状态下，库区干流河道的冲淤基本上遵循冲淤交替的规律，空间尺度和时间尺度上都表现出这一特征。河道的冲淤总量则与来沙量密切相关，来沙量小则

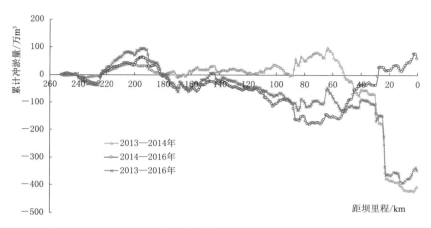

图 6.22　2013—2016 年乌东德库区干流河道冲淤量沿程累计分布

可能冲刷，来沙量增大，则表现为淤积，但冲淤总量都不大。

6.3.1.2　支流河口段冲淤量

2013—2016 年乌东德库区支流河口段以普隆河河口段变化幅度最大，其他段的冲淤变化幅度相对较小，整体以冲刷为主，具体冲淤特征主要表现为（表 6.26）：

（1）雅砻江。2014—2016 年河口段冲淤量仅 0.6 万 m^3，冲淤强度为 0.025 万 $m^3/(km \cdot a)$；2013—2016 年河口段累计冲淤 5.4 万 m^3，冲淤强度为 0.147 万 $m^3/(km \cdot a)$。

（2）龙川江。2014—2016 年河口段冲淤量约 1.6 万 m^3，冲淤强度为 0.068 万 $m^3/(km \cdot a)$；2013—2016 年河口段累计冲淤 92.9 万 m^3，仅次于普隆河，冲淤强度为 2.62 万 $m^3/(km \cdot a)$。

（3）勐果河。2014—2016 年河口段冲淤量约 4.0 万 m^3，冲淤强度为 0.608 万 $m^3/(km \cdot a)$；2013—2016 年河口段累计淤积 6.3 万 m^3，淤积强度为 0.638 万 $m^3/(km \cdot a)$。

（4）普隆河。2014—2016 年河口段冲淤量约 91.3 万 m^3，冲淤强度为 3.17 万 $m^3/(km \cdot a)$；2013—2016 年河口段累计冲淤 365.4 万 m^3，冲淤强度为 8.46 万 $m^3/(km \cdot a)$，是库区冲刷强度最大的支流。

（5）鲹鱼河。2014—2016 年河口段冲淤量约 4.5 万 m^3，冲淤强度为 0.359 万 $m^3/(km \cdot a)$；2013—2016 年，河口段累计冲淤 2.6 万 m^3，冲淤强度为 0.138 万 $m^3/(km \cdot a)$。

表 6.26　　　　　　　　2013—2016 年乌东德库区支流冲淤量统计

支流名称	河长/km	槽蓄量/万 m^3			冲淤量/万 m^3			冲淤强度/[万 $m^3/(km \cdot a)$]		
		①2013 年12 月	②2014 年11 月	③2016 年11 月	①—②	②—③	①—③	①—②	②—③	①—③
雅砻江	12.21	4885.5	4890.3	4890.9	−4.8	−0.6	−5.4	−0.4	−0.025	−0.147
龙川江	11.82	4181.8	4273.1	4274.7	−91.3	−1.6	−92.9	−7.7	−0.068	−2.62
勐果河	3.29	201.9	191.6	195.6	10.3	−4	6.3	3.1	−0.608	0.638
普隆河	14.40	2245.4	2519.5	2610.8	−274.1	−91.3	−365.4	−19	−3.17	−8.46
鲹鱼河	6.26	60.7	58.8	63.3	1.9	−4.5	−2.6	0.3	−0.359	−0.138

6.3.1.3 近坝段冲淤量和分布特征

1. 近坝段冲淤量

2016—2019 年乌东德库区坝址上游约 7km 河段布设 12 个固定断面（JD007.1～JD000.1）；坝址下游约 6km，布设 11 个固定断面（JC207～JC200）；共计 23 个固定断面。其中，坝址下游的 11 个断面作为白鹤滩库尾断面，在白鹤滩库区河道冲淤特性中进行分析。近坝河段累积淤积泥沙 26 万 m^3，单位河长淤积强度约 4.30 万 m^3/km。各断面冲淤调整大多集中在主河槽内，其中 JD002 累积淤积幅度最大，JD005.1 累积冲刷幅度最大，JD004 断面左岸向河心束窄（图 6.23、表 6.27）。2013 年以来，该段累积淤积 56 万 m^3。

表 6.27　　　　　　2016—2019 年乌东德近坝段(JD007.1～JD000.1)冲淤量统计

槽蓄量/万 m^3				冲淤量/万 m^3		冲淤强度/(万 m^3/km)	
2016 年	2017 年	2018 年	2019 年	2018—2019 年	2016—2019 年	2018—2019 年	2016—2019 年
3371	3374	3351	3345	6	26	0.993	4.30

2. 近坝段冲淤厚度

2016—2019 年，乌东德坝址上游河道以淤积为主，沿程来看，总体呈宽段淤积多，窄段淤积少或略有冲刷的变化特征。其中 JD004 附近和 JD003.1～JD000.2 断面间分别存在两个强淤积区域，冲刷区域主要集中在河道较窄的 JD005 和 JD001 断面附近，全河段河床冲淤变幅在 $-14.4～9.0$m（图 6.24）。乌东德坝址下游沿程上段以冲淤为主，下段以淤积为主。冲淤变幅较大的区域主要集中在坝址下游至 JC206 断面之间，坝址局部冲

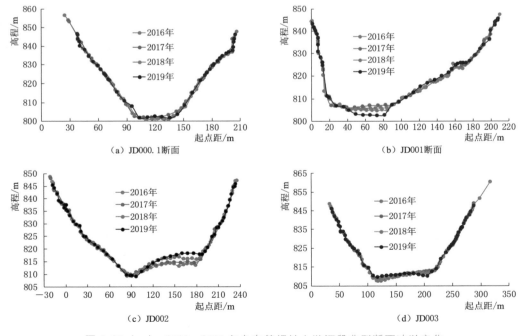

图 6.23（一）　2016—2019 年乌东德坝址上游河段典型断面冲淤变化

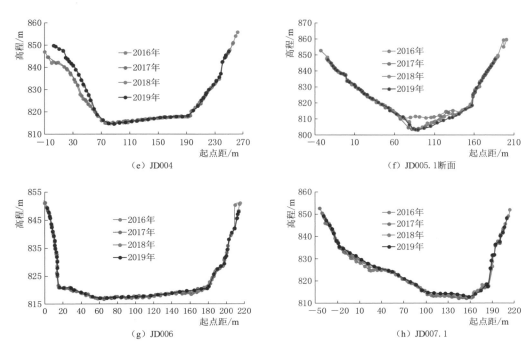

图 6.23（二） 2016—2019 年乌东德坝址上游河段典型断面冲淤变化

淤变幅较大，最大淤积厚度达到 8.5m、最大冲刷深度达到 17.3m；JC206 以下河段存在宽段淤积多，窄段淤积少或部分冲刷的特征（图 6.25）。

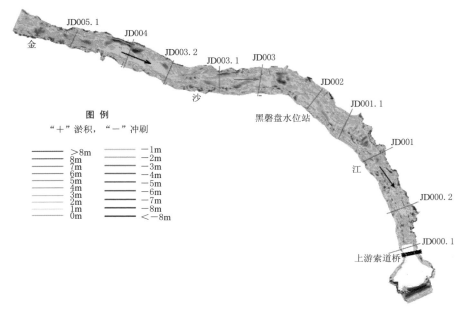

图 6.24 2016—2019 年乌东德坝址上游 5km 河道河床冲淤厚度平面分布

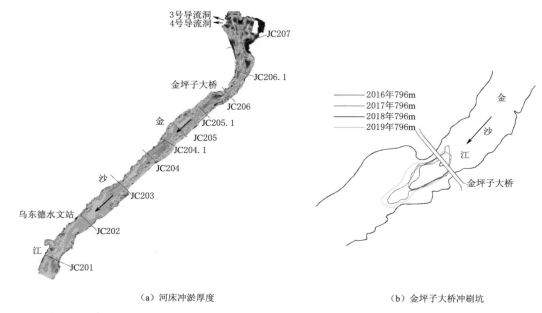

（a）河床冲淤厚度　　　　　　　　　　　　（b）金坪子大桥冲刷坑

图 6.25　2016—2019 年坝址下游 5km 河道冲淤厚度分布和金坪子大桥局部冲刷坑变化

金坪子大桥桥位处存在冲刷坑，2019 年冲刷坑的面积呈显著增大的趋势，796m 等高线面积较 2018 年增加近 1 倍（图 6.25），尾部下延约 77.5m；相较于 2016 年，冲刷坑的位置略有下移，中下段面积扩大。

6.3.1.4　深泓纵剖面变化

2013 年 12 月至 2016 年 11 月，深泓纵剖面高程平均值基本无变化（表 6.28、图 6.26），最大下降幅度为 10.17m（JD026，距坝 23.7km，断面冲淤变化如图 6.27 所示），最大淤积幅度为 3.2m（JD005.1，距坝约 5.28km）；沿程来看，距坝 50km 范围以内深泓冲淤变化幅度较大，平均淤积幅度约 0.10m，距坝 50km 以上河段深泓冲淤变幅较小，平均略冲刷 0.04m；具体分段来看，各段深泓平均高程基本无变化或略有冲刷，坝前段略有淤积。

表 6.28　　2013—2016 年乌东德水库库区干流河道深泓点高程分段冲淤变化统计

断面名称	距坝里程/km	河长/km	变化值/m		
			2013—2014 年	2014—2016 年	2013—2016 年
JD328～JD277	251.3～214.6	36.7	0.1	−0.1	0
JD277～JD201.1	214.6～162.2	52.4	0	−0.1	−0.1
JD201.1～JD133.1	162.2～115.1	47.1	0	−0.1	−0.1
JD133.1～JD090.1	115.1～79.5	35.6	0	−0.1	−0.1
JD090.1～JD043.1	79.5～38.7	40.8	−0.2	0.2	0
JD043.1～JD000.1	38.7～0	38.7	−0.2	0.3	0.1
全河段	251.3～0	251.3	0	0	0

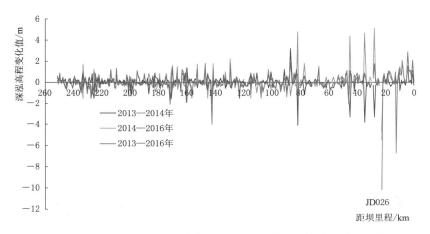

图 6.26　2013—2016 年乌东德库区干流河道深泓纵剖面冲淤变化

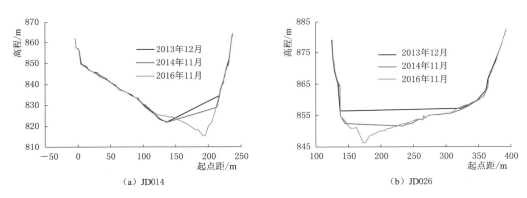

（a）JD014　　　　　　　　　　（b）JD026

图 6.27　典型断面冲淤变化

　　库区支流河口段的深泓冲淤变幅也较小，2014—2016 年雅砻江和龙川江河口段深泓平均高程基本无变化，勐果河河口段深泓平均高程淤积 0.1m，普隆河河口段深泓平均高程冲刷 0.4m，鲹鱼河河口段深泓平均高程淤积 1.5m。2013—2016 年累积来看，仍是上述三条支流的河口段深泓高程有一定幅度冲淤（表 6.29）。

表 6.29　　　　　　　　　2013—2016 年乌东德库区支流深泓纵剖面变化

支流名称	断面名称	深泓平均高程/m			变化值/m		
		2013 年	2014 年	2016 年	2013—2014 年	2014—2016 年	2013—2016 年
雅砻江	YL014～001	975.6	975.6	975.6	0	0	0
龙川江	LC018～001	948.8	948.9	948.9	0.1	0	0.1
勐果河	MG004～001	953.3	953.3	953.4	0	0.1	0.1
普隆河	PL014～001	935.8	936.0	935.6	0.2	−0.4	−0.2
鲹鱼河	SY007～001	903.4	903.5	905.0	0.1	1.5	1.6

根据 2016—2019 年乌东德坝前段 12 个固定断面观测资料（其中 2016 年该段仅有 8 个固定观测断面），统计并绘制其深泓纵剖面变化如图 6.28 所示，从图 6.28 来看，2016—2019 年该段深泓沿程下降，平均高程由 809.8m 下降至 808.9m，其中，JD005.1 断面深泓冲刷下降幅度最大，达到 7.2m，JD003 断面深泓淤积幅度最大，达到 2.1m。

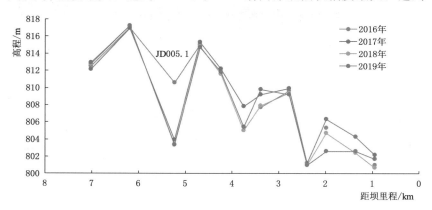

图 6.28　2016—2019 年乌东德坝前段深泓纵剖面变化

6.3.1.5　典型横断面变化

乌东德库区河段以窄深的高山峡谷地形为主，断面形态主要有 U 形和 V 形两大类。典型断面变化分析采用的是 2004 年 4 月、2013 年 12 月、2014 年 11 月和 2016 年 11 月四个测次的固定断面资料，对比了 2004—2016 年的典型断面冲淤变化。

1. **库区干流河道**

在乌东德库区干流河道内选取 18 个典型断面，分析其断面形态变化特征（图 6.29），具体来看：

（1）JD262.1 断面距坝址约 204.5km，断面为 U 形，2016 年 11 月，在 994m 高程下，断面宽度为 261m，宽深比为 1.18，河床最低点高程为 975m。2004—2013 年断面变化主要表现为左侧主河槽河床高程下降，最大下降幅度为 1.2m，右侧河床则有所淤积，最大淤积幅度为 2.5m；2013—2016 年断面左右岸岸坡略有冲淤，高程变化幅度较小。

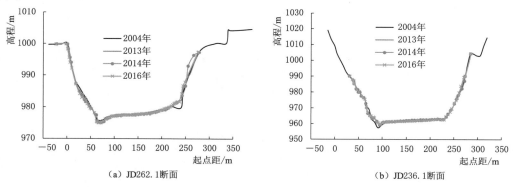

（a）JD262.1断面　　　　　　　　　　（b）JD236.1断面

图 6.29（一）　乌东德库区干流河道典型断面套汇

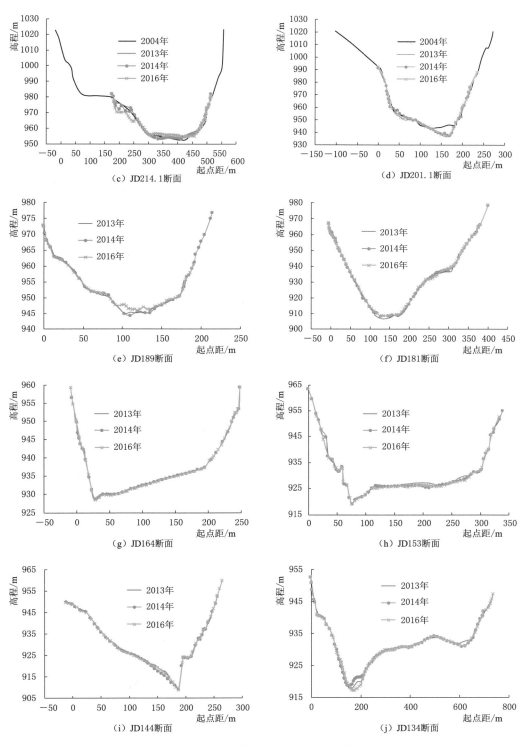

图 6.29（二） 乌东德库区干流河道典型断面套汇

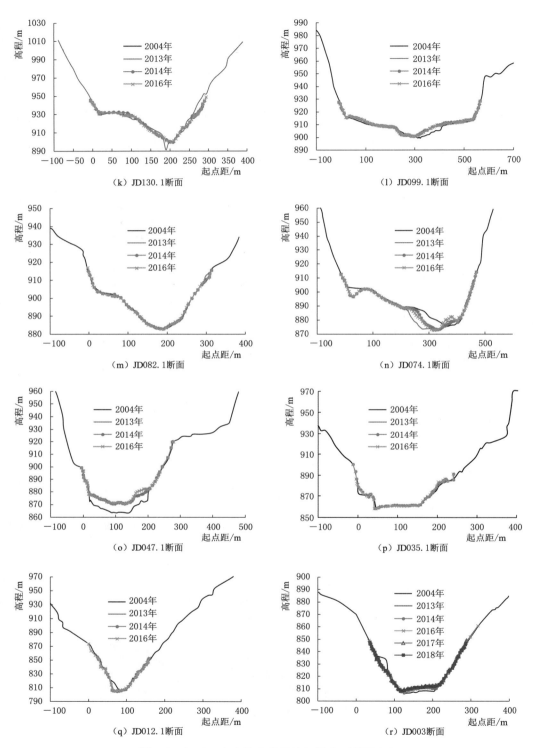

图 6.29（三）　乌东德库区干流河道典型断面套汇

（2）JD236.1 断面距坝址约 187.0km，断面为 U 形，2016 年 11 月，在 987m 高程下，断面宽度为 230m，宽深比为 0.72，河床最低点高程为 959.9m。2004—2013 年断面变化主要表现为主河槽河床淤积，最大淤积幅度为 3.2m；2013—2016 年断面形态保持稳定，仅右岸岸坡处高程至 2014 年 11 月略有下降，2016 年 11 月又有所恢复。

（3）JD214.1 断面距坝址约 171.4km，断面为偏 U 形，2016 年 11 月，在 978m 高程下，断面宽度为 329m，宽深比为 1.05，河床最低点高程为 955m。2004—2013 年断面变化主要表现为主河槽河床淤积，最大淤积幅度为 2.4m；2013—2014 年断面形态保持稳定，左岸岸坡及左岸近岸河槽附近高程有所下降，其中左岸岸坡附近最大下降幅度达到 2.5m 以上，右岸近岸河槽则略有淤积，最大淤积厚度不超过 2m；2014—2016 年，左岸岸坡附近继续下切，最大冲刷幅度约 5.7m，主河槽略有淤积抬高。

（4）JD201.1 断面距坝址约 162.2km，断面为偏 U 形，2016 年 11 月，在 973m 高程下，断面宽度为 196m，宽深比为 0.59，河床最低点高程 937.2m。2004—2013 年断面主要变化表现为主河槽河床高程的下降，最大下降幅度为 9m；2013—2014 年断面形态保持稳定，主河槽及左岸近岸河槽均略有淤积，左岸近岸河槽淤积幅度稍大，最大淤积厚度约 3.9m；2014—2016 年，冲淤部位没有变化，表现为冲刷，最大冲刷幅度约 2.1m。

（5）JD189 断面距坝址约 153.7km，断面为 U 形，2016 年 11 月，在 968m 高程下，断面宽度为 197m，宽深比为 0.94，河床最低高程 946.1m。2013—2014 年断面形态稳定，河床冲淤变幅较小；2014—2016 年主河槽有所淤积，最大淤积幅度约 2.9m。

（6）JD181 断面距坝址约 148.3km，断面为偏 V 形，2016 年 11 月，在 964m 高程下，断面宽度为 378m，宽深比为 0.59，最低高程 908.3m。2013—2014 年断面形态稳定，主河槽淤积，河槽最大淤积幅度达到 1.5m；2014—2016 年近右岸滩体部分略有冲刷。

（7）JD164 断面距坝址约 136.7km，断面为 U 形，2016 年 11 月，在 957m 高程下，断面宽度为 255m，宽深比为 0.78，河床最低高程 928.5m。其中，2013—2014 年断面形态稳定，近左岸岸坡坡脚略有冲刷；2014—2016 年断面冲淤变化较小。

（8）JD153 断面距坝址约 129.1km，断面为 U 形，2016 年 11 月，在 952m 高程下，断面宽度为 316m，宽深比为 0.78，河床最低高程 919.1m。2013—2014 年断面形态稳定，河槽冲刷，最大冲刷幅度为 1.7m；2014—2016 年断面主河槽有冲有淤，但幅度较小。

（9）JD144 断面距坝址约 122.9km，断面为 V 形，2016 年 11 月，在 948m 高程下，断面宽度为 248m，宽深比为 0.82，最低高程 909m。2013—2014 年断面形态稳定，左岸坡脚附近河槽略有冲刷，最大冲刷幅度为 2.0m；2014—2016 年断面局部淤积恢复。

（10）JD134 断面距坝址约 115.8km，断面为不对称的 W 形，2016 年 11 月，在 943m 高程下，断面宽度为 704m，宽深比为 2.1，河床最低高程 917.4m。2013—2014 年断面形态稳定，主河槽淤积，最大淤积幅度为 1.6m；2014—2016 年断面形态保持稳定，主河槽冲刷明显，最大冲刷幅度约 2.9m。

（11）JD130.1 断面距坝址约 112.7km，断面为 U 形，2016 年 11 月，在 942m 高程下，断面宽度为 287m，宽深比为 0.82，河床最低高程为 899.4m。2004—2013 年断面变化主要表现为主河槽河床高程下降，最大下降幅度为 11.9m；2013—2014 年断面形态保持稳定，主河槽淤积，左岸岸坡淤积，右岸岸坡冲刷，河槽最大淤积幅度为

10.5m；2014—2016 年断面冲淤变化较小，仅左岸侧低滩部分略有冲刷，最大下切幅度约 2.3m。

（12）JD099.1 断面距坝址约 87.0km，断面为 U 形，2016 年 11 月，在 925m 高程下，断面宽度为 563m，宽深比 1.54，河床最低高程为 900.4m。2004—2013 年河床有冲有淤，最低点位置左移，高程最大下降幅度为 1.1m，最大淤积幅度为 3.7m；2013—2016 年断面河床冲淤变化幅度较小。

（13）JD082.1 断面距坝址约 72.8km，断面为偏 V 形，2016 年 11 月，在 914m 高程下，断面宽度为 312m，宽深比为 0.94，河床最低点高程 882.7m。2004—2013 年累计变化幅度不大；2013—2016 年断面冲淤变幅也较小。

（14）JD074.1 断面距坝址约 65.3km，断面为 U 形，2016 年 11 月，在 910m 高程下，断面宽度为 473m，宽深比为 1.05，河床最低高程为 872.8m。2004—2013 年断面变化表现为主河槽冲刷，深泓点位置左移，河床高程最大下降幅度为 12.4m；2013—2014 年断面形态保持稳定，起点距 200～300m 范围内河床有所淤积，最大淤积幅度为 7.3m；2014—2016 年主河槽左冲右淤，最大冲刷、淤积幅度分别为 3.4m、3.8m。

（15）JD047.1 断面距坝址约 42.2km，断面为偏 U 形，2016 年 11 月，在 893m 高程下，断面宽度为 231m，宽深比为 0.93，河床最低高程为 870.7m。2004—2013 年断面变化主要表现为河床的整体淤积抬高，最大淤积幅度为 7.5m；2013—2014 年断面河床高程基本无变化；2014—2016 年断面右岸坡脚附近河床淤积抬高，最大幅度约 3.1m。

（16）JD035.1 断面距坝址约 31.3km，断面为偏 U 形，2016 年 11 月，在 883m 高程下，断面宽度为 205m，断面宽深比为 0.81，河床最低高程 858.4m。2004—2013 年断面变化主要表现为两岸岸坡中上段略有淤积，左岸坡脚处略有冲刷；2013—2016 年断面稳定。

（17）JD012.1 断面距坝址约 11.7km，断面为偏 V 形，2016 年 11 月，在 852m 高程下，断面宽度为 132m，断面宽深比为 0.41，河床最低高程 805.4m。2004—2013 年断面右岸岸坡稳定少变，左岸坡脚冲刷，河床高程最大下降幅度为 9.1m；2013—2016 年断面稳定。

（18）JD003 断面距坝址约 3.4km，断面为 U 形，2016 年 11 月，在 845m 高程下，断面宽度为 246m，宽深比为 0.62，最低高程为 807.7m。2004—2013 年断面左岸岸坡略有冲刷，河床淤积抬高，最大淤积幅度为 2.1m；2013—2014 年断面河床高程基本无变化；2014—2016 年，右岸坡脚附近河床略有淤积，最大淤积幅度为 2.8m；2016—2018 年变化较小。

天然状态下乌东德库区干流河道断面形态基本稳定，断面以 U 形和 V 形为主。2013—2014 年断面冲淤变幅较小，最大淤积变化出现在 JD130.1 断面（距坝 112.7km），淤积幅度为 8.5m；2014—2016 年断面较为稳定，最大淤积幅度出现在 JD074.1 断面（距坝 65.3km），为 3.8m，最大冲刷出现在 JD214.1 断面（距坝 171.4km），幅度约为 5.7m。

2. 库区支流河口段

库区支流断面变化仅对 2013—2016 年的观测河口断面形态变化进行分析。乌东德库区支流河口典型断面形态如图 6.30 所示。

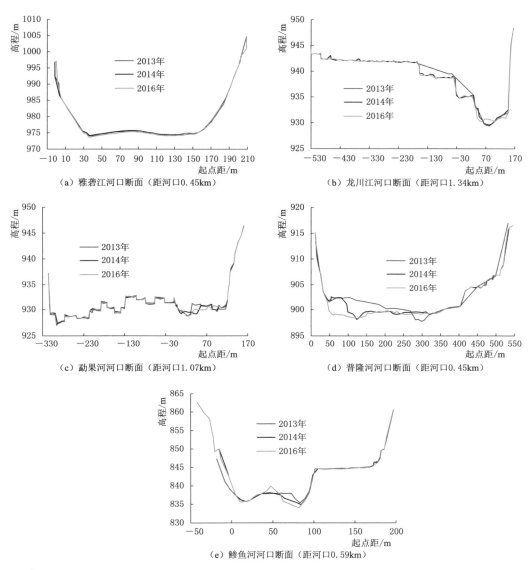

（a）雅砻江河口断面（距河口0.45km）

（b）龙川江河口断面（距河口1.34km）

（c）勐果河河口断面（距河口1.07km）

（d）普隆河河口断面（距河口0.45km）

（e）鲹鱼河河口断面（距河口0.59km）

图 6.30 乌东德库区支流河口典型断面形态

（1）雅砻江。河口断面呈 U 形，断面形态稳定。2016 年 11 月，断面最低高程为 973.7m，相较于 2014 年 11 月下降 0.4m，2013 年 12 月以来累计下降 0.4m；980m 以下河床平均高程为 975.3m，与 2014 年 11 月相当，相较于 2013 年的 975.6m 下降约 0.3m。

（2）龙川江。河口断面呈偏 U 形，2016 年 11 月，断面最低高程为 930.2m，相较于 2014 年 11 月淤积 0.6m，2013 年 12 月以来累计淤高 0.8m；相较于 2013 年 12 月，左岸侧滩体附近高程呈阶梯状下降的变化特征，主河槽沿断面冲淤交替，940m 以下河床平均高程淤积抬高 2.1m，河床高程最大下降幅度达到 3.5m。

（3）勐果河。河口断面呈 W 形，2016 年 11 月，断面最低高程为 927.5m，相较于 2014 年 11 月抬高 0.2m，2013 年 12 月以来累计抬高 0.45m；相较于 2013 年 12 月，断面形态基本维持稳定，935m 以下河床高程平均基本无变化，近右岸河槽的冲淤变化幅度较大，呈交替状态，局部最大下切深度约 1.7m，局部最大淤积厚度约 0.6m。

（4）普隆河。河口断面呈 U 形，2016 年 11 月，断面最低高程为 898.3m，相较于 2014 年 11 月抬高 0.2m，2013 年 12 月以来累计抬高 0.5m；相较于 2013 年 12 月，断面形态基本稳定，905m 以下河床平均高程累计冲刷下降约 0.4m，近左岸河床高程有较大幅度的下降，断面最低点位置左移约 172m，断面高程最大下降幅度达到 4.15m。

（5）鲹鱼河。河口断面呈 W 形，2016 年 11 月，断面最低高程为 834.1m，相较于 2014 年 11 月下切 0.8m，2013 年 12 月以来累计下降约 1.3m；相较于 2013 年 12 月，断面形态较为稳定，845m 以下河床平均高程累计淤积 0.56m；左岸岸坡中部有所淤积，右岸近岸河槽高程下降，最大下降幅度为 3.4m。

可见，2013—2016 年，乌东德库区典型支流的河口断面形态均较为稳定，局部岸坡及河床有一定幅度的冲淤变化，以普隆河和鲹鱼河最为明显。普隆河河口断面最低点位置左移约 172m，断面高程最大下降幅度达到 4.15m；鲹鱼河河口断面河床高程最大下降幅度为 3.4m。

6.3.2　白鹤滩库区

6.3.2.1　干流河道冲淤量

2013—2016 年，白鹤滩库区干流河道累积淤积为 788.9 万 m³（JC174～JC130 段不含约 7.3km 的老君滩险段），淤积强度为 1.55 万 m³/(km・a)，以上、下游工程影响区的冲淤变化为主，库尾 JC208～JC174 段和近坝 JC034～JC002 段的累积淤积量达到 828 万 m³，其中乌东德坝址下游 JC207～JC200 段累积冲刷 65.7 万 m³，单位河长的冲刷强度为 4.29 万 m³/(km・a)，受乌东德工程施工影响较大。JC130～JC097 段累积冲刷 124.4 万 m³，其余各段冲淤变化较小。其中，2014—2016 年白鹤滩库区干流河道河床以淤积为主，河道淤积量约 559.4 万 m³，单位河长淤积强度为 1.64 万 m³/(km・a)（表 6.30、图 6.31）。

表 6.30　　　　　　　　　2013—2016 年白鹤滩水电站库区河段槽蓄量变化统计

统计项目	起止断面	JC208～JC174	JC174～JC130	JC130～JC097	JC097～JC066	JC066～JC034	JC034～JC002	全河段
	河长/km	23.9	23.6	30.8	29.9	29.7	32.3	170.2
冲淤量/万 m³	2013—2014 年	62.6	−46.0	−107.3	11.7	30.9	277.6	229.5
	2014—2016 年	435.1	99.8	−17.1	−13.8	2.5	52.7	559.4
	2013—2016 年	497.7	53.8	−124.4	−2.1	33.4	330.3	788.9
冲淤强度/[万 m³/(km・a)]	2013—2014 年	2.62	−1.95	−3.48	0.391	1.04	8.59	1.35
	2014—2016 年	9.10	2.11	−0.278	−0.231	0.042	0.816	1.64
	2013—2016 年	6.94	0.760	−1.35	−0.023	0.375	3.41	1.55

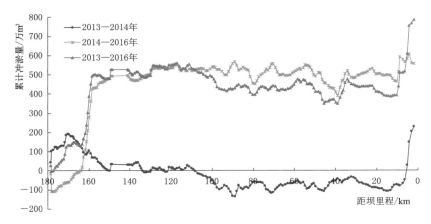

图 6.31 2013—2016 年白鹤滩库区河道冲淤量沿程累计分布

6.3.2.2 支流河口段冲淤量

2014—2016 年，白鹤滩库区支流仅以礼河河口段略有冲刷，普渡河、小江和黑水河河口段均表现为淤积，小江河口段淤积强度偏大（表 6.31）。

表 6.31   2013 年 12 月至 2016 年 11 月白鹤滩库区支流冲淤量统计

支流名称	河长/km	冲淤量/万 m³			冲淤强度/[万 m³/(km·a)]		
		2013—2014 年	2014—2016 年	2013—2016 年	2013—2014 年	2014—2016 年	2013—2016 年
普渡河	10.17	−4.2	21.2	17	−0.413	1.04	0.557
小江	13.58	−36	30.7	−5.3	−2.65	1.13	−0.130
以礼河	7.27	−2.4	−1.0	−3.4	−0.330	−0.069	−0.156
黑水河	26.81	36.4	20.2	56.6	1.36	0.377	0.704

（1）普渡河。2014—2016 年河口段河床淤积量约 21.2 万 m³，淤积强度为 1.04 万 m³/(km·a)；2013—2016 年河口段累计淤积约 17 万 m³，淤积强度为 0.557 万 m³/(km·a)。

（2）小江。2014—2016 年河口段河床淤积量约 30.7 万 m³，淤积强度为 1.13 万 m³/(km·a)；2013—2016 年河口段累计冲刷 5.3 万 m³，冲刷强度为 0.130 万 m³/(km·a)。

（3）以礼河。2014—2016 年河口段河床冲刷量仅 1.0 万 m³，冲刷强度为 0.069 万 m³/(km·a)；2013—2016 年河口段累计冲刷约 3.4 万 m³，冲刷强度为 0.156 万 m³/(km·a)。

（4）黑水河。2014—2016 年河口段河床淤积量约 20.2 万 m³，淤积强度为 0.377 万 m³/(km·a)；2013—2016 年河口段累计淤积约 56.6 万 m³，淤积强度为 0.704 万 m³/(km·a)，淤积强度最大主要与其来沙量偏大相关。

综上来看，2013—2016 年，白鹤滩库区干流和支流河口段均以淤积为主，干流受人工影响的区域冲淤变幅较大。

6.3.2.3 局部冲淤量和分布特征

1. 库尾段冲淤量计算

若不排除该段 JC207 断面施工造成的影响，2016—2019 年白鹤滩库尾段累积冲刷量约 69.0 万 m^3，单位河长冲淤强度约为 −13.7 万 m^3/km。其中仍是 JC207 断面变幅最大（图 6.32），考虑到山区河流自然冲淤难以达到这种幅度，且该断面位于乌东德坝址下游约 1.22km，因而推断其冲淤变化可能与乌东德工程建设有关。2013 年以来白鹤滩库尾

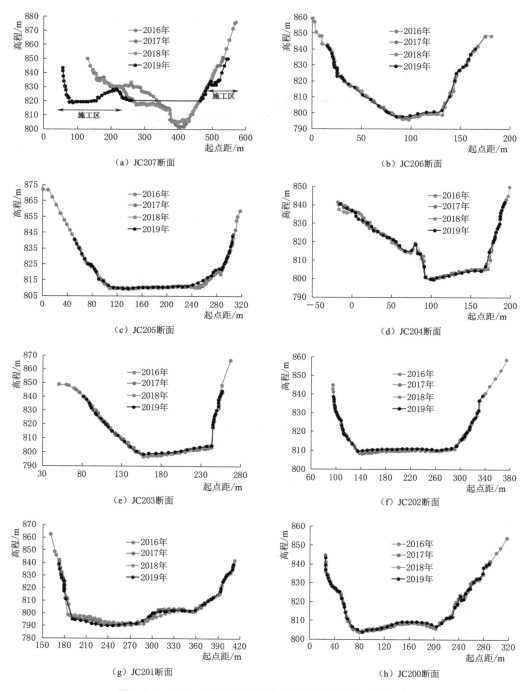

图 6.32　2016—2019 年白鹤滩库尾段典型断面冲淤变化

段累积冲刷约 135 万 m³，其中乌东德坝址下游段的冲淤大多受施工工程的影响。计算白鹤滩库尾段 2016—2019 年的河道冲淤量见表 6.32。

表 6.32　　　　　　　2016—2019 年白鹤滩库尾段（JC207～JC200）冲淤量统计

槽蓄量/万 m³				冲淤量/万 m³		冲淤强度/(万 m³/km)	
2016 年	2017 年	2018 年	2019 年	2018—2019 年	2016—2019 年	2018—2019 年	2016—2019 年
2976	2989	2991	3045	−54	−69	−10.7	−13.7

2. 坝址局部冲淤量及分布

2019 年坝址上游 7km 布设 12 个固定断面（JC008～JC002）；坝址下游 7km，布设 13 个固定断面（JB225～JB216）；共计 25 个固定断面。于 2019 年汛后施测一次，施测比尺为 1∶1000。其中坝址上游段水急滩险，且两岸陡峭，无法下船，部分断面水下及岸上部分无法施测，包括 JC002 和 JC003 断面未施测，JC003.1、JC003.2、JC004、JC004.1、JC004.2、JC005、JC005.1 和 JC006-1 断面水下部分未施测，坝址上游断面仅 JC007 和 JC008 进行了全断面施测，此次不进行冲淤量计算分析，仅套汇 JC007 和 JC008 断面进行分析（图 6.33），断面冲淤都集中在主河槽，其中，JC007 断面主河槽冲淤交替，2018—2019 年呈冲刷下切状态，最大冲刷幅度约 2.5m，2019 年断面与 2016 年基本相似；JC008 断面主河槽总体冲刷，2018—2019 年略有淤积，最大淤积幅度约 1.0m。

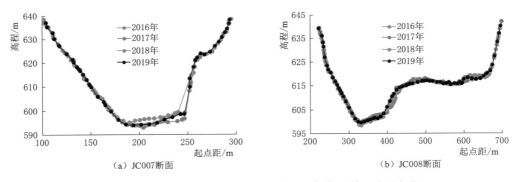

（a）JC007断面　　　　　　　　　　（b）JC008断面

图 6.33　2016—2019 年白鹤滩坝址上游段典型断面冲淤变化

受水流条件和测量安全限制，2017 年、2018 年和 2019 年白鹤滩坝址上游 5km 河道内地形均未能施测，因此，近坝段的冲淤厚度分析仅针对坝址下游 5km 河段。2016—2019 年白鹤滩围堰下游总体仍呈冲淤交替的分布特征，其中，强冲刷区和强淤积区均分布在 JB224～JB220.1 断面之间，全河段冲淤变幅为 −15.5～13.6m。坝下游白鹤滩大桥右岸侧河床总体冲刷，因此在靠近右岸侧的河床存在高程低于 570m 的冲刷坑，且总体上冲刷坑呈发展的趋势（图 6.34）。

6.3.2.4　深泓纵剖面变化

2013—2016 年，白鹤滩库区干流河道深泓点高程平均值抬高 0.4m（图 6.35）。最大下降幅度为 11.3m（JC153 断面，距坝 139.8km，断面套汇如图 6.36 所示），最大淤积幅度为 24.8m（JD208 断面，距坝约 178.5km），位于乌东德水电站工程施工影响区内，断

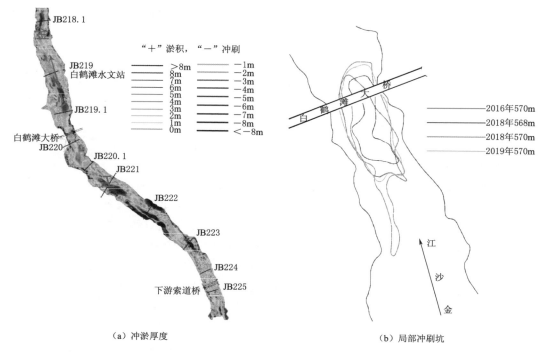

图 6.34　2016—2019 年白鹤滩坝址下游冲淤厚度和白鹤滩大桥局部冲刷坑变化

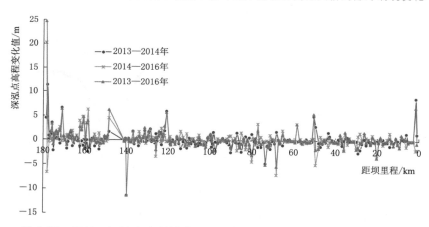

图 6.35　2013—2016 年白鹤滩库区干流段断面深泓纵剖面变化值沿程分布

面冲淤变化较大；分段来看，除 JC097～JC066 段表现为冲刷以外，其他各段深泓平均高程基本无变化或略有淤积，库尾段淤积幅度最大，平均淤积幅度为 2.0m（表 6.33）。

表 6.33　　　　　　　　　2013—2016 年白鹤滩库区深泓点高程分段冲淤变化统计

起止断面	距坝里程/km	河长/km	变化值/m		
			2013—2014 年	2014—2016 年	2013—2016 年
JC208～JC174	178.5～154.6	23.9	0.5	1.5	2
JC174～JC130	154.6～123.7	23.6	−0.1	0.4	0.3

起止断面	距坝里程/km	河长/km	变化值/m		
			2013—2014 年	2014—2016 年	2013—2016 年
JC130~JC097	123.7~92.9	30.8	0.0	0.1	0.1
JC097~JC066	92.9~63.0	29.9	−0.4	−0.2	−0.6
JC066~JC034	63.0~33.3	29.7	0.3	−0.1	0.2
JC034~JC002	33.3~1.0	32.3	0.2	−0.1	0
全河段	—	170.2	0.1	0.3	0.4

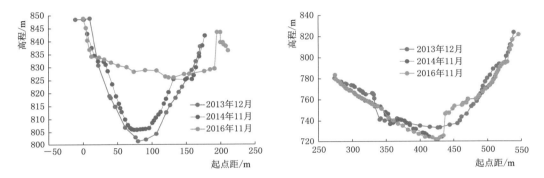

图 6.36　2013—2016 年白鹤滩库区干流 JC208 和 JC153 断面套汇

　　根据 2016—2019 年白鹤滩库尾段 11 个固定观测断面的观测资料（其中 2016 年为 8 个断面），绘制其深泓纵剖面变化如图 6.37 所示，从图上来看，2016—2019 年该段深泓沿程略呈下降特征，不考虑受乌东德电站施工影响较大的 JC207 断面，该段平均高程由 801m 略淤积抬高至 801.2m，其中，JC202 和 JC203 断面深泓点淤积幅度最大，为 1.4m，JC201 断面深泓点冲刷幅度最大，为 1.0m。

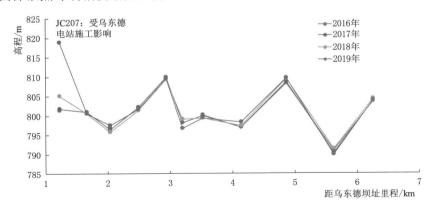

图 6.37　2016—2019 年白鹤滩库尾段深泓纵剖面变化

　　白鹤滩库区支流河口段的深泓以淤积为主，2014—2016 年，普渡河、小江、以礼河及黑水河河口段的深泓分别淤积抬高 0.6m、0.7m、0.2m 和 0.1m；2013—2016 年累积来看，普渡河、黑水河河口段的深泓分别淤积抬高 0.3m 和 0.2m，小江和以礼河河口段基本无变化（表 6.34）。

表 6.34　　　　　　2013—2016 年白鹤滩库区支流深泓纵剖面变化统计

河段	断面名称	变化值/m		
		2013—2014 年	2014—2016 年	2013—2016 年
普渡河	PD10～PD01	−0.3	0.6	0.3
小江	XJ20～XJ01	−0.7	0.7	0
以礼河	YL12～YL01	−0.2	0.2	0
黑水河	HS30～HS01	0.1	0.1	0.2

6.3.2.5　典型横断面变化

白鹤滩库区河段以窄深的高山峡谷地形为主，断面形态主要有 U 形和 V 形两大类，极少数断面呈 W 形。采用 2004 年 4 月、2013 年 12 月、2014 年 11 月和 2016 年 11 月四个测次的固定断面观测资料，对比了 2004—2016 年的断面冲淤变化。

1. 库区干流河道

在白鹤滩库区干流河道内选取 12 个典型断面，分析其断面形态变化特征（图 6.38），具体来看：

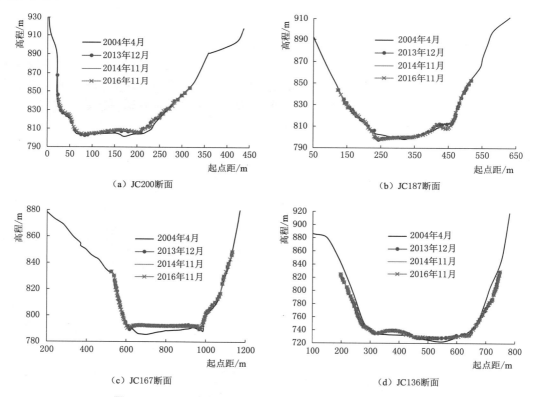

图 6.38（一）　白鹤滩库区干流河道典型断面形态变化套汇

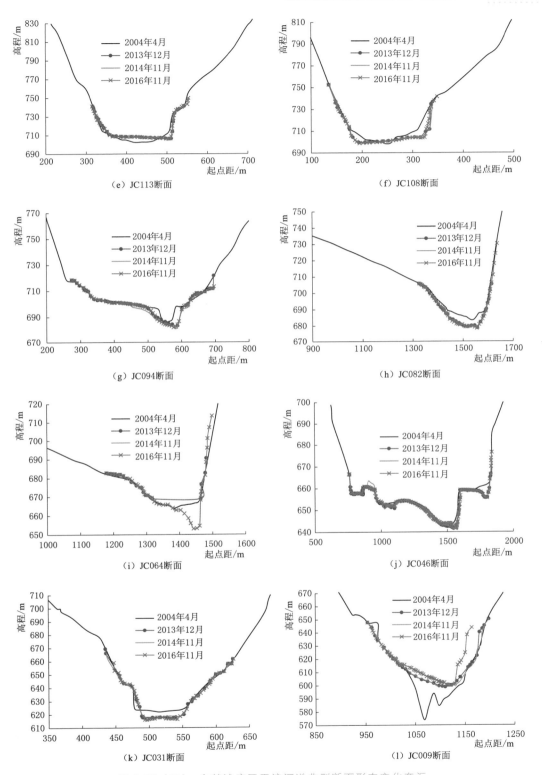

图 6.38（二） 白鹤滩库区干流河道典型断面形态变化套汇

（1）JC200 距坝约 173km，断面为 U 形，2016 年 11 月，在高程为 837m 以下，断面宽 253m，宽深比为 0.65，最低点高程为 803.7m。2004—2013 年断面形态稳定，主要变化表现为近右岸河床淤积抬高，最大淤积幅度为 7.2m，左岸侧主河槽河床冲淤变化不明显；2013—2016 年右岸坡脚处河床高程略有下降。

（2）JC187 距坝约 163.8km，断面为 U 形，2016 年 11 月，在高程为 830m 以下，断面宽 333m，宽深比为 0.79，最低点高程为 798.2m。2004—2013 年断面形态稳定，主要变化表现为左岸坡脚附近河床冲刷，右岸坡脚附近河床略有淤积，主河槽河床冲淤变化不明显；2013—2016 年右岸坡脚处河床高程略有下降，最大下泄幅度约 4.2m。

（3）JC167 距坝约 149.7km，断面为 U 形，2016 年 11 月，在高程为 809m 以下，断面宽为 471m，宽深比为 1.44，最低点高程为 789.9m。2004—2013 年断面基本形态稳定，主要变化表现为河槽淤积抬升，且左岸和河槽淤积幅度大于右岸侧，最大淤积抬高约 6.3m；2013—2016 年河床高程基本保持不变。

（4）JC136 距坝约 128.4km，断面为 U 形，2016 年 11 月，在高程为 755m 以下，断面宽为 412m，宽深比为 1.0，最低点高程为 728.4m。2004—2013 年断面形态基本稳定，主要变化表现为两岸岸坡冲刷，断面展宽，主河槽河床淤积抬高，河床最大淤积幅度约 7m；2013—2016 年河床高程基本保持不变。

（5）JC113 距坝约 109.0km，断面为偏 U 形，2016 年 11 月，在高程为 738m 以下，断面宽为 210m，宽深比为 0.56，最低点高程为 706m。2004—2013 年断面基本形态稳定，主要变化表现为右岸坡脚附近河床冲刷下切，右岸岸坡明显变陡，深泓点位置右移，主河槽淤积抬高；2013—2016 年河床冲淤变幅不明显。

（6）JC108 距坝约 104.8km，断面为 U 形，2016 年 11 月，在高程为 733m 以下，断面宽为 187m，宽深比为 0.5，最低点高程为 698.6m。2004—2013 年断面形态基本稳定，主要变化表现为两岸坡脚附近河床冲刷下切，右岸岸坡明显变陡，深泓点位置左移，河床最大冲刷幅度约 16.4m；2013—2016 年断面仅右岸坡脚处略有冲刷。

（7）JC094 距坝约 90.9km，断面为 U 形，2016 年 11 月，在高程为 713m 以下，断面宽为 391m，宽深比为 1.41，最低点高程为 681.8m。2004—2013 年断面形态基本稳定，主要变化表现为主河槽河床冲刷下切，深泓点位置右移，河床最大冲刷幅度约 14.6m；2013—2016 年断面形态基本无变化，主河槽左岸滩体 2014 年 11 月前有所冲刷，最大冲刷幅度约 2.9m，至 2016 年 11 月基本回淤。

（8）JC082 距坝约 78.8km，断面为偏 V 形，2016 年 11 月，在高程为 704m 以下，断面宽为 271m，宽深比为 1.0，最低点高程为 678.3m。2004—2013 年断面形态基本稳定，主要变化表现为主河槽河床冲刷下切，深泓点位置右移，河床最大冲刷幅度约 7.9m；2013—2016 年河床高程也较为稳定。

（9）JC064 距坝约 60.9km，断面为偏 V 形，2016 年 11 月，在高程为 681m 以下，断面宽为 251m，宽深比为 1.16，最低点高程为 653m。2004—2013 年断面形态基本稳定，主要变化表现为主河槽河床淤积抬高，河床最大淤积幅度约 4.9m；2013—2016 年断面基本形态由偏 U 形向偏 V 形转化，主河槽河床高程大幅下降，最大降幅达到 15.7m。

（10）JC046 距坝约 43.7km，断面为 U 形，2016 年 11 月，在高程为 663m 以下，断面最大宽度为 1057m，宽深比为 3.16，最低点高程为 641.5m。2004—2013 年断面形态基本稳定，主要变化表现为右岸滩体冲刷下切，深泓点位置右移，河床最大冲刷幅度约 6.1m；2013—2014 年断面左岸侧滩体略有淤积，最大淤积幅度为 2.8m；2014—2016 年该处滩体再次冲刷，主河槽略有淤积抬高。

（11）JC031 距坝约 28.7km，断面为偏 V 形，2016 年 11 月，在高程为 657m 以下，断面宽为 171m，宽深比为 0.51，最低点高程为 615.9m。2004—2013 年断面形态基本稳定，主要变化表现为主河槽河床冲刷，深泓点位置右移，河床最大冲刷幅度达 4.7m；2013—2014 年河床变形不明显；2014—2016 年主河槽河床高程冲刷下切，最大下切幅度约 2.0m。

（12）JC009 距坝约 6.9km，断面为偏 V 形，2016 年 11 月，在高程为 637m 以下，断面宽为 185m，宽深比为 0.56，最低点高程为 599.8m。2004—2013 年断面形态基本稳定，主要变化表现为主河槽河床淤积，深泓点位置右移，河床最大淤积幅度达 29.6m；2013—2014 年河床变形不明显；2014—2016 年受工程施工的影响，断面右岸岸坡向河心淤积，主河槽河床也有所淤积抬高。

综上分析，白鹤滩水库河道断面形态基本稳定，断面变化主要表现为河床的冲淤相间。2013—2016 年断面形态基本稳定，河床冲淤变幅相对较小，最大淤积幅度为 29.6m，出现在 JC009 断面（距坝约 6.9km），最大冲刷幅度为 15.7m，出现在 JC064 断面（距坝约 60.9km）。

2. 库区支流河口

白鹤滩库区支流河口典型断面变化如图 6.39 所示，年际断面形态较为稳定。

（1）普渡河。断面呈 U 形，2013 年 12 月最低点高程为 753.3m，较 2005 年降低 0.5m，右岸侧河槽淤积抬高，最大幅度约 2.5m；2016 年 11 月最低高程为 754.1m，与 2013 年 12 月相比抬高 0.8m，断面右岸侧河槽高程略冲刷下降，左岸侧河槽略有淤积。

（2）大桥河。断面呈 U 形，2014 年之前未观测，2016 年 11 月，断面最低高程为 718.3m，与 2014 年 11 月相比降低 0.1m，断面形态稳定，冲淤变幅较小。

（3）小江。断面呈偏 U 形，2013 年前河口固定观测断面位置不同；2016 年 11 月，

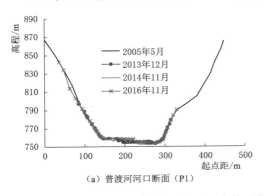

（a）普渡河河口断面（P1）

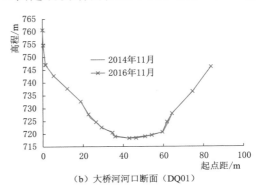

（b）大桥河河口断面（DQ01）

图 6.39（一）　白鹤滩库区支流河口典型断面变化

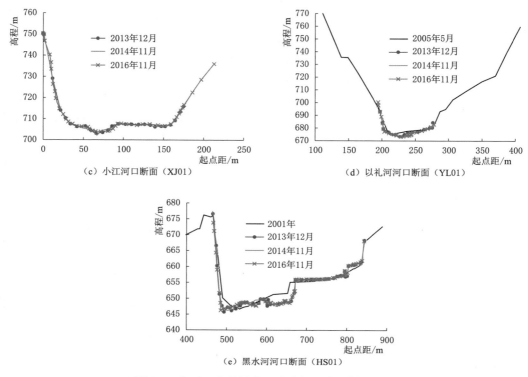

（c）小江河口断面（XJ01）　　　　　　　（d）以礼河河口断面（YL01）

（e）黑水河河口断面（HS01）

图 6.39（二）　白鹤滩库区支流河口典型断面变化

最低高程为 703.9m，与 2013 年 12 月的 703m 相比抬高 0.9m，冲淤主要集中在近左岸侧的主河槽内。

（4）以礼河。断面呈 V 形，2013 年 12 月最低点高程为 673.2m，较 2005 年降低 1.3m；2016 年 11 月最低高程为 673.1m，与 2014 年 11 月的 672.2m 相比抬高 0.9m，断面形态基本稳定，冲淤主要集中在主河槽内，变幅较小。

（5）黑水河。断面呈 U 形，2013 年 12 月最低点高程为 645.7m，较 2001 年降低 1.0m，主河槽河床高程略有下降；2016 年 11 月最低高程为 646.2m，与 2014 年 11 月相同，断面形态基本稳定，主河槽有冲有淤。

6.4　本章小结

（1）2015—2019 年，乌东德站径流量和输沙量分别为 1161 亿 m³ 和 3178 万 t，与可研阶段相比，径流量略偏少 4.0%，输沙量则偏少 74.2%；白鹤滩站径流量和输沙量分别为 1277 亿 m³ 和 8106 万 t，与可研阶段相比，径流量略偏少 3.3%，输沙量则偏少 51.8%。乌东德和白鹤滩坝址附近输沙量减少均与上游干支流梯级水电站拦沙有关。乌东德水库和白鹤滩水库库区均位于干热河谷的核心地带，侵蚀强度大，未控区间来沙量较大，若采用三堆子至华弹区间的平均输沙模数估算，2015—2019 年乌东德和白鹤滩库区未控区间的输沙量分别为 1630 万 t 和 1310 万 t，将成为水库入库泥沙的主要来源。

（2）2016 年乌东德库区干流河道过水断面宽度为 275m，过水断面平均水深为 16.5m，过水断面面积为 4725m²，深泓纵比降为 0.795‰；支流河口段河宽一般较小，河床纵比降偏大。坝址上下游 5km 河道均较为顺直，上游主槽靠近左岸，下游深槽相对居中，河床沿程高低起伏明显；上游河段最深点高程为 776.33m，位于围堰上游约 2.1km 处，下游河段最低高程为 790.3m，位于金坪子大桥下游约 3.5km，围堰下游最低高程约 801.1m，位于 4 号导流洞下游约 15m 处；金坪子大桥下游存在局部冲刷坑，最深点高程为 791.6m。库区干支流河道洲滩河床基本由卵石、沙及礁石组成，干流洲滩取样坑最大粒径为 0.25～428mm，平均粒径为 0.057～191mm；支流河口段洲滩床沙级配较宽，雅砻江和龙川江河口附近床沙较细，其他河口段无明显规律。

（3）白鹤滩库区以峡谷地形为主，2016 年库区干流河道过水断面宽度为 340m，过水断面平均水深为 20.7m，过水断面面积为 6323.4m²，深泓纵比降为 1.40‰；支流河口段断面宽度相对较小，深泓纵比降偏大。坝址上下游 5km 河道平面形态微弯，上游河宽沿程减小，河底高程沿程总体降低，下游河宽较小，沿程无明显变化规律。围堰下游最低高程为 577.2m，位于围堰下游约 465m 处。库区干支流河道洲滩河床由卵石、沙及礁石组成，干流洲滩取样坑最大粒径为 0.25～334mm，平均粒径为 0.055～149mm；与干流河道相比，除普渡河河口段以外，其他支流河口段的洲滩组成较粗，粒径级配沿程变化较小。

（4）2013—2016 年乌东德库区干流河道以及支流河口段以冲刷为主。其中，干流冲刷量为 343 万 m³，冲刷强度为 0.455 万 m³/(km·a)，中段冲淤变化较小，坝前段 JD043.1～JD000.1 冲刷量最大，库尾段 JD328～JD277 淤积量最大。支流河口段除勐果河淤积 6.3 万 m³ 外，雅砻江、龙川江、普隆河和鲹鱼河分别累计冲刷 5.4 万 m³、92.9 万 m³、365.4 万 m³ 和 2.6 万 m³，普隆河冲刷强度最大，为 8.46 万 m³/(km·a)。库区干流和支流河口段深泓高程均值变化较小或略有冲刷，干流深泓最大下降幅度为 10.17m（JD026，距坝 23.7km），最大淤积幅度为 3.2m（JD005.1，距坝约 5.28km）；干流及支流河口段断面形态基本稳定，干流河道断面最大淤积幅度为 10.6m，出现在 JD047.1 断面（距坝 42.2km），最大冲刷幅度为 8.2m，出现在 JD214.1 断面（距坝 171.4km）。

（5）2013—2016 年白鹤滩库区干流河道累积呈现淤积状态，支流河口段有冲有淤。干流河道淤积量为 788.9 万 m³，淤积强度为 1.55 万 m³/(km·a)，尾部和近坝段淤积明显，库尾段 JC208～JC174 淤积量最大，中段冲淤变化相对较小；支流河口段有冲有淤，普渡河和黑水河别淤积 17 万 m³ 和 56.6 万 m³，小江和以礼河分别冲刷 5.3 万 m³ 和 3.4 万 m³。干流河道深泓点高程平均值抬高 0.4m，深泓最大下降幅度为 11.3m（JC153 断面，距坝 139.8km），最大淤积幅度为 24.8m（JD208 断面，距坝约 178.5km）；支流河口段深泓以淤积为主。河道断面形态均基本稳定，断面特征值变化较小，工程施工影响区内的断面冲淤变化较大，干流最大淤积幅度 29.6m，出现在 JC009 断面（距坝 6.9km），最大冲刷幅度为 15.7m，出现在 JC064 断面（距坝 60.9km）。

（6）2016—2019 年乌东德和白鹤滩库区的原型观测仅限于坝址上下游共约 10km 范

围的固定断面和水下地形，且部分断面因为安全影响未获得水下数据。其间，乌东德坝址上游河道淤积为 6 万 m³，冲淤集中在主河槽，深泓点高程累积冲刷下降约 0.9m，沿程宽段淤积多、窄段淤积少或略有冲刷；坝下游冲淤变幅较大的区域主要集中在坝址至 JC206 断面之间，下游金坪子大桥桥位冲刷坑头部下挫，中下段范围扩展。受工程施工影响，白鹤滩库尾段累积冲刷 69 万 m³，深泓点高程略淤积抬高约 0.2m，坝下游总体呈冲淤交替分的特征，强冲刷区和强淤积区均分布在 JB224～JB220.1 断面之间，白鹤滩大桥右岸侧存在高程低于 570m 的冲刷坑，冲刷坑总体呈发展趋势。

第 7 章

溪洛渡水电站泥沙冲淤

自白鹤滩坝址往下，至永善附近为溪洛渡库区，是典型的山区河道型水库。库区水系发达，支流较多，右岸有牛栏江等支流汇入；左岸有尼姑河、西溪河、金阳河、美姑河、西苏角河等支流汇入。工程于 2003 年开始筹建，2005 年年底主体工程开工，2007 年 11 月工程截流，2013 年 5 月开始初期蓄水，2015 年竣工投产，截至 2021 年，已连续 8 年达到 600m 正常蓄水位的目标。自工程筹建开始陆续进行库区河道的原型观测，积累了丰富的资料和研究成果。本章主要从水库入、出库水沙变化着手，研究分析溪洛渡水库库区河道基本特征及运行前后的泥沙冲淤变化，以及冲淤带来的河道纵剖面和横断面形态的调整规律，以期为工程调度运行提供支撑。

7.1 水库入、出库水沙

溪洛渡工程于 2007 年 11 月截流，2013 年 5 月初期蓄水，为了解工程建设期及建成后入、出库水沙变化，2008—2019 年入、出库水沙统计见表 7.1，考虑测站变更，2015 年之前入库采用华弹＋宁南（黑水河）＋美姑（美姑河），2015 年之后入库采用白鹤滩＋美姑，2017 年美姑站停测，入库改用白鹤滩＋大沙店；出库均采用溪洛渡站资料。

表 7.1　溪洛渡水库入、出库主要控制站水沙情况统计（不考虑区间来水来沙）

年　份	入/出库主要控制站	径流量/亿 m³		输沙量/万 t		排沙比/%
		入库	出库	入库	出库	
2008—2012	（华弹＋宁南＋美姑）/溪洛渡	1256	1370	11100	13100	工程建设期
2013		1077	695.2	5895	270	4.6
2014		1223	1356	7278	639	8.8
2015	（白鹤滩＋美姑）/溪洛渡	1110	1288	8933	179	2.0
2016		1311	1407	10003	125	1.3
2017	白鹤滩/溪洛渡	1315	1489	9440	167	1.8
2018	（白鹤滩＋大沙店）/溪洛渡	1504	1635	8225	273	3.3
2019		1225	1281	4360	108	2.5
2013—2019	—	1252	1307	7733	252	3.3
可研阶段	屏山	1440		24700		—

注　1. 2013 年水库蓄水，该年 9—12 月溪洛渡站无泥沙观测资料。

　　2. 2017 年以来，受工程施工的影响，美姑站停止水文泥沙观测，2018 年开始补充收集了库区支流牛栏江的观测资料。

与可研阶段相比,受控制站选择的差异及上游来水来沙变化等因素的影响,2008 年以来,工程建设期和运行期内,溪洛渡入库年径流量、输沙量均有较大变化,尤其是沙量大幅度偏少。2008—2019 年,若溪洛渡坝址年平均径流量仍采用屏山(向家坝)站进行统计,为 1380 亿 m³,相较于可研阶段采用值 1440 亿 m³ 偏少 4.2%;其入库控制站年均输沙量为 0.877 亿 t,考虑到未空区间来沙量较大,依据天然状态下 2001—2010 年金沙江下游干流华弹站、屏山站,以及支流黑水河宁南站和美姑河美姑站(其他支流如牛栏江、观测数据基本自 2010 年之后才开始收集)的年输沙量和控制流域面积,计算出华弹—屏山未控区间年均输沙模数约为 985t/(km² · a),据此估算未控区间年均来沙量为 0.234 亿 t。求得 2008—2019 年年均总入库沙量约为 1.11 亿 t,仍较可研阶段采用值 2.47 亿 t 偏少 55.0%。

7.2　库区河道基本特征

溪洛渡库区的原型观测自 2008 年开始系统开展,至 2019 年,积累了库区干流和支流河口多个测次的固定断面和水下地形资料,具体情况见表 7.2 和表 7.3,本书关于库区河道基本特征及河床冲淤量、分布等均依托于原型观测资料开展。

表 7.2　　　　　　　　　　溪洛渡库区干流地形(固定断面)资料

测验内容及范围	测　次
库区(JX106～01)固定断面	2008 年 2 月、2009 年 10 月、2014 年 5 月
近坝段(JX04.1～00)固定断面	2008 年 5 月、2008 年 12 月、2009 年 5 月、2010 年 4 月、2011 年 5 月、2012 年 5 月、2012 年 12 月、2013 年 4 月、2013 年 12 月
库区(JX01～19,JX85～106)固定断面	2011 年 5 月
库区(JB218～001)固定断面	2014 年 5 月和 11 月、2015 年 5 月和 11 月、2016 年 5 月和 10 月、2017 年 5 月和 11 月、2018 年 5 月和 10 月、2019 年 5 月和 11 月
水库围堰汛前 1:500 地形	2011 年 5 月
库区地形图(JX95～01)	2013 年 10 月
库区(JB218～001)1:2000 地形	2016 年 10 月
变动回水区 1:2000 地形	2015 年 11 月、2018 年 4 月、2019 年 11 月
坝下至金沙江大桥 1:500 地形	2015 年 11 月、2016 年 10 月、2017 年 5 月和 11 月

表 7.3　　　　　　　　　　溪洛渡库区支流地形(固定断面)资料

河流	测验内容及范围		地形
	固　定　断　面		
尼姑河	NG01:2008 年 2 月、2011 年 5 月、2015 年 5 月和 11 月、2016 年 5 月和 11 月、2017 年 5 月和 12 月、2018 年 5 月、2019 年 5 月和 11 月; NG01～NG02:2014 年 5 月和 11 月、2018 年 11 月		无
西溪河	XX01:2008 年 2 月、2011 年 5 月、2016 年 5 月、2019 年 5 月、2020 年 5 月; XX01～XX02:2014 年 5 月和 11 月、2015 年 5 月和 11 月、2016 年 11 月、2017 年 5 月和 12 月、2018 年 5 月和 11 月、2019 年 11 月		无

河流	测验内容及范围	
	固 定 断 面	地形
牛栏江	NL01～NL03：2008 年 2 月、2009 年 10 月； NL01～NL04.2：2014 年 5 月和 11 月、2015 年 5 月和 11 月、2016 年 5 月和 11 月、2017 年 5 月和 12 月、2018 年 5 月和 11 月、2019 年 5 月和 11 月	2013 年 6 月、2016 年 10 月、2017 年 11 月、2018 年 11 月、2019 年 11 月
金阳河	JH01～JH05：2008 年 2 月、2009 年 10 月、2014 年 5 月和 11 月、2015 年 5 月和 11 月、2016 年 5 月和 11 月、2017 年 5 月和 12 月、2018 年 5 月和 11 月、2019 年 5 月和 11 月	
美姑河	MG00～MG01：2011 年 5 月； MG01～MG15：2008 年 2 月、2009 年 10 月、2014 年 5 月和 11 月、2015 年 5 月和 11 月、2016 年 5 月和 11 月、2017 年 5 月和 12 月、2018 年 5 月和 11 月、2019 年 5 月和 11 月	
西苏角河	SJ01～SJ02：2011 年 5 月； SJ01～SJ10：2008 年 2 月、2009 年 10 月、2014 年 5 月和 11 月、2015 年 5 月和 11 月、2016 年 5 月和 11 月、2017 年 5 月和 12 月、2018 年 5 月和 11 月、2019 年 5 月和 11 月	

注 支流地形图观测范围为入汇河口段，比例为 1：1000。

7.2.1　水库蓄水前

采用 2008 年 2 月、2009 年 10 月库区段固定断面观测资料和 2013 年 6 月蓄水期 1：2000 水道地形资料，计算水面线最高高程为 571.55m（JX95，距坝 175km），对于库区各支流，美姑河和牛栏江采用《金沙江溪洛渡水电站可行性研究报告》提出的五年一遇流量 21800m³/s 下的水面线成果；西苏角河和金阳河则采用河道沿程两岸边界较低点连线作为计算水面线。对溪洛渡库区干流河道和支流河口段基本特征进行分析，计算结果见表 7.4 和表 7.5。

表 7.4　　　　　天然状态下溪洛渡库区干流河段河床形态特征参数统计

河　段	河长/km	时　间	过水断面宽度 B/m		过水断面面积/m²		过水断面平均水深 H/m	
			变幅	平均	变幅	平均	变幅	平均
西溪河口—攀枝花乡	13.9	2008 年 2 月	131～204	182	3139～5297	4054	19.6～28.1	22.4
		2009 年 10 月	130～203	182	3185～5281	4074	19.0～27.3	22.5
		2013 年 6 月	135～205	177	3116～4670	3872	20.0～24.3	21.9
攀枝花乡—田坝子	47.6	2008 年 2 月	154～283	201	2994～5922	4266	16.0～28.2	21.4
		2009 年 10 月	157～286	200	6302～3054	4233	16.4～26.9	21.7
		2013 年 6 月	153～277	199	2978～5795	4051	14.3～25.6	20.3
田坝子—下寨	32.0	2008 年 2 月	137～315	216	3287～6570	4299	14.2～24.5	20.0
		2009 年 10 月	135～314	217	3249～6860	4361	13.8～26.4	20.3
		2013 年 6 月	136～300	213	3121～6114	3982	14.0～24.8	19.0
下寨—美姑河口	44.0	2008 年 2 月	105～313	175	2117～6182	3536	14.6～25.3	20.3
		2009 年 10 月	105～315	175	2455～5604	3536	15.2～24.5	20.4
		2013 年 6 月	109～317	174	2236～5391	3219	14.0～23.0	18.8

续表

河段	河长/km	时间	过水断面宽度 B/m		过水断面面积/m²		过水断面平均水深 H/m	
			变幅	平均	变幅	平均	变幅	平均
美姑河口—坝址	38.3	2008 年 2 月	106~285	157	1447~4954	2493	11.3~20.3	15.9
		2009 年 10 月	106~282	161	1461~4437	2501	6.69~23.3	15.9
		2013 年 6 月	104~280	153	1403~4095	2241	10.5~19.5	14.8
西溪河口—坝址	175.8	2008 年 2 月	105~315	187	1447~6570	3677	11.3~28.2	20.1
		2009 年 10 月	105~315	187	1461~6860	3701	6.69~27.7	20.2
		2013 年 6 月	104~317	184	1403~6114	3459	10.5~25.6	18.8

表 7.5　　天然状态下溪洛渡库区支流河床形态特征参数统计（干流 $Q=21800\mathrm{m^3/s}$）

河名	河段	河长/km	时间	过水断面宽度 B/m		过水断面平均水深 H/m		过水断面面积/m²	
				变幅	平均	变幅	平均	变幅	平均
美姑河	莫红—河口	16.3	2008 年 2 月	61~112	84	11.9~18.3	18.2	547~1667	1095
			2009 年 10 月	62~112	85	13.1~26.0	18.0	525~1694	1103
牛栏江	麻壕—河口	2.09	2008 年 2 月	50~154	116	11.9~19.5	15.3	419~1858	1196
			2009 年 10 月	47~152	113	13.7~15.4	14.3	395~1850	1134
西苏角河	毛坝水文站—河口	10.6	2008 年 2 月	53~176	113	12.5~35.9	23.9	460~4353	1957
			2009 年 10 月	53~176	114	13.5~35.8	24.2		
金阳河	王家河坝—河口	4.5	2008 年 2 月	40~100	78	11.4~26.8	20.7		
			2009 年 10 月	40~100	78	8.0~18.3	13.1		

1. 过水断面宽度

受构造运动和岩性变化影响，库区河道沿程蜿蜒曲折、宽窄相间。计算水面线条件下，2008 年 2 月至 2013 年 6 月溪洛渡库区平均河宽变化不大。河宽沿程变化较大，2013 年 6 月库区平均河宽为 184m，最大河宽为 317m（田坝子附近，距坝约 60km），最小河宽为 104m（燕子岩附近，距坝 3.68km），两者相差 3 倍（图 7.1）。

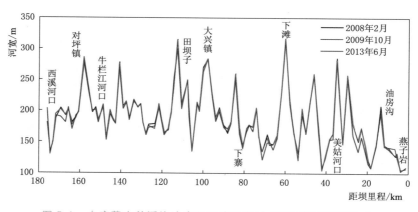

图 7.1　水库蓄水前溪洛渡库区干流河道过水断面宽度沿程变化

2009 年 10 月库区美姑河、牛栏江、西苏角河和金阳河最大过水断面宽度分别为 112m、152m、176m 和 100m，最小过水断面宽度分别为 62m、47m、53m 和 40m，平均过水断面宽度分别为 85m、113m、114m 和 78m，最宽、最窄处分别相差 1.8 倍、3.2 倍、2.2 倍和 1.95 倍。

2. 断面平均水深

计算水面线下，2013 年 6 月溪洛渡库区干流最大断面平均水深为 43.21m（JX93 断面，距坝 172.9km），断面平均水深均值为 18.8m，最大、最小断面平均水深分别为 25.6m（JX66 断面，距坝 127km）、10.5m（JX17，距坝 35km）。2008 年 2 月至 2013 年 6 月库区干流断面平均水深有增有减，平均由 20.1m 减小到 18.8m，减幅为 1.3m。断面平均水深最大增幅为 1.52m（位于 JX78 断面，距坝 145.3km），最大减幅为 5.29m（位于 JX60 断面，距坝 114km）。分段来看，西溪河口—攀枝花乡段断面平均水深减小 0.5m，攀枝花乡—田坝子段断面平均水深减小 1.1m，田坝子—下寨段断面平均水深减小 1m，下寨—美姑河口段断面平均水深减小 1.5m，美姑河口—坝址段断面平均水深减小 1.1m（图 7.2）。

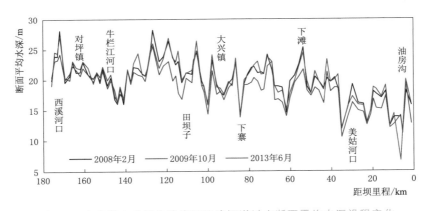

图 7.2 水库蓄水前溪洛渡库区干流河道过水断面平均水深沿程变化

计算水面线条件下，2008 年 2 月至 2009 年 10 月溪洛渡库区支流美姑河最大、最小断面平均水深分别为 26m、11.9m；牛栏江最大、最小断面平均水深分别为 19.5m、11.9m；西苏角河最大、最小断面平均水深分别为 35.9m、12.5m；金阳河最大、最小断面平均水深分别为 26.8m、8.0m。

3. 过水断面面积

2013 年 6 月溪洛渡库区断面平均过水断面面积为 3459m²，沿程变化幅度较大，其中尤以对坪镇和大兴镇附近明显，以大兴镇附近过水断面面积变化最大，如库区河道过水断面面积由 JX51（距坝 97.8km）的 6114m² 减小到 JX42（距坝 80.6km）的 2692m²，变幅达到 127%。2008 年 2 月至 2013 年 6 月，平均过水断面面积以减小为主，减幅为 6%。其中，JX59 断面（距坝 113km）过水面积减幅最大，减幅为 1102m²，减小百分比为 18%。分段来看，西溪河口—攀枝花乡段过水断面面积减幅为 182m²，攀枝花乡—田坝子段过水断面面积减幅为 215m²，田坝子—下寨段过水断面面积减幅为 317m²，下寨—美姑河口段过水断面面积减幅为 317m²，美姑河口—坝址段过水断面面积减幅为 252m²（图 7.3）。

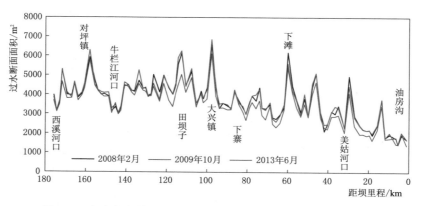

图 7.3　水库蓄水前溪洛渡库区干流河道过水断面面积沿程变化

7.2.2　水库蓄水后

为进一步掌握正常蓄水位条件下溪洛渡库区的河道基本特征，采用《金沙江溪洛渡水电站可行性研究报告》提出的正常蓄水位 600m（黄海基面）方案库区干流回水水面线成果（上游来流流量为 21800m³/s），对蓄水后溪洛渡库区干流沿程各断面的水面宽、平均水深及过水断面面积进行了分析计算（库区支流采用河道沿程两岸岸边界较低点高程），计算结果见表 7.6 和表 7.7。

表 7.6　　2014 年 11 月至 2019 年 11 月溪洛渡水库正常蓄水位下

库区干流河段河道形态变化统计

河　段	河长 /km	时　间	过水断面宽度 B/m		过水断面面积/m²		断面平均水深 H/m	
			变幅	平均	变幅	平均	变幅	平均
白鹤滩— 西溪河口	21.02	2014 年 11 月	135～285	198	3175～9390	5499	16.1～39.1	27.9
		2015 年 11 月	133～280	197	3095～9354	5508	16.9～39.1	28.0
		2016 年 10 月	125～284	195	2540～8953	5337	16.1～38.31	27.1
		2017 年 11 月	124～284	196	2567～8565	5315	15.9～38.1	26.9
		2018 年 10 月	128～284	196	2571～8001	5225	15.1～37.4	27.0
		2019 年 11 月	124～285	196	2565～8627	5389	15.6～37.6	27.2
西溪河口— 攀枝花乡	15.1	2014 年 11 月	154～421	289	6703～16531	12361	36.43～50.38	42.9
		2015 年 11 月	155～424	290	6821～15824	12109	37.29～50.29	42.1
		2016 年 10 月	155～421	290	6865～15262	11763	36.25～49.68	41.0
		2017 年 11 月	155～426	290	6902～15477	11792	35.77～49.94	41.0
		2018 年 10 月	155～426	290	6951～15096	11549	33.1～47.9	40.0
		2019 年 11 月	155～426	291	6425～15637	11766	35.8～47.9	40.6

续表

河 段	河长/km	时 间	过水断面宽度 B/m		过水断面面积/m²		断面平均水深 H/m	
			变幅	平均	变幅	平均	变幅	平均
攀枝花乡—田坝子	45.97	2014 年 11 月	284～734	465	15600～52387	27538	44.98～82.64	58.8
		2015 年 11 月	287～736	466	14749～51329	26869	41.47～80.92	57.1
		2016 年 10 月	288～738	466	14190～50485	26406	41.15～79.7	56.2
		2017 年 11 月	287～740	465	14259～49266	25833	42.22～78.45	55.0
		2018 年 10 月	287～740	465	13912～48209	25200	40.1～77	53.6
		2019 年 11 月	287～740	465	13610～47363	24849	40.5～76.5	52.7
田坝子—下寨	31.17	2014 年 11 月	361～1047	678	29604～92342	54018	62.12～96.9	80.2
		2015 年 11 月	362～1056	679	28947～91315	53180	60.96～96.09	78.8
		2016 年 10 月	361～1057	679	28503～90579	52560	60.19～95.27	77.9
		2017 年 11 月	359～1057	679	27924～89966	51789	59～94.12	76.7
		2018 年 10 月	359～1057	680	27483～88947	51094	57.9～92.5	75.6
		2019 年 11 月	359～1059	680	27267～88958	50878	57.7～92.4	75.3
下寨—美姑河口	43.97	2014 年 11 月	486～1289	758	44027～137513	76985	66.7～131.7	102.0
		2015 年 11 月	487～1289	760	43331～136918	76437	66.1～130.9	101.0
		2016 年 10 月	488～1287	760	42958～136455	76161	65.8～130	100.0
		2017 年 11 月	488～1288	760	42504～135910	75760	65.14～129.82	99.6
		2018 年 10 月	485～1484	866	73911～157730	103587	96～163.9	122.0
		2019 年 11 月	488～1292	761	42097～135150	75364	64.4～129	99.0
美姑河口—坝址	37.9	2014 年 11 月	485～1483	865	74402～158366	104323	96.71～164.17	123.2
		2015 年 11 月	485～1483	866	74287～158141	104007	96.25～164.08	122.7
		2016 年 10 月	485～1484	866	74290～157888	103785	96.14～163.67	122.5
		2017 年 11 月	485～1485	866	73676～157019	103482	95.6～163.7	122.2
		2018 年 10 月	485～1484	866	73911～157730	103587	96～163.9	122.3
		2019 年 11 月	485～1484	865	73910～157562	103516	96～163.6	122.2
白鹤滩—坝址	195.1	2014 年 11 月	135～1483	598	3175～158366	53767	16.1～164.2	79.2
		2015 年 11 月	133～1483	599	3095～158141	53271	16.9～164.1	78.2
		2016 年 10 月	125～1484	599	2540～157888	51912	16.15～163.67	77.5
		2017 年 11 月	124～1485	599	2567～157019	52506	15.9～163.7	76.9
		2018 年 10 月	128～1484	600	2571～157730	52130	15.1～163.9	76.0
		2019 年 11 月	124～1484	600	2565～157562	52047	15.7～163.6	76.0

表 7.7　　　　　2014 年 11 月至 2019 年 11 月溪洛渡水库正常蓄水位下
库区支流河段河道形态变化统计

河　段	河长/km	时　间	过水断面宽度 B/m		过水断面面积/m²		断面平均水深 H/m	
			变幅	平均	变幅	平均	变幅	平均
西溪河	0.22	2014 年 11 月	98～115	106	2221～3908	3065	22.69～33.92	28.31
		2015 年 11 月	98～117	108	2317～4094	3205	23.68～35.1	29.39
		2016 年 11 月	98～116	107	2225～3901	3064	22.7～33.5	29.2
		2017 年 12 月	88～115	102	2108～4034	3071	23.9～35	29.5
		2018 年 11 月	98～116	107	2303～4070	3186	23.53～35.09	29.31
		2019 年 11 月	98～116	107	2213～4111	3162	22.6～35.6	29.1
牛栏江	3.86	2014 年 11 月	117～295	212	4709～12211	8092	25.47～44.47	38.06
		2015 年 11 月	118～295	212	4612～11796	7884	25.26～43.24	37.02
		2016 年 11 月	118～296	213	4436～11506	7772	25.1～42.2	36.5
		2017 年 12 月	118～295	213	4479～11475	7717	24.7～42	36.3
		2018 年 11 月	118～296	213	4445～11246	7608	24.45～40.95	35.69
		2019 年 11 月	119～296	214	4361～11301	7593	24.3～41.4	35.6
金阳河	3.93	2014 年 11 月	41～315	151	140～13503	5159	3.39～47.85	27.86
		2015 年 11 月	33～324	152	139～13322	5061	4.27～47.06	27.15
		2016 年 11 月	33～324	152	142～13399	5030	4.24～47.2	27.0
		2017 年 12 月	33～324	153	132～13194	4961	3.99～47.1	26.5
		2018 年 11 月	33～324	154	129～12999	4834	4～45.42	25.76
		2019 年 11 月	33～324	154	136～12811	4793	4.1～44.3	25.7
美姑河	15.23	2014 年 11 月	39～493	302	54～40876	20465	1.38～97.09	57.16
		2015 年 11 月	39～492	302	234～40600	20346	6.01～97.07	57.12
		2016 年 11 月	38～492	302	213～40406	20131	5.57～96.5	56.3
		2017 年 12 月	39～494	302	230～40217	19970	5.8～96.3	55.7
		2018 年 10 月	39.8～494	303	258～40085	19821	6.45～96.3	55.2
		2019 年 11 月	39～494	303	253～39957	19788	6.49～96.1	55.1
西苏角河	7.67	2014 年 11 月	118～572	292	1464～62377	22224	12.43～109.92	63.45
		2015 年 11 月	118～573	291	1515～62342	22193	12.81～108.86	63.37
		2016 年 11 月	119～572	291	1510～61989	22100	12.7～108.4	62.9
		2017 年 12 月	118～572	291	1322～62194	22038	11.2～108.6	62.6
		2018 年 10 月	118～572	292	1459～62180	21989	12.3～108.6	62.3
		2019 年 11 月	119～573	292	1487～62023	21928	12.5～108.2	62.1

1. 过水断面宽度

2014 年 11 月至 2019 年 11 月溪洛渡库区干流河道过水断面河宽变化不大。2019 年 11
月均值为 600m，过水断面宽度变动范围为 124（JB220 断面，距坝 194.5km）～

1484m（JB26 断面，距坝 22.46km），相差近 12 倍。分段来看，近坝段美姑河口—坝址过水断面宽度为 865m，为最大，库尾白鹤滩—西溪河口过水断面宽度为 196m，为最小（图 7.4）。

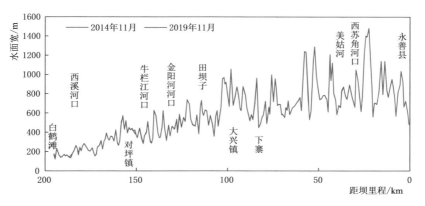

图 7.4　水库蓄水后溪洛渡库区干流河道过水断面宽度沿程变化

2014 年 11 月至 2019 年 11 月库区支流过水断面宽度变化不大。2019 年 11 月库区牛栏江、金阳河、美姑河、西溪河和西苏角河淹没区最大过水断面宽度分别为 296m、324m、494m、116m 和 573m，最小过水断面宽度分别为 119m、33m、39m、98m 和 119m，过水断面宽度均值分别为 214m、154m、303m、107m 和 292m，最宽、最窄处分别相差 2.5 倍、9.5 倍、12.9 倍、1.2 倍和 4.8 倍，尼姑河因只测了河口一个断面，本次没有进行计算。

2. 断面平均水深

2014 年 11 月至 2019 年 11 月溪洛渡库区内断面平均水深变化不大。2019 年 11 月库区干流河段最大断面平均水深 241m（JB006 断面，距坝 4.77km），断面平均水深均值为 124m，河床最大、最小断面平均水深分别为 241m（JB006 断面，距坝 4.77km）和 26.1m（JB221 断面，距坝 195.1km）。分段来看，近坝段美姑河口—坝址断面平均水深最大，为 212m，库尾白鹤滩—西溪河口段断面平均水深 42.1m 为最小（图 7.5）。

2019 年 11 月库区支流河口段牛栏江最大、最小断面平均水深分别为 55.8m 和 45.1m；金阳河最大、最小断面平均水深分别为 69.6m 和 5.8m；美姑河最大、最小断面

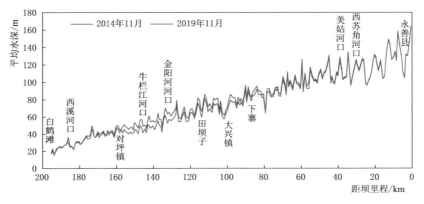

图 7.5　水库蓄水后溪洛渡库区干流河道过水断面平均水深沿程变化

215

平均水深分别为 176m 和 7.4m；西溪河最大、最小断面平均水深分别为 40.7m 和 38.2m；西苏角河最大、最小断面平均水深分别为 184m 和 16.8m。

3. 过水断面面积

2014 年 11 月至 2019 年 11 月溪洛渡库区内过水断面面积减小 3.2%。2019 年 11 月，溪洛渡库区干流河段过水断面面积均值为 52047m²，最大、最小过水断面面积分别为 157562m²（JB026 断面，距坝 22.46km）和 2565m²（JB220 断面，距坝 194.5km）。从库区沿程分段来看，近坝段美姑河口—坝址过水断面面积均值最大，为 103516m²；库尾白鹤滩—西溪河口段过水断面面积均值最小，为 5389m²（图 7.6）。

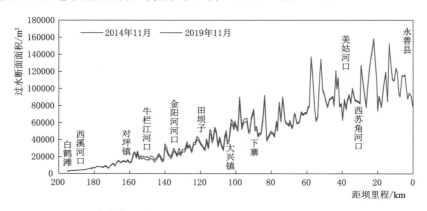

图 7.6　水库蓄水前溪洛渡库区干流河道过水断面面积沿程变化

2019 年 11 月库区支流河口段牛栏江最大、最小过水断面面积分别为 11301m² 和 4361m²；金阳河最大、最小过水断面面积分别为 12811m² 和 136m²；美姑河最大、最小过水断面面积分别为 39957m² 和 253m²；西溪河最大、最小过水断面面积分别为 4111m² 和 2213m²；西苏角河最大、最小过水断面面积分别为 62023m² 和 1487m²。

7.3　水库泥沙冲淤量及分布

7.3.1　水库淤积量和排沙比

1. 不考虑未控区间来沙

仅统计干流河道和部分支流水文站监测数据统计，溪洛渡水库 2013 年 5 月 4 日蓄水运用后，2013 年 5 月至 2019 年 12 月入库泥沙量为 54013 万 t，出库泥沙量为 1695 万 t，水库淤积量为 52318 万 t，水库排沙比为 3.14%（表 7.8）。

表 7.8　　　　　　　　2013—2020 年溪洛渡水库淤积量及排沙比统计

基本条件	年　份	入库沙量/万 t	出库沙量/万 t	淤积量/万 t	排沙比/%
不考虑 未控区间	2013 年 5—12 月	5774	204	5570	3.53
	2014	7278	639	6639	8.78

续表

基本条件	年 份	入库沙量/万 t	出库沙量/万 t	淤积量/万 t	排沙比/%
不考虑 未控区间	2015	8933	179	8754	2.00
	2016	10003	125	9878	1.25
	2017	9440	167	9273	1.77
	2018	8225	273	7952	3.32
	2019	4360	108	4252	2.48
	2013—2019	54013	1695	52318	3.14
考虑 未控区间	2013	8236	270	7966	3.28
	2014	9619	639	8980	6.64
	2015	11147	179	10968	1.61
	2016	12217	125	12092	1.02
	2017	11654	167	11487	1.43
	2018	9492	273	9219	2.88
	2019	5627	108	5519	1.92
	2013—2019	67992	1761	66231	2.59

2. 考虑未控区间来沙

考虑未控区间来沙量，计算得到 2013—2019 年溪洛渡水库泥沙淤积量和排沙比，溪洛渡总入库沙量为 67992 万 t，出库沙量为 1761 万 t，水库淤积量为 66231 万 t，水库排沙比为 2.59%（表 7.8）。

7.3.2 泥沙淤积沿时程分布

根据固定断面资料计算，2008 年 2 月至 2019 年 11 月，溪洛渡水库干、支流共淤积泥沙为 57161 万 m³，干流库区共淤积泥沙为 54754 万 m³，主要支流淹没区淤积泥沙为 2406 万 m³。其中，变动回水区（白鹤滩坝址—对坪镇，长约 36.0km）和常年回水区（对坪镇—坝址，长约 159.1km）分别淤积泥沙 2411 万 m³ 和 54750 万 m³，分别占总淤积量的 4% 和 96%。从沿时冲淤来看：

（1）水库蓄水前 2008 年 2 月至 2013 年 6 月，溪洛渡库区河道共淤积泥沙为 5422 万 m³，其中，淤积在变动回水区的泥沙量为 345 万 m³，占总淤积量的 3%，淤积在常年回水区的泥沙量为 5077 万 m³，占总淤积量的 97%。

（2）水库蓄水后 2013 年 6 月至 2019 年 11 月，溪洛渡库区共淤积泥沙为 51739 万 m³，其中，淤积在变动回水区的泥沙量为 2066 万 m³，占总淤积量的 4%，淤积在常年回水区的泥沙量为 49673 万 m³，占总淤积量的 96%。

7.3.2.1 年际冲淤量变化

根据水库运行阶段不同，河道固定断面和水下地形的测量范围也有较大差异，进行冲淤计算时应针对实际情况，选择合适的计算水面线。

（1）溪洛渡水库的冲淤计算条件分为以下两种：

1）由于 2008 年 2 月至 2014 年 5 月，测量高程不够，将五年一遇流量为 21800m³/s 对应天然水面线统一下降 20m 进行计算。同时还分别计算了 540m、560m 和 600m 高程下库区河床的冲淤量。

2）2014 年 5 月至 2019 年 11 月，一方面采用五年一遇流量为 21800m³/s 对应的天然水面线计算；另一方面也分别计算了 540m、560m 和 600m 高程下库区河床的冲淤量。

（2）冲淤量沿时程变化

1）库区干流。计算结果表明，2008 年 2 月至 2019 年 11 月，溪洛渡库区干流共淤积泥沙为 54754 万 m³。沿时来看，2008 年 2 月至 2013 年 6 月淤积量为 4740 万 m³；2013 年 6 月至 2019 年 11 月淤积量为 50014 万 m³，库区河道淤积主要发生在水库蓄水运用后（表 7.9 和表 7.10）。

表 7.9　　　　　　　　　　溪洛渡库区干流河段冲淤量　　　　　　　　　　单位：万 m³

河 段	白鹤滩—西溪河口	西溪河口—对坪	对坪—田坝子	田坝子—下寨	下寨—美姑河口	美姑河口—坝址	白鹤滩—坝址
断面名称	JB221～JB199	JB199～JB179	JB179～JB127	JB127～JB092	JB092～JB041	JB041～JB001	JB221～JB001
河长/km	21	15	46	31.2	44	37.9	195.1
2008 年 2 月至 2013 年 6 月	88	257	1034	965	1411	985	4740
2013 年 6 月至 2019 年 11 月	857	1209	15681	13352	12951	5964	50014
2008 年 2 月至 2019 年 11 月	945	1466	16715	14317	14362	6949	54754

注　1. 2008 年 2 月至 2013 年 6 月采用五年一遇流量为 21800m³/s 对应的天然水面线统一下降 20m 进行计算的结果。
　　2. 2013 年 6 月至 2014 年 5 月采用水库坝前水位为 560m 的计算结果。
　　3. 2014 年 5 月至 2019 年 11 月采用水库坝前水位为 600m 的计算结果。
　　4. 2015 年 11 月至 2017 年 11 月 JB211 和 JB211.1 断面实测不一致，采用测次全部断面进行计算。

表 7.10　　　　　　　　溪洛渡库区干流河段冲淤强度统计　　　　　　　　单位：万 m³/(km·a)

河 段	白鹤滩—西溪河口	西溪河口—对坪	对坪—田坝子	田坝子—下寨	下寨—美姑河口	美姑河口—坝址	白鹤滩—坝址
河长/km	21	15	46	31.2	44	37.9	195.1
2008 年 2 月至 2013 年 6 月	0.8	3.2	4.2	5.8	6.1	4.9	4.6
2013 年 6 月至 2019 年 11 月	6.2	12.2	51.7	64.8	44.6	23.8	38.8
2008 年 2 月至 2019 年 11 月	3.8	8.3	30.8	38.9	27.7	15.5	23.8

2008 年 2 月至 2019 年 11 月干流主槽淤积泥沙为 46013 万 m³，淤积强度为 20 万 m³/(km·a)。沿程来看，泥沙淤积主要分布在对坪（JX86）—田坝子（JX60），淤积量达 15861 万 m³，淤积强度为 29.2 万 m³/(km·a)，其次为田坝子（JX60）—下寨（JX43），淤积量达 12865 万 m³，淤积强度为 34.9 万 m³/(km·a)。变动回水区和常年回水区的淤积量分别为 2284 万 m³ 和 43729 万 m³，分别占总淤积量的 5% 和 95%。沿时来

看，水库蓄水前 2008 年 2 月至 2013 年 6 月，主槽淤积量为 4646 万 m³。其中，变动回水区、常年回水区淤积量分别为 251 万 m³ 和 4395 万 m³；分别占总淤积量的 5.4% 和 94.6%。水库蓄水后 2013 年 6 月至 2019 年 11 月，主槽淤积量为 41367 万 m³。其中，变动回水区、常年回水区淤积量分别为 2033 万 m³ 和 39334 万 m³。淤积主要发生在 2014 年、2015 年和 2016 年汛期，其淤积量分别为 8829 万 m³、8270 万 m³ 和 8399 万 m³（表 7.11 和表 7.12）。

表 7.11　　　　　　　　　　　溪洛渡库区干流河段主槽冲淤量　　　　　　　　单位：万 m³

河　段	白鹤滩—西溪河口	西溪河口—对坪	对坪—田坝子	田坝子—下寨	下寨—美姑河口	美姑河口—坝址	白鹤滩—坝址
断面名称	JX106～JX95	JX95～JX86	JX86～JX60	JX60～JX43	JX43～JX19	JX19～JX01	JX106～JX01
	JB221～JB199	JB199～JB179	JB179～JB127	JB127～JB092	JB092～JB041	JB041～JB001	JB221～JB001
河长/km	21	15	46	31.2	44	37.9	195.1
2008 年 2 月至 2013 年 6 月	—6	257	1034	965	1411	985	4646
2013 年 6 月至 2019 年 11 月	886	1146	14827	11900	8924	3683	41367
2008 年 2 月至 2019 年 11 月	880	1403	15861	12865	10335	4668	46013

表 7.12　　　　　　　　　　溪洛渡库区干流河段主槽冲淤强度统计　　　　　单位：万 m³/(km·a)

河　段	白鹤滩—西溪河口	西溪河口—对坪	对坪—田坝子	田坝子—下寨	下寨—美姑河口	美姑河口—坝址	白鹤滩—坝址
河长/km	21	15	46	31.2	44	37.9	195.1
2008 年 2 月至 2013 年 6 月	—0.1	3.2	4.2	5.8	6.1	4.9	4.5
2013 年 6 月至 2019 年 11 月	6.4	11.6	48.8	57.8	30.7	14.7	32.1
2008 年 2 月至 2019 年 11 月	3.6	7.9	29.2	34.9	19.9	10.4	20.0

2）库区支流。根据已有主要支流河道地形（固定断面）的观测资料：一方面，冲淤量的计算水位采用河道沿程两岸岸边界较低点，此外，2015 年、2016 年尼姑河和 2016 年 5 月、2018 年 5 月西溪河只测了一个断面，没有将其纳入统计范围；另一方面，还对 2014 年 5 月至 2019 年 11 月，水库各特征水位下（600m、560m 和 540m）支流河口段冲淤进行了计算。结果表明，2008 年 2 月至 2019 年 11 月，溪洛渡库区主要支流淹没区共淤积泥沙为 2407 万 m³。其中，牛栏江、金阳河、美姑河和西苏角河口段均表现为淤积，淤积量分别为 286 万 m³、379 万 m³、1244 万 m³ 和 497 万 m³。沿时来看（表 7.13）：①2008 年 2 月至 2014 年 5 月淤积量为 681 万 m³。金阳河、美姑河和西苏角河口段均表现为淤积，淤积量分别为 202 万 m³、254 万 m³ 和 225 万 m³；②2014 年 5 月至 2019 年 11 月淤积量为 1726 万 m³。其中，2018 年 11 月至 2019 年 11 月淤积量为 95 万 m³，牛栏江、

金阳河、美姑河和西苏角河口段均表现为淤积，淤积量分别为 9 万 m³、8 万 m³、41万 m³ 和 37 万 m³。

表 7.13　　　　　　　　　　　溪洛渡库区主要支流河口段冲淤变化统计　　　　　　　　单位：万 m³

河　　名	牛栏江	金阳河	美姑河	西苏角河
断面名称	NL04.2～NL01	JH05～JH01	MG15～MG01	SJ10～SJ01.1
河长/km	3.86	4.36	15.2	9.8
2008 年 2 月至 2014 年 5 月	—	202	254	225
2014 年 5 月至 2019 年 11 月	286	177	990	272
2008 年 2 月至 2019 年 11 月	286	379	1244	497

注　1. 2008 年 2 月至 2014 年 5 月计算水位采用河道沿程两岸岸边界较低点。
　　2. 2014 年 5 月至 2019 年 11 月采用库区水位为 600m 的计算结果。

此外，溪洛渡库区（蓄水前）特别是近坝段位于施工区，人类活动对河道影响较为频繁，分析成果并不能完全代表天然情况下河道的冲淤变化，仅以实测资料为依据反映河道冲淤变化。现场测量人员也反映，溪洛渡库区仍有部分断面局部变化受人类活动的影响，尤其是水上岸坡区域，受滑坡及工程建设而发生一定的变化（图 7.7）。

（a）JB213右岸有滑坡

（b）JB206断面左岸新修码头基本成型

（c）JB184左岸有料场

（d）JB178左岸

图 7.7（一）　2019 年溪洛渡水库库区现场观测期间部分断面岸坡人为活动情况

（e）JB165左岸有料场　　　　　　　　　　　（f）JB066右岸有房屋建设施工

（g）JB040左岸有人为弃土　　　　　　　　　　（h）JB020左岸有人为变化

图 7.7（二）　2019 年溪洛渡水库库区现场观测期间部分断面岸坡人为活动情况

7.3.2.2　年内冲淤量变化

溪洛渡电站蓄水运行后，自 2014 年开始，每年汛前和汛后两次开展全库段的固定断面观测，为分析库区泥沙冲淤的年内变化提供了基础，计算各年年内干流及主要支流河段内冲淤量见表 7.14 和表 7.15，库区不同分段的年内冲淤量对比如图 7.8 所示。

表 7.14　　　　　　　溪洛渡水库蓄水后库区干流河段年内冲淤量统计　　　　　　单位：万 m³

河　　段	白鹤滩—西溪河口	西溪河口—对坪	对坪—田坝子	田坝子—下寨	下寨—美姑河口	美姑河口—坝址	白鹤滩—坝址
河长/km	21	15	46	31.2	44	37.9	195.1
2014 年 5 月至 2014 年 11 月	734	557	2240	2681	2843	1417	10472
2014 年 11 月至 2015 年 5 月	10	104	54	−146	−171	−265	−413
2015 年 5 月至 2015 年 11 月	−53	199	3045	2740	2599	1478	10008
2015 年 11 月至 2016 年 5 月	−15	95	−289	−691	−653	−803	−2355
2016 年 5 月至 2016 年 10 月	244	372	2456	2639	1839	1668	9219
2016 年 10 月至 2017 年 5 月	−35	37	289	−55	−76	−699	−539
2017 年 5 月至 2017 年 11 月	65	−66	2388	2453	1837	1801	8478
2017 年 11 月至 2018 年 5 月	−264	45	386	−174	−98	−774	−880
2018 年 5 月至 2018 年 10 月	468	248	2560	2343	2103	447	8170

续表

河　段	白鹤滩—西溪河口	西溪河口—对坪	对坪—田坝子	田坝子—下寨	下寨—美姑河口	美姑河口—坝址	白鹤滩—坝址
2018 年 10 月至 2019 年 5 月	−160	74	−247	−691	−1038	−330	−2392
2019 年 5 月至 2019 年 11 月	−184	−336	1715	1365	744	570	3873

表 7.15　　　　　　　　　　溪洛渡库区主要支流河段年内冲淤量统计　　　　　　　　　　单位：万 m³

河　名	牛栏江	金阳河	美姑河	西苏角河
河长/km	3.86	4.36	15.2	9.8
2014 年 5 月至 2014 年 11 月	112	54	−84	5
2014 年 11 月至 2015 年 5 月	−12	−1	77	−32
2015 年 5 月至 2015 年 11 月	89	36	118	43
2015 年 11 月至 2016 年 5 月	−14	−13	209	−22
2016 年 5 月至 2016 年 11 月	54	23	134	113
2016 年 11 月至 2017 年 5 月	6	9	1	−56
2017 年 5 月至 2017 年 12 月	12	19	251	121
2017 年 11 月至 2018 年 5 月	−21	1	−29	7
2018 年 5 月至 2018 年 10 月	50	41	273	56
2018 年 10 月至 2019 年 5 月	−3	−8	−104	−14
2019 年 5 月至 2019 年 11 月	12	16	145	51

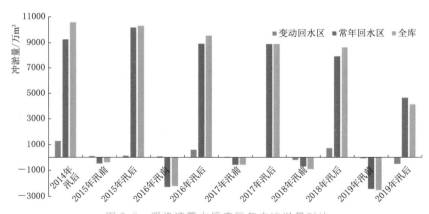

图 7.8　溪洛渡蓄水后库区年内冲淤量对比

　　（1）2014—2019 年各年汛前溪洛渡库区干流河道基本处于冲刷状态，且冲刷主要发生在常年回水区。2015 年汛前库区常年回水区的冲刷量最大，为 2436 万 m³，2019 年次之，为 2306 万 m³；报告中计算的库区主要支流均位于常年回水区范围内，2014 年和 2015 年支流年内均处于淤积状态，2016 年开始，汛前冲刷，与干流河道的规律一致。

　　（2）2014—2019 年各年汛后溪洛渡库区干流河道和主要支流河口段均处于淤积状态，且淤积仍主要发生在常年回水区。2014 年汛后的淤积量最大，达到 10559 万 m³（含支流），此后直至 2019 年，汛后的泥沙淤积量呈逐渐递减的变化趋势。

（3）对比常年回水区和变动回水区来看，常年回水区"汛前冲刷、汛后淤积"规律明显，变动回水区 2016 年前汛前和汛后都呈小幅淤积的状态，2016 年后以冲刷为主。

结合三峡水库库区的观测成果，溪洛渡水库蓄水后，在正常蓄水位下，库区常年回水区的平均水深达到 120m 以上，汛期及蓄水期淤积的泥沙因水压力发生密实而略微沉降，在断面上体现为河床高程的下降，断面法计算中，汛前会呈现为"冲刷"状态，实际泥沙并未排出水库。

7.3.3　淤积部位分布特征

2008 年 2 月至 2019 年 11 月，溪洛渡水库干、支流共淤积泥沙为 57161 万 m^3。从淤积部位来看，淤积在 540m 死水位以下的泥沙量为 48738 万 m^3，占总淤积量的 85.3%，占水库死库容的 9.5%；8423 万 m^3 淤积在高程为 540~600m 的调节库容内，占总淤积量的 14.7%，占水库调节库容的 1.3%；560~600m 防洪库容内淤积泥沙 969 万 m^3。其中，2013 年 6 月至 2019 年 11 月，溪洛渡水库干、支流共淤积泥沙 51739 万 m^3。540m 死水位以下淤积量为 44623 万 m^3，占总淤积量的 86.2%，占水库死库容的 8.7%。540~600m 调节库容内淤积 7116 万 m^3，占总淤积量的 13.8%，占水库调节库容的 1.1%。560~600m 防洪库容内冲刷 202 万 m^3，其中，干流冲刷量为 81 万 m^3，支流冲刷量为 121 万 m^3。沿程分布来看，防洪库容内干流泥沙淤积主要分布在白鹤滩坝址（JB221）—西溪河口（JB199）、对坪（JB179）—田坝子（JB127）段，淤积量分别为 209 万 m^3 和 349 万 m^3，冲刷主要分布在西溪河口（JB199）—对坪（JB179）、田坝子（JB127）—下寨（JB092）、下寨（JB092）—美姑河口（JB041）、美姑河口—坝址段（JB001），冲刷量分别为 127 万 m^3、99 万 m^3、308 万 m^3 和 105 万 m^3（表 7.16～表 7.18）。

表 7.16　　　　　　溪洛渡水库正常蓄水位（600m）冲淤量统计　　　　　单位：万 m^3

河　段	白鹤滩—西溪河口	西溪河口—对坪	对坪—田坝子	田坝子—下寨	下寨—美姑河口	美姑河口—坝址	白鹤滩—坝址
断面名称	JB221～JB199	JB199～JB179	JB179～JB127	JB127～JB092	JB092～JB041	JB041～JB001	JB221～JB001
河长/km	21	15	46	31.2	44	37.9	195.1
2008 年 2 月至 2013 年 6 月	88	257	1034	965	1411	985	4740
2013 年 6 月至 2019 年 11 月	857	1209	15681	13352	12951	5964	50014
2008 年 2 月至 2019 年 11 月	945	1466	16715	14317	14362	6949	54754

表 7.17　　　　　　溪洛渡水库限制蓄水位（560m）冲淤量统计　　　　　单位：万 m^3

河　段	樊家岩—西溪河口	西溪河口—对坪	对坪—田坝子	田坝子—下寨	下寨—美姑河口	美姑河口—坝址	樊家岩—坝址
河长/km	12.98	15.1	45.97	31.17	43.97	37.52	187
2008 年 2 月至 2013 年 6 月	−402	261	1030	965	1411	985	4250
2013 年 6 月至 2019 年 11 月	648	1336	15332	13451	13259	6069	50095
2008 年 2 月至 2019 年 11 月	246	1597	16362	14416	14670	7054	54345

表 7.18　　　　　　　溪洛渡水库死蓄水位（540m）冲淤量统计　　　　　　单位：万 m³

河　　段	石门坎—大牛圈	大牛圈—田坝子	田坝子—下寨	下寨—美姑河口	美姑河口—坝址	石门坎—坝址
河长/km	15.1	45.97	31.17	43.97	37.52	187
2008 年 2 月至 2013 年 6 月	−276	1030	965	1411	985	4115
2013 年 6 月至 2019 年 11 月	894	13779	12941	11195	4779	43588
2008 年 2 月至 2019 年 11 月	618	14809	13906	12606	5764	47703

根据已有主要支流河道地形（固定断面）的测量情况，2014 年 5 月至 2019 年 11 月，各支流淤积在库区水位分别为 600m、560m 和 540m 以下的泥沙分别为 1725 万 m³、1846 万 m³ 和 1035 万 m³（表 7.19～表 7.21）。

表 7.19　　　　　溪洛渡水库正常蓄水位（600m）支流冲淤量统计　　　　　单位：万 m³

河　名	牛栏江	金阳河	美姑河	西苏角河
断面名称	NL04.2～NL01	JH04～JH01	MG15～MG01	SJ08～SJ01
河长/km	3.86	3.93	15.23	7.67
2008 年 2 月至 2014 年 5 月	—	202	254	225
2014 年 5 月至 2019 年 11 月	286	177	990	272
2008 年 2 月至 2019 年 11 月	286	379	1244	497

表 7.20　　　　　溪洛渡水库限制蓄水位（560m）支流冲淤量统计　　　　　单位：万 m³

河　名	牛栏江	金阳河	美姑河	西苏角河
断面名称	NL04.2～NL01	JH02.2～JH01	MG12～MG01	SJ06.1～SJ01
河长/km	3.86	3.02	12.1	4.74
2014 年 5 月至 2019 年 11 月	270	162	1237	177

表 7.21　　　　　溪洛渡水库限制蓄水位（540m）支流冲淤量统计　　　　　单位：万 m³

河　名	金阳河	美姑河	西苏角河
断面名称	JH01.1～JH01	MG10.1～MG01	SJ06.1～SJ01
河长/km	0.33	9.76	4.74
2014 年 5 月至 2019 年 11 月	24	851	160

7.3.4　淤积厚度平面分布

为进一步掌握溪洛渡水库运行后库区的淤积特征，根据 2013 年、2016 年、2018 年和 2019 年库区 1∶2000 河道地形测量成果，绘制 2013—2019 年溪洛渡库区白鹤滩—大牛圈河段和 2013—2016 年田坝子—坝址河段冲淤厚度分布如图 7.9～图 7.13 所示。

2013 年 10 月至 2016 年 10 月，常年回水区多呈淤积状态，分段来看：大牛圈—田坝子段呈淤积状态，淤积发生在主河槽内，尤其是放宽段、弯道段，最大淤积厚度达

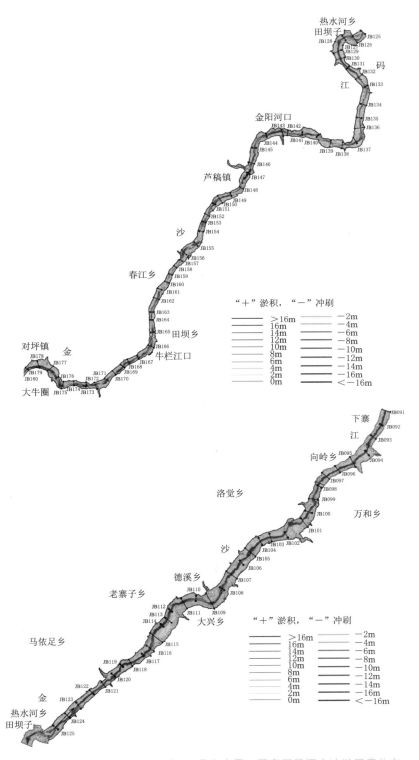

图 7.9　2013 年 10 月至 2016 年 10 月大牛圈—下寨河段河床冲淤厚度分布

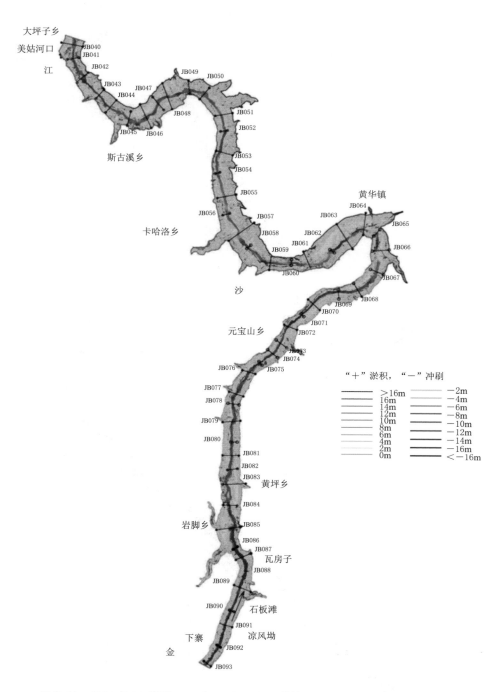

图 7.10　2013 年 10 月至 2016 年 10 月下寨—美姑河口河段河床冲淤厚度分布

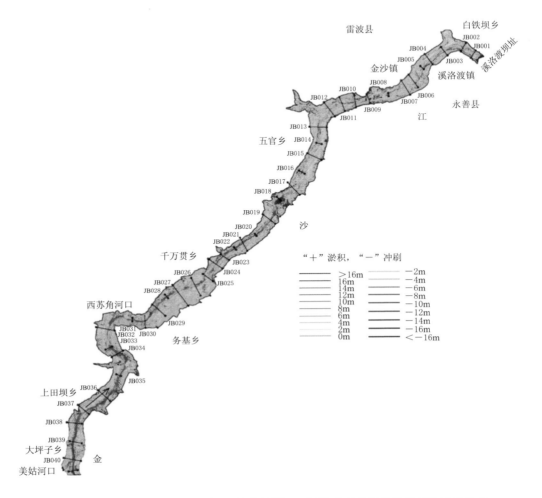

图 7.11　2013 年 10 月至 2016 年 10 月美姑河口—溪洛渡坝址河段河床冲淤厚度分布

23m（芦稿镇附近）；田坝子—下寨段呈淤积状态，淤积发生主河槽内，尤其是放宽段、弯道段，平均淤积厚度约 12m，最大淤积厚度达 26m（下寨附近）；下寨—美姑河口段呈淤积状态，淤积主要发生在田坝子—元宝山乡段主河槽内，尤其是放宽段、弯道段，平均淤积厚度约 14m，最大淤积厚度达 30m（岩脚附近）；元宝山乡—元美姑河口段平均淤积厚度约 8m；美姑河口—溪洛渡坝址段呈淤积状态，淤积主要发生在美姑河口—千万贯乡段主河槽内，平均淤积厚度约 8m，最大淤积厚度达 13m（务基乡附近）。

　　2013 年 6 月至 2019 年 11 月，库区变动回水区白鹤滩—大牛圈河段河床淤积主要发生在中坝—大牛圈段，而白鹤滩—中坝段略有冲刷。白鹤滩—中坝段冲刷主要发生主河槽，最大冲刷幅度约 19m（新田附近），中坝—大牛圈段淤积主要发生主河槽，尤其是放宽段、弯道段附近，最大淤积幅度约 18.2m（JB192 断面附近）。

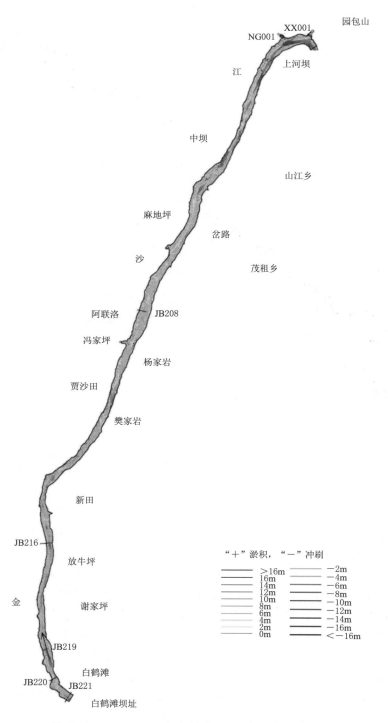

园包山

XX001

NG001

上河坝

江

中坝

山江乡

麻地坪

岔路

沙

茂租乡

阿联洛　JB208

冯家坪

杨家岩

贾沙田

樊家岩

新田

JB216

放牛坪

金

谢家坪

JB219

白鹤滩

JB220　JB221

白鹤滩坝址

"+"淤积，"-"冲刷

>16m	-2m
16m	-4m
14m	-6m
12m	-8m
10m	-10m
8m	-12m
6m	-14m
4m	-16m
2m	<-16m
0m	

图 7.12　2013—2019 年白鹤滩—上河坝河段河床冲淤厚度分布

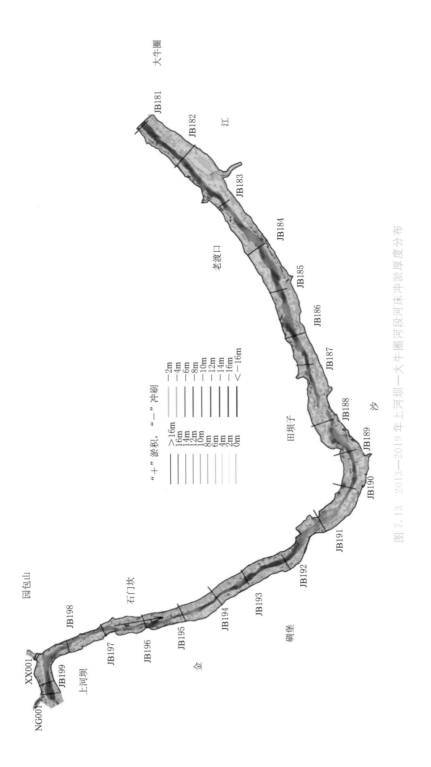

图 7.13　2013—2019 年上河坝—大牛圈河段河床冲淤厚度分布

7.3.5 不同方法计算的冲淤量对比

7.3.5.1 淤积物干容重变化

依据 2016—2019 年水库实测断面平均干容重成果，库区淤积物干容重呈现出坝前向上游河段逐渐增大的现象，坝前河段平均干容重最小，符合泥沙在水库内沿程分选的规律，即自上而下粒径逐渐变小，表现为越靠坝前泥沙颗粒越细。同时，泥沙淤积物的干容重与粒径是正比例关系，泥沙粒径越小则干容重越小（表 7.22）。两者一般呈指数相关关系，且相关性较好，相关系数基本在 0.75 以上，个别年份达到 0.98（图 7.14）。2016—2019 年除溪洛渡库区除西苏角河口门处干容重趋于增大以外，其他各支流口门处干容重变化不明显（表 7.23）。

表 7.22　　　　　　　　　　2016—2019 年溪洛渡库区干流干容重变化

断面编号		JB149	JB134	JB106	JB089	JB070	JB043	JB006
距坝里程/km		127.70	119.10	94.80	79.10	64.43	39.90	4.80
中值粒径 /mm	2016 年 11 月	0.111	0.008	0.049	0.017	0.008	0.006	0.005
	2017 年 12 月	0.012	0.012	0.011	0.009	0.007	0.008	0.006
	2018 年 11 月	0.048	0.018	0.013	0.010	0.008	0.008	0.005
	2019 年 11 月	0.082	0.026	0.041	0.017	0.037	0.037	0.010
干容重 /(t/m³)	2016 年 11 月	1.23	0.67	0.96	0.90	0.23	0.45	0.58
	2017 年 12 月	0.81	0.86	0.90	0.74	0.71	0.71	0.62
	2018 年 11 月	1.17	0.89	0.78	0.74	0.69	0.72	0.63
	2019 年 11 月	1.13	0.84	0.90	0.73	0.75	0.78	0.61

表 7.23　　　　　　　　　　2016—2019 年溪洛渡库区支流干容重变化

河流		牛栏江	金阳河	美姑河	西苏角河
断面名称		NL001	JH001	MG001	SJ001.1
干容重/(t/m³)	2016 年 11 月	0.80	1.01	0.72	0.72
	2017 年 12 月	0.86	1.07	0.82	0.88
	2018 年 11 月	1.02	0.94	0.77	0.74
	2019 年 11 月	0.75	0.96	0.84	1.03

7.3.5.2 断面法和地形法计算对比

为进一步分析计算结果的可靠性，在断面法计算结果的基础上，采用 2013 年 10 月和 2016 年 10 月溪洛渡库区的地形资料，利用地形法对库区冲淤量进行了计算，结果表明，断面法计算得到溪洛渡库区的淤积量为 33303 万 m³，地形法计算得到的淤积量为 29887 万 m³，库区淤积总量偏小 10%，在规范允许的误差范围内，其中，变动回水区和常年回水区分别偏小 30% 和 9%（表 7.24）。

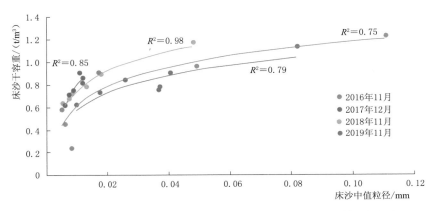

图 7.14 2016—2019 年溪洛渡库区床沙中值粒径与干容重相关关系

表 7.24　　　　　　2013—2016 年溪洛渡库区干流地形法和断面法计算结果对比　　　　　单位：万 m³

河　　段	变动回水区	常年回水区	白鹤滩—坝址
	白鹤滩—对坪	对坪—坝址	
河长/km	36.0	159.1	195.1
断面法	2174	31129	33303
地形法	1530	28357	29887
绝对偏差	−644	−2772	−3416
相对偏差	−30％	−9％	−10％

注 断面法的计算起止时间为 2013 年 6 月至 2016 年 10 月；地形法的计算起止时间为 2013 年 10 月至 2016 年 10 月。

7.3.5.3 输沙法和断面法计算对比

根据干容重与冲淤量分段观测及计算结果，将断面法计算的冲淤体积换算成冲淤重量，并对溪洛渡库区泥沙淤积计算采用的断面法和输沙法结果进行对比分析，结果见表 7.25。与输沙法相比，若不考虑区间来沙，断面法计算值偏小 29.9％～62.0％，若考虑区间来沙量，断面法计算值偏小 44.1％～70.7％。

表 7.25　　　　　　2016—2019 年溪洛渡库区冲淤量断面法与输沙法对比

时　　段	输沙法/万 t		断　面　法		差值占比/％	
	不考虑区间来沙	考虑区间来沙	计算体积/万 m³	计算重量/万 t	1	2
2015 年 11 月至 2016 年 10 月	8754	10968	6862	6134	−29.9	−44.1
2016 年 10 月至 2017 年 11 月	9878	12092	7939	6290	−36.3	−48.0
2017 年 11 月至 2018 年 10 月	9273	11487	7290	6931	−25.3	−39.7
2018 年 10 月至 2019 年 11 月	4254	5519	1577	1617	−62.0	−70.7
2015 年 11 月至 2019 年 11 月	32159	40066	23668	20972	−34.8	−47.7

注 差值占比 1、2 分别指断面法与不考虑区间来沙输沙法和考虑区间来沙输沙法的相对差异。

综上分析，与 2016—2018 年相比，2019 年采用断面法和输沙法计算溪洛渡库区泥沙淤积量的差异显著偏大。为了进一步校核断面法计算冲淤量的准确性，研究统计了 2017—2018 年和 2018—2019 年溪洛渡库区干流断面间过水面积具体变化情况，包括过水面积不同增幅的断面占比的对比以及 2019 年实际发生了较大冲刷的断面的集中套汇（表 7.26 和图 7.15）。从图表来看，2019 年，受入库泥沙大幅减小的影响（白鹤滩站年输沙量较 2018 年减少 46.9％），溪洛渡库区的淤积幅度确实有所减小。其中，发生淤积的断面总数相较于 2018 年减少了 54 个，尤其是淤积幅度超过 5％ 的断面，减少了 60 个，减幅超过 50％，淤积幅度偏大（超过 10％）的断面也减少了一半多；相反地，出现小幅冲刷（冲刷幅度小于 5％）的断面大量地增加。

表 7.26　　　　　　　2017—2019 年溪洛渡库区干流过水面积一定变幅断面统计

统计项目	年　份	河　床　淤　积				河　床　冲　刷	
		过水面积 减幅>0	过水面积 减幅>5％	过水面积 减幅>10％	过水面积 减幅>15％	过水面积 增幅>0	过水面积 增幅>5％
断面 数量/个	2017—2018	180	108	40	7	40	1
	2018—2019	126	48	16	7	94	16
断面 占比/％	2017—2018	81.8	49.1	18.2	3.2	18.2	0.5
	2018—2019	57.3	21.8	7.3	3.2	42.7	7.3

同时，从 2019 年 16 个过水面积增幅超过 5％ 的断面套汇情况来看，除个别断面（JB178）以外，其他断面的冲淤变化均比较连续，基本可以排除采砂等人类活动的影

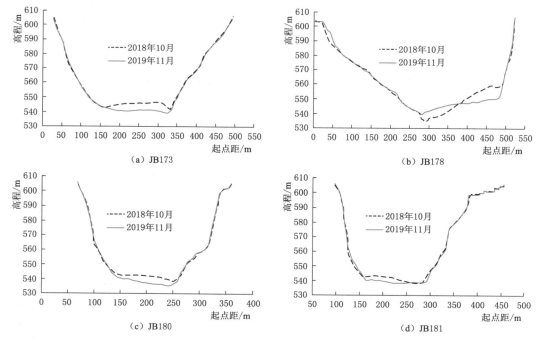

（a）JB173　　　　　　　　　　　　（b）JB178

（c）JB180　　　　　　　　　　　　（d）JB181

图 7.15（一）　2018—2019 年溪洛渡库区过水面积增幅>5％ 的断面套汇

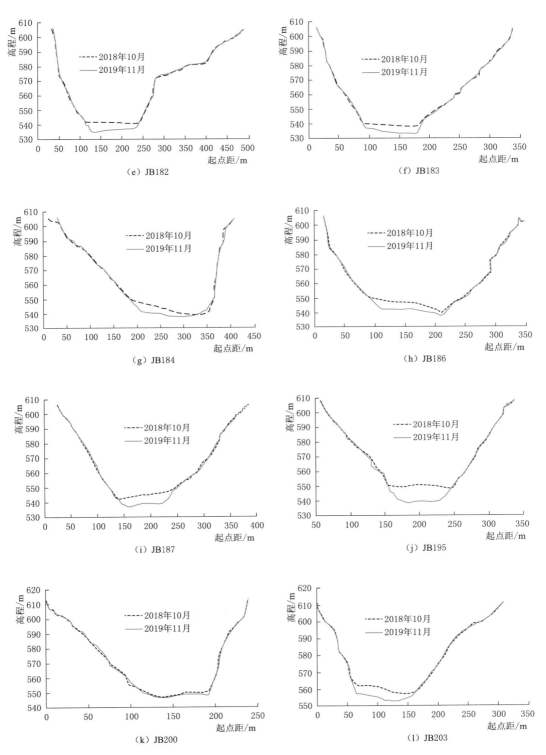

图 7.15 （二） 2018—2019 年溪洛渡库区过水面积增幅＞5%的断面套汇

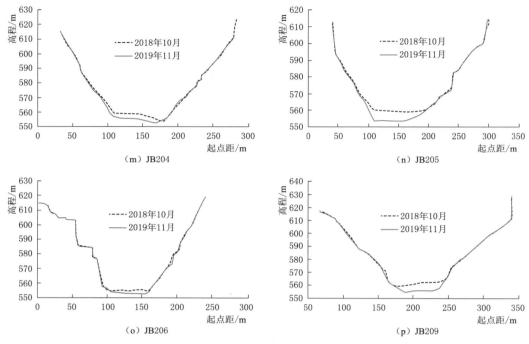

图 7.15（三）　2018—2019 年溪洛渡库区过水面积增幅＞5％的断面套汇

响（经询问现场相关人员，溪洛渡库区抽沙船较少，常年回水区 JB166 附近有抽沙船，但外业测量时未作业）。此外，这些河床发生冲刷下切的断面基本分布在水库的变动回水区白鹤滩至对坪（JB221～JB179）内，且断面宽度较小，大多不超过 400m，明显小于 2019 年 11 月溪洛渡库区的平均河宽 600m。对比下游三峡水库的淤积特点来看，三峡水库库尾淤积较少甚至出现冲刷，且库区干流河道沿程的冲淤量分布呈现"宽多窄少"的规律，三峡水库蓄水后宽谷段淤积量占比达到 93.9％。溪洛渡水库 2019 年的冲刷区主要是集中在库尾河宽较小的河段内，符合河道型水库泥沙冲淤的总体分布规律。

7.4　水库淤积形态

7.4.1　纵剖面形态

7.4.1.1　干流河道

溪洛渡库区干流河道深泓纵剖面变化见表 7.27 和图 7.16、图 7.17，分时段来看，干流河道深泓纵剖面冲淤调整特征如下：

表 7.27　　2008 年 2 月至 2014 年 5 月溪洛渡库区河段深泓点高程及变化统计

河　　段	断面名称	河长/m	2008—2014 年		2014—2019 年	
			平均/m	变幅/m	平均/m	变幅/m
白鹤滩—西溪河口	JX106～JX95（JB221～JB199）	21.02	1.43	−0.5～7.2	4.7	−2.7～12.1
西溪河口—对坪镇	JB199～JB179	13.8	1.17	−0.2～4.2	10.7	4.6～14.5

续表

河 段	断面名称	河长/m	2008—2014 年		2014—2019 年	
			平均/m	变幅/m	平均/m	变幅/m
对坪镇—田坝子	JX86~JX60（JB179~JB127）	47.2	2.65	−3.1~12	18.6	4.7~34.4
田坝子—下寨	JX60~JX43（JB127~JB092）	31.17	4.64	1~10.1	23	11.1~29.8
下寨—美姑河口	JX43~JX19（JB092~JB041）	43.97	6	1.5~11.3	16	2.4~30.9
美姑河口—坝址	JX19~JX01（JB041~JB001）	37.52	6.56	0~24.8	6.7	0.2~16.4
白鹤滩—坝址	JX106~JX01（JB221~JB001）	195	4.2	−3.1~24.8	14.3	−2.7~34.4

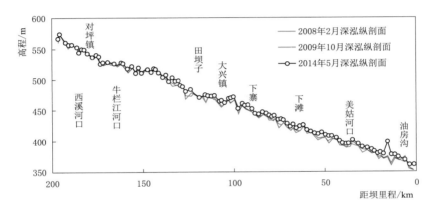

图 7.16 2008—2014 年溪洛渡库区干流深泓纵剖面变化

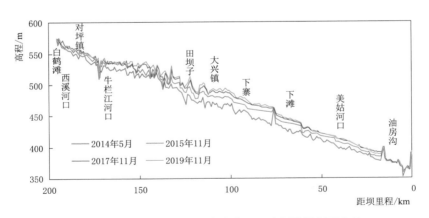

图 7.17 2014—2019 年溪洛渡库区干流深泓纵剖面变化

（1）蓄水前（2008 年 2 月至 2014 年 5 月）。库区以峡谷地形为主，天然河道比降
1.12‰。库区深泓纵剖面形态呈锯齿形，最高点为 572.3m（JX105 断面，距坝 195.4km），
最低点高程为 351m（JX01 断面，距坝 1.1km），最大落差为 221.3m。深泓纵剖面以淤积
抬高为主，平均淤积抬高 4.2m，最大抬高幅度 24.8m（JX08 断面，距坝 15.7km），最大
下降幅度为 3.1m（JX80 断面，距坝 148.7km）。其中，白鹤滩坝址至对坪镇深泓点平均

抬高 1.38m，最大抬高幅度 7.2m（JX103 断面，距坝 191km），最大下降幅度为
0.5m（JX105 断面，距坝 195km），深泓最大冲淤变幅均位于白鹤滩工程施工影响区内；
对坪镇至溪洛渡坝址深泓点平均抬高 4.87m，最大抬高幅度 24.8m（JX08 断面，距坝
15.7km），最大下降幅度为 3.1m（JX80 断面，距坝 148.7km）。

（2）蓄水后（2014 年 5 月至 2019 年 11 月）。库区深泓纵剖面形态仍呈锯齿形，深泓最
高点为 578m（JB220 断面，距坝 194.5km），最低点为 352m（JB006 断面，距坝 4.77km），
最大落差为 226m。库区深泓点平均抬高 14.3m，最大抬高幅度 34.4m（JB128 断面，距
坝 113km），最大降幅为 2.7m（JB221 断面，距坝 195km），库尾的冲刷下切主要与白鹤
滩工程施工和运行有关。其中，变动回水区白鹤滩坝址至对坪镇深泓点平均抬高 7.5m，
最大抬高幅度 14.5m（JB194 断面，距坝 170.3km）；常年回水区对坪镇至溪洛渡坝址深
泓点沿平均抬高 16m，最大抬高幅度 34.4m（JB128，距坝 113km）。

7.4.1.2　支流河口段

2008—2009 年库区支流河口段深泓总体稳定。其中，牛栏江河口段深泓平均淤积
1.0m，最大淤积幅度 4.1m；金阳河河口段深泓平均淤积 0.98m，最大淤积幅度 4.1m；
美姑河河口段深泓平均淤积 0.24m，最大淤积幅度 2.3m；西苏角河口段河深泓平均冲刷
下切深度为 0.31m，最大冲刷下切幅度为 3.3m（表 7.28）。

表 7.28　　2008 年 2 月至 2019 年 10 月金沙江溪洛渡库区主要支流深泓点高程统计

河　名	河　段	断面名称	河长 /km	2008—2009 年		2014—2019 年 *	
				平均/m	变幅/m	平均/m	变幅/m
牛栏江	麻壕—河口	NL03～NL01	2.09	1.00	−1.8～4.1	8.62	6.1～12.2
金阳河	王家河坝—河口	JH05～JH01	4.5	0.98	−2.1～4.1	7.01	−0.9～13.5
美姑河	莫红—河口	MG15～MG01	16.3	0.24	−1.2～2.3	9.36	−2～28.5
西苏角河	毛坝水文站—河口	SJ10～SJ01	10.6	−0.31	−3.3～1.6	5.02	−0.2～16.3

* 表示的支流河口范围牛栏江为 NL01～NL04.2 约 3.86km，金阳为 JH01～JH05 约 4.36km，美姑河为
MG01～MG15 约 15.23km，西苏角河为 SJ01～SJ10 约 9.8km。

2014—2019 年，库区支流河口段深泓以淤积抬高为主。其中，牛栏江河口段深泓
平均淤积抬高 8.6m，最大抬高幅度 12.2m（NL01 断面，距河口 0.1km）。从
NL03.0（距河口 2.1km）到 NL01（距河口 0.1km）深泓点高程抬高幅度由 6.2m 沿程
逐步增加到 12.2m。金阳河河口段深泓平均抬高幅度为 7m，最大淤积抬高幅度为
13.5m（JH01.0 断面，距河口 0.1km）。从 JH04（距河口 3.6km）至 JH01.1（距河口
0.33km）深泓点高程抬高幅度由 2.2m 沿程逐步增加到 13.5m。美姑河口段深泓平均
淤积抬高 9.36m，最大抬高幅度 28.5m（MG09 断面，距河口 8.78km），最大冲刷幅
度为 2m（MG14 断面，距河口 14.2km）。从 MG06.1（距河口 6.03km）至 MG02（距
河口 1.18km）深泓点高程抬高幅度由 3.1m 沿程逐步增加到 14.3m。西苏角河河口段
深泓平均淤积抬高 5m，最大抬高幅度 16.3m（SJ06.1 断面，距河口 4.74km）。从
SJ05（距河口 3.9km）至 SJ02（距河口 1.17km）深泓点高程抬高幅度由 2.4m 沿程增
加到 11.3m。除牛栏江河口段局部出现倒比降以外，其他支流河口段深泓比降虽有所

减小，但未形成明显的逆坡（图 7.18）。

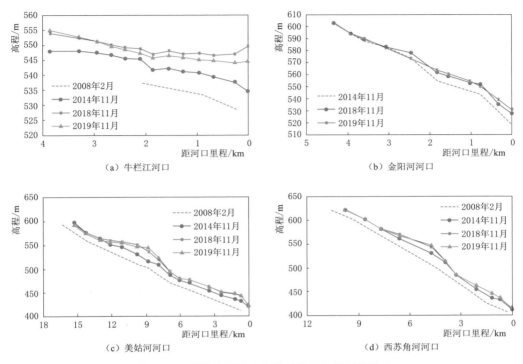

（a）牛栏江河口   （b）金阳河河口

（c）美姑河河口   （d）西苏角河河口

图 7.18　溪洛渡库区支流河口段深泓纵剖面变化

7.4.2　横断面形态

7.4.2.1　干流河道

溪洛渡库区河段以深切高山峡谷地形为主。根据 2008 年 2 月、2014 年 5 月、2018 年 10 月和 2019 年 11 月实测固定断面资料，在溪洛渡库区干流选取典型断面进行冲淤变化分析 [2008 年 2 月（个别时间为 2014 年 5 月）至 2019 年 11 月]：

1. 变动回水区

JB221 断面为偏 V 形，断面主要表现河槽冲刷，最大冲刷幅度为 4m；JB219 断面为偏 V 形，断面变化不大；JB216 断面为偏 V 形，断面变化主要表现河槽淤积，最大淤积幅度为 3m；JB208 断面为偏 V 形，断面主要表现为河槽淤积，最大淤积幅度为 6m；JB197 断面为偏 V 形，断面主要表现为左侧向江心淤进和河槽淤积，最大淤进幅度为 7m，最大淤积幅度为 11m；JB181 断面为偏 V 形，断面形态基本稳定，因修建公路影响，左岸高程大幅降低，断面变化主要表现河槽淤积，最大淤积幅度为 9m（图 7.19）。

2. 常年回水区

JB173 断面为偏 V 形，断面形态基本稳定，变化主要表现河槽淤积，最大淤积幅度为 23m；JB165 断面为偏 U 形，断面形态基本稳定，变化主要表现河槽淤积，最大淤积幅度为 23m；JB155 断面为偏 U 形，断面形态基本稳定，变化主要表现河槽淤积，最大淤积

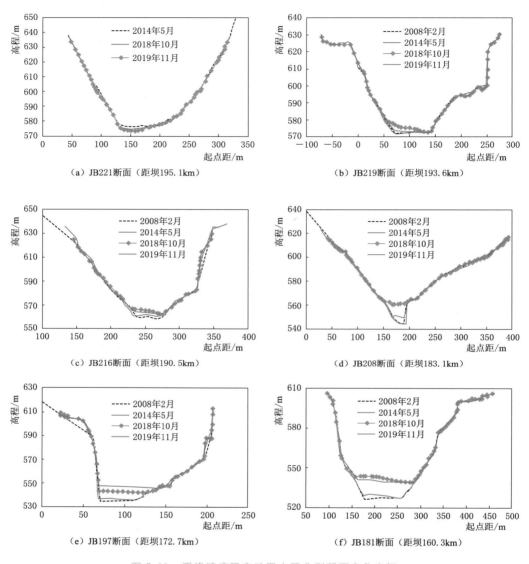

图 7.19 溪洛渡库区变动回水区典型断面变化套汇

幅度为 33m；JB144 断面为偏 U 形，断面主要表现河槽淤积，最大淤积幅度为 27m；
JB135 断面为偏 V 形，断面主要表现为河槽淤积，最大淤积幅度为 17m；JB125 断面为偏
U 形，断面主要表现为河槽淤积，最大淤积幅度为 22m；JB117 断面为偏 V 形，断面主
要表现为河槽淤积，最大淤积幅度为 23m；JB110 断面为偏 U 形，断面变化主要表现为
河槽淤积，最大淤积幅度为 17m；JB098 断面为偏 V 形，断面变化主要表现为河槽淤积，
最大淤积幅度为 20m；JB094 断面为偏 U 形，断面除河槽最大淤积幅度为 11m，其他变
化不大；JB082 断面为偏 U 形，断面主要变化表现为主河槽淤积，最大淤积幅度为 18m；
JB067 断面为偏 U 形，断面主要变化表现为主河槽淤积，最大淤积幅度为 10m；JB060 断

面为偏 U 形，断面主要变化表现为主河槽淤积，最大淤积幅度为 8m；JB043 断面为偏 V 形，断面主要变化表现为河槽淤积，最大淤积幅度为 12m；JB035 断面为偏 U 形，断面除河槽略有淤积外，其他变化不大；JB028 断面为偏 V 形，断面主要变化表现为断面左侧向江心淤进，最大淤进幅度达 10m，河槽最大淤积幅度为 11m；JB018 断面为偏 U 形，断面主要变化表现为主河槽淤积，最大淤积幅度为 27m；JB005 断面为 V 形，断面基本稳定；JB002 断面为偏 U 形，断面主要表现为河槽淤积，最大淤积幅度达 7m；JB001 为 U 形，断面主要表现为河槽淤积，最大淤积幅度约 15m（图 7.20）。

综上来看，溪洛渡水库库区干流段河道断面形态和岸坡基本稳定，断面变化主要表现为主河槽的淤积抬高，如上述 JB220～JB060 典型断面均具有此特点，局部断面两侧向江心淤进，如 JB043 断面；美姑河口—坝址段的典型断面冲淤变化幅度相对较小。

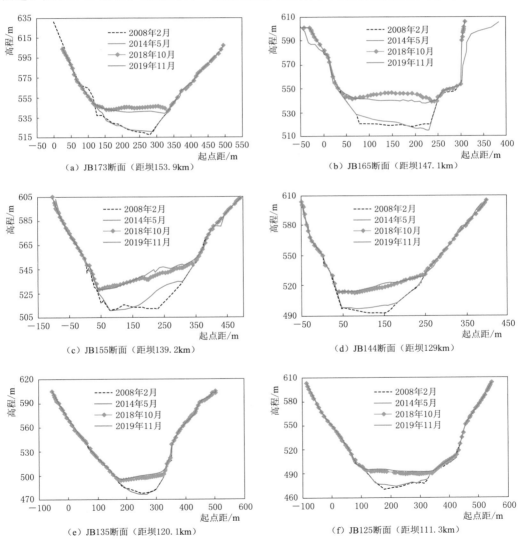

图 7.20（一）　溪洛渡库区常年回水区典型断面变化套汇

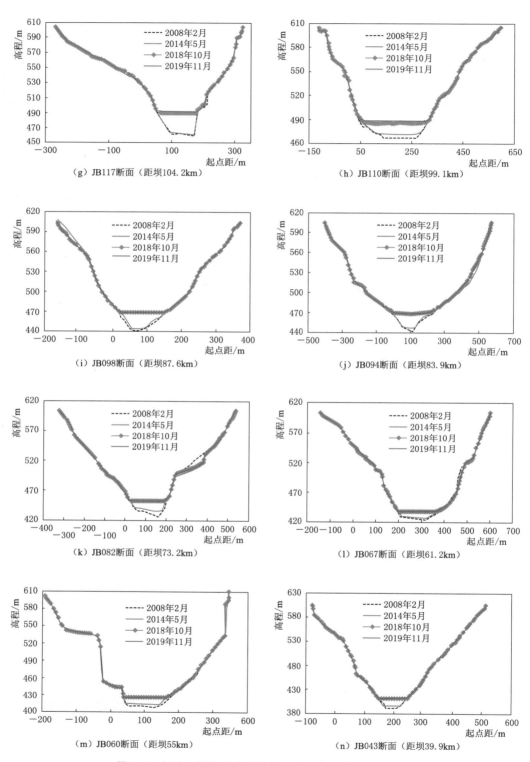

（g）JB117断面（距坝104.2km）

（h）JB110断面（距坝99.1km）

（i）JB098断面（距坝87.6km）

（j）JB094断面（距坝83.9km）

（k）JB082断面（距坝73.2km）

（l）JB067断面（距坝61.2km）

（m）JB060断面（距坝55km）

（n）JB043断面（距坝39.9km）

图7.20（二）　溪洛渡库区常年回水区典型断面变化套汇

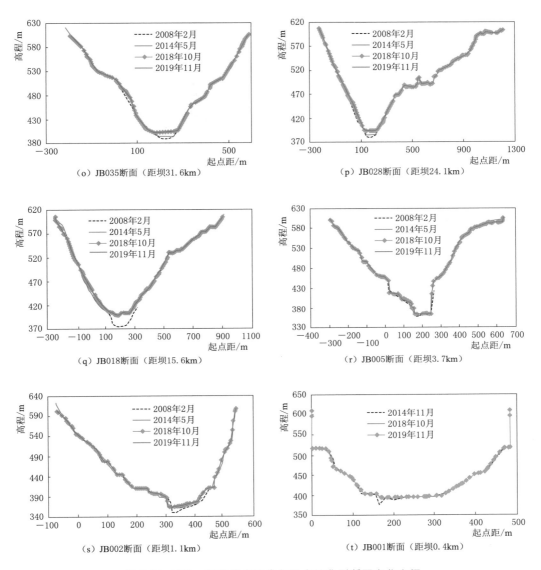

图 7.20（三）　溪洛渡库区常年回水区典型断面变化套汇

7.4.2.2　支流河口段

根据库区主要支流 2008 年 2 月、2014 年 5 月、2018 年 11 月和 2019 年 11 月固定断面资料，选取支流河口断面对其形态变化进行了分析。同时，次用 2013 年 6 月、2018 年 11 月和 2019 年 11 月地形资料，分析了支流入汇区冲淤量和厚度变化。

NL01 断面距牛栏江河口 0.11km，为偏 U 形，2019 年 11 月断面宽 296m，宽深比 0.48，最低高程 544.6m。2008 年 2 月至 2019 年 11 月断面河槽淤积和右侧向江心淤进，其他部位变化不大，河槽淤积和断面右侧向江心淤进最大幅度分别是 20m 和 36m。2013 年 6 月和 2019 年 11 月牛栏江河口段呈淤积状态，淤积量为 874 万 m³（干流淤积 673 万 m³，支流淤积 201 万 m³），淤积主要发生在 NL003 断面以下，淤积厚度为 7～20m，最大淤积厚度为 19m（NL01 断面），NL003 断面以上河道，淤积厚度为 1～7m；河口处干流河道呈淤积状态，最大淤积厚度为 27m（图 7.21）。

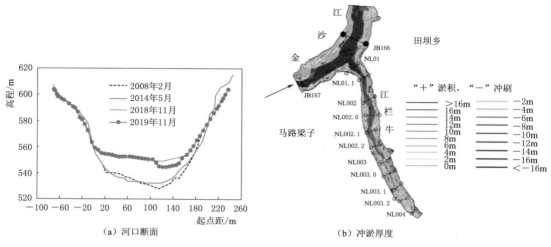

（a）河口断面

（b）冲淤厚度

图 7.21 牛栏江河口 NL01 断面变化和冲淤厚度分布（2013—2019 年）

JH01 断面距金阳河河口约 0.1km，为偏 U 形，2019 年 11 月断面宽为 324m，宽深比为 0.45，最低高程为 530.4m。2008 年 2 月至 2019 年 11 月河槽最大淤积为 22m，其他部位变化不大。2013 年 6 月和 2019 年 11 月金阳河河口呈淤积状态，淤积量为 1130 万 m³（干流淤积为 974 万 m³，支流淤积为 156 万 m³），淤积主要发生在 JH002.2 断面以下，最大淤积厚度为 20m（JH001.1 断面），河道冲刷主要发生在 JH002.2 断面以上，最大冲刷深度为 8m（JH003.1 断面）；河口处干流河道呈淤积状态，最大淤积厚度为 26m（图 7.22）。

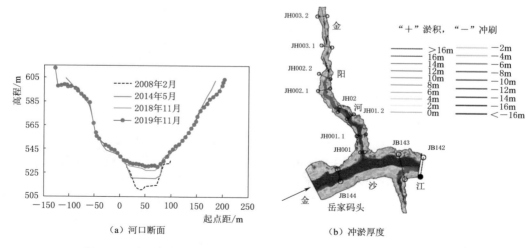

（a）河口断面

（b）冲淤厚度

图 7.22 金阳河河口 JH01 断面变化和冲淤厚度分布（2013—2019 年）

MG01 断面距美姑河河口 0.18km，为偏 V 形，2019 年 11 月断面宽 412m，宽深比为 0.21，最低高程为 424.2m。2008 年 2 月至 2019 年 11 月除河槽最大淤积幅度达 12m 外，其他部位变化不大。2013 年 6 月和 2019 年 11 月美姑河河口呈淤积状态，淤积量为 604 万 m³（干流淤积为 359 万 m³，支流淤积为 245 万 m³），最大淤积厚度为 16m（MG003.1 断面）；河口处干流河道呈淤积状态，最大淤积厚度为 20m（图 7.23）。

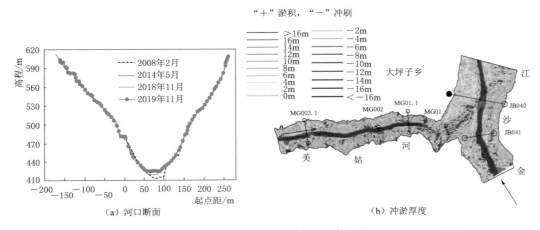

图 7.23　美姑河河口 MG01 断面变化和冲淤厚度分布（2013—2019 年）

SJ02 断面距西苏角河河口 1.17km，为偏 V 形，2019 年 11 月断面宽 426m，宽深比为 0.23，最低高程为 446.6m。2008 年 2 月至 2019 年 11 月断面主要表现为河槽淤积，最大淤积幅度 18m。2013 年 6 月和 2019 年 11 月西苏角河呈淤积状态，淤积量为 286 万 m³（干流淤积为 213 万 m³，支流淤积为 73 万 m³），淤积主要出现在主槽，最大淤积厚度为 18m（SJ001.2 断面）；河口处干流河道呈淤积状态，最大淤积厚度为 12m（图 7.24）。

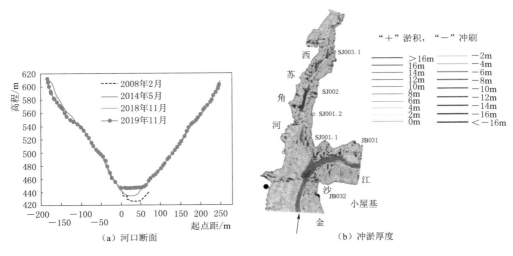

图 7.24　西苏角河河口 SJ02 断面变化和冲淤厚度分布（2013—2019 年）

7.5　若干泥沙问题研究

溪洛渡水库自 2013 年运行以来，截至 2019 年年底，一直扮演着金沙江下游第一梯级的角色，发挥了重要的拦沙作用。2013—2019 年溪洛渡和向家坝电站累积淤积约为 7 亿 t 的泥沙，其中溪洛渡水库泥沙淤积量达到 6.62 亿 t，占两库泥沙淤积总量的 94.6%，平均排沙比仅为 2.59%。在年均淤积量与可研阶段预测成果相近的前提下，水库的排沙比却较预测值（约 15%）明显偏小。除此之外，从溪洛渡水库各支流拦门沙的分析情况来看，仅牛栏江在河口段形成了拦门沙坎的雏形，其持续的发展可能会对溪洛渡水库的运行造成影响。因而，现阶段亟须深入、系统地开展阐明溪洛渡排沙比年内年际间的变化规律，揭示其主要影响因素，同时掌握导致牛栏江河口段淤积形成倒比降的原因，并与下游的三峡水库进行对比，以便更好地指导和服务于梯级水库的运行调度。

7.5.1　排沙比偏小成因研究

7.5.1.1　排沙比变化特点

1. 年际变化

溪洛渡水库于 2013 年 5 月开始蓄水，水库蓄水位由 560m 过渡到正常蓄水位 600m 的时间较短，2014 年底即达到 600m 蓄水目标。年内水库起蓄时间早，2018 年开始起蓄时间提前至 9 月 1 日，至 9 月底或 10 月初即蓄至目标水位，到次年 6 月中下旬才能完成消落，水库高水位运行时间长。且汛期配合三峡及向家坝水库承担长江上游的防洪任务，如 2018 年汛期 7 月 10—22 日，长江干流发生第二场洪水过程（其中三峡入库有两次超过 35000m^3/s 的洪峰）。金沙江发生最大 16300m^3/s 的洪水过程：溪洛渡入库从 12 日 20 时 7400m^3/s 开始起涨，至 16 日 14 时涨至最高 16300m^3/s，之后逐步缓退至 22 日 8 时的 9000m^3/s。溪洛渡最大削峰 4500m^3/s（削峰率 28%）。因此，溪洛渡水库的排沙比较三峡水库和预期值都要明显的偏小。除 2014 年以外，2015—2019 年水库年排沙比均不足 3.5%，较设计阶段的排沙比预测值 15% 及三峡水库的 23.8% 都明显偏小。

2. 年内变化

溪洛渡水库排沙主要集中在主汛期 7—9 月，2014—2019 年溪洛渡水库共计排沙 1491 万 t，其中主汛期排沙 1057 万 t，占比为 70.9%，部分年份的占比能够达到 80% 以上（图 7.25）。主汛期的排沙比略高于全年，仍然显著地小于三峡水库排沙比（图 7.26）。三峡水库主汛期排沙还与入库的流量关系密切，尤其是当入库流量大于 30000m^3/s 的天数越长，水库的排沙比越大，反之则排沙比较小。统计溪洛渡入库超 8000m^3/s 的出现时间，2018 年出现时间多达 89d，较其他年份都偏大，该年水库排沙比为 3.3%，也较 2014 年以外的年份偏大；然而，2016 年该级流量出现时间多达 2019 年的两倍，但其排沙比却不足 2019 年的一半。可见，溪洛渡水库汛期入库高水出现时间与水库排沙比的关系也不甚密切。

3. 场次洪水过程的排沙比

进一步统计 2014—2019 年溪洛渡水库场次洪水排沙比见表 7.29。由于汛期溪洛渡水库的运行水位较高，11 个场次洪水过程中的坝前平均水位均高于防洪限制水位 560m，使得排沙比与坝前水位几乎无明显对应关系。如 2014 年 7 月 14—24 日和 2016 年 7 月 22 日至 8 月 2 日两场洪水过程中，入库的流量和输沙率基本相当，前者坝前平均水位偏低约 7.44m，对应排沙比显著偏大；而 2016 年 9 月 19—26 日与 2017 年 7 月 7—17 日的入库水沙过程相近，但前者坝前平均水位较后者高出约 20.79m，前者排沙比反而略偏大。除开 2014 年第一场洪水以外，其他场次洪水的入库流量与排沙比呈一定的正相关关系，对比坝前平均水位相近的 2017 年 9 月 4—14 日和 2018 年 9 月 11—25 日两场洪水过程来看，后者对应的入库平均流量偏大 1660m³/s，水库排沙比则偏大 2.5 个百分点。

表 7.29   溪洛渡水库场次洪水排沙比

| 年份 | 洪水过程 | 入库 | | 坝前平均水位/m | 出库 | | 排沙比/% |
		平均流量/(m³/s)	平均输沙率/(kg/s)		平均流量/(m³/s)	平均输沙率/(kg/s)	
2014	7 月 14—24 日	9530	11200	567.06	9470	1370	12.2
	8 月 23 日至 9 月 3 日	12400	6260	580.73	12500	341	5.4
2015	8 月 30 日至 9 月 10 日	11000	17800	577.71	11700	365	2.1
	9 月 11—24 日	10700	10700	589.30	9870	129	1.2
2016	7 月 22 日至 8 月 2 日	9570	6960	574.50	9910	58.3	0.8
	9 月 19—26 日	11100	19800	596.65	11600	220	1.1
2017	7 月 7—17 日	10800	20000	575.86	10100	145	0.7
	9 月 4—14 日	9740	10200	591.27	9400	117	1.1
2018	7 月 13—26 日	11000	13200	574.58	11000	370	2.8
	9 月 11—25 日	11400	5730	592.72	11000	208	3.6
2019	9 月 15—29 日	9640	4240	586.79	7440	20.2	0.5

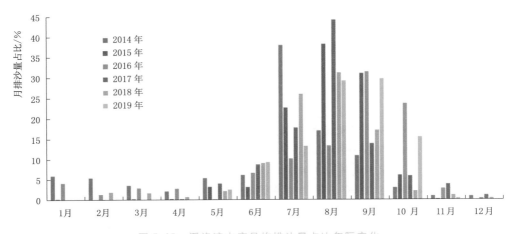

图 7.25   溪洛渡水库月均排沙量占比年际变化

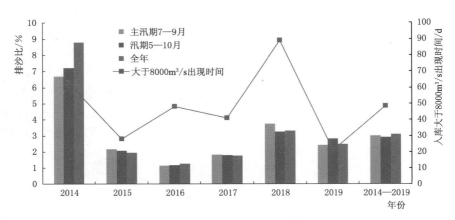

图 7.26　不同时段溪洛渡水库排沙比变化

7.5.1.2　水库排沙比影响因素分析

韩其为[10]指出，除了多年调节水库出库沙量可以忽略外，一般水库均能排出一定沙量，只是排沙比大小不同而已。水库的排沙主要有**壅水排沙、沿程冲刷和溯源冲刷**三种形式，其中**壅水排沙**又分为**壅水明流排沙**与**壅水异重流排沙**，2017 年以来，尽管溪洛渡水库异重流专题观测捕捉到了异重流现象，但其结果分析均表明，异重流输沙并未到达坝前。因此，溪洛渡水库的排沙属于**壅水明流排沙**，且排沙主要发生在水库水位下降较多、流量较大时的汛期。这与前文分析的溪洛渡水库排沙比年内变化不谋而合。

以往关于三峡水库排沙比变化及其主要因素的研究成果较多且相对成熟，认为入库水沙条件以及坝前水位的高低是三峡水库排沙比变化的主要影响因素。入库流量越大，水库排沙效果越好；随着汛期坝前平均水位的抬高，水库排沙效果有所减弱。除此之外，库区河道的基本特征以及入库泥沙的颗粒组成也会影响水库排沙效果。由此推断，影响溪洛渡水库排沙比的因素也无外乎以上几类，仅主要控制性因素会有所差别，下文对具体因素进行详细的分析。为便于三峡水库和溪洛渡水库的对比分析，三峡水库蓄水基本特征的统计也主要针对 2014—2019 年。

1. 径流输沙过程的影响

结合上文关于溪洛渡水库年际、年内及场次洪水排沙比的分析结果，统计三峡水库和溪洛渡汛期 5—10 月及主汛期 7—9 月入出库流量、输沙率及坝前平均水位等基本特征见表 7.30 和表 7.31，综合来看，径流输沙过程对溪洛渡水库排沙比的影响主要体现在以下三个方面：

（1）溪洛渡水库排沙比与来流条件呈一定的正相关关系。这是普遍存在于河道型水库的一般规律。三峡水库 2014—2019 年，2018 年汛期入库平均流量最大，对应水库排沙比最大，且显著地大于入库平均流量偏小的年份。溪洛渡水库也存在类似的规律，除去水库低水位运行的 2014 年，2018 年汛期入库平均流量最大，对应溪洛渡水库的排沙比最大，主汛期为 3.7%；相反地，2015 年尽管坝前平均水位较 2018 年明显偏低，但因其入库流量偏小，水库排沙比也相应偏小，主汛期仅 2.2%。2014 年以来场次洪水平均入库流量与排沙比的相关关系较好（图 7.27）。

表 7.30 溪洛渡水库汛期 5—10 月入出库流量、输沙率及坝前水位变化

年份	蓄水时期	坝前水位/m			入库流量/(m³/s)			入库输沙率/(kg/s)			出库流量/(m³/s)			水库排沙比/%	
		均值①	均值②	最高	均值①	均值②	最大值(出现时间)	均值①	均值②	最大值(出现时间)	均值①	均值②	最大值(出现时间)	①	②
2014	9 月 11—28 日	569.84	577.04	599.80	6210	9320	15200 (8/29)	5480	9220	46200 (8/29)	6490	9680	15800 (8/20)	7.2	6.7
2015	9 月 1—29 日	567.54	567.88	599.91	5170	6820	13200 (9/7)	5380	9060	46600 (8/30)	5480	6970	13700 (9/8)	2.1	2.2
2016	9 月 10 日至 10 月 18 日	571.96	575.47	599.88	6060	7810	13700 (9/22)	5820	7670	38000 (6/29)	6030	7590	13800 (9/22)	1.2	1.1
2017	9 月 10 日至 10 月 4 日	574.94	582.62	599.83	6210	8360	12300 (7/11)	5550	8690	58100 (7/8)	6260	8170	12500 (7/12)	1.8	1.8
2018	9 月 1—30 日	575.41	579.64	599.88	7140	9690	15200 (7/16)	4650	6840	27700 (7/16)	7540	9900	15000 (7/17)	3.3	3.7
2019	9 月 1 日至 10 月 4 日	567.11	563.84	599.85	5410	6980	11000 (9/18)	2420	4070	17700 (7/24)	5420	6540	9810 (9/29)	2.8	2.4

注 ①代表的时段为汛期 5—10 月；②代表的时段为 7—9 月。

表 7.31 三峡水库汛期入出库流量、输沙率及坝前水位变化

年份	入库流量/(m³/s)			出库流量/(m³/s)			入库输沙率/(kg/s)			出库输沙率/(kg/s)		坝前平均水位/m		水库排沙比/%	
	均值①	均值②	最大值(出现时间)	均值①	均值②	最大值(出现时间)	均值①	均值②	最大值(出现时间)	①	②	①	②	①	②
2014	18300	25000	50400 (9/19)	21100	27500	46900 (9/20)	3380	6050	39400 (9/14)	575	1060	156.46	154.64	17.0	17.5
2015	15000	18100	32900 (9/12)	17100	19200	31400 (7/1)	1940	2540	30600 (6/30)	213	322	154.87	151.09	11.0	12.7
2016	16500	18800	35300 (7/1)	17800	19600	33100 (7/1)	2550	3000	60500 (7/7)	511	746	153.45	150.57	20.0	24.8
2017	16800	19100	31300 (9/11)	19400	20200	29900 (7/11)	2080	2960	41200 (8/26)	190	262	155.45	152.56	9.1	8.9
2018	20300	26300	59600 (7/13)	21500	26500	43600 (7/14)	8900	16300	27400 (7/13)	2260	4470	155.85	153.27	25.4	27.4
2019	18400	21700	42900 (8/8)	19400	22000	34200 (8/1)	4220	7300	60000 (8/24)	531	917	153.34	149.86	12.6	12.6

注 ①代表的时段为汛期 5—10 月；②代表的时段为 7—9 月。

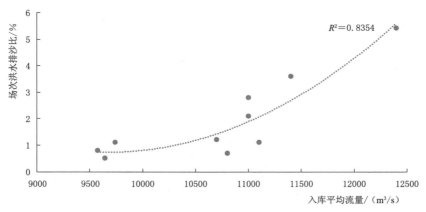

图 7.27　溪洛渡水库场次洪水平均入库流量与排沙比的相关关系

（2）入出库水沙峰现时间协调性越高，溪洛渡水库的排沙比越大。从三峡水库来看，水库排沙比另一个重要的影响因素就是入、出库洪峰和沙峰同步出现，或沙峰略滞后于洪峰，即大水挟带大沙输送至坝前，又能通过较大的下泄过程排出水库。这种现象在 2016年、2018 年均有所体现，2018 年入、出库洪峰沙峰同步，输沙过程集中，大水带大沙排出水库，水库汛期排沙比达到 25.4%（图 7.28）；2016 年沙峰略滞后于洪峰，但洪水过

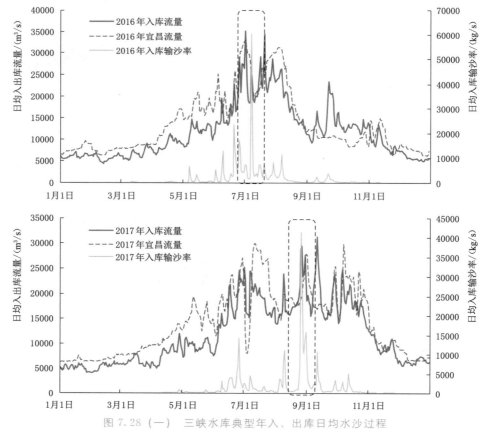

图 7.28（一）　三峡水库典型年入、出库日均水沙过程

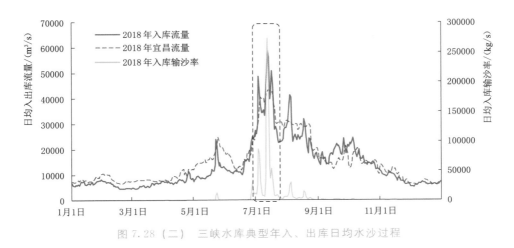

图 7.28 （二）　三峡水库典型年入、出库日均水沙过程

程较长，沙峰进入库区之后能有足够的动力往坝前输移直至排泄，水库的汛期排沙比为20%。相反地，2017年入库水量偏小，沙峰先于洪峰较长时间出现，入库的泥沙输移动力得不到保障，逐渐在水库沉积下来，尽管之后来水增大，但从库区再冲起泥沙的能力不足，水库汛期排沙比仅为9.1%。

相比较三峡水库，溪洛渡水库入库的水沙峰值协调性较差，2016年、2019年，入库洪峰沙峰出现时间相差2~3个月，尤其是当沙峰先于洪峰较长时间出现时，泥沙往往大部分在库区沉积下来，难以排出水库，2016年尤为突出，沙峰于6月底出现，而洪峰于9月底出现，沙峰出现之后，入库的流量一度降至5500m³/s，泥沙基本在水库沉积下来，其汛期排沙比仅1.2%，为蓄水以来的最小值。2018年入库水沙峰值出现时间一致，对应水库排沙比大于其他年份（图7.29）。

（3）蓄水期及消落期水库入库沙量越大，溪洛渡水库排沙比越小。溪洛渡水库蓄水时间短，基本在9月底或10月初蓄至600m，汛后消落时间长，一般到6月底才能完成消落，年内水库高水位运行时间较长，这期间输入水库的泥沙基本都在库区沉积下来。因此，汛后及消落期水库的来沙量越大，水库的淤积量也越大，对应水库的排沙比就越小。

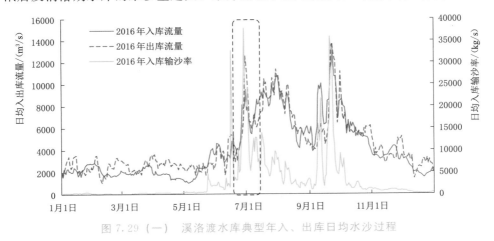

图 7.29 （一）　溪洛渡水库典型年入、出库日均水沙过程

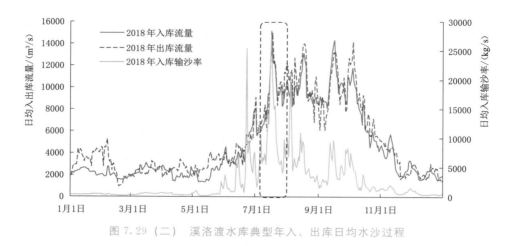

图 7.29（二）　溪洛渡水库典型年入、出库日均水沙过程

统计 2014—2019 年 10 月至次年 6 月的入库沙量和占全年输沙量的比例见表 7.32，2014 年非汛期输沙量及占比都是最小的，对应溪洛渡水库的排沙比最大，自 2015 年开始，自汛后 10 月至次年的 3 月，溪洛渡水库坝前平均水位基本都在 580m 以上，尤其是 2016 年 6 月，一方面入库输沙量大，达到 2190 万 t，占全年入库沙量的 22.2%；另一方面水库运行水位较其他年份同期明显偏高，水库淤积量大，排沙比最小。

表 7.32　　　　　　　　　溪洛渡水库汛后及消落期入、出库沙量及占比统计

年份	统计项	1 月	2 月	3 月	4 月	5 月	6 月	10 月	11 月	12 月	10 月至次年 6 月
2014	坝前水位/m	558.71	560.10	561.76	551.51	542.09	546.64	599.19	597.03	592.22	567.69
	输沙量/万 t				51	111	363	370	72		966
	占比/%				0.7	1.5	5.0	5.1	1.0		13.3
2015	坝前水位/m	587.78	591.30	592.28	577.29	554.85	548.52	598.23	586.10	583.28	579.96
	输沙量/万 t	116	99	99	106	155	552	645	130	54	1960
	占比/%	1.3	1.1	1.1	1.2	1.7	6.0	7.0	1.4	0.6	21.4
2016	坝前水位/m	578.01	583.85	580.18	569.90	551.13	555.30	598.95	595.01	593.08	578.88
	输沙量/万 t	93	7	74	92	309	2190	615	262	125	3820
	占比/%	0.9	0.1	0.8	0.9	3.1	22.2	6.2	2.7	1.3	38.6
2017	坝前水位/m	588.77	588.39	582.29	578.38	555.13	547.45	599.21	596.13	592.12	580.88
	输沙量/万 t	148	138	111	46	88	1410	397	188	69	2590
	占比/%	1.6	1.5	1.2	0.5	0.9	14.8	4.2	2.0	0.7	27.2
2018	坝前水位/m	585.12	572.97	573.98	573.67	561.02	553.05	599.47	596.41	597.22	579.21
	输沙量/万 t	104	63	125	107	155	1120	666	285	142	2770
	占比/%	1.3	0.8	1.5	1.3	1.9	13.7	8.1	3.5	1.7	33.7
2019	坝前水位/m	593.10	589.97	581.10	578.19	564.59	548.19	598.34	593.55	595.02	582.45
	输沙量/万 t	77	43	110	107	113	242	249	110	77	1130
	占比/%	1.8	1.0	2.5	2.4	2.6	5.5	5.7	2.5	1.8	25.9

2. 水库运行方式的影响

(1) 溪洛渡水库汛期运行水位偏高。水库运行方式对排沙比的影响主要体现在汛期坝前水位的变化。山区河流具有典型的汛期集中输沙特征，水库的淤积和排沙都主要发生在汛期，因此，河道型水库汛期运行水位越高，排沙能力越弱，相反地，汛期运行水位越低，对洪水过程拦截和控制较弱时，水库的排沙能力则有所提高。

三峡水库采用"蓄清排浑"的运用方式，汛期降低水位运行有利于减轻库区泥沙淤积。但随着汛期坝前平均水位的抬高，水库排沙效果有所减弱。三峡工程围堰发电期，坝前平均水位为137.1m，水库排沙比为37%；初期运行期，坝前平均水位为149.4m，水库排沙比减小为18.8%；175m试验性蓄水后，坝前平均水位为154.9m，尽管水库开展了多个期次的排沙、减淤等优化调度试验，水库排沙比仍继续减小为18.2%。

汛期溪洛渡水库的防洪限制水位为560m，2014—2019年其汛期5—10月的平均水位为571.13m，较防洪限制水位高出11.13m；主汛期7—9月的平均水位为574.42m，较防洪限制水位高出14.42m。三峡水库的防洪限制水位为145m，2014—2019年其汛期5—10月的平均水位为154.90m，较防洪限制水位高出9.90m；主汛期7—9月的平均水位为152.00m，较防洪限制水位高出7.00m。可见，从相对于防洪限制水位变幅的角度，溪洛渡水库的汛期运行水位相对于三峡水库偏高，相应地其水库排沙比偏小较多。

汛期水位对排沙比的影响体现在偏高的幅度和持续时间两个方面：一方面，库区河道的下边界水位高，库区水动力条件减弱，泥沙在库区的输移动力不足，更容易在库区沉积；另一方面，水位偏高时间长，也即水库的滞洪时间较长，增加了泥沙在库区的沉积概率。在计算排沙比的经验公式中，滞洪时间和水库流速的影响可以通过 $\frac{V}{QL}$ 来综合反映（V 为水库容积，Q 为入库流量，L 为水库回水长度），对于一个固定的水库考虑长时段排沙比时，排沙比只是 $\frac{V}{Q}$ 的单值函数，三峡水库这一关系的满足情况较好（图7.30），主汛期的月均排沙比与滞洪时间呈较好的负相关关系，即滞洪时间越长，水库的排沙比越小，并将入库流量 Q 优化为 $0.5\times(Q_{in}+Q_{out})$。

参照三峡水库，建立2014—2019年溪洛渡水库主汛期7—9月排沙比与滞洪时间的关系如图7.31所示，溪洛渡库区也存在随着滞洪时间延长，水库排沙比减小的规律，两者相关关系较好。

(2) 溪洛渡水库非汛期高水位运行时间长。溪洛渡水库年内起蓄时间早，2018年开始起蓄时间提前至9月1日，至9月底或10月初即蓄至目标水位，一般要到次年的6月中下旬才能完成消落，水库高水位运行时间长，库区长期处于大水深、低流速的状态，不利于排沙。且溪洛渡站2015年、2017年和2019年的非汛期未开展泥沙观测，无法掌握非汛期的水库排沙情况。

3. 河道边界条件的影响

2014年5月，JB085和JB018断面的河床高程均较上游断面整体高出约20.6m（图7.32），在河床纵剖面上凸起明显，以水下潜坎的形态存在，成为溪洛渡水库常年回水区内的两道天然潜坝，对水库泥沙淤积形成较为明显的阻隔效应。

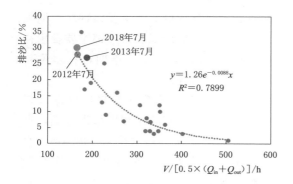

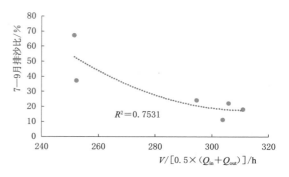

图 7.30　三峡水库主汛期（7—9 月）
月均排沙比与滞洪时间的关系

图 7.31　溪洛渡水库主汛期（7—9 月）
排沙比与滞洪时间的关系

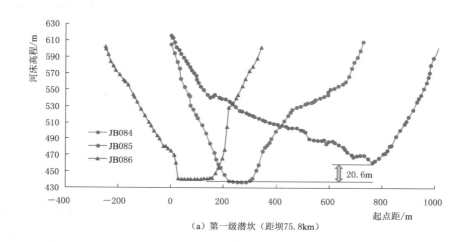

（a）第一级潜坎（距坝75.8km）

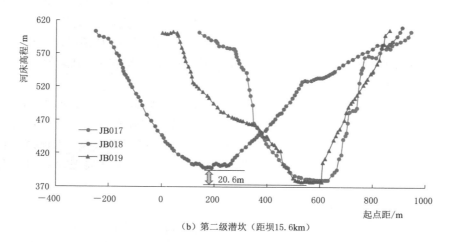

（b）第二级潜坎（距坝15.6km）

图 7.32　溪洛渡库区两级天然潜坎与上、下游断面形态对比及净高

　　将 JB085 和 JB018 分别命名为第一级潜坎和第二级潜坎，分别统计潜坎上下游河道的深泓淤积幅度和发展过程以及潜坎相对于上游断面净高的变化见表 7.33。两级潜坎对于溪洛渡库区深泓淤积幅度的沿程分布规律及排沙比的影响明显，具体主要体现在以下三个方面：

表 7.33　　　　2014—2019 年溪洛渡库区两级潜坎净高及上下游河段深泓变化统计　　　　单位：m

测　次	JB221~JB179	JB179~JB086	JB086	JB085（第一级坎）	净高	JB084~JB019	JB019	JB018（第二级坎）	净高	JB017~JB001
2014 年 5 月	541.2	482	440.4	461	20.6	407.7	377.5	398.1	20.6	370.6
2015 年 11 月	546.8	492.3	456.4	463.9	7.5	415.4	384.2	399.3	15.1	372.4
2016 年 10 月	548.8	495.6	460.2	462.8	2.6	417.5	385.6	399.9	14.3	372.8
2017 年 11 月	549.3	498.8	462.9	463.5	0.6	420	390.9	400.3	9.4	373.2
2018 年 10 月	550.2	501.8	465.4	465.5	0.1	421	389.3	399.9	10.5	372.9
2019 年 11 月	548.6	502.8	465.4	463.4	-2	420.7	388.2	399.9	11.6	373.1
变幅 1	5.6	10.3	16.0	2.9	-13.1	7.7	6.7	1.2	-5.5	1.8
变幅 2	2.0	3.2	3.8	-1.1	-4.9	2.1	1.4	0.6	-0.8	0.4
变幅 3	0.5	3.2	2.7	0.7	-2	2.5	5.3	0.4	-4.9	0.4
变幅 4	0.9	2.5	2.5	2.0	-0.5	1.0	-1.6	-0.5	1.1	-0.3
变幅 5	-1.6	1.5	0	-2.1	-2.1	-0.3	-1.1	0	1.1	0.2
累积变幅	7.4	20.8	25	2.4	-22.6	13.0	10.7	1.7	-9.0	2.5

　　注　变幅 1~5 均指相对于上一时段的变化幅度；累积变幅为 2014—2019 年变化量。

　　（1）潜坎对水库底部泥沙形成阻隔效应，泥沙无法运动至坝前段，使得水库排沙比较小。深泓平均淤积幅度沿两级潜坎逐渐减小，2014—2019 年，第一级潜坎上游至变动回水区段（JB179~JB086）深泓平均淤积为 20.8m，第一级潜坎和第二级潜坎间的河段（JB084~JB019）深泓平均淤积为 13m，第二级潜坎至坝前段（JB017~JB001）约 15km 的河道深泓平均淤积仅为 2.5m，潜坎的阻隔效应使得水库底部运动的泥沙无法到达坝前，进而影响水库排沙效果。

　　（2）潜坎对于水库泥沙的阻隔效应随时间推移在逐渐减弱，水库的排沙比可能略有回升。"上游淤多、下游淤少"使得潜坎的净高不断减小。潜坎净高减小后，阻隔效应下降，上下游河道淤积幅度的差异减小。2014—2019 年，第一级潜坎净高由 20.6m 下降至 -2.0m，局部纵坡由逆坡发展为顺坡，第二级潜坎净高由 20.6m 下降至 11.6m。第一级潜坎上游河道深泓年均淤积幅度从 2014—2015 年的 10.3m 下降至 2018—2019 年的 1.5m，下游河道深泓平均淤积幅度也有所减小，但速度却相对缓慢，上下游河段深泓淤积幅度的差异在减小，潜坎的阻隔效应伴随着净高的减小而减弱（图 7.33）。第二级潜坎的净高仍有 11.6m，仍具有一定的阻隔效应，泥沙淤积尚未明显向坝前推进，但 2019 年第二级潜坎上游的深泓整体表现为冲刷，而下游的坝前段深泓则出现淤积，可见其阻隔效应也在减弱。进而使得 2019 年汛期在入库流量及坝前水位与 2015 年都基本相当、且水沙同步性较差的情况下，水库排沙比偏大 0.7 个百分点。

　　（3）潜坎的阻隔效应使得溪洛渡库区的异重流输沙难以到达坝前，水库无法开展异重

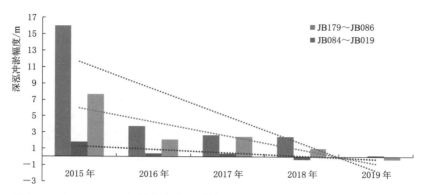

图 7.33　2014—2019 年溪洛渡库区潜坎上下游河段深泓纵剖面冲淤年均幅度

流排沙调度。2017 年起在溪洛渡水库开展了异重流观测，并于 2017 年和 2019 年捕捉到了异重流输沙的现象。库区异重流潜入点在 JB060 断面附近，距坝约 55km，正好位于两级潜坎中间，受潜坎的拦截作用，异重流输沙未能达到坝前。考虑到当前第二级潜坎仍有 11.6m 的高度，对泥沙仍具有一定的阻隔效应，加之上游乌东德电站运行后，溪洛渡入库沙量有所减少，近期开展异重流输沙观测的实际意义不大。

溪洛渡水库蓄水以来，其排沙比较预测值和下游的三峡水库都明显的偏小，尽管排沙比的影响因素与三峡水库类似，但其核心、控制性因素却与之有一定的差别。综上认为，溪洛渡水库排沙比偏小的主要原因有三个方面[11]：一是入库水沙异源，水库区间来沙量大，入库水沙峰值协调性较差，沙峰多先于洪峰进入库区，泥沙沉积概率大；二是库区汛期及非汛期的运行水位都偏高，库区长期处于大水深、小流速的状态，尤其是滞洪时间较长，库区泥沙输移的动力条件较弱；三是库区河道存在二级天然的潜坎，对库区底部泥沙输移形成明显的阻隔效应，同时使得异重流输沙无法到达坝前。

7.5.2　支流河口淤积影响因素研究

溪洛渡水库库区右岸有牛栏江等支流汇入；左岸有西苏角河、美姑河、金阳河、西溪河、尼姑河等支流汇入。针对库区支流回水范围内观测主要以上几条支流开展，但尼姑河和西溪河仅观测了两个断面，因此，库区支流河口的泥沙淤积主要研究对象为牛栏江、金阳河、美姑河和西苏角河，支流入汇口均位于水库常年回水区内。同样地，溪洛渡水库库区支流河口的泥沙淤积规律可以参考下游的三峡水库。

三峡水库两岸入汇的大小支流一共有 66 条，对应 145～175m 防洪库容约为 55.4 亿 m³，约占总库容的 25.0%。三峡水库蓄水后，2003 年 3 月至 2011 年 11 月 66 条主要支流累计淤积为 1.8 亿 m³，占同期三峡库区干支流淤积总量的 12.5%，仅侵占三峡水库防洪库容的 0.03%。泥沙主要淤积在涪陵以下常年回水区的支流，涪陵—坝址分布的支流淤积量占总量的 94%。支流的淤积多数集中在河口口门附近的 10km 范围内，河口最大淤积厚度可达 20m。2009 年之后，河口泥沙淤积的速度有所减缓。河口淤积在横断面上表现为主槽平淤，深泓纵剖面不同程度地呈现三角洲形态，除小江和大宁河以外，其他大多数支流并未形成倒比降和拦门沙坎（图 7.34）。泥沙淤积形态及上溯范围等与河口段原始比降、干支流交汇关系等有关。

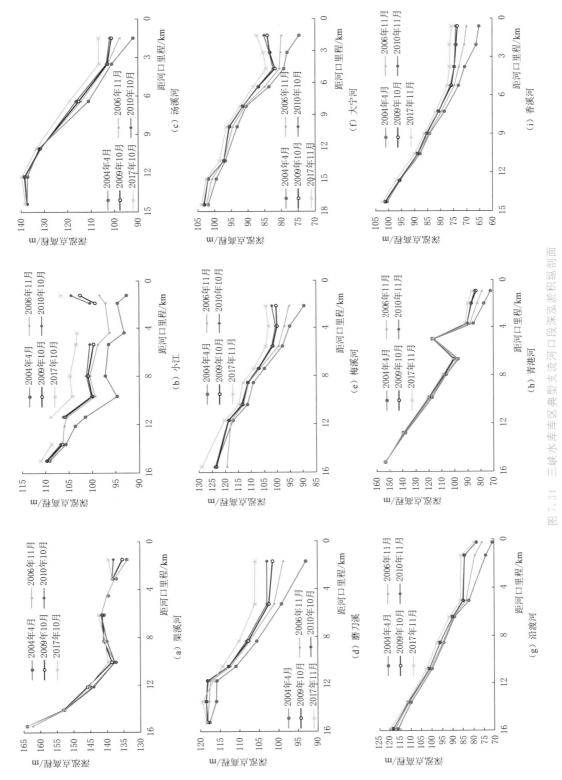

图 7.31　三峡水库库区典型支流河口段深泓淤积纵剖面

　　三峡水库库区支流河口段的泥沙来源于流域自身和干流倒灌，其中倒灌泥沙占主要地位[12]。随着长江上游干支流梯级水电站工程相继建成运行，支流及水库区间植被覆盖度的增加，支流和三峡入库的泥沙都呈较为明显的减少趋势，相应地支流河口的泥沙淤积速度也明显减缓，其淤积形成拦门沙坎的风险不大。

　　类似三峡库区，溪洛渡库区的 4 条支流河口也都有明显的淤积，且淤积也主要发生在河口一定范围的河道内，最大淤积厚度也在 20m 以上。但从淤积强度和深泓纵剖面的变化来看，牛栏江河口段的淤积强度较金阳河、美姑河和西苏角河都偏大，且在 2018 年淤积形成了倒比降，出现了拦门沙坎的雏形，这在少沙的河道型水库中并不多见。尽管牛栏江流域面积较大，但其含沙量并不大，2014—2019 年平均含沙量为 0.504kg/m³，小于库区干流同期平均含沙量 0.625kg/m³，更小于美姑河含沙量 1.53kg/m³。

　　进一步分析三峡水库支流及溪洛渡水库的其他支流，认为牛栏江河口淤积形成拦门沙坎的原因主要体现在局部河势特征上（表 7.34），具体有以下两个方面：

表 7.34　　2014 年 5 月至 2019 年 11 月溪洛渡库区支流河口段基本特征及淤积情况统计

河　名			牛栏江	金阳河	美姑河	西苏角河
断面			NL04.2～NL01	JH05～JH01	MG15～MG01	SJ10～SJ01.1
河道特征	河长/km		3.86	4.36	15.2	9.8
	河口距坝里程/km		146.2	128.4	37.6	29.1
	入汇岸别		右岸	左岸	左岸	左岸
	流向夹角/(°)		<90	>90	<90	>90
	起始纵比降/‰		4.2	19.1	9.4	25.2
	局部河势		干流河道顺直	干流河道弯曲，位于凹岸侧	干流河道顺直	干流河道弯曲，位于凹岸侧
	支流河口宽/m		268	273	410	569
	干流河宽/m		446	536	837	617
	年均含沙量/(kg/m³)		0.504	—	1.53	—
河道冲淤	淤积量/万 m³		286	177	990	272
	淤积强度/(万 m³/km)		74.1	40.6	65.1	27.8
	支流深泓淤积幅度/m	平均	8.6	7.0	9.4	5.0
		最大	12.2	13.5	28.5	16.3
	干流深泓淤积幅度/m		17.6 (JB166、JB167)	19.9 (JB143、JB144)	14.9 (JB040～JB042)	8.0 (JB031、JB032)

　　（1）牛栏江河口段纵比降较小，流速小，更易于支流泥沙淤积和干流倒灌输沙。相比较三峡水库，溪洛渡水库干支流河道的比降都显著地偏大，若认为溪洛渡库区支流河口泥沙淤积来源与三峡水库的相同，也主要是来自支流和干流倒灌，则汇口附近干支流纵比降的差异会影响其泥沙淤积幅度（图 7.35）。一方面，支流河口段比降越大，越有利于支流向干流河道输送泥沙，相反地，支流河口段比降越小，其流域来沙更容易在河口沉积下来；另一方面，当干流河道的比降大于支流，其水流流速较大，更容易对支流形成顶托和

倒灌，从而促进其河口泥沙的沉积。溪洛渡库区的 4 条支流中，牛栏江河口的比降最小，且小于干流河道，而其他几条支流的比降都较大且大于干流河道，这是牛栏江河口形成拦门沙坎的主要原因。

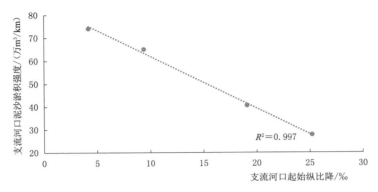

图 7.35　溪洛渡库区支流河口段起始比降与淤积强度的相关关系

（2）牛栏江河口段干支流河宽小，泥沙的纵向淤积强度大。牛栏江河口断面和附近干流段的断面河宽相较于其他几条支流都偏小，但干流段的深泓淤积幅度又较大，仅次于金阳河河口段，淤积的泥沙在横向的平铺范围小，只能在纵向堆积，这与库区干流河道宽窄段的淤积特征也相似，河宽较窄的断面，主槽高程的变幅往往偏大。除此之外，局部河势及流向夹角等因素影响相对较小。

7.5.3　水库异重流输沙

1. 库区异重流观测情况

2017 年于 8 月 8—17 日和 9 月 11—17 日在溪洛渡库区开展了两次异重流试验性测验。第一次测验内容主要包括纵断面、横断面的含沙量、颗分取样，以及疑似异重流追踪监测。第二次测验内容主要包括纵断面含沙量、颗分取样和 OBS‐3A 浊度监测等。2018 年于 8 月 8—14 日和 8 月 15—18 日在溪洛渡库区开展了两次异重流试验性测验。两次测验内容基本相同，包括纵断面、横断面的含沙量、颗分取样。

2019 年先后于 8 月 8—11 日和 9 月 19—22 日开展了两次异重流观测，两次施测方法和范围及断面布置相同。先采用无人机航拍方式在黄华镇附近找出清、浑水交界处，随后使用测船绞车搭载铅鱼，装配 1000mL 横式悬移质泥沙采样器，在清浑水交界上、下游河段深泓位置取样的方法进行施测，在取样同时，采用 AQUAlogger 310TY 型浊度仪同步观测浊度。在溪洛渡库区固定断面 JB038 至 JB089 约 30km 范围内进行含沙量、颗分取样。

2. 异重流观测主要成果分析

2017 年 9 月 13 日下午观测发现，作为潜入点重要标志的漂浮垃圾带出现在黄华镇 JB060 断面附近，距离坝址约 55km，同时 JB060 和 JB061 断面都出现底部含沙量突然增大的现象，可以初步判定异重流潜入点位于该河段。2018 年，溪洛渡入库控制站含沙量进一步减小，溪洛渡库区未发现有明显异重流潜入迹象。

2019 年测验首先采用无人机航拍方式在黄华镇附近找出清、浑水交界处，大致位于黄华镇 JB060 断面附近（图 7.36），断面 JB060 及上下游断面垂线含沙量监测结果如图 7.37 和图 7.38 所示。第一次测验可能存在异重流潜入迹象，下游断面 43～46 号底层含沙量比表层含沙量大得多，而上游断面 47～48 号底层含沙量与表层含沙量接近。第二次测验期间含沙量较小，异重流潜入迹象不明显。

图 7.36　溪洛渡库区无人机观测异重流现场图片

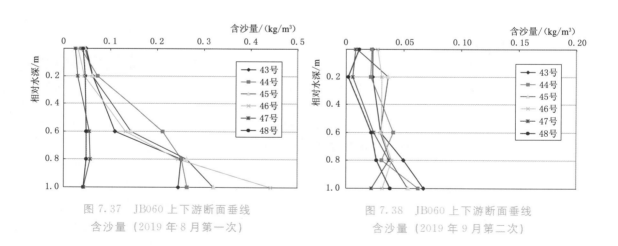

图 7.37　JB060 上下游断面垂线
含沙量（2019 年 8 月第一次）

图 7.38　JB060 上下游断面垂线
含沙量（2019 年 9 月第二次）

第一次测验期间各断面垂线平均含沙量和最大含沙量沿程对比如图 7.39 和图 7.40 所示。断面 46 号平均含沙量最大，为 0.179kg/m³；从断面 1 号到断面 46 号平均含沙量逐步增加；而断面 47 号到断面 80 号各断面平均含沙量较小。断面 46 号最大含沙量最大，为 0.442kg/m³；从断面 1 号到断面 46 号平均含沙量逐步增加；而断面 47 号到断面 80 号各断面最大含沙量较小。断面 47 号平均含沙量和最大含沙量与断面 46 号相比下降较多，初步分析原因有：①断面 46 号和断面 47 号处于清、浑水交界处；②断面 46 号是 8 月 9

日进行测验，而断面 47 号是 8 月 10 日进行测验。白鹤滩站最大含沙量 2.87kg/m³ 出现在 8 月 8 日 20 时。可能由于沙峰演进而导致含沙量变化较大。

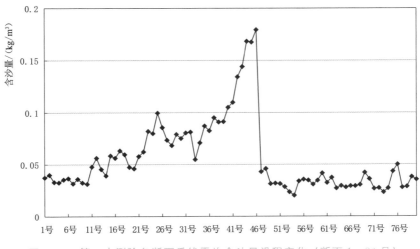

图 7.39　第一次测验各断面垂线平均含沙量沿程变化（断面 1～80 号）

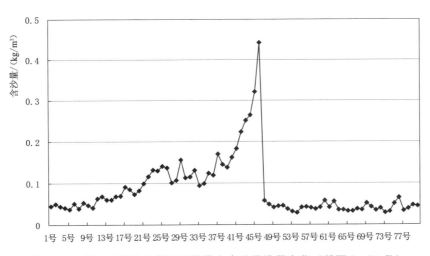

图 7.40　第一次测验各断面垂线最大含沙量沿程变化（断面 1～80 号）

　　综上来看，2019 年采用无人机航拍方式在黄华镇附近找出清、浑水交界处，溪洛渡库区异重流潜入点大致位于黄华镇固定断面 JB060 附近，同时分析上下游断面垂线含沙量变化也能看出，2019 年 8 月第 1 次测验断面 43～46 号断面底层含沙量比表层含沙量大得多，可能存在异重流潜入迹象。与 2017 年相比，2019 年异重流形成的基本特征与之十分相似，一方面库区黄华镇 JB060 断面附近的垃圾漂浮带区域水体浑浊，出现明显的清浑水界面；另一方面 JB060 断面附近垂线含沙量的分布规律基本一致（图 7.41），均是在该断面底部突然出现含沙量增大的现象。

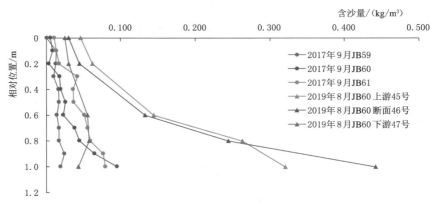

图 7.41   2017 年和 2019 年溪洛渡库区异重流潜入点附近垂线含沙量对比

7.6   本章小结

（1）按输沙法计算，若不考虑未控区间来沙量，溪洛渡水库 2013 年 5 月至 2019 年 12 月入库泥沙总量为 54013 万 t，出库泥沙总量为 1695 万 t，水库总淤积量为 52318 万 t，排沙比为 3.14％；若考虑未控区间来沙量，2013—2019 年溪洛渡总入库沙量为 67992 万 t，出库沙量为 1761 万 t，水库累积淤积泥沙 66231 万 t，排沙比为 2.59％。

（2）按断面法计算，2008 年 2 月至 2019 年 11 月，溪洛渡水库库区共淤积泥沙 57161 万 m³。其中，干流淤积泥沙 54754 万 m³，主要支流淹没区淤积泥沙 2406 万 m³。淤积在 540m 死水位以下的泥沙量为 47703 万 m³，占水库死库容的 9.3％；9456 万 m³ 淤积在高程为 540～600m 范围内的调节库容内，占水库调节库容的 1.5％；560～600m 防洪库容内淤积泥沙为 289 万 m³。溪洛渡水库蓄水后，库区干流河道深泓纵剖面普遍淤高，平均淤积幅度为 14.3m，最大淤积幅度为 34.4m；库区河段河床断面形态和河床两岸基本稳定，断面冲淤变化主要表现为主河槽河床淤积抬高，干流河道放宽段、弯道段淤积幅度偏大，最大淤积厚度达到；库区支流河口处淤积幅度也较大，河口段深泓平均淤积幅度在 5.0～9.4m，部分支流河口纵比降淤平。

（3）2019 年水库干容重呈现出坝前向上游河段逐渐增大的现象，坝前河段平均干容重最小，与中值粒径呈较好的指数关系。与 2016 年相比，干田坝（距坝 64.4km）以下河段干容重均增大，以上河段干容重以减小为主；主要支流除西苏角口门处干容重趋于增大外，其他各支流口门处干容重变化不明显。2016—2019 年，与输沙法相比，若不考虑区间来沙，断面法计算溪洛渡库区冲淤量偏小 29.9％～62.0％，若考虑区间来沙量，断面法计算值偏小 44.1％～70.7％。

（4）溪洛渡水库蓄水以来，其排沙比较预测值和下游向家坝、三峡水库都明显偏小，尽管排沙比的影响因素与三峡水库类似，但其核心、控制性因素却与之有一定的差别。溪洛渡水库排沙比偏小的主要原因有三个方面：一是入库水沙异源，水库区间来沙量大，入库水沙峰值协调性较差，沙峰多先于洪峰进入库区，泥沙沉积概率大；二是库区汛期及非汛期的运行水位都偏高，库区长期处于大水深、小流速的状态，尤其是滞洪时间较长，库区泥沙输移的动力条件较弱；三是库区河道存在二级天然的潜坎，对库区底部泥沙输移形成明显的阻隔效应，同时使得异重流输沙无法到达坝前。

（5）溪洛渡水库库区支流河口拦门沙形成与局部形态有关。类似三峡水库库区，溪洛渡库区的四条支流河口也都有明显的淤积，且淤积主要发生在河口一定范围的河道内，最大淤积厚度在 20m 以上。但从淤积强度和深泓纵剖面的变化来看，仅牛栏江河口段在 2018 年淤积形成拦门沙坎的雏形，其主要原因在于：一方面牛栏江河口段纵比降较小，且显著小于干流河道，河口段流速小，且干流更容易对支流形成顶托和倒灌，促进泥沙沉积；另一方面牛栏江河口段干支流河宽小，泥沙的纵向淤积强度大。

（6）2017 年和 2019 年观测结果显示，溪洛渡库区异重流潜入点位置在黄华镇 JB060 断面（距离坝址约 55km）附近，异重流潜入点断面附近含沙量分布规律极为相似，异重流形成期间上游来流和含沙量均较小，输沙影响范围十分有限，未到达坝前。2018 年溪洛渡库区未出现明显异重流现象。

第8章
向家坝库区及坝下游泥沙冲淤

向家坝水电站位于四川省宜宾市和云南省水富市交界的金沙江峡谷出口处,下距宜宾市33km,是金沙江下游河段四个梯级水电站的最后一级。库区主要支流有西宁河、中都河和大汶溪,入汇口距坝址里程均在80km以内,均位于常年回水区。工程于2006年正式开工,2008年工程截流,2012年10月初期蓄水,2013年汛期汛末二期蓄水至380m,2015年建设完工,2014—2019年均顺利蓄至380m目标水位。向家坝水库建设和运行期,积累了丰富的观测资料和研究成果。本章主要从水库入、出库水沙变化着手,研究分析向家坝水库库区河道基本特征及运行前后的水库、坝下游河道泥沙冲淤变化,以及冲淤带来的河道纵剖面和横断面形态的调整规律,还着重分析了坝下游河道范围内建构筑物附近河床冲淤变化等,以期为工程调度运行提供支撑。

8.1 水库入、出库水沙

2008年向家坝工程截流,2012年10月初期蓄水,2013年汛期汛末二期蓄水,2015年建设完工。为了解工程建设期及建成后入、出库水沙情况,统计2008—2019年入、出库水沙情况见表8.1,其中2012年前入库控制站采用屏山站,2012—2019年入库采用溪洛渡+欧家村(西宁河)+龙山村(中都河);出库则采用向家坝站实测资料。

表8.1　　　　　向家坝水库入、出库主要控制站年均水沙情况统计

年　份	入/出库主要控制站	径流量/亿 m³		输沙量/万 t		排沙比/%
		入库	出库	入库	出库	
2008—2011	屏山/向家坝	1322	1262	13325	11470	工程建设期
2012	(溪洛渡+欧家村 +龙山村)/向家坝	1517	1492	17627	15100	
2013		703	1106	301	203	67.5
2014		1362	1340	673	221	32.8
2015		1294	1290	202	60.4	29.9
2016		1418	1408	262.6	217	82.6
2017		1496	1447	269	148	55.0
2018		1645	1638	580.5	166	28.6
2019		1287	1344	210.4	72.3	34.4
2013—2019		1315	1368	357	155	43.5
可研阶段	屏　山	1440		24700		—

注　2008年工程截流,向家坝站泥沙停测,2009年恢复;2013年9—12月溪洛渡泥沙无观测资料。

与可研阶段相比，向家坝水库运行后，溪洛渡水库也随之蓄水运行，入库控制站发生变动，同时还受到溪洛渡水库拦蓄的影响，向家坝入库水沙条件也发生明显变化，尤其是沙量减少幅度较大。2008—2019 年，向家坝坝址年平均径流量若仍采用屏山（向家坝站）进行统计，为 1360 亿 m³，相较于可研阶段采用值 1440 亿 m³ 偏小 5.6%；入库控制站年平均输沙量为 6120 万 t，根据估算，溪洛渡至向家坝未控区间的年均来沙量为 352 万 t，因而向家坝水库年均总入库沙量约为 6450 万 t，较可研阶段采用值 24700 万 t 偏少 73.9%。尤其是溪洛渡水库蓄水后，2013—2019 年向家坝水库年均入库控制站泥沙量仅为 357 万 t，仅为可研阶段采用值的 1.4%。

8.2 库区河道特征

向家坝库区的原型观测自 2008 年开始系统开展，至 2019 年，积累了库区干流和支流河口多个测次的固定断面和水下地形资料，具体情况见表 8.2～表 8.4，本次研究关于库区河道基本特征及河床冲淤量、分布等均依托于已有的原型观测资料开展。

表 8.2　　　　　　　　　　向家坝库区干流地形（固定断面）资料

测验内容及范围	测　　次
坝区（J19.2～J18）固定断面	2008 年 5 月、2010 年 4 月、2012 年 5 月和 10 月
库区（J102～J18）固定断面	2008 年 3 月、2009 年 10 月、2011 年 10 月、2013 年 4 月
库区（JA160～JA001）固定断面	2013 年 4 月和 11 月、2015 年 5 月、2016 年 5 月、2017 年 5 月和 10 月、2018 年 5 月、2019 年 5 月、2020 年 5 月
库区 1∶2000 水道地形图（新市镇—大坝坝址）	2008 年 3 月、2012 年 11 月、2017 年 10 月
向家坝库区 1∶1000 地形图（石岗村—大坝坝址）	2011 年 5 月、2013 年 4 月和 11 月

表 8.3　　　　　　　　　　向家坝库区支流地形（固定断面）资料

河流	测　验　内　容　及　范　围
大汶溪	DW01 断面：2009 年 5 月；DW01～DW05 断面：2008 年 3 月、2009 年 10 月、2011 年 10 月、2013 年 1 月和 11 月、2015 年 5 月、2016 年 5 月、2017 年 5 月和 11 月、2018 年 5 月、2019 年 5 月、2020 年 5 月
团结河	TJ01～TJ05 断面：2008 年 3 月、2009 年 10 月、2011 年 10 月、2013 年 1 月和 11 月、2015 年 5 月、2016 年 5 月、2017 年 5 月和 11 月、2018 年 5 月、2019 年 5 月、2020 年 5 月
西宁河	XN01 断面：2009 年 5 月；XN01～XN08：2008 年 3 月、2009 年 10 月、2011 年 10 月、2013 年 1 月和 11 月、2015 年 5 月、2016 年 12 月、2018 年 5 月、2019 年 5 月、2020 年 5 月
细沙河	XS01～XS04 断面：2008 年 3 月、2009 年 10 月、2011 年 10 月、2013 年 1 月和 11 月、2015 年 5 月、2016 年 5 月、2017 年 5 月和 12 月、2018 年 5 月、2019 年 5 月、2020 年 5 月
中都河	ZD01～ZD12 断面：2008 年 3 月、2009 年 10 月、2011 年 10 月、2013 年 1 月和 11 月、2015 年 5 月、2016 年 5 月、2017 年 5 月和 11 月、2018 年 5 月、2019 年 5 月、2020 年 5 月

表 8.4　　　　　　　　向家坝坝下至宜宾干流河段和主要支流断面及地形资料

测验内容及范围	测　　　次
坝下—宜宾河段 (J17～JY01) 固定断面	2008 年 3 月、2011 年 11 月
坝下—宜宾河段 (J16～JY01) 固定断面	2009 年 11 月、2012 年 10 月、2013 年 4 月和 10 月、2014 年 10 月、2015 年 5 月和 10 月、2016 年 5 月和 10 月、2017 年 5 月和 10 月、2018 年 5 月和 10 月、2019 年 5 月和 10 月、2020 年 5 月和 11 月
横江 (HJ01～HJ02) 固定断面	2008 年 3 月、2012 年 10 月、2014 年 10 月、2015 年 10 月、2016 年 10 月、2017 年 10 月
横江 (HJ01～HJ04) 固定断面	2018 年 5 月和 10 月、2019 年 5 月和 10 月、2020 年 5 月和 11 月
坝下—宜宾河段 1：2000 地形	2008 年 3 月、2012 年 3 月、2012 年 10 月、2015 年 5 月、2016 年 5 月、2018 年 5 月、2019 年 5 月、2020 年 5 月
坝下—宜宾局部 1：200 地形	2015 年 10 月、2016 年 10 月、2017 年 10 月、2018 年 11 月、2019 年 11 月、2020 年 11 月

8.2.1　水库蓄水前

水库蓄水前的库区干流河道基本特征主要采用 2008 年 3 月、2009 年 10 月、2011 年 11 月实测固定断面资料及 2012 年 11 月向家坝蓄水期 1：2000 水道地形资料切割断面，根据《金沙江向家坝水电站可行性研究报告》中提出的天然情况下上游来流流量 $Q＝2000\text{m}^3/\text{s}$ 库区水面线成果计算；库区支流主要采用 2008 年 3 月、2009 年 10 月、2011 年 11 月实测固定断面资料，根据《金沙江向家坝水电站可行性研究报告》提出的天然情况下上游来流流量 $Q＝21800\text{m}^3/\text{s}$ 下的水面线成果计算。

1. 水面宽

向家坝库区干流河道沿程蜿蜒曲折、宽窄相间、滩沱交替。2008 年 3 月至 2012 年 11 月库区河道水面宽变化不大，2011 年 11 月，向家坝库区平均水面宽为 157m，最大水面宽为 300m（J24 断面，距坝 15.6km），最小水面宽为 32m（J67 断面，距坝 95km），两者相差近 9 倍（图 8.1 和表 8.5）。

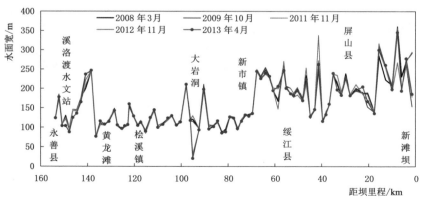

图 8.1　天然情况下向家坝库区干流河道河宽沿程变化

表 8.5　　　　　　　　天然情况下向家坝库区干流河道形态特征参数统计

河　段	河长/km	时　间	过水断面宽度 B/m		过水断面面积/m^2		断面平均水深 H/m	
			变幅	平均	变幅	平均	变幅	平均
永善县—桧溪镇	33.4	2008 年 3 月	77～246	133	657～2708	1356	5.07～14.5	10.2
		2009 年 10 月	76～245	135	648～3331	1437	5.24～17.6	10.6
		2011 年 11 月	73～245	133	653～2849	1314	5.14～15.5	10.0
		2012 年 11 月	76～246	134	601～3135	1363	4.91～13.8	10.1
桧溪镇—大岩洞	24.2	2008 年 3 月	93～210	123	1004～2909	1490	9.41～15.0	12.0
		2009 年 10 月	93～209	122	1110～3411	1559	9.16～16.3	12.6
		2011 年 11 月	92～212	124	1019～2506	1492	9.75～14.6	12.1
		2012 年 11 月	85～206	122	1020～4202	1590	8.61～20.4	12.7
大岩洞—绥江县	37.5	2008 年 3 月	87～250	147	755～2178	1288	3.03～14.1	9.8
		2009 年 10 月	90～255	148	520～2492	1312	3.02～14.7	9.84
		2011 年 11 月	87～251	146	792～2188	1314	3.32～14.3	10.1
		2012 年 11 月	32～247	143	20.9～2210	1237	0.66～16.25	9.52
绥江县—屏山县	27.0	2008 年 3 月	118～268	190	1010～3873	1787	5.51～18.7	9.57
		2009 年 10 月	117～259	186	1150～3671	1791	5.31～18.7	9.82
		2011 年 11 月	114～338	194	1087～3706	1810	5.28～18.2	9.67
		2012 年 11 月	115～273	189	1089～3633	1752	5.23～19.0	9.56
屏山县—新滩坝	30.2	2008 年 3 月	139～361	228	1150～2651	1700	3.82～19.1	8.11
		2009 年 10 月	139～359	216	720～2742	1583	3.42～19.8	8.12
		2011 年 11 月	137～357	229	1211～2575	1683	3.39～18.8	8.13
		2012 年 11 月	144～300	213	1291～2489	1546	4.35～17.3	7.84
永善县—新滩坝	152.3	2008 年 3 月	77～361	161	657～3873	1508	3.03～19.1	10.0
		2009 年 10 月	76～359	160	520～3671	1524	3.02～19.8	10.2
		2011 年 11 月	73～357	162	653～3708	1502	3.32～18.8	10.0
		2012 年 11 月	32～300	157	21～4202	1474	0.66～20.4	9.92

2013 年 1 月支流大汶溪、西宁河、中都河、细沙河和团结河河口段平均河宽分别为 376m、265m、261m、154m 和 151m，最大水面宽分别为 646m、141m、435m、219m 和 269m；最小水面宽分别为 160m、44m、90m、82m 和 71m，最宽、最窄处分别相差 4 倍、3.2 倍、4.8 倍、2.7 倍和 3.8 倍（表 8.5）。

2. 断面平均水深

计算水面线条件下，2012 年 11 月向家坝库区干流最大断面平均水深 37.68m（J69 断面，距坝 97.8km）、断面平均水深均值为 9.92m，最大、最小断面平均水深分别为 20.36m（J69 断面，距坝 97.8km）、0.66m（J67 断面，距坝 95km）。2008 年 2 月至 2012 年 11 月库区干流断面平均水深总体变化不大，断面平均水深最大增幅为 6.48m（位于 J69 断面、距坝 98km），最大减幅为 7.09m（J67 断面，距坝 95km）。分段来看，永善县—桧溪镇段断面平均水深变化不大，桧溪镇—大岩洞段断面平均水深增大 0.64m，大岩洞—绥江县段断面平均水深减小 0.28m，绥江县—屏山县段断面平均水深变化不大，屏山县—新滩坝段断面平均水深增大 0.28m（图 8.2 和表 8.5）。

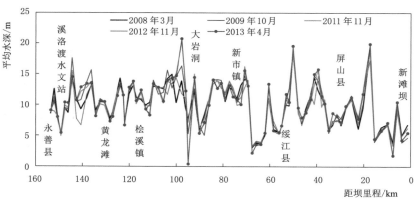

图 8.2　天然情况下向家坝库区干流河道断面平均水深沿程变化

2013 年 1 月支流大汶溪河口段最大、最小断面平均水深分别为 39.9m、17m；西宁河河口段最大、最小断面平均水深分别为 17.9m、1.64m；中都河河口段最大、最小断面平均水深分别为 30.3m、4.34m；细沙河河口段最大、最小断面平均水深分别为 15.4m、8.26m；团结河河口段最大、最小断面平均水深分别为 28.3m、7.82m（表 8.5）。

3. 过水断面面积

2012 年 11 月，向家坝库区平均过水断面面积为 1474m²，沿程变化幅度较大，如过水断面面积由 J69（距坝 97.8km）的 4203m² 减小到 J67（距坝 95km）的 20.9m²，两断面间过水面积减幅达到 200 倍。2008 年 3 月至 2012 年 11 月，库区过水断面面积变化不大，平均由 1508m² 减少到 1474m²，其中，J69 断面（距坝 98km）过水断面面积减幅最大，由 2909m² 减小到 1615m²，减幅为 1294m²，减少百分比为 44%。分段来看，永善县—桧溪镇河段过水断面面积变化不大，桧溪镇—大岩洞河段过水断面面积减小 101m²，大岩洞—绥江县河段过水断面面积增大 51m²，绥江县—屏山县河段过水断面面积增大 35m²，屏山县—新滩坝河段过水断面面积增大 155m²（图 8.3 和表 8.5）。

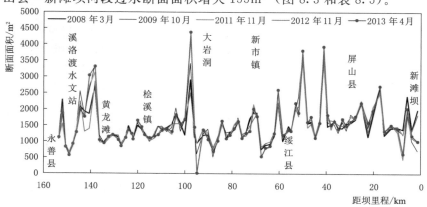

图 8.3　天然情况下向家坝库区干流河道过水断面面积沿程变化

2013 年 1 月，支流团结河河口段最大、最小过水面积分别为 7614m²、555m²；西宁河河口段最大、最小过水面积分别为 2530m²、73m²；中都河河口段最大、最小过水面积分别为 8926m²、426m²；大汶溪河河口段最大、最小过水面积分别为 25307m²、2720m²；细沙河河口段最大、最小过水面积分别为 3170m²、608m²（表 8.6）。

表 8.6　天然情况下向家坝库区支流河口段河道形态特征参数统计($Q=28200\mathrm{m}^3/\mathrm{s}$)

河名	河段	河长/km	时间	过水断面宽度 B/m		过水断面面积/m²		断面平均水深 H/m	
				变幅	平均	变幅	平均	变幅	平均
大文溪	大文溪水文站—河口	5.9	2013 年 1 月	160～646	376	2720～25307	12880	17～39.9	30.7
西宁河	欧家村水文站—河口	10.2	2008 年 3 月	85～164	122	514～9286	3911	5.98～67.4	32.2
			2009 年 10 月	85～164	120	498～9137	3906	5.81～67.5	32.5
			2011 年 11 月	9～164	101	3～8543	3153	0.29～68.7	29.0
			2013 年 1 月	44～141	87	73～2530	855	1.64～17.9	8.7
中都河	龙山村水文站—河口	17.3	2008 年 3 月	87～424	265	425～8849	4870	4.91～25.5	17.2
			2009 年 10 月	86～435	267	419～8811	4883	4.89～25.3	17.1
			2011 年 11 月	87～438	260	414～8484	4843	4.75～26.2	17.5
			2013 年 1 月	90～435	261	426～8928	4754	4.34～30.3	16.8
细沙河	何家湾水文站—河口	8.0	2008 年 3 月	97～237	165	682～3273	2157	7.06～15	12.4
			2009 年 10 月	81～236	160	655～3256	2151	8.14～15.1	12.7
			2011 年 11 月	62～236	138	682～3193	1956	8.38～21.1	14.5
			2013 年 1 月	82～219	154	608～3170	2106	8.26～15.4	13.1
团结河	大毛村水文站下游 10km—河口	15.3	2008 年 3 月	69～269	152	539～7214	2782	7.85～26.8	15.8
			2009 年 10 月	68～269	150	545～7254	2773	7.98～27	15.9
			2011 年 11 月	71～269	139	533～7559	2726	7.48～28.1	16.9
			2013 年 1 月	71～269	151	555～7614	2737	7.82～28.3	15.3

8.2.2　水库蓄水后

为了进一步掌握蓄水后向家坝库区的河道基本特征，采用水库正常蓄水位 380m 方案库区干、支流回水成果，来流流量为 2000m³/s，对蓄水后库区干流和支流河口段沿程各断面的过水断面宽度、断面平均水深及过水断面面积进行了计算分析。

1. 过水断面宽度

380m 计算水面线下，2013 年 4 月至 2019 年 5 月向家坝库区干流河道平均过水断面宽度变化不大。2019 年 5 月，库区干流平均过水断面宽度为 567m，过水断面宽度变化范围为 139（JA160 断面，距坝 153.7km）～1623m（JA034 断面，距坝 29.65km），两者相差近 12 倍。分段来看，近坝段屏山县—新滩坝平均过水断面宽度 897.5m 为最大，库尾永善县—桧溪镇段平均过水断面宽度为 209.4m 为最小（图 8.4 和表 8.7）。

表 8.7　蓄水后 2013 年 4 月至 2019 年 5 月向家坝库区干流河段河道形态特征统计

河　段	河长 /km	时　间	过水断面宽度 B/m		过水断面面积/m²		断面平均水深 H/m	
			变幅	平均	变幅	平均	变幅	平均
永善县—桧溪镇	33.4	2013 年 4 月	131～307	212.0	1884～8073	4710	13.61～32.56	21.7
		2013 年 11 月	130～309	211.3	1928～8063	4742	13.58～32.79	21.9
		2017 年 10 月	137～310	210.4	1877～8781	4683	12.88～32.84	21.6
		2018 年 5 月	125～309	209.1	1859～8789	4693	12.81～33.17	21.8
		2019 年 5 月	139～310	209.4	1873～11618	4826	13～37.5	22.2
桧溪镇—大岩洞	24.2	2013 年 4 月	195～367	272.0	6415～14355	10069	26.06～50.63	37.3
		2013 年 11 月	195～364	273.0	6475～14592	10099	26.31～50.17	37.2
		2017 年 10 月	194～367	272.8	6354～14135	9924	25.77～49.87	36.6
		2018 年 5 月	195～364	272.4	6351～14182	9948	25.81～49.69	36.7
		2019 年 5 月	195～365	272.5	6547～14182	10002	26～49.9	36.8
大岩洞—绥江县	37.5	2013 年 4 月	269～367	488.0	11840～13017	25355	40.05～49.99	51.0
		2013 年 11 月	269～364	488.6	11756～12970	25333	39.43～50.17	50.9
		2017 年 10 月	268～367	487.2	11675～12860	25054	39.8～49.9	50.6
		2018 年 5 月	269～364	486.5	11688～12883	25084	39.1～49.7	50.8
		2019 年 5 月	267～364	486.8	11674～13237	25068	40～49.9	50.7
绥江县—屏山县	27	2013 年 4 月	446～1634	858.0	31089～91908	49797	38.62～76.98	60.5
		2013 年 11 月	445～1625	854.4	31049～91760	49636	41.23～76.42	60.3
		2017 年 10 月	446～1624	854.0	30826～91101	49261	40.63～76.15	59.9
		2018 年 5 月	445～1624	854.0	30908～91038	49275	40.66～76.49	60.0
		2019 年 5 月	445～1623	853.2	30872～91287	49367	40.76～76.23	60.1
屏山县—新滩坝	30.2	2013 年 4 月	593～1592	896.0	42625～119232	66188	57.48～89.74	74.1
		2013 年 11 月	591～1582	896.6	42420～119013	66011	57.36～89.36	73.9
		2017 年 10 月	591～1584	897.0	42193～118279	65674	57.1～88.6	73.5
		2018 年 5 月	591～1584	897.7	42316～118332	65802	57.3～88.7	73.6
		2019 年 5 月	590～1583	897.5	42312～118450	65808	57～88.6	73.6
永善县—新滩坝	152.3	2013 年 4 月	131～1634	568.0	1884～119232	32947	13.61～89.74	51.2
		2013 年 11 月	130～1625	568.1	1928～119013	32882	13.58～89.36	51.1
		2017 年 10 月	137～1624	567.5	1878～118279	32619	12.9～88.6	50.7
		2018 年 5 月	125～1624	567.1	1878～118332	32663	12.8～88.7	50.9
		2019 年 5 月	139～1623	567.0	1873～118450	32706	13～88.6	50.9

　　2013 年 11 月至 2019 年 5 月库区支流河口段平均过水断面宽度变化不大。2019 年 5 月库区团结河、西宁河、中都河和大汶溪淹没区最大过水断面宽度分别为 228m、379m、324m 和 646m，最小过水断面宽度分别为 84m、106m、201m 和 164m，平均过水断面宽

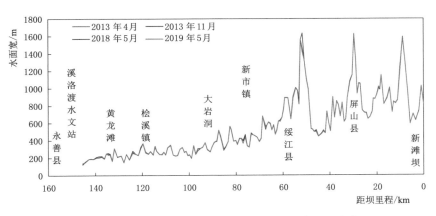

图 8.4 向家坝水库蓄水后库区干流河道河宽沿程变化

度分别为 156m、196m、242m 和 368m，最宽、最窄处分别相差 2.7 倍、3.6 倍、1.6 倍和 3.9 倍（表 8.8）。

表 8.8 蓄水后 2013 年 11 月至 2019 年 5 月向家坝库区支流河口段河道形态特征统计

河流	河段	河长 /km	时 间	过水断面宽度 B/m		过水断面面积/m²		断面平均水深 H/m	
				变幅	平均	变幅	平均	变幅	平均
团结河	大毛村水文站—河口	1.65	2013 年 11 月	83～227	155	437～4283	2360	5.24～18.8	12
			2015 年 5 月	83～228	156	339～4287	2313	4.1～18.8	11.5
			2017 年 11 月	83～226	155	121～4157	2138	1.5～18.4	9.9
			2018 年 5 月	81～227	154	167～4193	2180	2.07～18.5	10.3
			2019 年 5 月	84～228	156	300～4203	2252	3.57～18.5	11
西宁河	欧家村水文站—河口	7.2	2013 年 11 月	106～304	182	953～13312	5387	8.96～43.8	26.3
			2015 年 5 月	107～305	184	924～13325	5356	8.65～43.8	26
			2017 年 11 月	107～365	194	897～13304	5203	8.42～36.9	23.8
			2018 年 5 月	106～373	195	900～13332	5217	8.53～37	23.8
			2019 年 5 月	106～379	196	924～13287	5154	8.76～36.7	23.4
中都河	龙山村水文站—河口	10.1	2013 年 11 月	200～321	245	2559～12716	5666	7.97～40.2	23.2
			2015 年 5 月	200～322	247	2510～12944	5693	7.88～40.2	23.1
			2017 年 11 月	200～324	241	2252～12749	5515	7.15～39.4	22.7
			2018 年 5 月	200～324	242	2258～12851	5553	7.43～40	22.8
			2019 年 5 月	201～324	242	2068～12841	5470	6.83～39.6	22.4
大汶溪	大汶溪水文站—河口	5.9	2013 年 11 月	161～646	368	2571～25310	12507	15.9～39.4	30
			2015 年 5 月	169～646	370	2494～2528305	12449	14.8～39.1	29.5
			2017 年 11 月	162～647	368	1973～24871	12130	12.2～38.5	28.5
			2018 年 5 月	162～647	368	1983～25070	12230	12.2～38.8	28.8
			2019 年 5 月	164～646	368	1743～25039	12137	10.6～38.8	28.3

2. 断面平均水深

2013年4月至2019年5月向家坝库区内断面平均水深变化不大。2019年5月，库区干流河段最大断面平均水深为134.2m（JA015断面，距坝14.6km），断面平均水深均值为50.9m，河段内断面平均最大、最小断面平均水深分别为88.6m（JA004断面，距坝3.4km）、13.02m（JA157断面，距坝191.9km）。分段来看，近坝段屏山县—新滩坝断面平均水深最大，为73.59m，库尾段永善县—桧溪镇断面平均水深最小，为22.24m（图8.5和表8.7）。

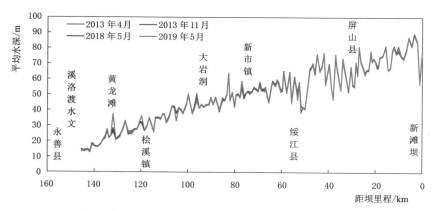

图8.5 向家坝水库蓄水后库区干流河道断面平均水深沿程变化

2019年5月库区支流淹没区团结河最大、最小断面平均水深分别为24.5m、5m；西宁河最大、最小水深分别为68.2m、11.7m；中都河最大、最小断面平均水深分别为71.9m、11.2m；大汶溪最大、最小断面平均水深分别为76.9m、15.7m（表8.8）。

3. 过水断面面积

2019年5月，向家坝库区干流河段过水断面面积均值为32706m²，河床断面最大、最小过水面积分别为118450m²（JA009断面，距坝8.9km）、1873m²（JA160断面，距坝145km）。分段来看，近坝段屏山县—新滩坝过水断面面积最大，为65802m²，库尾段永善县—桧溪镇过水断面面积最小，为4826m²（图8.6和表8.7）。

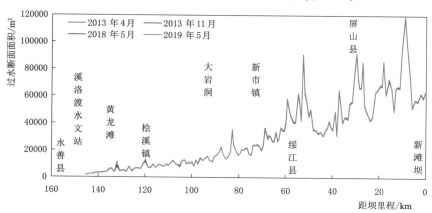

图8.6 向家坝水库蓄水后库区干流河道过水断面面积沿程变化

　　根据计算，2019 年 5 月，库区支流淹没区团结河最大、最小过水断面面积分别为 4203m²、300m²；西宁河最大、最小过水断面面积分别为 13287m²、924m²；中都河最大、最小过水断面面积分别为 12841m²、2068m²；大汶溪最大、最小过水断面面积分别为 25039m²、1743m²（表 8.8）。

8.3　水库泥沙冲淤量及分布

8.3.1　水库淤积量和排沙比

　　1. 不考虑未控区间来沙

　　按照入库干支流控制站观测数据统计，向家坝水库 2012 年 10 月蓄水运用后，2012 年 10 月至 2019 年 12 月入库泥沙总量为 3793.5 万 t，总出库沙量为 1803.1 万 t，水库淤积泥沙总量为 1990.4 万 t，水库排沙比为 47.5%，显著地大于上游溪洛渡水库。

　　2. 考虑未控区间来沙

　　依据溪洛渡至向家坝区间输沙模数多年均值，初步考虑向家坝库区未控区间来沙量，计算得到 2013—2019 年向家坝水库泥沙淤积量和排沙比见表 8.9。2013—2019 年，向家坝总入库沙量为 4873 万 t，出库沙量为 1088 万 t，水库累积淤积泥沙 3785 万 t，水库排沙比为 22.3%，略大于下游三峡水库排沙比。

表 8.9　　　　　　　　　　2013—2019 年向家坝水库淤积量及排沙比统计

基本条件	年　份	向　家　坝			
		入库/万 t	出库/万 t	淤积量/万 t	排沙比/%
不考虑 未控区间	2013	301	203	98	67.4
	2014	673	221	452	32.8
	2015	202	60.4	141.6	29.9
	2016	262.6	217	45.6	82.6
	2017	269	148	121	55.0
	2018	580.5	166	414.5	28.6
	2019	210.4	72.3	138.1	34.4
	2013—2019	2499	1088	1411	43.5
考虑 未控区间	2013	633	203	430	32.1
	2014	1055	221	834	20.9
	2015	534	60.4	473.6	11.3
	2016	594.6	217	377.6	36.5
	2017	601	148	453	24.6
	2018	912.5	166	746.5	18.2
	2019	542.4	72.3	470.1	13.3
	2013—2019	4873	1088	3785	22.3

2012 年汛后向家坝水库蓄水运用后，次年 5 月溪洛渡水库运用，拦截了进入向家坝水库的泥沙，使得 2012—2019 年金沙江的来沙绝大部分淤积在溪洛渡水库内，同时受水沙条件、库区河道边界条件和水库运行方式等的影响，溪洛渡水库的排沙比显著地小于向家坝水库。

8.3.2　泥沙淤积沿时程分布

2008 年 3 月至 2019 年 5 月，向家坝水库干、支流共淤积泥沙为 4113 万 m^3。其中，库区干流共淤积泥沙为 3153 万 m^3，主要支流淹没区淤积泥沙为 960 万 m^3。变动回水区（永善县—桧溪镇）冲刷泥沙为 450 万 m^3，常年回水区（桧溪镇—新滩坝）淤积泥沙为 4563 万 m^3。从冲淤沿时变化来看：蓄水前 2008 年 3 月至 2012 年 11 月，库区共淤积泥沙 689 万 m^3，其中，干流淤积为 398 万 m^3，主要支流淹没区淤积为 291 万 m^3；变动回水区冲刷为 96 万 m^3，常年回水区淤积量为 785 万 m^3。蓄水后 2012 年 11 月至 2019 年 5 月，库区共淤积泥沙 3423 万 m^3，其中，干流淤积为 2755 万 m^3，主要支流淹没区淤积为 668 万 m^3；变动回水区冲刷为 354 万 m^3，常年回水区淤积量为 3777 万 m^3。

1. 库区干流

根据已有河道地形（固定断面）资料情况，分别采用《金沙江向家坝水电站可行性研究报告》中提出的天然情况下上游来流流量 $Q = 2000m^3/s$ 对应水面线下和向家坝库区不同特征水位进行冲淤量计算。其中：

（1）2008 年 3 月至 2013 年 4 月，采用天然情况下，上游来流流量 $Q = 2000m^3/s$ 对应水面线计算库区干流河道冲淤量。

（2）2013 年 4 月至 2019 年 5 月，一方面采用天然情况下上游来流流量 $Q = 2000m^3/s$ 对应水面线计算；另一方面则分别计算特征水位 380m 和 370m 的库区河床冲淤量。

计算结果表明（表 8.10），2008 年 3 月至 2019 年 5 月，向家坝库区干流共淤积泥沙为 3153 万 m^3。其中，2008 年 3 月至 2012 年 11 月淤积量为 398 万 m^3，2012 年 11 月至 2019 年 5 月淤积量为 2755 万 m^3。沿程分布来看，泥沙淤积主要分布在大岩洞（JA111）—绥江县（JA066）之间，淤积量达 1416 万 m^3，其次为屏山县（JA32）—新滩坝（JA001）之间，淤积量达 1243 万 m^3，该段淤积强度最大。

表 8.10　　　　　　　　　　　向家坝库区干流河段冲淤变化统计

计算项	河　段	永善县—桧溪镇	桧溪镇—大岩洞	大岩洞—绥江县	绥江县—屏山县	屏山县—新滩坝	永善县—新滩坝
	河长/km	33.4	24.2	37.5	27.0	30.2	152.3
冲淤量/万 m^3	2008 年 3 月至 2012 年 11 月	−96	−238	320	98	314	398
	2012 年 11 月至 2019 年 5 月	−354	107	1096	978	929	2755
	2008 年 3 月至 2019 年 5 月	−450	−131	1416	1076	1243	3153
冲淤强度/[万 m^3/(km·a)]	2008 年 3 月至 2012 年 11 月	−0.6	−2.2	1.9	0.8	2.3	0.6
	2012 年 11 月至 2019 年 5 月	−1.6	0.7	4.5	5.6	4.7	2.8
	2008 年 3 月至 2019 年 5 月	−1.2	−0.5	3.4	3.6	3.7	1.9

注　1. 2008 年 3 月至 2012 年 11 月冲刷为 398 万 m^3，采用 2000m^3/s 对应天然水面线进行计算。
　　2. 2012 年 11 月至 2019 年 5 月淤积量为 2755 万 m^3，采用水库坝前 380m 水位计算。

2. 主要支流河口段

根据已有主要支流河道地形（固定断面）的测量情况：一方面，团结河、细沙河和中都河冲淤量的计算水位采用河道沿程两岸岸边界较低点，西宁河和大汶溪冲淤量的计算水位采用天然情况下干流流量为 $Q=21800\mathrm{m}^3/\mathrm{s}$ 时对应各支流的水面线成果；另一方面，2013 年 11 月至 2019 年 5 月，采用水库特征水位下（380m 和 370m）对各支流泥沙淤积进行了计算。结果表明，2008 年 3 月至 2019 年 5 月，向家坝库区主要支流淹没区共淤积泥沙为 960 万 m^3。其中，团结河、细沙河、西宁河、中都河和大汶溪均表现为淤积，其淤积量分别为 179 万 m^3、36 万 m^3、246 万 m^3、366 万 m^3 和 133 万 m^3（表 8.11）。从淤积量的沿时分布来看：

表 8.11　　　　　　　　　　　　向家坝库区支流河口段冲淤量　　　　　　　　　　　　单位：万 m^3

河　流	团结河	细沙河	西宁河	中都河	大汶溪
河　段	大毛村站下游 10km—河口	何家湾站—河口	欧家村站—河口	龙山村站—河口	大文溪站—河口
河长/km	15.3	8	10.2	17.3	5.9
2008 年 3 月至 2013 年 1 月	235	−5	4	133	−75
2013 年 1 月至 2019 年 5 月	−56	41	242	233	208
2008 年 3 月至 2019 年 5 月	179	36	246	366	133
备　注	河道沿程两岸岸边较低点水位	$Q=21800\mathrm{m}^3/\mathrm{s}$ 水面线	河道沿程两岸岸边较低点水位	$Q=21800\mathrm{m}^3/\mathrm{s}$ 水面线

注　2013 年 11 月至 2019 年 5 月计算水位采用 380m。

（1）2008 年 3 月至 2013 年 1 月支流共淤积为 292 万 m^3。除细沙河和大汶溪冲刷外，其他支流均表现为淤积，细沙河和大汶溪冲刷泥沙量分别为 5 万 m^3、75 万 m^3，团结河、西宁河和中都河泥沙淤积量分别为 235 万 m^3、4 万 m^3 和 133 万 m^3。

（2）2013 年 1 月至 2019 年 5 月支流淤积为 668 万 m^3，其中，2015 年 5 月至 2016 年 5 月细沙河断面数据高于计算水位，本次没有纳入计算，而大汶溪、中都河、细沙河和西宁河均表现为淤积，其淤积量分别为 208 万 m^3、233 万 m^3、41 万 m 和 242 万 m^3，团结河冲刷泥沙量为 56 万 m^3。

8.3.3　淤积部位分布特征

2008 年 3 月至 2019 年 5 月，向家坝水库干、支流共淤积泥沙为 4113 万 m^3。370m 死水位以下淤积量为 3898 万 m^3，占总淤积量的 95%，占水库死库容的 0.97%，其余泥沙则淤积 370～380m 调节库容内，占总淤积量的 5%，占水库调节库容的 0.2%。其中，2012 年 11 月至 2019 年 5 月，向家坝水库干、支流共淤积泥沙 3423 万 m^3。淤积在 370m 死水位以下的泥沙量为 3207 万 m^3，占总淤积量的 94%，占水库死库容的 0.8%；216 万 m^3 淤积在高程为 370～380m 的调节库容内，占总淤积量的 4%，占水库调节库容的 0.23%。

8.3.3.1　干流河道

1. 正常蓄水位（380m）以下河槽

2008年3月至2019年5月，向家坝库区干流以淤积为主，淤积量为3153万 m^3，淤积强度为1.9万 m^3/(km·a)。其中，2008年3月至2012年11月淤积量为398万 m^3；2012年11月至2019年5月，库区干流泥沙淤积量为2755万 m^3，其中变动回水区冲刷量为354万 m^3，常年回水区淤积量为3109万 m^3（表8.12）。

表8.12　　　　　　　　　　　向家坝水库正常蓄水位(380m)冲淤量统计

计算项	河　段	永善县—桧溪镇	桧溪镇—大岩洞	大岩洞—绥江县	绥江县—屏山县	屏山县—新滩坝	永善县—新滩坝
	河段长度/km	33.4	24.2	37.5	27.0	30.2	152.3
冲淤量/万 m^3	2008年3月至2012年11月	−96	−238	320	98	314	398
	2012年11月至2019年5月	−354	107	1096	978	929	2755
	2008年3月至2019年5月	−450	−131	1416	1076	1243	3153
冲淤强度/[万 m^3/(km·a)]	2008年3月至2012年11月	−0.63	−2.15	1.86	0.79	2.27	0.57
	2012年11月至2019年5月	−1.6	0.7	4.5	5.6	4.7	2.8
	2008年3月至2019年5月	−1.2	−0.5	3.4	3.6	3.7	1.9

2. 防洪限制水位（370m）以下河槽

2008年3月至2019年5月，向家坝库区干流以淤积为主，淤积量为2989万 m^3，淤积强度为1.8万 m^3/(km·a)。其中，2008年3月至2012年11月淤积量为398万 m^3；2012年11月至2019年5月，库区干流泥沙淤积量为2591万 m^3，其中变动回水区冲刷量为372万 m^3；常年回水区淤积量为2963万 m^3（表8.13）。

表8.13　　　　　　　　　　　向家坝水库限制蓄水位(370m)冲淤量统计

计算项	河　段	永善县—桧溪镇	桧溪镇—大岩洞	大岩洞—绥江县	绥江县—屏山县	屏山县—新滩坝	永善县—新滩坝
	河段长度/km	33.4	24.2	37.5	27.0	30.2	152.3
冲淤量/万 m^3	2008年3月至2012年11月	−96	−238	320	98	314	398
	2012年11月至2019年5月	−372	122	1117	817	908	2591
	2008年3月至2019年5月	−468	−116	1437	915	1222	2989
冲淤强度/[万 m^3/(km·a)]	2008年3月至2012年11月	−0.6	−2.2	1.9	0.8	2.3	0.6
	2012年11月至2019年5月	−1.7	0.8	4.6	4.7	4.6	2.6
	2008年3月至2019年5月	−1.3	−0.4	3.5	3.1	3.7	1.8

8.3.3.2　主要支流河口段

1. 正常蓄水位（380m）以下河槽

2008年3月至2019年5月，水库正常蓄水位（380m）下，库区支流河口段淤积为961万 m^3，其中，团结河、细沙河、西宁河、中都河和大汶溪分别淤积179万 m^3、36万 m^3、246万 m^3、366万 m^3 和133万 m^3。分时段来看，2008年3月至2013年1月支流淤积总量为 292 万 m³；2013 年 1 月至 2019 年 5 月，支流淤积总量为 668 万 m³，其中，团结河冲刷 56 万 m³、细沙河、西宁河、中都河和大汶溪分别淤积 41 万 m³、242 万 m³、233 万 m³ 和 208 万 m³（表 8.14）。

表 8.14　　　　向家坝库区支流河段水库正常蓄水位（380m）冲淤量统计　　　　单位：万 m³

计算水位/m	河　名	大汶溪	中都河	西宁河	细沙河	团结河
	河段	大文溪站—河口	龙山村站—河口	欧家村站—河口	何家湾站—河口	大毛村站下游10km—河口
	断面名称	DW05～01	ZD12～01	XN08～01	XS04～01	TJ05～01
	河段长度/km	5.9	17.3	10.2	8	15.3
380	2008 年 3 月至 2013 年 1 月	−75	133	4	−5	235
	2013 年 1 月至 2019 年 5 月	208	233	242	41	−56
	2008 年 3 月至 2019 年 5 月	133	366	246	36	179
370	2008 年 3 月至 2013 年 1 月	−75	133	4	−5	235
	2013 年 1 月至 2019 年 5 月	210	187	263	33	−77
	2008 年 3 月至 2019 年 5 月	135	320	267	28	158

2. 防洪限制水位（370m）以下河槽

2008 年 3 月至 2019 年 5 月，水库防洪限制水位（370m）下，库区支流河口段淤积为 909 万 m³，其中，团结河、细沙河、西宁河、中都河和大汶溪淤积分别为 158 万 m³、28 万 m³、267 万 m³、320 万 m³ 和 135 万 m³。分时段来看，2008 年 2 月至 2013 年 1 月支流淤积总量为 292 万 m³；2013 年 1 月至 2019 年 5 月，支流淤积总量为 616 万 m³，其中，团结河冲刷为 77 万 m³，细沙河、西宁河、中都河和大汶溪淤积分别为 33 万 m³、263 万 m³、187 万 m³ 和 210 万 m³（表 8.14）。

8.3.4　冲淤厚度平面分布

为进一步掌握向家坝库区冲淤特征，根据 2012 年、2017 年库区 1∶2000 河道地形数据，绘制 2012—2017 年库区冲淤厚度分布如图 8.7～图 8.10 所示，2012 年因施工及网箱养殖，部分河段无法施测，造成图中有部分位置空白。2012 年 11 月至 2017 年 10 月向家坝库区冲淤变化不大，淤积主要发生在主河槽内，尤其是放宽段、弯道段及边滩附近，2012 年 11 月至 2017 年 10 月平均淤积厚度约 2m，最大淤积厚度达 15m（宝灵寺附近）。其中，溪洛渡坝址—桧溪镇段最大淤积厚度达 11m（新滩附近），冲刷主要发生在主河道，最大冲刷深度为 12m（新滩附近），桧溪镇—大岩洞段最大淤积厚度达 10m（大岩洞附近）；大岩洞—绥江县段平均淤积厚度约 2m，最大淤积厚度达 15m（马鞍寺附近）；绥江县—向家坝坝址段平均淤积厚度约 2m，最大淤积厚度达 15m（宝灵寺附近）。

根据中国水电顾问集团中南勘测设计研究院 2006 年 10 月编制的《向家坝可行性研报告》，向家坝电站采用分期导流方式，一期围堰期约 2 年半（2006 年 6 月至 2008 年 11 月），由右岸缩窄后的天然河道导流，二期围堰挡水期 4 年（2008 年 12 月至 2012 年 11

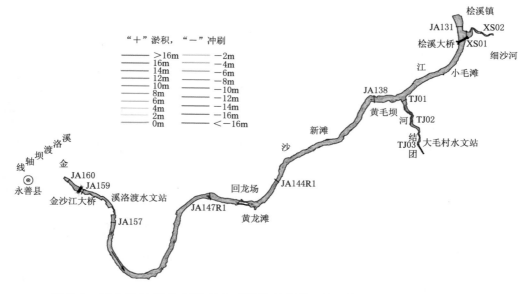

图 8.7 2012 年 11 月至 2017 年 10 月溪洛渡坝址—桧溪镇河段河床冲淤厚度分布

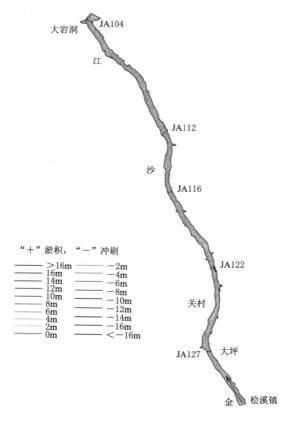

图 8.8 2012 年 11 月至 2017 年 10 月桧溪镇—大岩洞河段河床冲淤厚度分布

图 8.9　2012 年 11 月至 2017 年 10 月大岩洞—绥江县河段河床冲淤厚度分布

图 8.10　2012 年 11 月至 2017 年 10 月绥江县—向家坝坝址河段河床冲淤厚度平面分布

月），2012 年 12 月蓄水至 354m 第一批机组发电，2013 年维持低水位 354m 运行 1 年，2014 年 1 月至 2015 年 6 月仍为电站初期发电期，水库可正常调度运行。向家坝在整个施工期库区泥沙淤积量为 2.24 亿 m³（水库泥沙冲淤计算数学模型计算成果）。年均淤积泥沙 0.25 亿 m³，较实测成果（库区 2008 年 3 月至 2019 年 5 月年均淤积泥沙 0.037 亿 m³）明显偏大，这种差异主要受来水来沙条件变化的影响。

需要说明的是，从现场观测情况来看，向家坝库区抽沙船较多，结合河道两岸的料场个数及堆料情况可以判定，向家坝库区抽沙较为严重（图 8.11）。加之其他人类活动的影响，使得库区泥沙冲淤计算值一定程度上偏离实际情况。

从 2019 年 11 月泥沙淤积物干容重观测成果来看，库区干流河道自上游至坝前干容重总体呈沿程减小的趋势，JA83、JA063、JA036 和 JA005 断面干容重分别为 0.86t/m³、0.78t/m³、0.75t/m³ 和 0.67t/m³，淤积物干容重与床沙中数粒径相关关系较好（表8.15）。库区支流西宁河、中都河和大汶溪河口段的淤积物干容重分别为 0.76t/m³、0.65t/m³ 和 0.66t/m³，与干流河道较为相近。

表 8.15　　　　　　　　　向家坝库区干流典型断面干容重变化

断　面　编　号		JA083	JA063	JA036	JA005
距坝里程/km		127.7	119.1	94.8	79.1
2019 年 11 月	中数粒径/mm	0.016	0.012	0.010	0.007
	干容重/(t/m³)	0.86	0.78	0.75	0.67

8.3.5　不同方法计算的冲淤量对比

为进一步掌握向家坝库区河段的冲淤特征，同时检验固定断面的代表性，根据 2012 年、2017 年库区 1:2000 河道地形测量成果，采用地形法对库区的冲淤量进行计算，并与断面法的计算结果进行对比，结果表明，断面法计算得到向家坝库区的淤积量为 4007 万 t，地形法计算得到的淤积量为 3451 万 t，较断面法偏小 14%，略大于《水道观测规范》中 10% 的规定值，向家坝库区固定断面的布置尚有优化的空间（表 8.16）。

表 8.16　　　2012—2017 年向家坝库区干流地形法和断面法计算结果对比　　　单位：万 m³

河　段	变动回水区	常年回水区	库区
	永善县—桧溪镇	桧溪镇—新滩坝	永善县—新滩坝
河段长度/km	33.4	118.9	152.3
断面法	−31	4038	4007
地形法	6	3445	3451
绝对偏差	37	−593	−556
相对偏差	—	−15%	−14%

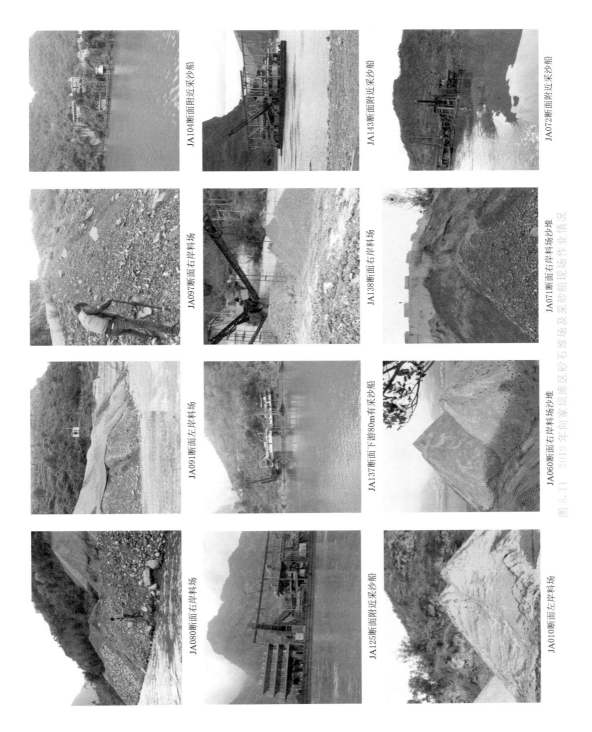

JA104断面附近采沙船

JA143断面附近采沙船

JA072断面附近采沙船

JA097断面右岸料场

JA138断面右岸料场

JA071断面右岸料场沙堆

JA091断面左岸料场

JA137断面下游80m有采沙船

JA060断面右岸料场沙堆

JA080断面右岸料场

JA125断面附近采沙船

JA010断面左岸料场

图 8.11　2019 年向家坝区砂石堆场及采砂船现场作业情况

279

8.4　水库淤积形态

8.4.1　纵剖面形态

8.4.1.1　干流河道

1. 蓄水前

2008 年 3 月至 2012 年 11 月，向家坝库区深泓纵剖面形态呈锯齿形，但河底平均高程变化不大，深泓最高点高程为 361m（J101 断面，距坝 154km），最低点高程为 246m（J25 断面，距坝 17.5km），河床纵剖面最大落差为 115m（图 8.12，表 8.17）。

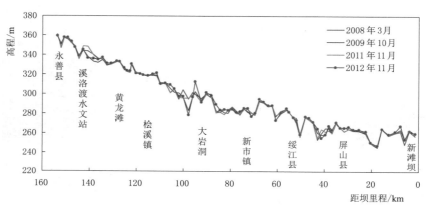

图 8.12　2008 年 3 月至 2012 年 11 月向家坝库区干流河道深泓纵剖面变化

表 8.17　2008 年 3 月至 2012 年 11 月金沙江向家坝库区干流河道深泓点高程变化统计

河　段	河长 /km	深泓点高程变化/m							
		2008—2009 年		2009—2011 年		2011—2012 年		2008—2012 年	
		平均	变化范围	平均	变化范围	平均	变化范围	平均	变化范围
永善县—桧溪镇	33.4	−0.8	−6.9～3.8	1	−2.8～10.3	0	−11.6～3.6	0.19	4.5～−7
桧溪镇—大岩洞	24.2	−1.3	−11.6～6.3	0.4	−4.7～12.5	0	−17～8.6	−0.94	−16.1～8.2
大岩洞—绥江县	37.5	−0.7	−4.7～3.9	−0.2	−4～4.5	1.7	−4.8～13.1	0.84	−4.6～12.9
绥江县—屏山县	27	0	−6.9～6.9	−0.1	−5.4～5.6	1	−8.9～9.9	0.89	−6.3～11.4
屏山县—新滩坝	30.2	0.8	−1.5～4.4	0	−4.6～1.8	1.1	−0.5～5.5	1.9	−0.8～6.1
永善县—新滩坝	152.3	−0.4	−11.6～6.9	0.2	−5.4～12.5	0.8	−17～13.1	0.65	−16.1～12.9

2. 蓄水后

2013 年 4 月至 2019 年 5 月，向家坝库区深泓纵剖面形态呈锯齿形，深泓最高点高程为 360.4m（JA158 断面，距坝 143km），最低点高程为 244.5m（JA015 断面，距坝 14.5km），河床纵剖面最大落差为 115.9m。从沿程变化来看，库区干流河道深泓点以淤积抬高为主，平均抬高1.04m，最大抬高幅度为8.4m（JA081断面，距坝68.7km），最大下降幅度为19m（JA147断面，距坝132km）。其中，永善县—桧溪镇深泓点平均高程基本稳定；桧溪镇至新滩坝深泓点平均淤积抬高1.28m，最大抬高幅度8.4m（JA081断面，距坝68.7km）（图8.13，表8.18）。

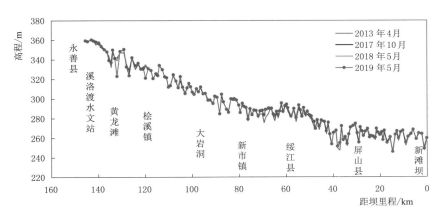

图8.13　2013年4月至2019年5月向家坝库区干流河道深泓纵剖面变化

8.4.1.2　主要支流河口段

2008年3月至2019年5月，向家坝库区主要支流河口段深泓高程以淤积为主（图8.14、表8.19），其中，团结河河口段深泓点高程平均抬高2.4m，最大抬高幅度为6.2m（TJ02断面，距河口1.7km），细沙河河口段深泓点高程平均抬高0.6m，最大抬高幅度为2.7m（XS02断面，距河口1.5km），西宁河河口段深泓点高程平均抬高4.9m，最大抬高幅度为8.8m（XN03断面，距河口3km），中都河河口段深泓点高程基本稳定，最大抬高幅度为5.1m（ZD02断面，距河口1.64km），大汶溪河河口段深泓点高程平均抬高2.98m，最大抬高幅度为9.6m（DW02断面，距河口1.6km）。

8.4.2　横断面形态

8.4.2.1　干流河道

2013年4月向家坝库区断面位置发生调整，根据2013年4月、2017年10月、2018年5月和2019年5月固定断面观测数据，对库区干流典型断面进行分析（图8.15和图8.16），2013年4月至2019年5月，库区干流河道典型断面形态基本稳定，冲淤主要发生在主河槽内，且受人工采砂活动的影响，具体表现为：

（1）变动回水区。变动回水区内断面多为U形，JA160断面在永善县附近，距坝约146.6km，断面稳定；JA157断面在溪洛渡水文站附近，距坝约143.1km，断面基本稳定。JA147断面距坝约133.1km，断面变化主要表现为河槽冲刷，最大冲刷幅度约25m，对比上下游，2019年向家坝库区唯有JA147断面大幅冲刷下切，实地观测期间发现该断面附近有大规模挖沙船只作业，该断面的冲刷有可能是采砂活动造成。JA144断面距坝约129km，断面深槽表现为冲刷，最大刷深为3.5m（图8.15）。

表 8.18　2013 年 4 月至 2019 年 5 月金沙江向家坝库区干流河道深泓高程变化统计

河段	河长/km	深泓点高程变化/m							
		2013 年 4 月至 2017 年 10 月		2017 年 10 月至 2018 年 5 月		2018 年 5 月至 2019 年 5 月		2013 年 4 月至 2019 年 5 月	
		平均	变化范围	平均	变化范围	平均	变化范围	平均	变化范围
永善县—桧溪镇	33.4	0.6	−3.7~6.6	−0.2	−0.7~0.4	−0.95	−16.5~0.9	−0.49	−19~4.8
桧溪镇—大岩洞	24.2	0.71	−0.2~3.7	−0.1	−0.9~0.4	−0.38	−14~1.3	0.23	−12.2~4.1
大岩洞—绥江县	37.5	0.55	−0.6~2.8	−0.1	−1~0.8	0.33	−0.4~1.8	1.59	−1.3~8.4
绥江县—屏山县	27	1.36	−0.9~7.3	0.01	−0.5~1	0.11	−0.6~1.3	2	1~7.8
屏山县—新滩坝	30.2	1.09	−0.4~2.7	−0.1	−1.1~1.1	0.1	0.5~0.6	1.08	0~3.3.2
永善县—新滩坝	152.3	1.2	−3.7~7.3	−0.1	−1.1~1.1	0.07	−16.5~1.8	1.04	−19~8.4

表 8.19　金沙江向家坝库区支流河口段深泓点高程变化统计　　m

河名	河段	河长/km	深泓点高程变化/m									
			2008 年至 2013 年 1 月		2013 年 1 月至 2017 年 11 月		2017 年 11 月至 2018 年 5 月		2018 年 5 月至 2019 年 5 月		2008 年 2 月至 2019 年 5 月	
			平均	变化范围	平均	变化范围	平均	变化范围	平均	变化范围	平均	变化范围
大汶溪	大汶溪站—河口	5.9	−1.72	−11.9~4.3	4.34	1.7~9.5	−0.48	−0.7~−0.1	0.84	0.5~1.4	2.98	−9~9.6
中都河	龙山村站—河口	17.3	0.16	−0.6~4.3	0	−0.4~1.9	0.58	−0.6~0.2	0.31	−2.4~2	−0.1	−1.4~5.1
西宁河	欧家村站—河口	10.2	0.44	−0.6~1.9	3.67	0~7.1	0.09	−0.3~0.4	0.7	−0.9~2	4.9	−0.6~8.8
细沙河	何家湾站—河口	8	−0.1	−1.4~0.4	0.73	−0.4~2.5	0.05	−0.2~0.4	−0.05	−0.3~−0.1	0.58	−1.6~2.7
团结河	大毛村站—河口	15.3	1.06	−0.1~3.3	1.52	−2.7~8.9	−0.44	−1.3~0	0.26	−1.7~2.4	2.4	−0.2~6.2

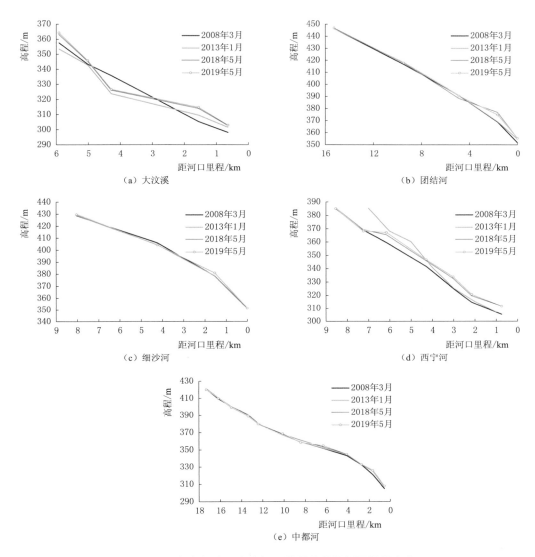

图 8.14 向家坝库区支流河口段深泓线纵剖面沿程变化

（2）常年回水区。常年回水区内河道断面形态也相对单一，以 U 形和 V 形为主，JA137 断面距坝约 121.8km，断面河槽表现为冲刷，最大冲刷幅度约 14m，有可能是采砂活动造成；JA127 断面距坝约 111.2km，断面左侧岸坡略有淤积，形态基本稳定；JA122 断面距坝约 106.1km，断面右岸受修路人为影响右岸边坡高程发生较大变化，最大抬高 10m，左岸无明显冲淤变化；JA104 断面距坝约 89.4km，断面左侧岸坡略有冲淤，形态基本稳定；JA098 断面距坝约 83.8km，断面受挖砂影响左岸边坡高程最大降低 11.5m，其余部位无明显冲淤变化；JA081 断面距坝约 69.8km，断面主要变化表现为河槽淤积，最大淤积幅度达 7m；JA060 断面距坝约 52.9km，受工程影响，断面右汊左侧

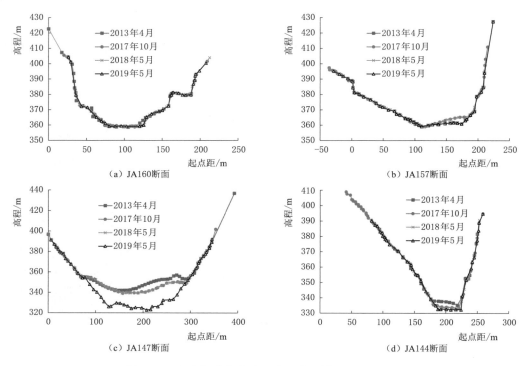

图 8.15　向家坝库区变动回水区典型横断面冲淤变化

高程有所抬高，河槽淤积；JA043 断面距坝约 38.2km，受挖砂影响左岸边坡高程最大降低 7.5m，深槽表现为淤积，淤积厚度在 5.5m 以内；A016 断面距坝址 15.6km，断面主要变化表现为河槽冲刷，其最大冲刷幅度为 11m；JA001 断面距坝址 1.2km，断面主要表现为河槽淤积，其最大淤积幅度为 4m。其他典型断面，如 JA131 断面、JA116 断面、JA112 断面、JA087 断面、JA074 断面、JA053 断面、JA031 断面、JA024 断面、JA005 断面和 JA002 断面等，断面基本稳定（图 8.16）。

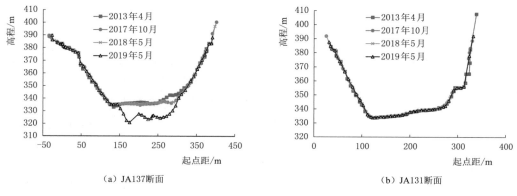

图 8.16（一）　向家坝库区常年回水区典型横断面冲淤变化

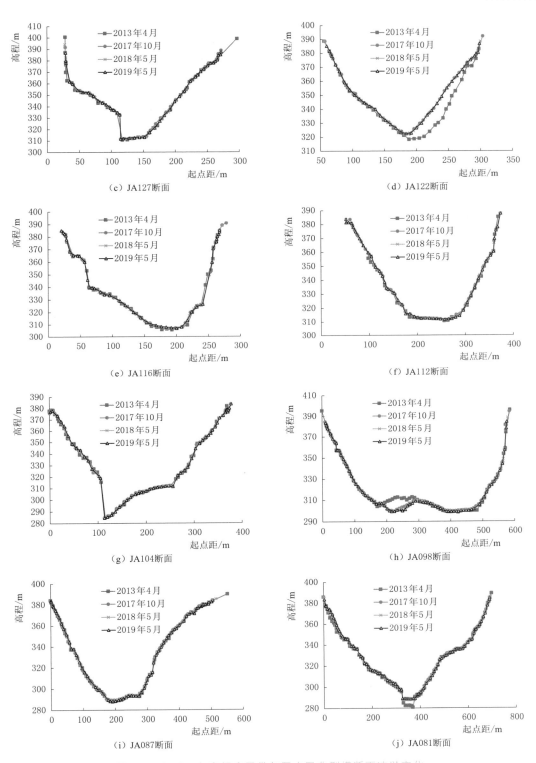

图 8.16（二） 向家坝库区常年回水区典型横断面冲淤变化

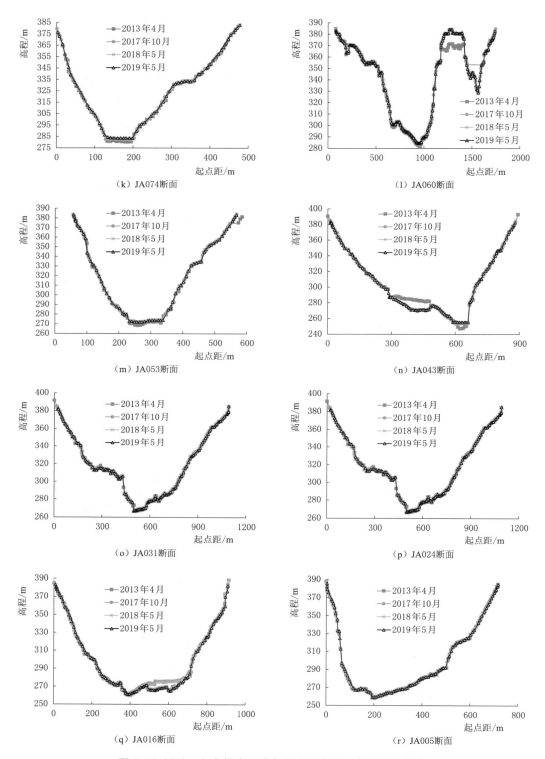

图 8.16（三）　向家坝库区常年回水区典型横断面冲淤变化

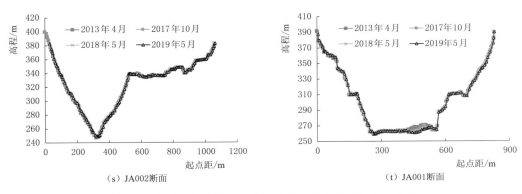

（s）JA002断面　　　　　　　　　　（t）JA001断面

图 8.16（四）　向家坝库区常年回水区典型横断面冲淤变化

8.4.2.2　主要支流河口段

分析向家坝库区主要支流河口附近的断面形态变化，2008 年 3 月至 2019 年 5 月，TJ01 断面（距团结河河口 0.75km）除河槽左部分冲刷右部分淤积，右岸边坡冲刷外，其他部位变化不大，XS01 断面（位于细沙河河口）变化不大，SN01 断面（距西宁河河口 0.7km）左右岸坡角主槽淤积，最大淤积幅度分别为 8m 和 2m，ZD01 断面（距中都河河口 0.54km）河槽淤积，最大淤积幅度为 7m，DW01 断面（距大汶溪河口 0.7km）变化不大（图 8.17）。

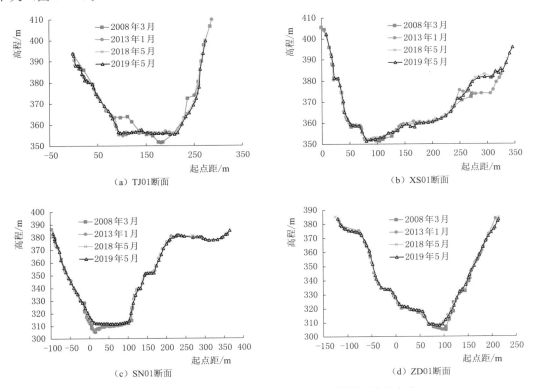

（a）TJ01断面　　　　　　　　　　（b）XS01断面

（c）SN01断面　　　　　　　　　　（d）ZD01断面

图 8.17（一）　向家坝库区主要支流河口横断面冲淤变化

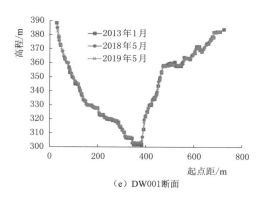

（e）DW001断面

图 8.17（二）　向家坝库区主要支流河口横断面冲淤变化

综上说明，向家坝水库干流河道和支流河口段的断面形态均基本稳定，断面变化主要表现为河床的冲淤互现，但幅度较小。

8.5　坝下游河道冲淤

根据 2008—2019 年共 13 次固定断面资料，采用断面法对向家坝坝下游至江津河段进行冲淤计算。2008 年以来，向家坝坝下至宜宾河段存在大量护堤护岸等工程施工及河道采砂活动，这些人类活动对河道冲淤计算成果均有较大影响，计算时，对护坡及施工影响断面进行了还原处理。

8.5.1　坝下游河道冲淤量及分布特征

8.5.1.1　向家坝坝区下引航道

向家坝坝区下引航道全长约为 1.5km，根据 2018 年 11 月和 2019 年 11 月河道地形测量成果，绘制 2018—2019 年引航道河段冲淤厚度分布如图 8.18 所示。从图 8.18 可以看出，2018 年 11 月至 2019 年 11 月，引航道总体呈冲刷状态，河道冲淤互现，冲刷主要出现在船闸附近，最大冲刷幅度约为 2.0m，淤积主要出现在引航道下游，最大淤积幅度约为 1.0m。

8.5.1.2　向家坝坝址至宜宾河段

2008 年以来，向家坝坝址至宜宾河段存在大量护堤护岸等工程施工及河道采砂活动，这些人类活动对河道冲淤计算成果均有较大影响。考虑到观测资料既有地形资料，也有固定断面资料，为保持计算成果的连续性，冲淤量计算用断面法。

结果表明，2008 年 3 月至 2019 年 11 月，向家坝坝址至宜宾河段总体冲刷，冲刷量为 2747 万 m³（包含采用断面法计算的采砂影响量 916.3 万 m³），见表 8.20，各断面柱状冲淤如图 8.19 所示。其中，2008 年 3 月至 2012 年 10 月，干流河段（JY01～JY16，共长 29.84km）共冲刷 1388 万 m³（包含采用断面法计算的采砂影响量为 438.3 万 m³），冲刷强度为 10.3 万 m³/(km·a)，各断面均出现不同程度的冲刷；2012 年 10 月至 2019 年 11 月，受向家坝电站蓄水拦沙影响，干流河段总体表现为冲刷，累计冲刷

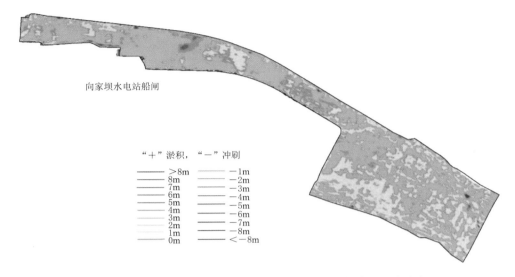

图 8.18   2018 年 11 月至 2019 年 11 月引航道河段冲淤厚度分布

为 1359 万 m³（包含采砂影响量 478 万 m³），冲刷强度为 6.5 万 m³/(km·a)，较之水库蓄水前略有减小，其主要原因在于该段河道采砂活动频繁，采砂量较大，2016 年开始河道全面禁止采砂，对应该河段年均冲刷量从 2012—2016 年的 262 万 m³ 减少至 2017—2019 年的年均 103 万 m³。

表 8.20   2008—2019 年向家坝坝址至宜宾干流河段冲淤量统计

起止断面	间距/km	2008 年 3 月至 2012 年 10 月		2012 年 10 月至 2019 年 11 月		2008 年 3 月至 2019 年 11 月	
		冲淤量/万 m³	冲淤强度/[万 m³/(km·a)]	冲淤量/万 m³	冲淤强度/[万 m³/(km·a)]	冲淤量/万 m³	冲淤强度/[万 m³/(km·a)]
JY01~JY16	29.84	−1388	−10.3	−1359	−6.5	−2747	

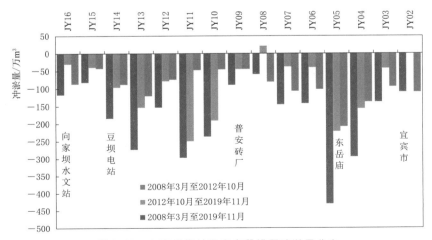

图 8.19   向家坝坝址至宜宾段沿程冲淤量分布

为进一步掌握近年来向家坝坝址至宜宾干流段的冲淤特征，根据 2008 年 3 月和 2019 年 5 月河道地形测量成果，绘制 2008—2019 年向家坝坝址至宜宾干流河段冲淤厚度分布如图 8.20 所示。从图 8.20 来看，2008 年 3 月至 2019 年 5 月，河道有冲有淤，总体呈冲刷状态，冲刷主要发生在主河槽，平均冲刷幅度为 2～4m，最大冲刷发生在打鱼村附近，深度为 23m（护堤护岸等工程施工及河道采砂的影响），泥沙淤积主要发生河道边滩，平均淤积幅度为 2m。

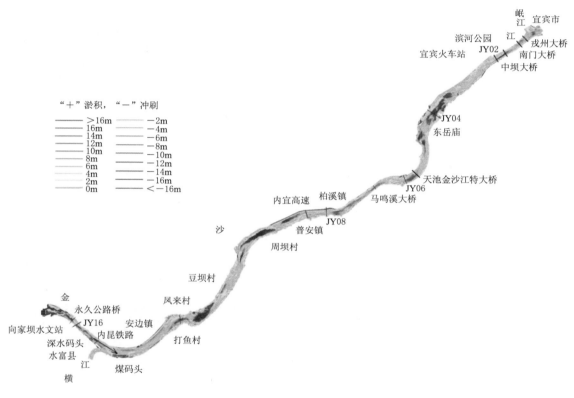

图 8.20　2008 年 3 月至 2019 年 5 月向家坝坝址至宜宾干流河段河床冲淤厚度分布

8.5.1.3　宜宾至江津河段

实测断面资料表明，2012 年 10 月至 2019 年 10 月宜宾至江津段（长约 296km）累积冲刷泥沙为 15419 万 m^3。其中，宜宾至朱沱段（长约 233km）和朱沱至江津段（长约 63km）累积分别冲刷泥沙 9338 万 m^3 和 6081 万 m^3。

从沿时变化来看，与上游向家坝至宜宾河段类似，2016 年前河道冲刷强度较大，2012—2016 年宜宾至江津河段年均冲刷量达 3646 万 m^3，2016 年之后：一方面经历 2008 年以来的持续冲刷作用后，河床覆盖的可冲物减少；另一方面河道禁止采砂，导致 2017—2019 年河段年均冲刷量下降至 278 万 m^3，较之 2012—2016 年下降 92.4%，2017 年首次出现河道接近冲淤平衡的状态（表 8.21，图 8.21 和图 8.22）。

表 8.21 宜宾至江津段冲淤量成果 单位：万 m³

时 段	宜宾—朱沱	朱沱—江津	宜宾—江津
2012 年 10 月至 2013 年 10 月	−2601.2	−535.9	−3137.1
2013 年 10 月至 2014 年 10 月	−1538.6	−1093.6	−2632.2
2014 年 10 月至 2015 年 10 月	−5174.1	−1971.6	−7145.7
2015 年 10 月至 2016 年 11 月	385	−2053.9	−1668.9
2016 年 11 月至 2017 年 4 月	−396.5	−161.1	−557.6
2017 年 4 月至 2017 年 10 月	457.8	117.4	575.2
2017 年 10 月至 2018 年 10 月	−345.2	−387.9	−733.1
2018 年 10 月至 2019 年 10 月	−125.2	5.8	−119.4
2012 年 10 月至 2019 年 10 月	−9338	−6081	−15419

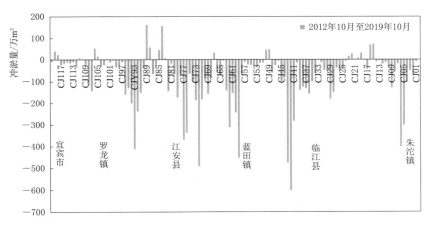

图 8.21 宜宾至朱沱段沿程冲淤量分布

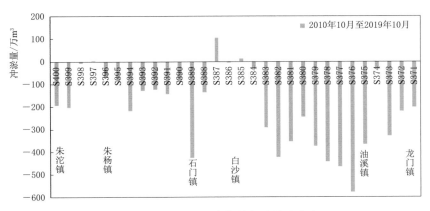

图 8.22 朱沱至江津段沿程冲淤量分布

8.5.1.4　支流横江出口河段

支流横江仅对河口河段断面 HJ01、HJ02 进行了测量，断面间距为 1059m，冲淤结果见表 8.22。计算成果表明，2008 年 5 月至 2019 年 11 月横江口淤积为 4.72 万 m³，单位河长淤积量为 4.46 万 m³/km。从沿时分布来看，2008 年 5 月至 2012 年 10 月冲刷了5.2 万 m³，单位河长冲刷量为 4.9 万 m³/km；2012 年 10 月至 2019 年 11 月淤积了 9.92万 m³，单位河长淤积量为 9.37 万 m³/km。

表 8.22　　　　　　　　　　　　　支流横江河段冲淤量统计　　　　　　　　　　　单位：万 m³

断　　面	间距/m	2008 年 5 月至 2012 年 10 月	2012 年 10 月至 2019 年 11 月	2008 年 5 月至 2019 年 11 月
HJ01～HJ02	1059	−5.2	9.92	4.72

8.5.2　河道形态变化特征

8.5.2.1　深泓纵剖面形态

向家坝坝址至宜宾干流河段各时段深泓变化如图 8.23 所示。向家坝坝址至宜宾干流河段深泓呈锯齿状，2008 年 3 月至 2019 年 11 月，向家坝坝址至宜宾河段深泓呈逐渐下切趋势，最大下降值为 8m（JY05 距坝 24.1km）。其中，2008 年 3 月至 2012 年 10月，其中最大下降 7.7m（JY02，距坝 30.3km），断面深泓平均下降 1.74m；2012 年10 月至 2019 年 11 月，断面深泓平均下降 0.45m，最大下降值为 3m（JY05，距坝24.1km）。

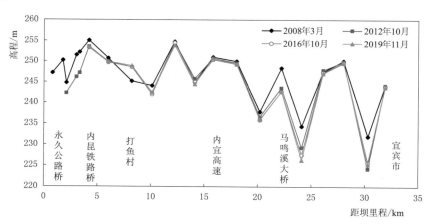

图 8.23　2008—2019 年向家坝坝址至宜宾深泓沿程变化

8.5.2.2　典型横断面形态

向家坝坝址至宜宾河段断面形态多为 U 形、V 形。受上游来水、来沙、河床边界条件变化等影响，各断面主要冲淤部位为主槽和边滩部分（图 8.24），具体来看：

（1）JY16 断面位于向家坝水文站附近，向家坝水文站所在测验河段河道顺直，测流断面下游约 1500m 为横江与金沙江汇合口，上游 400m 和 2100m 分别有金沙江大桥和向家坝水电站坝址。断面呈 U 形，河床为乱石覆沙和岩石组成，右岸为混凝土堡坎，左岸

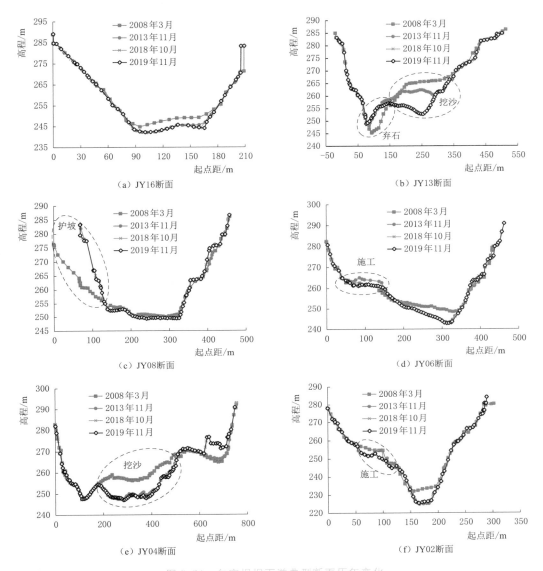

图 8.24　向家坝坝下游典型断面历年变化

为混凝土护坡。2008 年 3 月至 2019 年 11 月，左岸混凝土护坡和右岸混凝土堡坎均相对稳定，多年来无明显变化，主要变化表现为主槽有一定冲刷，最大冲刷深度约 5m。其中，2008 年 3 月至 2013 年 11 月主河槽（起点距 90～160m）表现为整体冲刷，各起点距冲刷深度均衡，平均冲刷深度为 4.8m；2013 年 11 月至 2019 年 11 月主河槽（起点距 80～190m）表现为淤积，淤积厚度在 3m 以内。

（2）JY13 断面距坝 8.2km，2008 年 3 月至 2013 年 11 月，受右岸边滩采砂及深泓弃石双重影响，断面变化较大，近右岸的边滩高程因采砂最大下降 5.6m，深泓河底高程因采砂弃石回填最大抬高 4.3m；2013 年 11 月至 2019 年 10 月，断面深槽冲刷 3.0m 以内，其余部位总体冲淤变化不大。

（3）JY08 断面距坝 17.9km，2008 年 3 月至 2012 年 10 月，断面左岸修筑护坡，形态变化较大，主槽部位主要表现为冲刷，最大刷深为 1.3m；2012 年 10 月至 2019 年 11 月，断面总体冲淤变化不大。

（4）JY06 断面距坝 22.2km，断面近年来左岸边滩变化主要是受修建护坡施工影响。2008 年 3 月至 2013 年 11 月断面总体表现为冲刷，深泓部位最大刷深 6.0m，左岸边滩因施工影响高程下降 4.5m 外，其余部位冲淤变化不大；2013 年 11 月至 2019 年 11 月，该断面总体冲淤变化不大。

（5）JY04 断面距坝 26.1km，受采砂影响，断面主槽高程不断下降。2008 年 3 月至 2013 年 11 月深槽高程最大下降 9m；2013 年 11 月至 2019 年 11 月断面总体冲淤变化不大。

（6）JY02 断面距坝 30.3km，2008 年 3 月至 2013 年 11 月总体表现为冲刷，最大刷深 8.1m，位于深泓部位；2013 年 11 月至 2019 年 11 月，断面总体表现为左冲右淤，最大冲淤变化在 4.0m 以内。

综上来看，向家坝水库坝下游河道因人类活动及坝下游冲刷影响，断面形态变化较大，人类活动主要造成河道岸坡和河槽发生变化，如 JY06、JY08 和 JY13 断面变化；坝下游冲刷主要造成河槽冲深，如 JY06 和 JY02 断面变化。

8.5.3   坝下游干流重点涉水工程冲淤

依据 2008 年 3 月、2012 年 3 月、2015 年 5 月、2016 年 5 月、2017 年 5 月和 2018 年 5 月 1:2000 地形资料，2015 年 10 月、2016 年 10 月、2017 年 11 月、2018 年 11 月和 2019 年 11 月 1:200 地形资料，对向家坝坝址至宜宾干流河段重点涉水工程（永久公路桥、内昆铁路金沙江大桥、内宜高速金沙江大桥、马鸣溪大桥、深水码头和煤码头）局部河段进行冲淤分析，并对局部河段冲淤变化较大的部位进行断面切割分析。

8.5.3.1   永久公路桥

D1 断面位于永久公路桥上游 70m，断面呈 U 形，2008 年 3 月至 2019 年 11 月断面呈冲刷状态，主要变化表现为河槽冲深，断面左侧向江心淤进，河槽最大冲深 10m；断面左侧向江心淤进最大幅度为 10m（图 8.25）。

从图 8.25 中可以看出，2008 年 3 月至 2012 年 3 月因工程开挖，造成永久公路金沙江大桥左右岸岸线大幅后退，2012 年 3 月至 2019 年 11 月左岸 262m 岸线和右岸 264m 岸线冲淤互现，但桥墩处岸线基本稳定。2008 年 3 月至 2019 年 11 月，左桥墩向江心 4m 处地面高程冲刷下降约 3m，右桥墩向江心 3m 处地面高程冲刷下降约 2m。

2008 年 3 月至 2019 年 11 月，永久公路桥局部河段冲淤互见，总体呈冲刷状态，冲刷主要发生在主河槽，淤积则主要发生在边滩，其最大冲刷深度为 10m，最大淤积厚度为 8m，左桥墩位置最大冲深为 4m，右桥墩位置最大冲深为 3m。其中，2008 年 3 月至 2012 年 10 月，主河槽最大冲刷深度为 13m，边滩最大淤积厚度为 7m，桥墩位置最大冲深分别为 4m；2012 年 3 月至 2019 年 11 月，主河槽最大冲刷深度为 4m，边滩最大淤积厚度分别为 6m，桥墩位置最大冲深为 3m（图 8.26）。

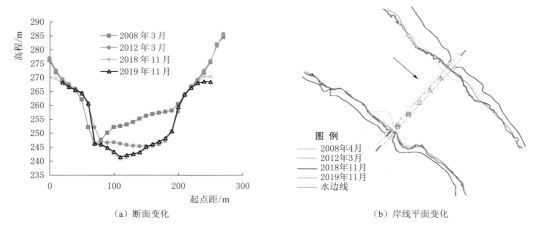

（a）断面变化 （b）岸线平面变化

图 8.25　2008 年 3 月至 2019 年 11 月永久公路桥附近 D1 断面和岸线
（左岸 262m、右岸 264m）变化

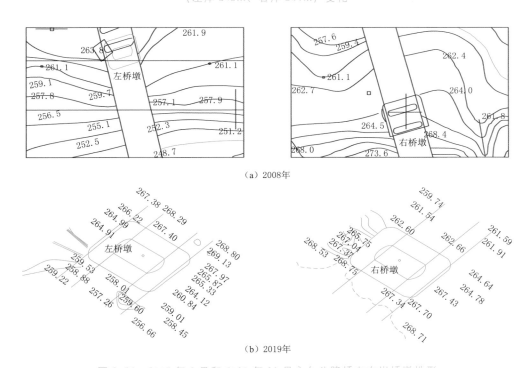

（a）2008 年

（b）2019 年

图 8.26　2008 年 3 月和 2019 年 11 月永久公路桥左右岸桥墩地形

综上所述，永久公路桥断面形态基本稳定，河槽总体呈冲刷状态，主要表现为左淤右冲，2008 年 3 月至 2019 年 11 月桥墩位置最大冲深为 4m。

8.5.3.2　内昆铁路金沙江大桥

D2 断面位于内昆铁路金沙江大桥上游 110m，断面呈 U 形，2008 年 3 月至 2019 年 11 月断面呈冲刷状态，主要变化表现为河槽冲深，断面右侧向江心淤进，河槽最大冲深 6m；断面右侧向江心淤进最大幅度为 30m。从图 8.27 中可以看出，2008 年 3 月至 2019

年 11 月内昆铁路桥左右岸 260m 等高线冲淤互现，但桥墩处岸线基本稳定。

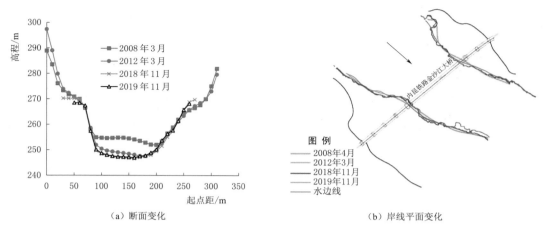

(a) 断面变化　　　　　　　　　(b) 岸线平面变化

图 8.27　2008 年 3 月至 2019 年 11 月内昆铁路桥 D2 断面和岸线（260m 等高线）变化

2008 年 3 月至 2019 年 5 月，内昆铁路金沙江大桥局部河段冲淤互见，总体呈冲刷状态，冲刷主要发生在主河槽，淤积则主要发生在边滩，其最大冲刷深度为 8m，最大淤积厚度为 5m，左桥墩位置最大冲深为 1m，右桥墩位置最大淤积抬高约 3m。其中，2008 年 3 月至 2012 年 10 月，其最大冲刷深度和最大淤积厚度均为 8m，桥墩位置最大冲深分别为 1m。2012 年 3 月至 2019 年 5 月，内昆铁路金沙江大桥其最大冲刷深度和最大淤积厚度均为 7m，桥墩位置最大冲深为 1m（图 8.28）。

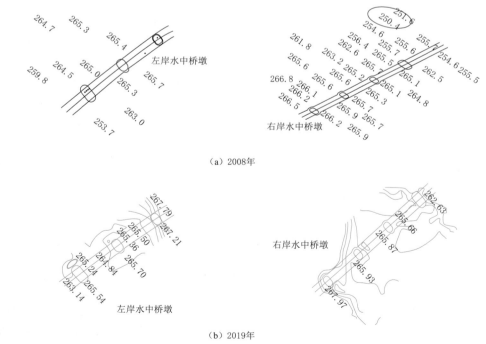

(a) 2008 年

(b) 2019 年

图 8.28　2008 年 3 月和 2019 年 11 月内昆铁路桥左右岸桥墩地形

综上所述，内昆铁路金沙江大桥附近河床断面形态基本稳定，河槽主要表现为河道内中间冲刷，两侧淤积，桥墩位置冲刷不明显，2008年3月至2019年11月桥墩位置最大冲深为1m。

8.5.3.3 内宜高速金沙江大桥

D3断面位于内宜高速金沙江大桥下游50m，断面呈V形，2008年3月至2019年11月断面呈冲刷状态，主要变化表现为河槽冲深，断面右侧后退，河槽最大冲深为5m；断面右侧后退最大幅度为10m。从图8.29中可以看出，2008年3月至2019年11月内宜高速金沙江大桥左岸260m等高线以后退为主，桥墩处最大后退幅度约20m。右岸262m等高线基本稳定。

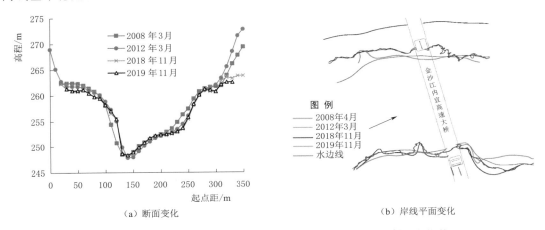

（a）断面变化　　　　　　　　　　　（b）岸线平面变化

图8.29　2008年3月至2019年11月内宜高速大桥D3断面和岸线
（左岸260m、右岸262m）变化

2008年3月至2019年5月，内宜高速金沙江大桥局部河段冲淤互见，总体呈冲刷状态，冲刷主要发生在主河槽，淤积则主要发生在边滩，其最大冲刷深度为9m，最大淤积厚度为3m，左桥墩位置最大冲深为4m，右桥墩位置最大冲深为1m。其中，2008年3月至2012年10月主河槽最大冲刷深度8m，边滩最大淤积厚度为3m，桥墩位置最大冲深为3m；2012年3月至2019年5月主河槽最大冲刷深度4m，边滩最大淤积厚度为2m，桥墩位置最大冲深为1m（图8.30）。

综上所述，内宜高速金沙江大桥断面形态基本稳定，冲刷主要发生在主河槽，淤积则主要发生在边滩，向家坝蓄水后桥墩位置冲刷小于蓄水前，2008年3月至2019年11月桥墩局部最大冲深为4m。

8.5.3.4 马鸣溪大桥

D4断面位于马鸣溪大桥上游50m，断面呈U形，2008年3月至2019年11月断面呈冲刷状态，主要变化表现为河槽冲深，河槽最大冲深5m，近年该断面变化不大。从图8.31可以看出：2008年3月至2019年11月马鸣溪大桥左岸260m等高线和右岸262m等高线桥墩处岸线基本稳定。

2008年3月至2019年5月，马鸣溪大桥局部河段冲淤互见，总体呈冲刷状态，冲刷

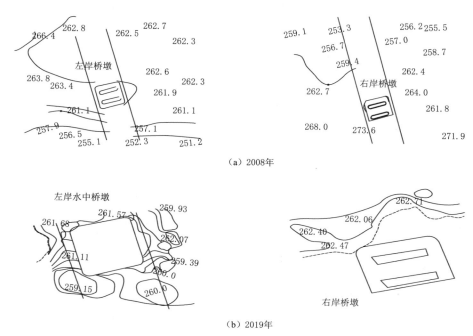

（a）2008年

（b）2019年

图 8.30 2008 年 3 月和 2019 年 11 月内宜高速大桥左右岸桥墩地形

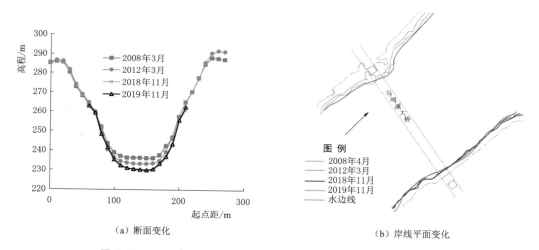

（a）断面变化

（b）岸线平面变化

图 8.31 2008 年 3 月至 2019 年 11 月马鸣溪大桥 D4 断面和岸线
（左岸 260m、右岸 262m）变化

主要发生在主河槽，淤积则主要发生在边滩，其最大冲刷深度为 6m，最大淤积厚度为 2m，左桥墩冲淤变化不大，右桥墩冲刷幅度为 1m。其中，2008 年 3 月至 2012 年 10 月主河槽最大冲刷深度为 15m，边滩最大淤积厚度为 3m，桥墩位置最大冲深为 1m；2012 年 3 月至 2019 年 5 月主河槽最大冲刷深度为 9m，边滩最大淤积厚度为 2m，桥墩位置最大冲深为 3m（图 8.32）。

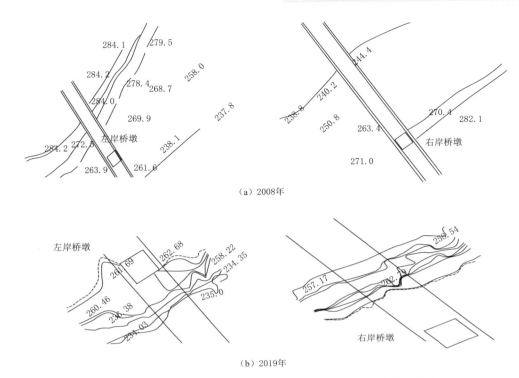

图 8.32　2008 年 3 月至 2019 年 11 月马鸣溪大桥左右岸桥墩地形

综上所述，马鸣溪大桥断面形态基本稳定，冲刷主要发生在主河槽，淤积则主要发生在边滩，向家坝蓄水后桥墩位置冲刷大于蓄水前，2008 年 3 月至 2019 年 11 月桥墩局部最大冲深为 1m。

8.5.3.5　深水码头和煤码头

此外，向家坝下游的深水码头和煤码头附近水下地形显示，2008 年 3 月至 2019 年 5月深水码头和煤码头岸线（260m 等高线）基本稳定，2019 年 5 月深水码头、煤码头地形显示，深水码头未见明显冲刷坑，煤码头前沿有明显的冲刷坑，与 2018 年 5 月地形相比无明显变化，如图 8.33 和图 8.34 所示。

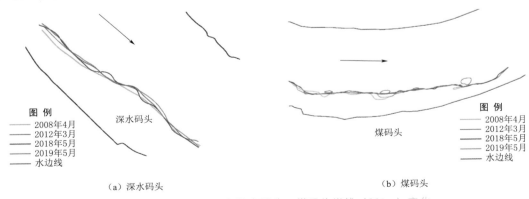

（a）深水码头　　　　　　　　　　　　　　　　　（b）煤码头

图 8.33　2008—2019 年深水码头、煤码头岸线（260m）变化

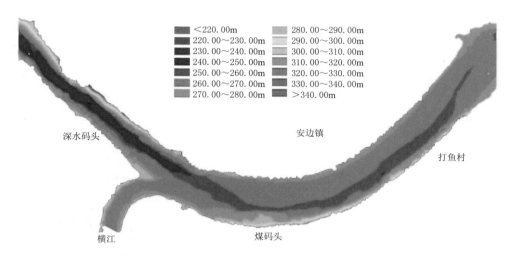

图例	
■ <220.00m	■ 280.00～290.00m
■ 220.00～230.00m	■ 290.00～300.00m
■ 230.00～240.00m	■ 300.00～310.00m
■ 240.00～250.00m	■ 310.00～320.00m
■ 250.00～260.00m	■ 320.00～330.00m
■ 260.00～270.00m	■ 330.00～340.00m
■ 270.00～280.00m	■ >340.00m

图 8.34　2019 年 5 月深水码头、煤码头附近水下地形

8.6　本章小结

（1）若不考虑未控区间来沙量，向家坝水库 2012 年 10 月至 2019 年 12 月入库泥沙总量为 3793.5 万 t，总出库沙量为 1803.1 万 t，水库淤积泥沙总量为 1990.4 万 t，水库排沙比为 47.5%。若考虑未控区间来沙量，2013—2019 年向家坝总入库沙量为 4872.5 万 t，出库沙量为 1087.7 万 t，水库累积淤积泥沙 3784.8 万 t，水库排沙比为 22.3%。

（2）2008 年 3 月至 2019 年 5 月，向家坝水库淤积泥沙 4113 万 m³，占水库总库容的 0.52%，泥沙主要淤积在死库容内。其中，库区干、支流淤积量分别为 3153 万 m³ 和 960 万 m³。从淤积部位来看，370m 死水位以下水库死库容内淤积泥沙 3898 万 m³，占总淤积量的 95%，占水库死库容的 0.97%；370～380m 调节库容内则淤积泥沙为 215 万 m³，占调节库容的 0.2%。其中，①2008 年 3 月至 2012 年 11 月，库区共淤积泥沙为 689 万 m³（干流共淤积泥沙为 398 万 m³，主要支流淹没区淤积泥沙为 291 万 m³），均淤积在 370m 以下的死库容内；变动回水区冲刷泥沙量为 96 万 m³，淤积在常年回水区的泥沙量为 785 万 m³；②2012 年 11 月至 2019 年 5 月，库区共淤积泥沙为 3423 万 m³（干流共淤积泥沙为 2755 万 m³，主要支流淹没区淤积泥沙为 168 万 m³）。淤积在 370m 以下的死库容内的泥沙量达 3207 万 m³，占水库死库容的 0.8%。变动回水区冲刷量为 235 万 m³，常年回水区淤积量为 3658 万 m³。

（3）2008 年以来，向家坝坝址至江津干流河段（长约 325.8km）河床累计冲刷为 1.82 亿 m³（含河道采砂影响）。其中，2008 年 3 月至 2019 年 11 月，坝址至宜宾河段冲刷量为 2747 万 m³（包含采用断面法计算的采砂影响量为 916.3 万 m³）；2012 年 10 月至 2019 年 10 月宜宾至江津段累积冲刷泥沙为 15419 万 m³（宜宾—朱沱段和朱沱—江津段累积分别冲刷泥沙为 9338 万 m³ 和 6081 万 m³）。2008 年 5 月至 2019 年 11 月横江口淤积为 4.72 万 m³。2008 年 3 月至 2019 年 5 月，坝址至宜宾干流段冲刷主要发生在主河槽，平均冲刷幅度为 2～4m，最大冲刷发生在打鱼村附近，深度为 23m（护堤护岸等工程施工及河道采砂的影响），泥沙淤积主要发生在河道边滩，平均淤积幅度为 2m。

（4）永久公路金沙江大桥、内昆铁路金沙江大桥、内宜高速金沙江大桥、马鸣溪大桥附近河道断面形态基本稳定。2008 年 3 月至 2019 年 11 月，永久公路桥附近河槽主要表现为左淤右冲，桥墩位置最大冲深为 4m；内昆铁路桥附近河槽主要表现为中部冲刷，两侧淤积，桥墩位置冲刷不明显，桥墩位置最大冲深为 1m；内宜高速公路桥附近主河槽冲刷，边滩淤积，向家坝蓄水后桥墩位置冲刷小于蓄水前，桥墩局部最大冲深为 3m；马鸣溪大桥附近主河槽冲刷，边滩淤积，向家坝蓄水后桥墩位置冲刷大于蓄水前，桥墩局部最大冲深为 1m。2008 年 3 月至 2019 年 5 月深水码头和煤码头岸线（260m 等高线）基本稳定，截至 2019 年 5 月，深水码头附近未见明显冲刷坑，煤码头前沿有明显的冲刷坑，与 2018 年 5 月地形相比无明显变化。

第9章
主要认识和展望

9.1 主要认识

金沙江下游梯级水电站水文泥沙观测始于 2008 年，通过十余年的探索和实践，不断建立和完善了金沙江下游水文泥沙观测站网，观测内容和形式不断改进，目前已经形成了较为健全的观测技术体系和质量管理体系，同时也积累了系统的、丰富的水文泥沙、河道地形观测资料和分析成果。据统计，截至 2019 年 12 月已开展了 12 次年度观测和分析，共计完成水文（泥沙）、水位观测 283 站年，泥沙取样分析 8816 线次，各比例尺河道地形测量约为 882.48km²，河道固定断面观测为 3716.29km，分析报告 50 余篇。这些观测和分析工作贯穿了金沙江下游梯级水电站设计、施工、运行管理等各个阶段，为工程泥沙问题研究及数学模型验证提供了重要基础，也为工程施工建设、水库运行管理，水库泥沙问题研究，回答社会关注的焦点热点问题，梯级水库联合调度运用等提供了基本依据，有效保障了梯级水库施工安全及高效运行。

（1）高山峡谷深库水文泥沙监测技术手段有一定突破。随着白鹤滩水电站蓄水发电，金沙江下游河段均为高坝大库河段，高山峡谷深库水文泥沙监测具有技术难度大、质量控制复杂、作业效率低下等特点。为适应水文泥沙监测需求，提升水文泥沙监测产品质量，针对金沙江高山峡谷、河床陡深的特点，紧跟前沿技术发展，经山区型水库探索、实践、总结，在高山峡谷河段水文泥沙监测方面取得了一系列技术突破。

1）单波束测深。提出水库蓄水前置期建立测深基准场方法，在金沙江下游梯级水库各水库深水区建立真实物理环境测深基准场，为测深设备精度检测提供可靠的基准场；在测深仪安装方面，首次提出换能器垂直安装成套方法，实现换能器声轴垂直安装，保障测深平面位置与水深值精准匹配；研制新型宽带单波束测深仪，彻底解决测深时间延迟、姿态改正等难题，削弱波束角效应影响；提出基于声线跟踪、顾及水深的单波束测深系统误差改正等方法，对测深数据进行基于测深原理的数学模型改正。通过上述测深技术突破，提升高坝大库测深数据质量。

2）多波束测深。针对金沙江下游梯级水库陡峭复杂的河床特点，为满足水库重点水域高精度、高分辨率监测难题，引进高精度、高分辨率的多波束测深系统，全面真实反映水域真实地貌，解决了复杂水域地形监测技术难题。

3）多平台激光扫描技术。针对采用传统方法监测金沙江高山峡谷陆域地形难题，引进三维激光扫描新技术，通过地面固定式、机载、船载多平台方式获取河道陆域地形数据，提出基于影像辅助的分植被类型的点云滤波方法，提出基于水文泥沙监测计算方法的碎部点、断面、地形全要素的点云综合质量评价方法。从而形成多平台激光数据采集、符合金沙江下游地貌及植被特性的点云滤波方法、契合水文泥沙淤积计算方法的点云综合质量评价方法的高山峡谷的激光扫描技术体系。

通过上述水文泥沙监测技术突破，有效地提高水文泥沙监测产品质量，为金沙江下游梯级高坝大库水文泥沙监测提供坚实的技术保障。

（2）金沙江水沙系统的建设极大地提高了梯级水库水文泥沙信息综合管理与分析的水平。系统利用当代先进的网络计算机技术、空间信息分析技术、人工智能技术和虚拟现实技术等，以数据库技术、网络技术、地理信息系统技术和三维可视化技术为支撑，以空间数据和属性数据为基础，建立以数据采集、管理、分析和表达为一体的水文泥沙信息分析管理系统。系统在 B/S 架构与 C/S 混合模式的基础上，基于面向服务的系统架构，开发多种水文泥沙科学计算、泥沙专业分析和来水来沙预测模型，实现水文泥沙整编数据与实时水雨情数据的空间、属性信息联动查询与分析，规范和制定各类数据的格式编码标准和生成与存取标准。基于国际成熟 GIS 平台开发的先进的河道演变分析、一维泥沙非恒定流计算模型，实现槽蓄量计算、库区冲淤分析、河道平面冲淤变化、预测预报等计算分析结果的可靠性和科学性，为水库运行调度提供科学依据。通过水沙实时分析手机移动端 App 应用，为电站实时调度、工程运行管理、防汛应急处理、水库勘查等提供更加便捷、高效、安全的服务和强有力的技术保障、重要的科学指导与辅助决策支持。系统的建立有着显著的社会效益与经济效益。

（3）充分认识了新背景下金沙江下游梯级水库水沙来源组成及输移变化特征。金沙江下游上承金沙江中游的来水来沙，其间还有雅砻江等大大小小的支流水沙入汇，径流来源相对简单且多年保持相对稳定，其中，80%～90% 的径流量来自攀枝花以上地区和雅砻江。受侵蚀环境的影响，金沙江下游悬移质泥沙的沿程补给具有明显的地域性，主要来自攀枝花以下的高产沙地带，且随着金沙江中游和雅砻江流域控制性水利枢纽陆续建成运行，干流及大多数支流的泥沙被梯级水库拦截，攀枝花至白鹤滩未控区间来沙量占溪洛渡入库控制站白鹤滩站比例由 2013 年前的 50% 左右增大至 2013 年之后的 80% 以上，因而金沙江下游的水沙异源特征显著。受水利枢纽运行、水土保持工程及降雨等因素的影响，金沙江下游的水沙输移特征也发生了较大的变化，一方面输沙量大幅减少，其出口向家坝站输沙量减少幅度超过 99%，径流总量变幅较小，从而使得水沙关系发生变化；另一方面，控制性水利枢纽工程具有一定的径流调节作用，尤其是金沙江下游的溪洛渡和向家坝水库汛期往往需配合三峡水库承担一定的防洪任务，向家坝下游自宜宾开始又有一定的航运需求，因此年内金沙江下游的径流过程整体有所调平，汛期径流量占比减小，非汛期增大，进而也影响着泥沙的年内分配规律。再者，水沙输移总量和过程变化的同时，泥沙颗粒的组成也发生调整，梯级水库出库站的悬移质泥沙细化。因此，近期，金沙江下游水沙来源与组成均发生变化，同时沿程受梯级水库重重阻隔和调节作用，水沙输移量、过程、相关关系及泥沙颗粒组成都有所改变。

（4）掌握了金沙江下游梯级水库泥沙淤积总量与时空分布、河床形态响应规律。截至 2019 年，金沙江下游乌东德、白鹤滩水电站尚在建设中，向家坝和溪洛渡电站已连续多年达到目标蓄水位，拦截了金沙江流域的泥沙。按照输沙法进行统计，并初步考虑未控区间的来沙，2013—2019 年，溪洛渡总入库沙量为 67992 万 t，出库沙量为 1761 万 t，水库累积淤积泥沙为 66231 万 t，水库排沙比为 2.59%；向家坝总入库沙量为 4872.5 万 t，出库沙量为 1087.7 万 t，水库累积淤积泥沙为 3784.8 万 t，水库排沙比为 22.3%。两库联合排沙比为 1.53%，较预期明显偏小。按照断面法进行计算，2008 年 2 月至 2019 年 11 月，溪洛渡水库库区共淤积泥沙为 57161 万 m^3。其中，干流淤积泥沙为 54754 万 m^3，主要支流淹没区淤积泥沙为 2406 万 m^3。540m 死水位以下泥沙淤积量为 47703 万 m^3，占死库容的 9.3%；540～600m 的调节库容内淤积泥沙为 9456 万 m^3，占调节库容的 1.5%；560～600m 防洪库容内淤积泥沙为 289 万 m^3。2008 年 3 月至 2019 年 5 月，向家坝水库淤积泥沙为 4113 万 m^3。库区干、支流淤积量分别为 3153 万 m^3 和 960 万 m^3；变动回水区冲刷泥沙为 450 万 m^3，常年回水区淤积泥沙为 4563 万 m^3。370m 死水位以下水库死库容内淤积泥沙为 3898 万 m^3，占死库容的 0.97%；370～380m 调节库容内则淤积泥沙为 215 万 m^3，占调节库容的 0.2%。相较而言，溪洛渡水库泥沙淤积量较向家坝大得多，淤积特征及其河床形态响应也十分明显，其库区干流河道深泓纵剖面平均淤高为 14.3m，最大淤积幅度为 34.4m；断面形态和河床两岸基本稳定，主河槽河床淤积抬高，尤其是放宽段、弯道段淤积幅度偏大，最大淤积厚度达到 30m 以上；库区支流河口处淤积幅度也较大，河口段深泓平均淤积幅度为 5.0～9.4m，部分支流河口纵比降淤平。

（5）揭示了梯级水库下游河道冲刷逐步趋缓的发展过程及重点建筑物局部冲淤状态。金沙江下游梯级水电站向家坝坝址至江津河段自 2008 年以来处于冲刷状态，2008 年 3 月至 2019 年 11 月，向家坝坝址至江津干流河段河床累计冲刷约 1.82 亿 m^3（含河道采砂影响）。其中，向家坝坝址至宜宾河段冲刷量为 2747 万 m^3（包含采砂影响量 916.3 万 m^3）；2012 年 10 月至 2019 年 10 月宜宾至江津段累积冲刷泥沙为 15419 万 m^3。向家坝坝址至宜宾干流段冲刷主要发生在主河槽，平均冲刷幅度为 2～4m，最大冲刷发生在打鱼村附近，深度为 23m（护堤护岸等工程施工及河道采砂的影响），泥沙淤积主要发生在河道边滩，平均淤积幅度为 2m。2016 年前后，受河道边界条件控制以及禁止采砂等规定的落实，河道年均冲刷量明显下降，从 2012—2016 年的年均冲刷 3908 万 m^3 下降至 2017—2019 年的 381 万 m^3，减幅达到 90.2%，冲刷减缓趋势较为明显。坝下游永久公路金沙江大桥、内昆铁路金沙江大桥、内宜高速金沙江大桥、马鸣溪大桥附近河道断面形态基本稳定，桥墩附近最大冲深在 4m 以内；深水码头和煤码头岸线（260m 等高线）基本稳定，码头前沿附近未见明显冲刷坑，重点建筑物局部冲刷强度未超过预期。

9.2　展望

近年来，随着金沙江中游、雅砻江等大型梯级水库群的陆续建成并逐步联合调度运用，加之降雨、水土保持等自然因素的变化，促使金沙江下游水沙条件发生显著改变，集中表现为水量过程的调平、沙量大幅减少以及泥沙来源及组成的变化等，从而引起金沙江下游梯级水库泥沙淤积、坝下游河道冲刷等一系列响应。在新的水沙环境下，水库及坝下游泥沙的冲淤变化及其影响是一个逐步累积、长期的过程。目前，根据观测成果所显示的金沙江下游泥沙变化情况，虽可对梯级水库的泥沙问题得出一些初步的认识或受到一定的启发，仅仅是一个较好的开端，尚不能对金沙江下游梯级水库的泥沙问题得出全面的结论，今后相当长时间内还需要继续加强泥沙观测研究工作。同时，根据上游来水和干支流水库的调度运行情况，对金沙江下游梯级水库的联合调度需作深入的探讨。

1. 加大力度引进新技术、新方法

(1) 岸坡高险陡翘，多源、无接触式点云扫测技术将发挥重要作用。水库岸坡地理信息是水文泥沙监测、水库岸坡综合治理的基础资料，岸坡地形资料的精度与可靠性直接决定水文泥沙监测质量，水库三维地形、岸坡的植被信息、表层地质情况等地理信息是水库岸坡治理重要依据。

目前，水库岸坡地形主要采用传统的 RTK、全站仪或者航测技术获取，金沙江山区河道地形具有地形坡度大、地形破碎、地质不稳定等特点，采用传统方法观测岸坡地形具有人工走测难度大、效率低、作业风险大、点测量导致地形表达失真及信息量有限等不足。采用航测观测岸坡地形具有以下不足：①航测数据为影像，影像获取易受气象条件影响，且立体像对形成的影像阴影导致 DEM（数字高程模型）精度下降；②植被穿透性差，植被遮挡使得真实地表信息无法获取，降低水文泥沙监测精度，再者植被参数不易获取；③影像数据处理自动化程度低，数据处理效率低下。

为获取全面真实、高精度、高分辨率的库岸地理信息，提出采用三维激光扫描技术结合影像数据来获取水库库岸地理信息技术方案，三维激光扫描技术被称为是继 GPS 技术以来测绘领域的又一次技术革命。利用该技术获取库岸地形具有以下优势：①作业效率高，密集点云数据全面真实反映地表信息；②数据精度高；③穿透性高：激光雷达对于植被具有很好的穿透性，可以透过枝叶直接获取地面的数据；④地理信息全面：通过激光反射强度、影像数据可获取植被参数、地表地质情况等附属信息；⑤遥测方式降低作业风险，减轻劳动强度；⑥作业方式灵活：可通过地面式、船载、机载、车载等多种搭载平台，适应不同作业环境。

(2) 进一步开展深水库区测深精度研究。近年来，随着上游水库不断完成蓄水后，下游水库入库泥沙逐渐减少，河道冲淤变化分析已逐渐从最初定性分析到定量分析，再到精确定量分析，因此对原型观测的精度要求也越来越高。目前，长江上游水库河道冲淤变化分析以地形法或断面法为主，无论地形法还是断面法，其观测数据均通过单波束测深仪采集完成。大水深的准确测量一直是国内外的技术难题，金沙江下游四库最大水深均超过 200m，边坡陡峭，大水深环境下水体边界精密测量越加困难。近年来，为了满足测深精度，减少大水深情况下的不利因素的干扰，作业单位水下测量将船速限制在 4 节（2m/s），非常影响作业效率，即便如此也难以适应水库冲淤观测对时效性的要求。

受限于单波束线状地形测量原理，单波束精密测深技术研究已基本到达精度极限，测深精度很难再有实质性提高。同时，随着上游水库逐渐完成蓄水形成深水库区后，单波束测深方法的局限性将被进一步放大，一是造成时延的因素多且复杂，难以改正；二是深水条件为保证数据接收，换能器开角无法再优化缩小；三是动吃水及船体姿态缺乏有效、精密的改正手段。以上原因造成深水条件下地形失真的特点更加明显。相较单波束，多波束测深同样采样回声测深原理，不同的是多波束环能装置开角更小，采集地形失真特点有明显改善；多波束系统配有 PPS 授时基本消除了时延的影响，配有姿态传感器，基本消除船体晃动带来的误差；最关键的是所获取为点云数据，属网状测量，数据量是前者的千倍甚至万倍，地形细节和特征点把控将得到明显改善。

理论上，深水库区测量多波束代替单波束优势明显，是可行的。但国内外采用多波束开展大面积深水库区测深，河道冲淤变化分析案例较少，缺乏可靠的观测数据来支撑。同时原型观测精度事关长江上游水库群调度方案，观测手段必须严谨可靠。因此建议在金沙江四库开展多波束代替单波束测深可行性研究，通过大量的精密试验数据做支撑，突破当前的测深技术瓶颈，寻求并优化观测精度更高、方案可行的观测方案，从而更科学准确地开展河道冲淤变化分析和研究。

（3）探寻更优的数据表达形式，并建立深水库区原型观测成果标准。金沙江四库原型观测成果以 DLG 线划图（及地形图）为主。DLG 线划图从生产流程到产品输出，一直遵循国家测绘管理部门颁发的相关制图标准，制图过程工序繁杂，生产效率不高，产品表现形式单一。河道冲淤计算数据采用的是陆上、水下全部实测数据以及等高线，等高线是由人工根据实测数据，通过内插完成地貌细化和补充，因此十分依赖实测数据对地貌的把控以及人工对地形判断的准确性，可能影响冲淤计算精度，甚至放大误差。陆上、水下均实现高分辨率点云数据测量后，海量数据无须采用等高线进行补充。DLG 线划图无法承载海量数据，更无法适应实际需要。随着测绘与计算机技术的不断进步，地理信息成果形式得以更丰富、更直观地表达，亟待探寻更合理的成果表达形式，实现从单一比例尺数据库向实体化、一体化时空数据库转变，在首先更好满足冲淤计算的同时，以实测点云数据为基础，结合航空遥感影像，重建可视化三维场景，以达到更好地查询、展示、分析等需要。

（4）适合金沙江下游河段特性高分辨率、高精度深水库区立体监测及多元产品集成技术体系亟待建立。金沙江下游河段地处高山峡谷，河床陡深，给测量工作带来了极大的挑战，传统陆上测量手段以 RTK 和全站仪为主，水下以单波束测量为主的"点式""线式"数据采集方式难以满足金沙江下游测区特殊的作业环境。为满足金沙江四库高标准、高精度的河道冲淤分析以及上游水库群联合调度需要，亟待建立适合金沙江下游河段特性高分辨率、高精度深水库区立体监测及多元产品集成技术体系，实现空地一体倾斜摄影、激光扫描等多源传感器技术及水下多波束点云扫测技术无缝融合，精确构建河床实体，并以此为基础自动构建可视化三维模型，从而提供面向应用服务的动态更新、三维展示、点云分析以及成果核验。

（5）随着信息技术和通信技术的发展，不断优化、改良自动测报技术和仪器设备，提高监测精度、数据传输时效性和稳定性，有效应对恶劣气候条件和复杂水文环境下的自动监测。

2. 加强梯级水电站水文泥沙分析研究

随着金沙江下游梯级电站的陆续建成运行和水文泥沙监测资料的不断积累、丰富，金沙江下游水文泥沙分析研究工作的系统性逐步增强，其成果对于工程建设、运行与管理的支撑作用越来越明显。加之，2019 年汛后开始乌东德大坝下闸蓄水，2020 年 1 月 30 日达到第一阶段蓄水目标，对坝下游河道的影响越来越显著。下一步除继续开展常规性的水文泥沙观测分析以外，建议根据工程运行调度的需要，对以下几方面加以重视。

（1）继续加强金沙江下游泥沙变化及其影响研究。近年来的实测资料表明，由于金沙江中游及雅砻江水库拦沙的影响，金沙江下游干流泥沙显著减少，区间来沙占比增大。今后应进一步加强金沙江下游攀枝花-桐子林至向家坝区间支流及未控区间的来沙监测与调查，在产输沙量较大的支流布设泥沙监测站（如西溪河）；结合河道地形监测，深入研究区间水沙变化规律及机理。

（2）尽快开展金沙江下游梯级电站蓄水后库容复核工作。金沙江下游梯级电站在论证和可研阶段现场勘测的难度较大，对于库区地形的掌握并不充分，如乌东德库区 200km 的河道仅布置了 60 个固定断面，无水下地形观测资料，溪洛渡水库在可研阶段因为观测的断面布置稀疏，未能发现其本底形态上存在的两级潜坎，以至于对水库淤积分布和排沙比的预测出现了偏差等，诸如此类问题都与观测资料不够翔实有关，由此联想到水库设计阶段的库容计算可能也存在类似的问题。目前，乌东德、溪洛渡和向家坝水库都积累了大量的覆盖全库区的固定断面和水下地形资料，具备开展库容复核的条件，对于进一步优化水库调度具有重要的意义。

（3）加强研究乌东德库尾的泥沙淤积规律及趋势预测。2020 年 1 月，乌东德水库正式运行，尽管 2020 年水库运行水位尚未达到 975m，库尾河段依然保持了天然的冲刷状态，但其库尾为金沙江和雅砻江两江汇流区，与三峡水库库尾的重庆主城区河段极为相似，该河段是长江与嘉陵江的汇流区，嘉陵江是三峡入库泥沙的重要来源之一。重庆主城区河段在三峡水库论证阶段是有累积淤积以至于影响其通航和防洪的担忧，开展了大量的专题观测和研究工作，三峡水库蓄水后，由于上游来沙量减少和采砂活动的影响，库尾尚未出现累计淤积的现象。乌东德水库库尾河段临近攀枝花市，雅砻江来沙量较大且显著地大于干流攀枝花站，是乌东德入库的重要泥沙来源，2020 年其来沙量占入库控制站输沙量总和的 82.6%。伴随着乌东德及下游三个梯级水库的整体运行，针对乌东德库尾河段的泥沙淤积规律及发展趋势，应实时开展局部重点观测和专题研究工作，从而保障攀枝花市的防洪安全和梯级水库的综合效益。

（4）开展溪洛渡、向家坝水库排沙调度技术研究。溪洛渡、向家坝水库蓄水运用以来，初步掌握了该两座水库的泥沙淤积及排沙变化特性，随着梯级水库群联合调度的逐步运行，水库的排沙调度也将是水库群联合调度关心的关键问题，特别是在新的水沙环境下，如何开展更为高效、精细化的泥沙调度，值得重视。

（5）开展基于水库群联合优化调度的乌东德-三峡水库汛期实时泥沙预报技术研究。水库泥沙问题是水库开展联合调度的重要因素之一。已有研究表明：水库入库泥沙主要集中在汛期，汛期坝前水位的高低与水库排沙能力和水库泥沙淤积大小及分布密切相关。虽然与设计和论证阶段相比，各梯级水库的入库泥沙虽然大幅减少，水库的淤积强度也比淤积的要轻，也尚未侵占水库的兴利库容。但随着各水库运行时间的推移以及联合调度进程的逐步推进，水库的泥沙淤积问题依然值得高度关注，特别是在属于年度集中输沙期的汛期，开展泥沙实时预报技术方面的研究依然是促进水库排沙的关键支撑。

（6）向家坝下游川江河段冲淤变化研究。金沙江下游溪洛渡、向家坝水库蓄水运用以来，坝下游发生了一定程度的冲刷现象，今后随着各梯级水库的陆续建成运行，向家坝下游河段的冲淤演变及其对金沙江下游梯级水库联合调度的响应，坝下游河道冲刷对重要涉水工程的影响等，值得持续关注。

参 考 文 献

［1］ 范建容，柴宗新．金沙江下游侵蚀强烈原因探讨［J］．水土保持学报，2001，15（5）：14－17.

［2］ 孟广涛，袁春明，郎南军，等．云南金沙江流域华山松人工林水土保持效益研究［J］．云南林业科技，2002（1）：6－9.

［3］ 李宏伟，周跃．云南松林的林冠对土壤侵蚀的影响［J］．山地学报，1999，17（4）：324－328.

［4］ 夏金梧．金沙江下游干流区滑坡发育特征及主要影响因素初探［J］．人民长江，1995，26（5）：42－46.

［5］ 彭万兵，陈松生，陈泽方，等．金沙江流域不同区域水沙变化特征及原因分析［J］．水科学进展，2008，19（4）：475－482.

［6］ 袁晶，许全喜．金沙江流域水库拦沙效应［J］．水科学进展，2018，29（4）：482－491.

［7］ 许强，郑光，李为乐，等．2018年10月和11月金沙江白格两次滑坡：堰塞堵江事件分析研究［J］．工程地质学报，2018，26（6）：1534－1551.

［8］ 邓建辉，高云建，余志球，等．堰塞金沙江上游的白格滑坡形成机制与过程分析［J］．工程科学与技术，2019，51（1）：9－16.

［9］ 朱玲玲，李圣伟，董炳江，等．白格堰塞湖对金沙江水沙及梯级水库运行的影响［J］．湖泊科学，2020，32（4）：1165－1176.

［10］ 韩其为．水库淤积［M］．北京：科学出版社，2003.

［11］ 朱玲玲，许全喜，董炳江，等．金沙江下游溪洛渡水库排沙效果及影响因素［J］．水科学进展，2021，32（4）：544－555.

［12］ 朱玲玲，许全喜，张欧阳，等．三峡水库支流河口淤积及拦门沙形成风险研究［J］．中国科学：技术科学，2019，49（5）：552－564.